Catherine Charlot-Valdieu

Philippe Outrequin

Rénovation énergétique durable des maisons individuelles

Qualité architecturale, confort d'été et performances

EDITIONS
LE MONITEUR

Directrice des éditions : Claire de Gramont
Directeur éditorial : Thierry Kremer
Éditrice : Carole Trochu
Édition et coordination des illustrations : Alain Bouteveille
Conception de la maquette : STDI (Charlène Pineau)
Réalisation et conception de la couverture : STDI
Mise en pages : STDI (Charlène Pineau)
Réalisation des illustrations : Ursula Bouteveille, STDI (Julie Kroschwald et Shishu Vilmain)
Fabrication : Anne-Lise Gonnet

Photographie de couverture : Plat I : *House enlargement works*, Frank Boston © 2024 Adobe. All rights reserved.
Plat IV : Joan Casanelles pour Quinze Architecture.

ISBN papier : 978-2-281-14750-6
ISBN numérique : 978-2-281-14751-3

Sommaire

Introduction

Un projet, une démarche et des acteurs

Dans de nombreux cas, la rénovation d'une maison est effectuée lors de son acquisition. Les maîtres d'ouvrage cherchent parfois plusieurs années avant de trouver la maison permettant l'accomplissement de leur rêve : une villa, un pavillon ou une maison en centre-ville ou une maison permettant d'éviter au maximum les dépenses liées à l'énergie tout en garantissant un confort optimum. Et, si celle-ci doit posséder des caractéristiques classiques telles que la taille, le nombre de niveaux, la qualité d'usage, la surface de jardin, la proximité des écoles, des commerces ou du travail, la qualité de la vue, elle doit aussi présenter un potentiel permettant d'atteindre de hauts niveaux de confort et de performance énergétique. L'orientation de la maison, une modénature modifiable (ou pas trop complexe), des règles de PLU permettant de travailler sur l'enveloppe sont devenues des exigences supplémentaires, d'où parfois un temps très long pour trouver la maison idoine.

Les contraintes architecturales, techniques ou juridiques trouvent généralement des solutions mais renforcent la complexité, la durée de l'opération et son coût, celui-ci restant un paramètre incontournable.

Le choix de l'architecte et/ou du maître d'œuvre est ensuite une étape décisive. Il n'est pas aisé de trouver le bon interlocuteur qui ait des connaissances en physique du bâtiment. Les sollicitations de professionnels pressés de fournir LA solution sont nombreuses (combles à 1 €, pompes à chaleur...). Les maîtres d'ouvrage rencontrés pour la rédaction de cet ouvrage ont tous dû s'informer, se documenter et rechercher les bons partenaires. Il y a encore peu d'architectes dans le secteur de la rénovation de maisons individuelles et encore moins qui croisent la rénovation et la recherche de performance se rapprochant des standards passifs.

Certains propriétaires se sont appuyés sur des maîtres d'œuvre très compétents et il existe de façon évidente un effet de bouche à oreille qui facilite la diffusion des rénovations performantes, laquelle serait grandement facilitée si des stratégies locales ou départementales voyaient le jour.

D'autres propriétaires avaient suffisamment d'expérience et de compétences pour se lancer dans la maîtrise d'œuvre tout en étant accompagnés par des **BET thermiques compétents**.

Dans les opérations présentées, les maîtres d'ouvrage s'impliquent fortement dans la conception de leur projet, leur attente étant d'atteindre un haut niveau de confort associé à la performance énergétique et environnementale, l'ensemble rentrant dans une fourchette de coûts acceptable. Les plans et les solutions techniques sont largement discutés et des arbitrages sont faits en n'oubliant jamais les objectifs initiaux de la rénovation, en particulier l'amélioration du confort et de la qualité d'usage.

Plusieurs maîtres d'ouvrage utilisent leurs compétences techniques ou informatiques ou leurs connaissances du contexte local pour améliorer leur projet. Quelques-uns ont participé aux travaux de rénovation, y compris dans le gros œuvre. Par exemple, ils ont été accompagnés par des amis ou des personnes de leur famille pour la pose de Misapor en dalle basse, la pose de poutres pour une toiture, la réalisation de caissons d'isolation en paille, la pose des gaines de ventilation, etc.

Lors de nos entretiens, l'une des difficultés le plus souvent évoquée était le montage du dossier financier nécessaire pour obtenir des aides à la rénovation. La complexité administrative de ces dernières en ont fait renoncer plus d'un. Un autre frein est de **trouver des artisans** capables de réaliser certains types de travaux qui ne leur sont jamais demandés : ainsi, pourquoi et comment mettre 30 cm d'isolant là où on ne met habituellement que 10 cm ? À l'inverse, plusieurs maîtres d'ouvrage ont fait état de l'implication très forte d'artisans pour lesquels le chantier représentait un réel intérêt et une valorisation de leurs compétences, les poussant à aller au-delà de leur cahier des charges.

À l'issue des travaux, quelques maîtres d'ouvrage estiment que des solutions abandonnées du fait de leur coût auraient finalement dues être réalisées. Au-delà des contraintes financières, il est toujours difficile d'anticiper la vie dans le bâtiment une fois celui-ci rénové, embelli, agrandi, plus confortable. L'architecte a notamment ce rôle de conseil pour aider le ménage à imaginer sa vie future.

Les dimensions incontournables d'une rénovation énergétique performante

Une rénovation énergétique performante comporte à la fois :
- une amélioration et/ou une préservation de la qualité architecturale et patrimoniale ;
- l'amélioration du confort et de la qualité de vie, sanitaire et d'usage pour les habitants ;
- la garantie d'une performance énergétique et d'une réduction de la dépense énergétique.

C'est aussi une contribution à la réduction des émissions de gaz à effet de serre (GES) et à la souveraineté énergétique de la France.

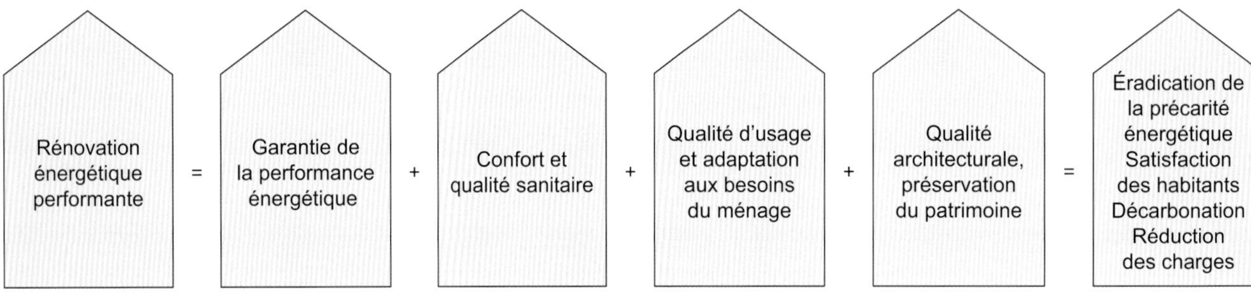

▲ **Fig. I.1.** La démarche multidimensionnelle de la rénovation énergétique performante

Cet ouvrage met en avant différentes dimensions rappelant que les travaux pour une rénovation énergétique lourde et globale sont associés à des travaux visant à :
– améliorer le confort (y compris avec des extensions de surface) et l'image de la maison (valeur patrimoniale),
– adapter la maison ancienne aux normes et usages contemporains (Fig. I.1).

C'est, par exemple, plus de lumière dans les pièces, l'ouverture sur le jardin, voire la réorganisation de l'aménagement de la maison vers le jardin ou la cour et non plus vers la rue, la relation dedans / dehors, la perception de l'espace, une qualité de l'air intérieur constante et sans courant d'air, une bonne acoustique, etc. Sans la prise en compte de ces éléments, la réhabilitation énergétique risque de ne pas voir le jour. Le travail sur les façades est également très important pour faire de la rénovation énergétique une rénovation architecturale et patrimoniale.

La composante territoriale n'est pas neutre dans les stratégies de diffusion et de massification. Les exemples présentés montrent que les acteurs locaux doivent créer des stratégies départementales et régionales incitant à des rénovations s'appuyant sur des techniques et des matériaux appropriés à leur territoire. Cela signifie des solutions techniques de rénovation adaptées aux marchés de la réhabilitation des logements, aux capacités financières des ménages et aux systèmes constructifs existants. La reproductibilité des rénovations performantes sur un territoire est certainement une question de méthode : **aller du bon diagnostic au bon artisan.**

Il est indispensable de montrer par l'exemple qu'une rénovation énergétique doit amener et amène des résultats réels en termes de performance énergétique. De très nombreuses rénovations ont des résultats décevants, avec des gains réels parfois inférieurs de 70 % aux gains attendus ! **La qualité des travaux et des méthodes d'évaluation est une condition *sine qua none* pour obtenir la performance énergétique attendue**.

Au-delà de la performance énergétique, la qualité de la rénovation concerne le traitement de l'étanchéité à l'air et de la gestion de l'humidité, sources de très nombreuses pathologies notamment dans l'habitat ancien.

La mise à niveau, **la requalification de la maison doit donc s'effectuer sur trois plans :**
– **Sur le plan architectural** : donner une image contemporaine au bâti tout en préservant sa valeur patrimoniale[1]

1. Il s'agit aussi de préserver le « *petit patrimoine* », qu'il soit rural ou urbain (ferme, maison de ville) qui contribue à donner un caractère et une identité au territoire.

(processus d'hybridation comme mode de conception[2]), assurer la pérennité et la durabilité de la construction (éviter les pathologies et les dysfonctionnements) et répondre aux besoins actuels et futurs des occupants.

– **Sur le plan environnemental** : favoriser la réduction des émissions de gaz à effet de serre (GES), y compris avec le stockage de CO_2 lié aux matériaux biosourcés, adapter la maison au changement climatique et aussi favoriser l'intégration paysagère de la maison et préserver les espaces végétalisés.

– **Sur le plan énergétique** : permettre une réduction réelle des consommations et de la dépense en énergie.

Cette mise à niveau qui confère **une plus-value patrimoniale** à la maison est le fil conducteur permanent de cet ouvrage et des opérations qui y sont présentées.

Les **solutions techniques** mises en œuvre dans des rénovations énergétiques performantes sont au croisement de **deux aspects fondamentaux** :

– D'une part, il faut s'adapter à la construction existante, aux matériaux utilisés, au terrain sur lequel elle se trouve, c'est-à-dire partir d'**un diagnostic bioclimatique de la maison** (climat, humidité, eau, soleil, courant, d'air, orientation), sans oublier les contraintes réglementaires instaurées par le plan local d'urbanisme (PLU) ou par les architectes des bâtiments de France (ABF). La période de construction est un critère évidemment très important mais il ne faut pas oublier la géographie, ce qui nous renvoie à une problématique et à des enjeux de territoire. En France, l'unicité du diagnostic de performance énergétique (DPE) et des aides financières (MaPrimRénov' et les certificats d'économie d'énergie ou CEE) ne favorise pas cette approche territorialisée qu'il est pourtant indispensable de prendre en compte.

– D'autre part, pour atteindre la performance énergétique, il est nécessaire de **travailler sur l'enveloppe de la maison** : haut niveau d'isolation et suppression des ponts thermiques. En d'autres termes, il faut essayer « *d'épuiser le gisement* » d'économie d'énergie, de « *pousser le plus loin possible le projet de rénovation* », de se donner un objectif énergétique ambitieux (par exemple, « *une maison sans radiateur* »), tout en essayant d'optimiser les coûts...

Ces deux aspects renvoient aux deux dimensions du projet évoquées ci-avant : l'architecture et la durabilité, lesquelles ne sont pas contre mais « *tout contre* », l'une et l'autre devant se renforcer mutuellement, même si les contraintes réglementaires ou financières se renforcent aussi mutuellement.

Le résultat attendu est une meilleure qualité de vie et d'usage du logement[3].

Réhabilitation versus rénovation

La réhabilitation évoque la possibilité de rendre à une personne ses droits ou sa réputation perdue. Appliquée aux travaux sur le bâti, cela laisse entendre une reconnaissance des qualités initiales sur lesquelles prendront appui les interventions à venir. La réhabilitation vise à améliorer le logement.

La rénovation signifie remettre à neuf, ce qui, avec le progrès technique, peut vouloir dire intégrer les évolutions technologiques qui améliorent le bâtiment conçu initialement.

Ces deux termes génériques sont cependant utilisés indifféremment dans l'ouvrage.

2. Voir le chapitre 13 de l'ouvrage de Christian Moley, *(Ré)concilier architecture et réhabilitation de l'habitat, 200 opérations analysées dans le détail* (Éditions du Moniteur, 2017).

3. Voir l'ouvrage de Messieurs Bernard Deprez et Jean Cech, *Les bâtiments exemplaires se racontent [à Bruxelles]* (Éditions Racine, 2012).

EXEMPLE D'UNE RÉNOVATION GLOBALE, ARCHITECTURALE ET ÉNERGÉTIQUE D'UNE FERME EN BRETAGNE

Cet exemple démontre que de vieux bâtiments largement délabrés et abandonnés depuis des années peuvent reprendre vie et retrouver un aspect contemporain grâce à une rénovation adaptée.

Localisation : Rennes, Ille-et-Vilaine
Architecte : Thomas Bonnin, Quinze Architecture, Rennes
Objectif : rénover de façon très performante (en passif) et agrandir un vieux corps de ferme du XIXe siècle avec des murs en pierre et en terre, et un sol en terre battue.
Démarche et projet : la forme initiale du corps de ferme (d'une surface de 79 m^2) a été conservée. Les combles perdus ont été rendus habitables avec une ouverture verticale dans la toiture. Le projet a été complété par une extension de 48 m^2 (garage et abri voiture) en ossature bois.
La maison a été recouverte d'une enveloppe en ossature bois isolée par l'extérieur (laine minérale et fibre de bois) avec un bardage en zinc pour donner une esthétique contemporaine à cette rénovation.
La couverture a été refaite avec un bac acier mais la charpente a été conservée. Elle est isolée avec 220 mm de laine de verre et 60 mm de fibre de bois. Le plancher bas en béton brut a été isolé avec 100 mm de mousse rigide de polyuréthane (TMS) sous une chape de 50 mm et un parquet stratifié.
En revanche, à l'intérieur, les murs en pierre ont été conservés apparents pour laisser le plaisir et le confort de la pierre aux occupants.
Chauffage et ECS : le besoin de chauffage a été estimé avec le PHPP à 33 kWh/(m^2.an), légèrement supérieur aux objectifs de la rénovation passive (voir les §§ 5.4 et 5.5), du fait de la présence d'une ventilation Hygro A (Unelvent) et non d'une ventilation double flux. Un poêle à bois et un sèche-serviette suffisent toutefois à chauffer la maison. L'eau chaude sanitaire est assurée par un ballon thermodynamique Odyssée 2 Atlantic de 270 L.

Le corps de ferme abandonné

La maison après rénovation

Crédit photos : Quinze A

PARTIE 1

La politique de rénovation énergétique des logements en France

1 La stratégie nationale

1.1 Atteindre la neutralité carbone dès 2050

Pour être cohérent avec les engagements pris en **2015** dans le cadre de **l'Accord de Paris**, les ambitions de la France sont d'atteindre la neutralité carbone dès 2050 (diviser par 6 les émissions de carbone en 2050 par rapport à 1990) et de réduire l'empreinte carbone des français. À court terme, l'objectif est une réduction de 50 % des émissions en 2030 par rapport à 1990.

La Loi européenne sur le climat adoptée en juin 2021 par l'Union européenne « Fit for 55 » est encore plus ambitieuse avec une trajectoire de baisse des émissions de 57 % d'ici à 2030 par rapport à 1990. Pour la France, ceci implique de doubler le rythme de réduction des émissions brutes de gaz à effet de serre (GES) et de réaliser une baisse de 17 millions de tonnes équivalent CO_2 (Mt eqCO_2) par an au lieu de 9,1 Mt eqCO_2 par an entre 2019 et 2022.

Pour y parvenir, l**es énergies décarbonées sont privilégiées**, la **sobriété** dans les usages de l'énergie est encouragée, **l'efficacité énergétique** des bâtiments (enveloppe et systèmes) doit être améliorée et les produits et équipements de construction et de rénovation doivent avoir une faible empreinte carbone.

Les consommations d'énergie des bâtiments doivent diminuer de près de 50 % d'ici 2050 avec des objectifs intermédiaires de réduction de la consommation de 30 % en 2030 et de 40 % en 2040 par rapport à 2012.

En même temps, la part des énergies fossiles dans la consommation finale doit passer de 60 % aujourd'hui à 42 % en 2030, 29 % en 2035, pour sortir complètement de cette dépendance d'ici 2050 : plus de pétrole ni de gaz naturel, celui-ci devant être remplacé dans les réseaux par du biogaz et une part d'hydrogène (vert).

1.2 Réaliser 700 000 rénovations performantes par an

D'après le rapport du Haut conseil pour le climat (HCC), les émissions directes de gaz à effet de serre (GES) du secteur bâtiment – correspondant aux consommations d'énergie des combustibles – représentaient 64 Mt eqCO_2 en 2022, soit 15,9 % des émissions brutes nationales (402,8 Mt eqCO_2).

L'objectif national fixé par la **Stratégie nationale bas carbone 2** (SNBC 2) est de réduire de 49 % les émissions de GES en 2030 par rapport à 2015 (soit de 40 Mt eqCO_2) avec **une décarbonation complète en 2050.**

Si la trajectoire actuelle du secteur bâtiment suit effectivement celle de la SNBC 2 (fig. 1.1), cette évolution est due en partie à des conditions météorologiques favorables : une diminution des consommations de fioul et de gaz qui sont partiellement compensées par une augmentation de la consommation d'électricité (pompes à chaleur notamment), beaucoup moins carbonée que les énergies fossiles.

Aussi, la consommation d'énergie du secteur résidentiel n'a diminué que de 2 TWh par an sur la période 2015-2022, sur une consommation totale de 492 TWh (2021), soit un rythme de 0,5 % par an.

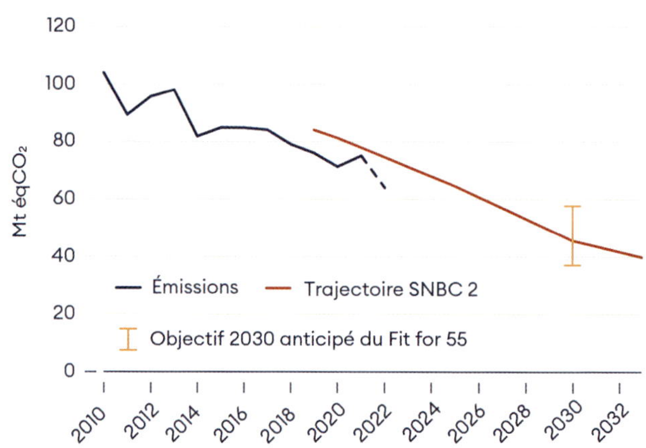

▲ **Fig. 1.1.** Émission de GES du secteur bâtiment depuis 2010, trajectoire SNBC 2 pour 2030 et objectif « *Fit for 55* » (Source : Haut conseil pour le climat, rapport annuel 2023 (page 124) d'après les données du Citepa, format Secten 2023).

Pour les années à venir, c'est la rénovation énergétique des bâtiments qui est la « *clef de voûte pour atteindre l'objectif de neutralité carbone d'ici 2050 avec la nécessité de viser un niveau de consommation BBC*[1] *pour l'ensemble du parc immobilier* ». Tel est **l'objectif récurrent des pouvoirs publics qui implique de « *multiplier par dix les rénovations performantes au niveau BBC d'ici 2030* »**[2].

1. BBC : bâtiment basse consommation (énergétique). Voir § 1.3.
2. Sources : 1. Assemblée nationale. *Rapport d'information sur la rénovation énergétique des bâtiments* présenté par Julie Laernoes et Marjolaine Meynier-Millefert, 4 octobre 2023 ; 2. Ministère de la Transition écologique, *Travaux de préparation de la stratégie française énergie-climat*, septembre 2023 ; 3. Plan Bâtiment Durable et CSTB. *Feuille de route de décarbonation de la filière bâtiment*, 2023.

Ainsi, en 2021, la SNBC fixait à 370 000 le nombre de rénovations performantes à réaliser chaque année d'ici 2030 et à 700 000 ensuite jusqu'en 2050. Ces rénovations doivent permettre d'atteindre un niveau de performance équivalent au niveau BBC (Bâtiment Basse Consommation) ou aux étiquettes A ou B du diagnostic de performance énergétique (DPE)[3].

1.3 Viser une performance BBC (Bâtiment basse consommation)

Le label BBC pour la rénovation correspond à un objectif de consommation de **80 kWh_{EP}/m^2 SRT** (surface de référence thermique, au sens de la réglementation thermique) **pour un ensemble de cinq usages** : chauffage, eau chaude sanitaire (ECS), refroidissement, éclairage, auxiliaires de chauffage dont ventilation. Cette consommation est exprimée en énergie primaire, avec un coefficient de 2,58 pour l'électricité (ramené à 2,3 depuis la RE2020[4]) et de 0,6 pour le bois. Cet objectif est modulé selon la zone climatique et l'altitude, et le calcul de la consommation est effectué avec la méthode Th CE-ex (issue de la réglementation thermique 2005).
Selon une évaluation d'Enertech, **cet objectif correspond peu ou prou à un objectif de 80 kWh_{EP}/m^2 de surface habitable (shab) pour le chauffage et l'eau chaude sanitaire évalué avec un moteur de calcul fiable**[5] (STD ou PHPP)[6] ou mesuré à partir des comptages.
En 2023, est apparu **le label BBC Rénovation 2023** dont l'objectif est d'atteindre la classe A ou B du DPE. Le logement doit satisfaire une consommation énergétique conventionnelle (calculée avec la méthode 3CL 2021 pour cinq usages : le chauffage, la production d'ECS, la climatisation, l'éclairage et les auxiliaires dont la ventilation) inférieure à 110 $kWh_{EP}/(m^2.an)$ et des émissions de GES induites inférieures à 11 kg $eqCO_2/(m^2.an)$. **Ceci correspond à la classe B.**

3. Les quotas de rénovation énergétique de la France ont été définis dans la Loi de transition énergétique pour la croissance verte (LTECV) du 17 août 2015, qui fixait l'objectif de la rénovation de l'ensemble du parc de logements au niveau BBC rénovation ou assimilé d'ici 2050 (art. 1.3.7). Il a été repris par la Stratégie nationale bas carbone (SNBC, version du 25 mars 2020, p. 90).
4. RE : réglementation environnementale pour la construction neuve qui remplace la réglementation thermique (RT).
5. Voir la page 14 du guide de l'ADEME, Dorémi et Enertech, *La rénovation performante par étapes - Étude des conditions nécessaires pour atteindre la performance BBC rénovation ou équivalent à terme en logement individuel* (2020, 196 p.).
6. Sur ces référentiels STD et PHPP (modèle utilisé pour le standard passif), voir les §§ 5.1.1. et 5.4.3.

Un besoin de rigueur des études énergétiques

Cette correction proposée par Enertech et Dorémi est intéressante car elle exprime le besoin de rigueur des études énergétiques.
L'objectif de 80 kWh_{EP}/m^2 SRT du label BBC rénovation se décompose en moyenne en 53 % pour le chauffage, 27 % pour la fourniture d'eau chaude sanitaire (ECS), 10 % pour l'éclairage et 10 % pour la ventilation et les auxiliaires (entre 7 et 10 kWh_{EP}/m^2). Par ailleurs, le ratio surface habitable ou shab/SRT est de 0,9. Ensuite, nous devons considérer que la consommation de chauffage en calcul physique est supérieure de 20 % au calcul réglementaire.
Tous calculs faits, la consommation de chauffage et d'ECS est ramenée respectivement aux valeurs de 56 kWh_{EP}/m^2 shab et 24 kWh_{EP}/m^2 shab, soit un total de 80 kWh_{EP}/m^2 shab sur les deux usages chauffage et ECS.

Pour l'étiquette A, la consommation énergétique conventionnelle est inférieure à 70 $kWh_{EP}/(m^2.an)$ et les émissions de GES induites inférieures à 6 kg $eqCO_2/(m^2.an)$.
Le chauffage représente la moitié de cette consommation conventionnelle, soit environ 35 $kWh_{EP}/(m^2$ shab.an) pour la classe A et 55 $kWh_{EP}/(m^2$ shab. an) pour la classe B.
Les opérations présentées dans cet ouvrage atteignent ces seuils de performance et, le plus souvent, vont bien au-delà.
La loi Climat et résilience du 22 août 2021 a aussi introduit dans l'objectif BBC Rénovation des exigences sur les vecteurs énergétiques des systèmes de chauffage afin d'**éradiquer progressivement le fioul et de réduire la part des énergies fossiles**.

1.4 Répondre aux enjeux

1.4.1 Des dispositifs d'aide financière pour les gestes d'économie d'énergie

L'aide principale est MaPrimeRénov', dispositif mis en place par l'État en 2020, à laquelle s'ajoutent les aides des fournisseurs d'énergie avec leur obligation de fournir des certificats d'économie d'énergie (CEE). Ces dispositifs ont pour objectif de favoriser les travaux de rénovation énergétique : ce sont **des aides accordées au geste d'économie réalisé et non au logement**.
Chaque année, plus de deux millions de ménages en maison individuelle font des travaux de rénovation. En 2022, 1,8 million de gestes de rénovation énergétique ont été aidés avec 1,1 million de CEE pilotés par les professionnels du secteur de l'énergie et 630 000 aides issues du dispositif « MaPrimeRénov' ».

L'essentiel des aides accordées par MaPrimeRénov' correspond à un geste de rénovation, voire deux, très rarement plus, et ces gestes concernent principalement l'amélioration ou le changement du système de chauffage : **plus des deux tiers des dossiers concernent le système de chauffage** (pompe à chaleur et chaudière individuelle), avec un impact important sur la décarbonation, **contre moins d'un tiers pour le traitement de l'enveloppe** (la moitié concernant la toiture) et 5 % environ pour la ventilation. Les enquêtes TREMI confirment cette répartition[7].

Le constat sur le terrain est aussi que la plupart des travaux dits « énergétiques » relèvent de travaux d'entretien ou de maintenance (remplacement de fenêtres, d'une chaudière en fin de vie…), ou encore d'approches opportunistes (offres à 1 €) et non d'opérations de rénovation énergétique planifiées et coordonnées visant l'atteinte du niveau BBC.

Ces résultats sont directement associés au reste à charge des ménages qui est de 2 300 € en moyenne sur la période 2020-2022 pour le changement de chauffage, nettement moins élevé que pour l'isolation (entre 6 000 € et 10 000 € de reste à charge), ou pour le changement des huisseries (6 900 € de reste à charge).

1.4.2 Un objectif de décarbonation plus que de résorber les passoires thermiques

La Cour des comptes[8] observe que la nature de ces travaux « *participe pleinement de l'objectif spécifique de décarbonation des énergies du parc résidentiel, également intégré à la SNBC* ». Mais elle indique aussi que « *ces aides ne sont conçues ni pour résorber les passoires énergétiques, ni pour amener les logements au niveau BBC* » !

L'exemple de MaPrimeRénov' Sérénité est éclairant – ce dispositif impose un DPE *ex ante* et un objectif de performance d'au moins 35 % d'efficacité énergétique : plus de la moitié des logements étaient en catégorie F ou G avant travaux mais 20 % de ces logements se trouvaient encore dans l'une de ces catégories à l'issue des travaux et 41 % d'entre eux atteignaient seulement l'étiquette E. **Seuls 1,5 % avaient atteint le niveau BBC, c'est-à-dire les étiquettes A ou B !**

1.4.3 Peu de rénovations globales

En 2023, l'Anah a recensé 623 790 logements réhabilités mais **seulement 71 613 rénovations d'ampleur – soit gagnant au moins deux classes de DPE**, ceci pouvant être de passer seulement de l'étiquette F à l'étiquette D. Les rénovations d'ampleur n'atteignent donc que 11,5 % du parc rénové – sans pour autant être toutes au niveau BBC.

Selon le rapport de la commission sénatoriale présidée par Dominique Estrosi Sassone[9], la proportion réelle de rénovations globales permises par MaPrimeRénov' serait de l'ordre de 20 000 à 30 000 par an, ce qui reste une proportion faible au regard de l'ensemble des dossiers engagés (3 à 5 %) et la plupart de ces rénovations n'atteint pas le niveau BBC. Les études de l'ONRE corroborent ce constat : **en 2020, les rénovations globales aidées n'ont concerné que 3 % des surfaces rénovées.**

1.4.4 Très peu de rénovations de maisons au niveau BBC

Selon l'Observatoire BBC d'Effinergie, le nombre de logements BBC-Effinergie en rénovation entre 2009 et 2023 a été de 351 024 pour 4 513 opérations. Sur ce total, il n'y a eu que très peu de maisons individuelles (2,5 % du total) : 8 423 maisons individuelles groupées, dont 98 % dans le logement social et seulement **410 maisons individuelles en secteur diffus** (dont une majorité en Normandie et Pays de la Loire). Ajoutons environ **1 000 maisons rénovées au niveau BBC dans le cadre de programmes régionaux.**

En 2023, il y a eu 27 000 engagements de rénovations BBC mais le nombre de rénovations de maisons reste de l'ordre de 2,5 % de ce total. La part de rénovations globales faites en une seule fois reste aussi très faible. Selon la définition retenue dans la loi Climat et Résilience (2021), **la rénovation globale représente environ 1 % des gestes aidés, tous dispositifs confondus**[10].

À l'heure actuelle, les travaux de rénovation globale restent très minoritaires et les dispositifs en place ne les encouragent pas.

Or, la SNBC 2 prévoit 370 000 rénovations complètes ou équivalentes par an en moyenne à partir de 2022, puis 700 000 rénovations complètes par an à partir de 2030.

7. Voir les résultats de l'enquête TREMI 2020 de l'Observatoire national de la rénovation énergétique (ONRE), *Les réductions des émissions de gaz à effet de serre liées aux rénovations*, publiée en septembre 2022.
8. Voir le rapport de la Cour des Comptes, *Le soutien aux logements face aux évolutions climatiques et au vieillissement de la population*, publié en octobre 2023.
9. Voir le rapport de Dominique Estrosi Sassone (présidente) et Guillaume Gontard (rapporteur), *Rénovation énergétique des logements : Relever le défi de l'accélération*, Tome 1, 2023.
10. Voir le tableau de suivi de la rénovation énergétique du secteur résidentiel publié par l'ONRE en août 2023.

2 Le cadre réglementaire et les labels

2.1 La réglementation thermique (RT)

La réglementation thermique (RT) spécifique à la rénovation des bâtiments (décret n° 2007-363 du 19 mars 2007) s'applique « *élément par élément* » depuis le 1er novembre 2007 à l'ensemble des bâtiments résidentiels existants, à l'occasion de travaux de rénovation prévus par le maître d'ouvrage. Ceux-ci doivent respecter des exigences de performance dont l'**arrêté du 22 mars 2017 fixe les dernières modifications.**

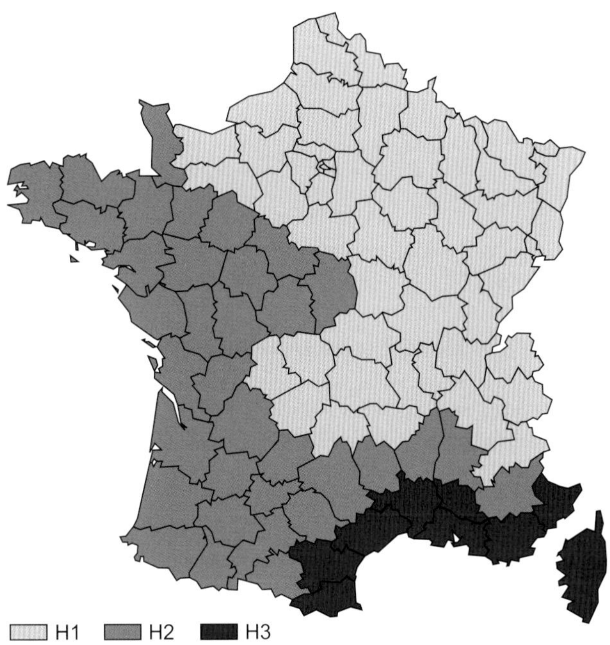

▲ **Fig. 2.1.** Le découpage des trois zones climatiques : H1, H2 et H3 (Source : Programme Pacte, *Analyse détaillée du parc résidentiel existant*, juillet 2017, p. 20)

2.1.1 Réglementation applicable au 1er janvier 2023

Pour les pompes à chaleur utilisant l'électricité à destination de chauffage, dont la puissance thermique nominale est supérieure à 12 kW, installées ou remplacées, de type air extérieur/air (T_{EXT} = 7 °C), eau/air sur boucle (T_{EXT} = 15 °C) et sol/air (T_{EXT} = – 5 °C), **le coefficient de performance doit être au minimum de 3,2** (pour une température de source intérieure de 20 °C).

Lorsque la totalité de l'installation de chauffage (générateur et émetteur) est remplacée, les radiateurs doivent être adaptés au fonctionnement à basse température.

Les pompes de circulation des installations de chauffage intégrées à la chaudière ou situées dans le local de la chaufferie, installées ou remplacées, doivent être munies de dispositif permettant leur arrêt.

Concernant l'installation ou le remplacement d'une installation de chauffage ou d'un chauffe-eau, les canalisations d'eau chaude raccordées, situées hors du volume chauffé, doivent être équipées d'une isolation de manière à ce que :

$$Ul \leq 2,0^{*}d + 0,18 \text{ lorsque } d \leq 400 \text{ mm}$$
ou
$$Ul \leq 0,66 \text{ lorsque } d > 400 \text{ mm}$$

avec Ul : coefficient de transmission thermique linéique applicable aux tuyauteries, en W/(m.K) lorsque d ≤ 400 mm et en W/(m^2.K) lorsque d > 400 mm ; d est le diamètre extérieur du conduit, en mm.

Pour les **chauffe-eau électriques à accumulation** installés ou remplacés, les pertes maximales doivent respecter des consommations maximales.

▼ **Tab. 2.1.** Performances thermiques des menuiseries extérieures

Types de paroi	**Performance thermique** W(m^2.K)
Fenêtres de surface supérieure à 0,5m^2, portes-fenêtres, double fenêtres, façade rideaux	$U_W \leq 1,9$
Porte d'entrée de maison individuelle donnant sur l'extérieur	$U_D \leq 2,0$
Verrière	$U_{CW} \leq 2,5$
Véranda	$U_{VERANDA} \leq 2,5$
Fenêtres de surface inférieure à 0,5 m^2	$U_G \leq 1,5$
Coffre de volet roulant	$U_C \leq 2,5$

▼ **Tab. 2.2.** Coefficients de résistance thermique R minimaux selon le type de paroi et la zone climatique

Types de paroi	R en fonction des zones climatiques (m².K/W)			Cas d'adaptation possible
	H1	*H2 & H3 avec altitude > 800 m*	*H3 avec altitude < 800 m*	
Murs en contact avec l'extérieur et rampants de toiture de pente supérieure à 60°	3,2	3,2	2,2	En zone H1, R minimale réduite jusqu'à 3,2 m².K/W dans les cas suivants : – les travaux d'isolation sont réalisés par l'intérieur ; – ou le système constructif est une double peau.
Murs en contact avec un volume non chauffé	2,5	2,5	2,5	–
Toitures-terrasses	4,5	4,3	4,0	R minimale réduite jusqu'à 3 m².K/W dans les cas suivants : – l'épaisseur d'isolation implique un changement des huisseries, ou un relèvement des garde-corps ou des équipements techniques ; – ou l'épaisseur d'isolation ne permet plus le respect des hauteurs minimales d'évacuation des eaux pluviales et des relevés ; – ou l'épaisseur d'isolation et le type d'isolant utilisé impliquent un dépassement des limites de charges admissibles de la structure
Planchers de combles perdus	5,2	5,2	5,2	–
Rampants de toiture de pente inférieure à 60°	5,2	4,5	4,0	En zone H1, R minimale réduite jusqu'à 4 m².K/W lorsque les travaux d'isolation entraînent une diminution de la surface habitable des locaux concernés supérieure à 5 % en raison de l'épaisseur de l'isolant
Planchers bas donnant sur local non chauffé ou extérieur	3,0	3,0	2,1	R minimale diminuée à 2,1 m².K/W pour adapter l'épaisseur d'isolant nécessaire à la hauteur libre disponible si celle-ci est limitée par une autre exigence réglementaire.

2.2 Le label BBC résidentiel 2024 pour une rénovation globale ou par étapes

Entré en vigueur le 1er janvier 2024, ce label se présente selon deux niveaux avec une **rénovation globale** pour l'un et une **rénovation par étapes** pour le second[1].

1. Voir l'arrêté du 3 octobre 2023 relatif au contenu et aux conditions d'attribution du label prévu à l'art. R. 171-7 du Code de la construction et de l'habitation.

2.2.1 Le label « BBC rénovation résidentiel 2024 »

Ce label est **obtenu si le bâtiment respecte les exigences suivantes** :

– l'atteinte de la classe A ou B du DPE ;

– l'étude des postes de travaux de rénovation énergétique : l'isolation des murs, l'isolation des planchers bas, l'isolation de la toiture, le remplacement des menuiseries extérieures, la ventilation, la production de chauffage et d'eau chaude sanitaire (ECS), la production de froid ainsi que le traitement des interfaces associées ;

– l'installation de protections solaires extérieures sur les baies vitrées des pièces de vie et des locaux à sommeil, si aucune protection solaire extérieure n'est déjà installée ;

– les déperditions thermiques par transmission à travers les parois et les baies d'un bâtiment respectent des conditions minimales de performance ;
– la perméabilité à l'air de l'enveloppe sous 4 Pa, Q4Pa-surf, est inférieure ou égale à 1,20 $m^3/(h.m^2)$ de parois déperditives, hors les planchers bas ;
– une ventilation générale et permanente est assurée dans chaque logement. Toutes les pièces du logement doivent être ventilées et le système doit être conçu pour que de l'air entre ou sorte du logement dans toutes les pièces de vie et sorte du logement dans toutes les pièces humides.
Pour l'obtention de ce label, **il est aussi interdit** :
– d'installer un nouveau système de chauffage qui inclut un ou plusieurs équipements pour lesquels le niveau d'émissions de GES de chacun est supérieur à 150 g $eqCO_2$/kWh PCI et dont le taux de couverture est supérieur à 30 % ;
– de conserver un système de chauffage, un système de production d'ECS ou un système de chauffage et de production d'ECS, dont les émissions de GES sont supérieures à 300 g $eqCO_2$/kWh PCI, y compris si ce système est destiné à se trouver intégré à un système hybride à l'issue du programme de travaux envisagé.

2.2.2 Le label « BBC rénovation résidentiel 2024 – première étape »

Ce label est obtenu si le bâtiment respecte les exigences suivantes :
– l'atteinte de la classe C *a minima* ;
– la planification des travaux dans le temps, en trois étapes au maximum, afin d'atteindre le niveau BBC rénovation 2024. Les travaux de rénovation doivent être programmés dans **un audit énergétique** ;
– la première étape de travaux doit inclure des travaux portant *a minima* sur les systèmes de ventilation, permettant de respecter des exigences minimales et deux postes de travaux traitant l'enveloppe du bâtiment. Le traitement d'un poste correspond au traitement de l'intégralité du poste concerné.
– les matériaux isolants utilisés à l'intérieur des procédés d'isolation destinés à l'isolation thermique des postes concernés par la première étape de travaux possèdent une résistance thermique supérieure ou égale à :
- 3,7 m^2.K/W pour les murs en façade ou en pignon, en cas d'isolation par l'intérieur ;
- 4,4 m^2.K/W pour les murs en façade ou en pignon, en cas d'isolation par l'extérieur ;
- 3 m^2.K/W pour les planchers bas ;
- 7,5 m^2.K/W pour les rampants de toiture ;
- 8,5 m^2.K/W pour les combles perdus ;
- 6,5 m^2.K/W pour les toitures terrasses ;
- 7,5 m^2.K/W pour les toitures terrasses inaccessibles ;
- pour les menuiseries, le coefficient de transmission thermique est inférieur à 1,3 W/m^2.K ;

– **la réalisation d'un test d'étanchéité**, permettant de repérer les principales fuites qu'il conviendra de traiter avant ou pendant la prochaine étape de travaux.
Pour l'obtention du label à ce niveau BBC première étape, il est **interdit** d'installer un nouveau système de chauffage qui inclut un ou plusieurs équipements pour lesquels le niveau d'émissions de gaz à effet de serre de chacun est supérieur à 150 g $eqCO_2$/kWh PCI et dont le taux de couverture est supérieur à 30 %.

3 Le conseil et les dispositifs d'accompagnement

3.1 L'État

Les pouvoirs publics essaient depuis des années de rendre le système d'information nécessaire à la prise de décision par les ménages pour engager des travaux de rénovation énergétique, plus clair, plus intelligible, moins mille-feuille et moins administratif.
En même temps, ils ont lancé des campagnes de promotion pour l'isolation des combles à 1 €, ont décidé d'interdire à la location les passoires thermiques et ont promu des systèmes d'aides financières qui varient dans le temps et qui ne poussent pas forcément à faire des rénovations globales et performantes en une ou deux étapes.
La sobriété est au cœur de tous les discours mais la rénovation énergétique pour atteindre le niveau BBC ou plus performant implique beaucoup plus que des actions de sobriété. Il s'agit d'une action, complexe, demandant d'élaborer un plan d'investissement mais aussi un plan de vie sur plusieurs mois, voire des années (travaux en site occupé, voire déménagement provisoire ou en attente d'accéder au logement), avec des moyens financiers loin d'être négligeables, **autour de 60 000 € en moyenne par maison.**
Les habitants ont aussi un **déficit de confiance** du fait de l'absence plus que fréquente de visibilité des performances réelles qui seront atteintes avec les travaux de rénovation. Au-delà de l'incertitude des prix, ce sont les résultats physiques qui sont pris en défaut, du fait des outils utilisés mais aussi des discours à dominante commerciale et de l'absence de stratégie globale.
Au-delà des aspects financiers, la stratégie globale et performante doit être travaillée en amont avec des architectes et des bureaux d'études capables de donner confiance et d'organiser le projet en tenant compte des contraintes spécifiques du bâti, de la prise en compte (à tout moment de la rénovation) des problématiques d'étanchéité à l'air et à l'eau et *in fine* des attentes et objectifs du ménage.
Le bureau d'études doit aussi travailler en confiance avec les entreprises qui vont réaliser les travaux pour éviter les malfaçons, sources de pathologies futures et de perte de performance.
En sus des aides financières, l'État a mis en œuvre des mesures d'accompagnement et de conseil des ménages pour la rénovation de leur logement : un dispositif se met progressivement en place avec les professionnels de la rénovation « Mon Accompagnateur Rénov' » (fig. 3.1).

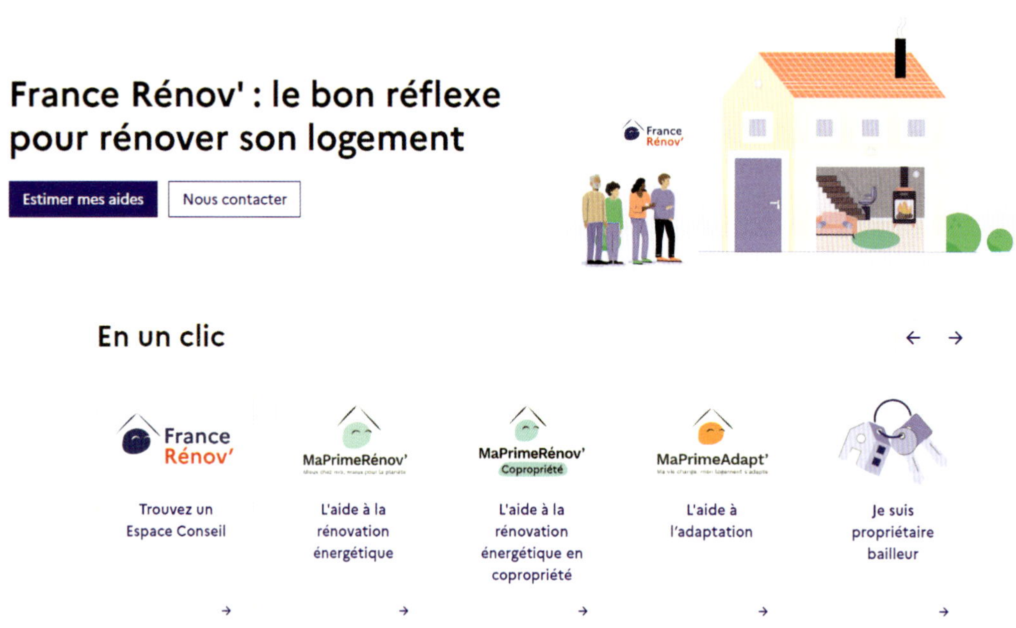

▲ **Fig. 3.1.** Les sites d'accompagnement des ménages de France Rénov' (Source : France-renov.gouv.fr)

3.2 Les initiatives régionales et locales

Plusieurs régions mènent des programmes d'accompagnement des ménages qui visent à renforcer la mobilisation et l'appropriation de la performance énergétique par l'ensemble des acteurs régionaux.

Le conseil et l'audit sont partout présents dans les démarches régionales. Ensuite, certaines régions travaillent davantage avec les professionnels (métier de rénovateur BBC dont la présence est obligatoire pour les travaux et charte des acteurs avec les entreprises RGE en Normandie, conventionnement entre la Région et les bureaux d'études thermiques en Bourgogne-Franche-Comté, création de plateformes locales de la rénovation dans le Grand Est avec des conseillers « Oktave » qui proposent des scénarios, mettent en relation les ménages avec des groupements d'artisans, recherchent les solutions de financement et suivent les chantiers...).

Les collectivités territoriales sont parties prenantes des politiques de transition écologique et énergétique. Dès 2011, nous avions mis l'accent sur le rôle primordial des collectivités locales pour impulser les actions de rénovation énergétique[1]. En 2016, le rapport Chirat-Denisart réalisé pour le Plan Bâtiment Durable suggérait d'ailleurs que les collectivités locales aient un rôle majeur dans l'animation et la coordination. Certes, tous les plans climat-air-énergie territoriaux (PCAET) mettent en avant la rénovation thermique des bâtiments mais les plans d'actions opérationnels restent très insuffisants, sans doute avec la peur de mettre le doigt dans un engrenage financier difficile à supporter pour les communes. Il existe toutefois des aides financières aux travaux (Conseils régionaux ou départementaux, Communauté de communes ou d'agglomération) qui peuvent compléter les aides nationales (pour les propriétaires occupants ou pour les propriétaires bailleurs).

Les collectivités devraient au moins **inciter à la réalisation d'une approche globale des travaux** (dans le cadre des audits), **favoriser la transversalité et la pluridisciplinarité des équipes de rénovation** (à l'instar du dispositif Dorémi), **montrer l'exemple par des opérations vitrine et favoriser la formation des professionnels** en s'appuyant notamment sur les centres de ressources régionaux.

Au plan de l'urbanisme, les collectivités territoriales peuvent orienter les choix énergétiques lors de la révision de leur **plan local d'urbanisme** (PLU ou PLU intercommunal), dans les projets d'aménagement et de développement durable (PADD) ou dans les OAP (Orientation d'aménagement et de programmation), comme à La Rochelle. Les règlements d'urbanisme doivent également être ouverts à des dérogations aux règles relatives à l'emprise au sol, à la hauteur, à l'implantation et à l'aspect extérieur des constructions, afin de permettre l'isolation par l'extérieur, l'isolation par surélévation des bâtiments existants et l'installation de dispositifs de protection solaire en saillie des façades[2].

De nombreux guides : conseils et aides existantes

Des solutions techniques éprouvées existent et chacun peut disposer d'ouvrages ou de guides dans lesquels *les conseils techniques pour la rénovation sont* largement diffusés. Citons comme source les agences de l'Anah et de l'AQC au niveau national ou des réseaux ou centres de ressources tels que le Cd2e, Ekopolis, Climaxion, Novabuild, Envirobat... dans les régions. Les rapports RAGE fournissent de nombreux conseils techniques ainsi que le Cercle Promodul au travers de ses fiches. Signalons aussi l'existence de nombreux ouvrages, guides et revues principalement dédiés à la rénovation écologique et aux matériaux biosourcés dont la bibliographie en fin d'ouvrage fait état.

Les aspects financiers sont tout aussi connus, notamment par le biais de publications d'associations telles que l'Institut négaWatt et par le biais des rapports officiels du Sénat ou de France Stratégie (accessibles sur leur site internet). Les conseils et les guides sur les outils financiers sont largement disponibles auprès des espaces Info Energie, des agences locales de l'énergie et plus récemment du service public « Mon Accompagnateur Rénov » (MAR) mis en place par l'État. Cet élément financier est évidemment crucial car un grand nombre de ménages n'a pas la capacité financière pour se lancer dans une rénovation lourde dont le coût peut varier de 60 000 € à 160 000 € pour une maison (avant les aides financières).

3.3 Les initiatives privées : l'exemple du dispositif Dorémi

Créé en 2012, le dispositif Dorémi (Dispositif opérationnel de rénovation énergétique des maisons individuelles)[3] permet de créer sur un territoire une offre de rénovation BBC pour les maisons individuelles construites principalement

1. Voir les pp. 217 à 222 de l'édition 2011 ainsi que les pp. 170 à 173 de l'édition 2018 de l'ouvrage de Catherine Charlot-Valdieu et Philippe Outrequin, *Rénovation énergétique des logements* (Éditions du Moniteur).

2. Voir l'ouvrage de Catherine Charlot-Valdieu et Philippe Outrequin, *Faire du PLU un projet de territoire durable* (Éditions Le Moniteur, 2023).

3. Voir www.renovation-doremi.com.

avant 1975. **Il cible donc les rénovations globales réalisées en une étape**. Cependant, l'analyse de son mode de fonctionnement permet de mettre en lumière les points de vigilance dans le cas d'une rénovation par étapes.

Dorémi est devenu une entreprise sociale et solidaire qui a pour mission de rendre accessible à tous la rénovation complète et performante de leur maison. Cette entreprise travaille en partenariat avec les régions et les collectivités territoriales et cherche à faciliter le parcours des ménages dans leur projet de rénovation : structuration du projet de rénovation, plan de financement et mobilisation, et formation des artisans locaux pour travailler en groupements.

Concrètement, l'action de Dorémi est de proposer une offre globale dans la réalisation d'opérations de rénovation performante et d'assurer une formation des compagnons et artisans *in situ* sur les chantiers.

Dorémi apporte un soutien aux propriétaires ayant un projet de rénovation globale en les aidant pour aller chercher les aides financières et en assurant la mise en relation avec des professionnels du bâtiment afin d'aboutir à un maximum de performance énergétique et économique.

Le dispositif s'articule autour de plusieurs acteurs :

– **la collectivité**, dont le rôle est de mobiliser l'ensemble des acteurs et d'avoir un rôle structurant dans la démarche ;

– **les artisans** qui s'engagent dans un dispositif de formation-action (90 h de formation, quatre maisons analysées avec une offre formulée et deux chantiers de rénovation réalisés) afin de former des groupements d'entreprises et de proposer une offre de rénovation BBC à coûts maitrisés. La qualité de la réponse économique est un des facteurs clés de réussite du programme Dorémi ;

– **le pilote du groupement d'entreprises**, interlocuteur du maître d'ouvrage ;

– **le formateur-expert** qui accompagne et forme les groupements ;

– **le maître d'ouvrage**.

Il existe actuellement environ **une centaine de groupements actifs à l'échelle du pays** (www.renovation-doremi.com).

Dorémi a pour partenaires 113 intercommunalités implantées dans sept régions. Ses groupements rassemblent 400 artisans.

Une des spécificités de ce dispositif est de mobiliser l'ensemble du groupement autour d'un « *process qualité* » dont l'étanchéité à l'air du logement est le principal moteur. En effet, au-delà de la performance intrinsèque du bâtiment, le traitement de l'étanchéité à l'air dans un projet de rénovation BBC permet de fédérer les différents artisans et de travailler sur les interfaces des différents lots. Les enjeux et les conséquences d'un mauvais traitement de l'étanchéité à l'air dans une rénovation par étapes seront d'autant plus importants qu'ils révèleront un problème de coordination ou des pertes d'information.

Une série de fiches « *interfaces* » pour les ménages et accompagnateurs Rénov' ainsi que pour les artisans a été réalisée : 69 fiches permettent d'identifier les points de vigilance entre deux postes de travaux traités de façon non simultanée sur le chantier. Les risques liés au report d'un poste sont identifiés dans chaque fiche, en comparaison avec une rénovation réalisée en une seule étape. En complément, des pistes de solutions (mesure corrective après travaux ou anticipation dès la première étape) sont proposées.

▲ **Fig. 3.2.** Un ouvrage de référence

4 13 millions de maisons individuelles à rénover

4.1 Le parc

La France compte 30,4 millions de résidences principales dont 56,1 % de maisons individuelles, soit **17 millions de maisons**.
La proportion varie fortement selon la densité de la zone d'habitat, passant de 93 % dans les zones rurales à 21 % dans l'agglomération parisienne.
Les maisons sont occupées à 81,5 % par leurs propriétaires, 13,2 % par des locataires du secteur privé, 5,2 % par des locataires dans le secteur social[1].
Le parc de maisons individuelles est assez ancien et se répartit en **quatre grandes familles** selon leur période de construction :
– avant 1948 : 5,3 millions de maisons ;
– période 1948-1974 (sans réglementation thermique) : 2,9 millions ;
– période 1975-1999 (avec une réglementation thermique mais des isolations caduques) : 4,8 millions ;
– depuis 2000 : 4 millions.
Près de la moitié des maisons individuelles a été construite avant la première réglementation thermique (1974) et **plus des trois quarts de ce parc doit être réhabilité d'ici 2050, soit plus de 400 000 maisons par an** si l'on veut respecter les engagements nationaux.

> Cet ouvrage s'intéresse tout particulièrement aux maisons construites avant le XXIe siècle devant faire l'objet d'une rénovation lourde, ce qui constitue un parc de 13 millions de maisons. Les maisons plus récentes ayant bénéficié d'une meilleure isolation (surtout à partir de la réglementation thermique RT 2012) ne rentreront dans le champ des rénovations lourdes qu'à partir de 2030.

La répartition des maisons par zone climatique indique que :
– 6,8 millions des maisons construites avant 2000 sont en zone H1 correspondant au climat le plus sévère, nécessitant une période de chauffage plus longue ;
– 5 millions sont dans la zone H2 ;
– 1,2 millions de maisons sont en zone H3.

La consommation d'énergie pour le chauffage des maisons est très impactée par la localisation et par la date de construction, dans un rapport allant d'un à quatre, ce qui laisse à penser que les **stratégies** de rénovation énergétique doivent être **territorialisées.**

4.2 La typologie

Le tableau 4.1 et la figure 4.1 permettent d'observer que les besoins de chauffage du parc de maisons construites avant 1949 sont inférieurs à ceux des maisons construites pendant les Trente Glorieuses et que la première réglementation thermique de 1974 a induit une réduction notable des consommations de chauffage.

▼ **Tab. 4.1.** Consommation moyenne de chauffage en énergie finale en $kWh_{EF}/(m^2.an)$ par région et période construction des maisons (Source : ENERTER (Énergies Demain) cité dans Pacte[2])

Régions	**Consommation moyenne de chauffage** ($kWh_{EF}/m^2.an$)		
	< 1948	*1948-1974*	*1975-2000*
Auvergne-Rhône-Alpes	200	215	160
Bourgogne-Franche-Comté	200	220	170
Bretagne	140	160	100
Centre-Val-de-Loire	155	175	130
Corse	150	110	60
Grand Est	200	220	160
Hauts-de-France	165	185	125
Ile-de-France	215	235	135
Normandie	155	170	120
Nouvelle Aquitaine	145	160	105
Occitanie	130	140	85
Pays de la Loire	140	150	105
Provence-Alpes-Côte d'Azur	120	135	70

1. Voir le rapport du Ministère de la Transition écologique et de la Cohérence des territoires, *Chiffres clés du logement* (juillet 2022).

2. Voir l'*Analyse détaillée du parc résidentiel existant* du programme Pacte publiée en juillet 2017.

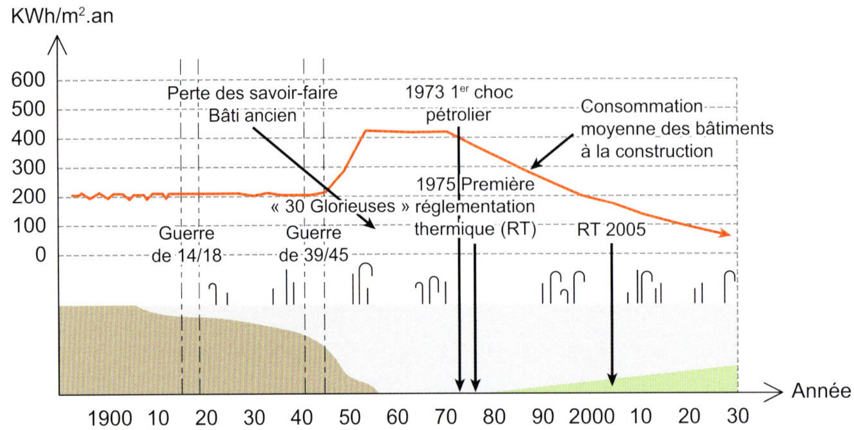

▲ **Fig. 4.1** – L'évolution des performances énergétiques du parc résidentiel français (Source : CREBA)

L'analyse des maisons doit aussi distinguer leur nature :

– *Dans l'habitat ancien*, il est nécessaire de distinguer les maisons rurales, les maisons de bourg ou de ville, mitoyennes sur deux, voire trois côtés, et les maisons bourgeoises ; ces dernières pouvant parfois être aujourd'hui divisées en plusieurs logements.

Puis, à la fin du XIXe siècle, apparaissent les pavillons de banlieue, y compris dans le logement social (villas HBM), la loi Loucheur de 1928 favorisant l'émergence des banlieues pavillonnaires. Ces maisons sont généralement mitoyennes avec un gabarit de type R+1 + combles. La pierre meulière, le moellon ou la brique sont les matériaux les plus employés.

– *Sur la période 1948-1974*, les pavillons sont principalement en parpaings, moellons ou briques (creuses ou pleines) dans la première périphérie des villes, comprenant un rez-de-chaussée, un sous-sol et des combles souvent habitables. Progressivement, les maisons construites s'éloignent des centres-villes. À partir de la fin des années 1960, les pavillons groupés ou en lotissement se multiplient à côté des maisons en secteur diffus, avec des caractéristiques constructives qui se différencient.

– *Après 1974* et le premier choc pétrolier, les réglementations thermiques permettent de progressivement réduire les besoins de chauffage. Les doubles vitrages remplacent progressivement les simples vitrages et la toiture comme les façades commencent à être isolées thermiquement. Les maisons sont généralement construites au milieu de leur parcelle et les lotissements fleurissent. Les maisons sont réalisées principalement en maçonnerie parpaings (2/3 des maisons) mais aussi en briques, en béton banché ou en béton cellulaire. Des techniques nouvelles apparaissent durant les années 1980 avec les murs sandwich, les panneaux préfabriqués et le bois (1 % du marché à la fin des années 1980).

Cette évolution se traduit dans les consommations d'énergie de chauffage et dans les émissions de gaz à effet de serre (tab. 4.2)

Cette typologie est reprise dans cet ouvrage pour une présentation aussi exhaustive que possible des problématiques de rénovation énergétique performante et durable des différents types de maisons individuelles.

▼ **Tab. 4.2.** Typologie des maisons individuelles en France (Source : ENERTER cité dans Pacte)

Période de construction	**Types de maisons**	**Parc de logements** (%)	**Consommation finale d'énergie tous usages** (%)	**Chauffage – résidences principales** ($kWh_{EF}/(m^2.an)$)	**Consommation totale d'énergie** (TWh/an)	**Émission de GES** (Mt eqCO_2)
Avant 1914	Maison rurale	10 %	10 %	214	36,2	10,2
	Maison bourgeoise	1 %	2 %	154	8,2	1,8
	Maison de bourg	13 %	12 %	194	42,3	8,6
1914-1948	Villas	4 %	6 %	222	19,8	4,3
	Pavillon de banlieue	11 %	13 %	223	45,1	10,1
1949-1974	Pavillon de reconstruction	13 %	15 %	226	53,7	12,7
	Pavillon des années 1960/1970	10 %	11 %	177	38	9,1
Après 1974	Pavillon fin des années 1970	13 %	12 %	142	44,1	9,4
	Pavillon des années 1980	12 %	10 %	106	33,9	6,3
	Pavillon des années 1990	12 %	10 %	95	33,8	6,9

PARTIE 2

Les éléments essentiels d'une rénovation performante et durable

5 Choisir une démarche adaptée au projet

5.1 L'approche initiale

5.1.1 Le diagnostic

La nécessité d'un diagnostic complet de la maison et du comportement des habitants

Toute rénovation énergétique devrait s'appuyer simultanément sur les quatre principes suivants[1] :
– la **sobriété énergétique**, consistant à mener une action volontaire de réduction de ses consommations, visant à supprimer les gaspillages, notamment avec une meilleure gestion de l'énergie et des gestes plus économes ;
– la **prise en compte du confort et de la santé des usagers**, notamment par le renouvellement de l'air, et la recherche du confort thermique et du confort d'été ;
– l'**efficacité énergétique**, qui permet de réduire les consommations d'énergie pour un besoin donné, notamment par la réduction des déperditions thermiques du bâtiment ;
– la **décarbonation des vecteurs énergétiques** avec le recours aux **énergies renouvelables et décarbonées.**
Tout projet de rénovation doit démarrer par **un diagnostic complet** de la maison et du comportement des habitants. On constate que les actions combinées prenant en compte l'aspect technique et la façon dont vivent les usagers sont les plus efficaces[2].
Or, aujourd'hui, il y a encore trop peu de bureaux d'études capables d'intervenir sur l'ensemble de ces problématiques, de façon objective et raisonnée. De même, la plupart des artisans et petites entreprises locales couvrent un ou deux postes de travaux et rarement l'ensemble des postes de travaux nécessaires pour atteindre le niveau très performant (BBC ou mieux). Parfois les travaux sont considérés comme étant en concurrence : certains acteurs privilégiant le système technique (la pompe à chaleur), d'autres l'isolation des combles et le changement des menuiseries, sans se préoccuper de l'isolation de l'enveloppe et surtout du système de ventilation et de renouvellement d'air.

1. Ces principes préconisés par l'association négaWatt ont d'ailleurs servi de fil conducteur à l'ouvrage *Nouvelles architectures écologiques, 28 opérations exemplaires en matière de transition énergétique* de C. Charlot-Valdieu et P. Outrequin (Éd. Le Moniteur, 2016).
2. Consulter le projet Renoptim porté par le CSTB et l'USH (2022-2025) : il s'agit d'une expérimentation sur 80 logements en France métropolitaine combinant trois approches : mesures physiques, mesures physiologiques et ressenti des occupants.

La rénovation exige une montée en compétences qui ne sera possible que par la formation et la coopération entre les acteurs, en particulier une articulation intelligente entre l'ingénierie (audit, conception, feuille de route) et la réalisation afin de conserver **une vision globale et continue du projet**[3].
Par ailleurs, il est de plus en plus légitime de penser que les rénovations doivent associer l'atténuation du changement climatique – ce à quoi contribue la rénovation énergétique – et l'adaptation au changement climatique. **L'atténuation** correspond à la décarbonation et **l'adaptation** consiste à prendre en compte les risques de pathologies ou les risques pour la structure même de la maison lors d'épisodes de canicules, de pluie et de sécheresse.

Les éléments d'un diagnostic complet

– **Informations générales sur la maison** (description générale, implantation, altitude, climat…) et sur son **environnement topographique et naturel** : présence d'arbres pouvant créer un masque pour les apports solaires ou présence d'une nappe d'eau, stagnante ou en mouvement, qui a une influence directe sur l'humidité ambiante. Le diagnostic doit intégrer le microclimat local. Un fond de vallée n'offre pas les mêmes conditions de vie qu'au sommet d'une colline ; l'exposition ou non au vent contribue à rendre la maison plus ou moins sensible au courant d'air froid, à la pluie…
– **Diagnostic patrimonial** : intérêt architectural ou historique, opportunités et contraintes en matière de conservation de l'existant (zone classée ABF…).
– **Diagnostic technique** détaillant l'état du bâtiment et de ses composants :
  - système constructif, dimensions des éléments constitutifs, techniques de mise en œuvre, orientation et volumes, ouvertures, dépendances, espaces tampons…
  - analyse de l'enveloppe du bâtiment (murs, toiture, plancher bas, plancher haut, menuiseries extérieures) : matériaux, propriétés physiques et état sanitaire (présence de pathologies, de dégradations ou d'altérations, évaluation des désordres à traiter[4]) ;
  - analyse du système de ventilation et de renouvellement d'air.

3. Voir la publication de l'AQC (Agence pour la qualité de la construction), *Points sensibles ITI-ITE* (décembre 2019).
4. Voir les pp. 46 à 51 du guide pratique de Fabienne Sébilo et Hervé Fillipetti, *Restaurer, construire en vert* (Éd. PC, 2009).

– **Diagnostic des risques** pour la maison, liés au changement climatique.

– **Diagnostic énergétique et environnemental** :
- niveau de déperditions thermiques du bâti et de ses éléments,
- consommation théorique et réelle du bâtiment et émissions de CO_2 associées,
- évaluation de l'état des systèmes techniques du bâtiment,
- conditions de gestion, de maintenance et d'utilisation du bâtiment,
- évaluation du niveau de confort intérieur, caractérisé selon les saisons, en particulier hiver et été (fortes chaleurs).

Un outil utile pour l'audit énergétique d'une rénovation globale et performante : la simulation thermique dynamique (STD)

La STD est un outil informatique qui décrit l'état thermique d'un bâtiment (analyse de l'enveloppe du bâtiment, de son inertie) avec un pas de temps horaire, ce qui permet de prendre en compte les impacts des apports solaires gratuits, les effets de masque, l'impact du vent sur les façades, les phénomènes de ventilation naturelle, la présence de protections solaires...

Elle évalue le confort thermique du bâtiment l'hiver et l'été, procède à une approche globale de l'éclairage (en tenant compte de la lumière naturelle et de la modulation de l'appoint artificiel, des protections solaires...).

La STD fournit une estimation très fiable des consommations d'énergie et présente une approche réaliste du fonctionnement thermique du bâtiment, nécessaire pour la recherche des solutions optimales de la rénovation.

Plusieurs logiciels sont opérationnels tels que Pleiade Comfie, ThermSTD (Perrenoud), ClimaWin Simulation, STD Comfie...

– **Diagnostic sociologique :**
- besoins des maîtres d'ouvrage (nombre de pièces, aménagements intérieurs, rôle des différentes parties de la maison ; par exemple, des combles, importance de la surface habitable dans les différentes pièces...) ;
- objectifs poursuivis par les maîtres d'ouvrage, définition des priorités en termes de confort, de dépenses énergétiques...
- enveloppe financière et évaluation des aides mobilisables ;
- organisation future du chantier (site occupé ou non).

5.1.2 Une approche multicritère pour le choix des actions/travaux

Le projet de rénovation énergétique d'une maison sera défini à l'issue de la vision globale donnée par le diagnostic comme la résultante de différents paramètres : l'objectif de confort, le traitement des pathologies existantes, l'anticipation des pathologies futures et la contrainte économique.

Un objectif de confort

Lors d'une rénovation, les objectifs des maîtres d'ouvrage (propriétaires) ne sont pas seulement de dépenser moins pour l'énergie mais revêtent aussi des dimensions de confort, de mises aux normes, d'embellissement, voire d'agrandissement et de réagencement de la maison pour améliorer sa qualité d'usage.

Les maîtres d'ouvrage vont aussi planifier leur projet à travers le parcours de vie qu'ils anticipent : années à passer dans le logement, évolution de la famille et des besoins, évolution professionnelle...

La **recherche du bien-être et du confort** est très souvent la priorité. Celle-ci peut être envisagée par l'analyse de trois composantes[5] :

– **Le confort physique** qui peut être ressenti par des éléments que procurent certains matériaux ou certaines ambiances : le « *silence sensoriel intérieur* » (absence de sentiment de froid et de chaud[6], de courant d'air, qualité acoustique), la qualité hygroscopique (mur perspirant) et la qualité hygrothermique (régulation chaud – froid), particulièrement intéressante pour le traitement de la problématique du confort d'été, la qualité de l'éclairement avec un besoin accru d'éclairage naturel.

– **Le confort esthétique** : la sensation de douceur, de chaleur, de beau, le rapport à la nature et au vivant (sentiment de nature). C'est aussi la qualité visuelle avec l'ouverture sur les espaces les plus beaux.

5. Voir le rapport de recherche de Cécile Pélissier, *Matériaux biogéo-sourcés et expérience de nature, une approche sensible* publié en novembre 2020.

6. Les bétons et mortiers de chanvre sont des matériaux « *à faible effusivité* ». Celle-ci va participer au confort intérieur car le matériau est considéré comme « *chaud* ». Cette effusivité est faible en comparaison avec des matériaux comme le béton armé ou le marbre. Cette caractéristique est utilisée pour contrer le phénomène de paroi froide bien connu dans le bâti ancien. En appliquant un *enduit hygrothermique en mortier de chanvre* sur un mur de bâti ancien, en plus de respecter la perméance de la paroi d'origine et d'améliorer son caractère isolant et de respecter son inertie de transmission, on effectue une correction thermique qui permet d'éviter le phénomène de paroi froide.

– **Le confort psychologique** : l'appropriation du logement, la satisfaction et la cohérence des choix de vie.

Le confort ne se résume pas à la température à l'intérieur de la maison[7]. Certes, le confort est mieux assuré entre certains seuils (de 17 à 25 °C) mais cela ne suffit pas forcément pour définir le confort thermique. En effet, le ressenti est aussi très important, lequel est influencé par de nombreux facteurs liés à la physique du bâtiment et des fluides qui le parcourent :

– **Des courants d'air** qui traduisent le déplacement de l'air en fonction de sa température (l'air froid plus lourd tend à se déplacer vers l'air chaud plus léger et moins dense) et son contact avec la peau. Ces courants d'air sont liés à des défauts d'étanchéité et à la présence de parois froides.

– **De l'humidité** : en hiver, un air humide augmente sa capacité de capter des calories sur la peau et de la refroidir ; en été, un air humide limite les capacités du corps d'évaporer la chaleur par sudation. L'évacuation de l'humidité se fera par un taux de renouvellement d'air suffisant et par la migration de la vapeur d'eau au travers des parois. Le taux d'humidité relative optimal doit être compris **entre 40 et 60 %** pour des températures intérieures allant de 17 à 23 °C.

– **De l'inertie** de la maison : celle-ci favorise la stabilité de la température.

– **De l'existence de parois froides** : elles absorbent des calories, y compris celles des personnes à proximité (par rayonnement), et augmentent la sensation de froid.

Ces éléments doivent être pensés lors du diagnostic afin de préconiser les bonnes solutions et d'éviter les risques de désordres futurs.

Le traitement des pathologies existantes et l'anticipation des pathologies futures

Les pathologies existantes et potentielles doivent être prises en compte dans le diagnostic et posent des questions à la fois techniques et architecturales dont l'impact à moyen et long terme est très important : la gestion de l'humidité, la gestion de l'étanchéité à l'air et la suppression des ponts thermiques. **L'intervention d'un maître d'œuvre ou d'un architecte peut s'avérer déterminante**.

La question de **l'humidité** est récurrente sur tous les bâtiments existants. Elle est la source de pathologies futures et aussi d'inconfort. C'est la pérennité de la maison qui est en jeu. L'équilibre hygrothermique des différentes solutions proposées doit être étudié.

Le confort d'été devient un paramètre essentiel pour la qualité d'usage d'une maison. Au-delà de la rénovation thermique, toutes les mesures doivent être envisagées pour faire face au dérèglement climatique, et en particulier l'été (voir l'encart *Adaptation au changement climatique*).

L'étanchéité à l'air de l'enveloppe de la maison, autrement dit les transferts d'air entre intérieur et extérieur, doivent être pris en compte car les fuites d'air doivent être minimisées pour atteindre l'objectif de performance énergétique mais aussi pour assurer la pérennité du bâti et le confort des occupants (il est indispensable de procéder à des tests, y compris pendant les travaux, afin de pouvoir corriger les défauts d'étanchéité à l'air le plus tôt possible).

Les solutions techniques de rénovation doivent aussi être étudiées au regard **d'un taux de renouvellement d'air suffisamment élevé** et d'un système de ventilation performant, ce qui permet de gérer correctement l'humidité à l'air du bâti mais ne fonctionnera bien que si l'enveloppe du bâtiment est étanche à l'air.

Adaptation au changement climatique

En rénovant globalement sa maison, il serait inopportun de ne pas prendre en compte les impacts du changement climatique. Ceux-ci sont principalement l'**élévation générale de la température,** les **vagues de chaleur**, les risques d'**inondations** et le **retrait-gonflement des argiles** liés à la sécheresse.

Le **confort d'été** fait partie intégrante des stratégies de rénovation, autant que le confort thermique l'hiver. L'isolation, le choix des matériaux hygroscopiques, les techniques de rafraîchissement, la ventilation, les protections solaires et le comportement des occupants (gestion des ouvrants par exemple) représentent un ensemble d'actions et de techniques à mettre en œuvre.

Les périodes de canicule et de chaleurs extrêmes sont plus difficiles à gérer mais exigent un cumul des actions précédentes et une attention particulière pour les personnes à risque.

Les inondations peuvent concerner une commune sur deux en France. La protection des bâtiments est en relation directe avec la gestion des bassins versants, des eaux de ruissellement, l'entretien des rivières, la perméabilisation des sols, la construction de bassins de rétention, etc. À l'échelle du bâtiment, les mesures sont plus limitées mais les maisons doivent être adaptées aux risques en limitant les espaces habitables en sous-sol, en favorisant la surélévation, en créant des fenêtres de toit...

Le retrait-gonflement des argiles lié la sécheresse doit être combattu. Différentes solutions existent et doivent être prévues si nécessaire. L'arrosage peut être une solution suffisante. Par exemple les fondations des bâtiments peuvent être humidifiées par injection provenant d'un dispositif de récupération des eaux de pluie en toiture (projet MACH du Cerema).

7. Voir en *Annexes*, § 4 *Diagramme du confort thermique.*

La contrainte économique

Celle-ci peut être de nature à freiner les ambitions des maîtres d'ouvrage et faire que ceux-ci n'épuisent pas le gisement d'économie d'énergie.

Les maîtres d'ouvrage vont chercher à optimiser leur investissement en tenant compte aussi des aides, celles-ci pouvant permettre d'atteindre tout le gisement d'économies.

Il est toutefois indispensable de ne pas diriger les choix des techniques de rénovation en fonction des aides financières existantes, ce qui peut amener à ne pas épuiser le gisement d'économie d'énergie.

5.2 L'approche globale

5.2.1 Six postes de travaux

La rénovation énergétique d'un bâtiment est dite globale lorsqu'elle porte sur les six postes de travaux suivants et qu'elle est réalisée dans un délai de dix-huit mois pour les maisons individuelles[8] :

- isolation des murs,
- isolation des planchers bas,
- isolation de la toiture,
- remplacement des menuiseries extérieures,
- ventilation,
- production de chauffage et d'eau chaude sanitaire,

ainsi que sur le traitement des interfaces associées.

Cette rénovation est définie comme **performante** par la Loi Climat et Résilience (art. 155) si ces travaux assurent des conditions satisfaisantes de renouvellement de l'air et permettent le classement du bâtiment ou de la partie de bâtiment en classe A ou B (au sens de l'art. L. 173-1-1 du Code de la construction et de l'habitation). Le Code de la construction et de l'habitation précise qu'un bâtiment n'atteignant pas la classe B sera quand même performant si les six postes de travaux ont été traités permettant un gain de deux classes énergétiques (pour les bâtiments classés en E) ou d'atteindre *a minima* la classe C pour les bâtiments classés F ou G.

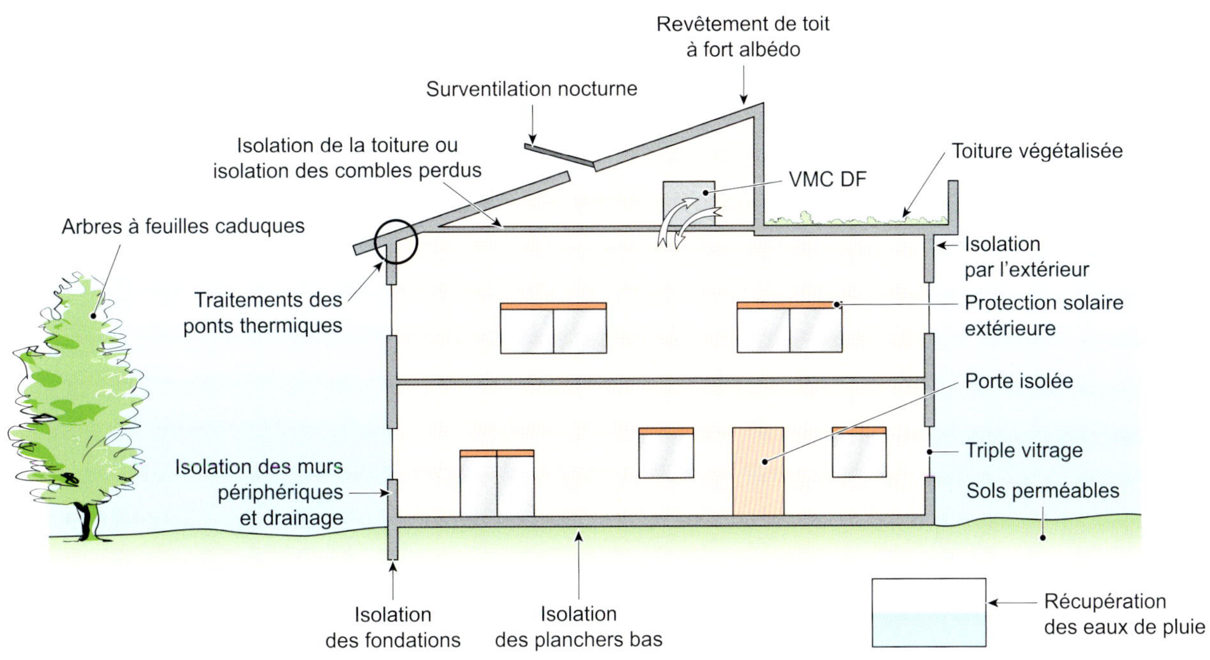

▲ **Fig. 5.1.** Approche globale de la rénovation d'une maison (Source : Ph. Outrequin)

8. Voir l'art. L. 111-1 du Code de la construction et de l'habitation : le délai maximal est de 18 mois pour les bâtiments ou parties de bâtiment à usage d'habitation ne comprenant qu'un seul logement et de 24 mois pour les autres bâtiments.

5.2.2 Les solutions techniques de rénovation (STR)

Concrètement, **le traitement de l'enveloppe ne peut pas être identique quelle que soit la maison**. Le système constructif, le climat, les travaux récents réalisés, la modénature conduisent évidemment à des solutions différenciées. Cependant, il est envisageable de penser à des bouquets de travaux relativement uniformisés. C'est la proposition émise, il y a déjà quelques années, par Olivier Sidler et que le bureau d'études Enertech a finalisée à travers des milliers de simulations[9].

L'idée est que pour atteindre 50 kWh/m^2 de consommation d'énergie pour le chauffage, en moyenne sur le parc résidentiel, il est nécessaire de proposer des solutions très performantes mais adaptées à chaque type de maison. Ces solutions ne préfigurent pas les choix de matériaux en termes d'isolant. Elles n'imposent pas non plus de système constructif. Ce sont des bouquets de travaux qui doivent permettre d'atteindre un objectif de performance élevée, en fixant des valeurs de résistance thermique minimale à respecter.

Dans le même temps, il est nécessaire d'apporter une attention particulière aux interfaces entre corps de métier pour atteindre la performance, ce qui est facilitée par **l'intervention simultanée et coordonnée de l'ensemble des corps de métier**.

La présentation de ces bouquets de travaux est intéressante pour montrer les solutions adaptées à chaque contexte : impossibilité d'isoler par l'extérieur ou d'isoler le plancher bas ou d'installer une ventilation double flux, ou encore des contraintes de superficies limitant la performance des murs...

Ces **bouquets de travaux** pour une rénovation globale allant vers le BBC considèrent les solutions suivantes (voir aussi tab. 5.1 et 5.2) :

– **l'isolation des murs** par l'extérieur (ITE) ou par l'intérieur (ITI) ;

– **l'étanchéité à l'air moyenne** (n50 = 3 vol/h, soit approximativement un Q4 = 0,8 m^3/(m^2.h), ce qui apparait déjà comme très performant au sens de la réglementation) ou **excellente** (n50 = 1 vol/h ce qui est le niveau recherché par le passif en rénovation) ;

– **le traitement de l'enveloppe** qui doit fournir des niveaux minimums de résistance thermique R des parois ou des niveaux maximums de déperditions thermiques pour les menuiseries U_w. Les niveaux d'excellence et minimales sont[10] :

- *Parois opaques* : excellence R = 6 m^2.K/W ; minimum R = 3,7 à 4,5 m^2.K/W.
- *Plancher bas* : excellence R = 4,5 m^2.K/W ; minimum R = 3,0 m^2.K/W.
- *Toiture très isolée* : excellence R = 10 m^2.K/W ou bien isolée R = 7,5 m^2.K/W.
- *Menuiseries triples vitrages* : excellence avec U_w = 0,80 W/(m^2.K) ; les autres solutions possibles sont des doubles vitrages avec des U_w allant de 1,1 W/(m^2.K) (très performant), à 1,4 W/(m^2.K) (performant) et 1,7 W/(m^2.K) (doubles vitrages récents).

– **la ventilation** préconisée est le système double flux (DF) mais, en cas d'impossibilité (hauteur sous plafond insuffisante par exemple) la ventilation simple flux hygroréglable (Hygro B) peut être maintenue.

Les performances minimales requises exigent une réelle intervention sur le bâti qui peut parfois s'avérer difficile. Par exemple :

– pour le plancher bas, une résistance minimale de 3 m^2.K/W demande une intervention périphérique horizontale ou verticale jusqu'aux fondations. Dans le cas des vide sanitaires, il faut aussi maintenir une ventilation minimale pour évacuer l'humidité ;

– pour l'ITI, il est nécessaire d'envisager une remontée de l'isolant à l'extérieur d'au moins 60 cm au-dessus de la dalle.

Les solutions proposées ne tiennent pas compte de la gestion de la vapeur d'eau qui nécessite une approche spécifique selon les matériaux de construction (pose de frein-vapeur ou de pare-pluie).

Les tableaux 5.1 et 5.2 présentent les modèles de bouquets de travaux préconisés par Enertech pour atteindre **35 kWh/(m^2.an)** de consommation pour le chauffage. Avec le chauffage électrique par radiateurs/convecteurs, l'objectif pour le besoin thermique de chauffage est porté à 25 kWh/m^2.

9. Voir Enertech scop, *Les Solutions Techniques de Rénovation STR*, avril 2023.

10. Pour la définition des coefficients R et U et le mode de calcul du coefficient de déperditions thermiques U des parois à partir des résistances thermiques R (voir *Annexes*).

▼ **Tab. 5.1.** Analyse des bouquets de travaux (STR ou solutions techniques de rénovation)

Solutions proposées	STR	Mode de chauffage : par combustion ou PAC (Valeurs d'excellence en bleu)						
		Isolation	*Étanchéité n50* (vol/h)	*Murs* R (m^2.K/W)	*Plancher bas* R (m^2.K/W)	*Toiture* R (m^2.K/W)	*Menuiseries* U_W (W/(m^2.K))	*Ventilation*
ITI, étanchéité à l'air moyenne : forte isolation de l'enveloppe et VMC DF	1	ITI	3,0	6	4,5	10	1,1	DF (Double flux)
Idem STR 1 mais murs peu isolés (4,5) : passage au triple vitrage	2	ITI	3,0	4,5	4,5	10	0,8	DF
Une très bonne étanchéité compense le maintien de DV existant	3	ITI	1,0	4,5	4,5	10	1,7	DF
Une isolation difficile des planchers bas conduit à améliorer la performance des ouvrants (U_w = 1,4 ou U_w = 1) L'absence d'isolation du plancher bas exige une augmentation de la résistance des murs d'au moins 1 m^2.K/W	4	ITI	1,0	3,7 à 4,5	3	10 ou 7,5	1 à 1,4	DF
ITE, étanchéité à l'air moyenne, murs peu isolés, toiture moyennement isolée, DV récent Par rapport à STR 3 : le passage de l'ITI à l'ITE compense la perte d'étanchéité à l'air et une moindre épaisseur d'isolant dans la toiture	5	ITE	3,0	4,5	4,5	7,5	1,7	DF
Idem 5 mais amélioration des DV et moindre isolation des planchers bas	6	ITE	3,0	4,5	3	7,5	1,4	DF
Une faible étanchéité à l'air et une ventilation simple flux exigent un renforcement important de l'enveloppe	7	ITE	3,0	6	4,5	10	0,8	Hygro
ITE et très bonne étanchéité à l'air permettent de relâcher les contraintes sur l'enveloppe	8	ITE	1,0	4,5	3	7,5	1,7	DF
Idem STR 8 mais les murs moins isolés impliquent l'amélioration des menuiseries	9	ITE	1,0	3,7	3	7,5	1,4	DF
Idem STR 8 mais la ventilation simple flux impose la pose de menuiseries très performantes	10	ITE	1,0	4,5	3	7,5	1,1	Hygro

(Source : Enertech)

▼ **Tab. 5.2.** Analyse des bouquets de travaux pour les logements par effet Joule (convecteurs ou radiateurs électriques)

Solutions proposées	STR	Mode de chauffage : électrique par effet Joule (Valeurs d'excellence en bleu)						
		Isolation	*Étanchéité n50* (vol/h)	*Murs* R (m².K/W)	*Plancher bas* R (m².K/W)	*Toiture* R (m².K/W)	**Menuiseries** U_W (W/(m².K))	**Ventilation**
En ITI, l'enveloppe est très bien isolée avec un R de 7,5 pour les murs, l'étanchéité à l'air est forte ; triples vitrages et VMC DF sont nécessaires pour un besoin de chauffage équivalent au passif rénovation	1	ITI	1,0	7,5	6,5	10	0,8	DF (Double flux)
L'ITE réduit les besoins d'isolation des murs, du plancher bas et la performance des menuiseries	2	ITE	1,0	6,0	4,5	10	1,1	DF
Idem STR 2ᵉ ; la réduction de l'isolation de l'enveloppe exige le passage aux triples vitrages	3	ITE	1,0	4,5	3,0	10	0,8	DF

(Source : Enertech)

Ces solutions techniques de rénovation (STR) fournissent une approche cohérente de la rénovation globale, sachant que le traitement de chacun des types de travaux requis ne peut pas être uniforme et dépend du contexte bâti et architectural. Elles permettent ensuite de traiter les systèmes techniques de production de chaleur et d'eau chaude sanitaire.

5.2.3 Définir le bon niveau de consommation d'énergie de chauffage

Distinguer les énergies utile, finale et primaire

Il est nécessaire de distinguer **le besoin thermique de chauffage** qui est l'énergie nécessaire pour assurer la température de confort dans la maison. On parle aussi d'**énergie utile**.

Ce besoin doit être satisfait avec des systèmes (chaudière, pompe à chaleur) dont les rendements permettent d'évaluer **la consommation d'énergie finale** qui est aussi la consommation **facturée.**

Enfin, si l'on tient compte des pertes de rendement pour produire et transporter l'énergie, on fait apparaître **la consommation d'énergie primaire**. Le passage énergie primaire/énergie finale fait l'objet de **conventions**. Dans la réglementation énergétique la plus récente (RE2020), l'énergie primaire est comptée comme l'énergie finale sauf pour l'électricité qui a un coefficient de conversion de 2,3 (au lieu de 2,58 auparavant).

Exemple pour un besoin en énergie utile de 15 kWh/m²

Avec une **chaudière gaz** dont le rendement est de 90 % pci, la consommation finale est de 15/0,9 = 16,7 kWh/m² et la consommation d'énergie primaire est de 16,7 × 1 = 16,7 kWh_{EP}/m^2.
Avec un **radiateur électrique** dont le rendement est de 100 %, la consommation finale est de 15/1,0 = 15 kWh/m² et la consommation d'énergie primaire est de 15 × 2,3 = 34,5 kWh_{EP}/m^2.
Avec une **pompe à chaleur électrique** dont le coefficient de performance (COP) est de 3,0, la consommation finale sera de 15/3 = 5,0 kWh/m² et la consommation d'énergie primaire est de 5 × 2,3 = 11,5 kWh_{EP}/m^2.

Le besoin thermique de chauffage s'évalue ensuite par la différence entre les déperditions thermiques du bâtiment et l'ensemble des apports gratuits (solaires et internes). Le graphique de la figure 5.2 met en évidence le bilan énergétique du bâtiment, mais ce type de graphique n'est effectué que dans les rénovations allant vers le standard passif.

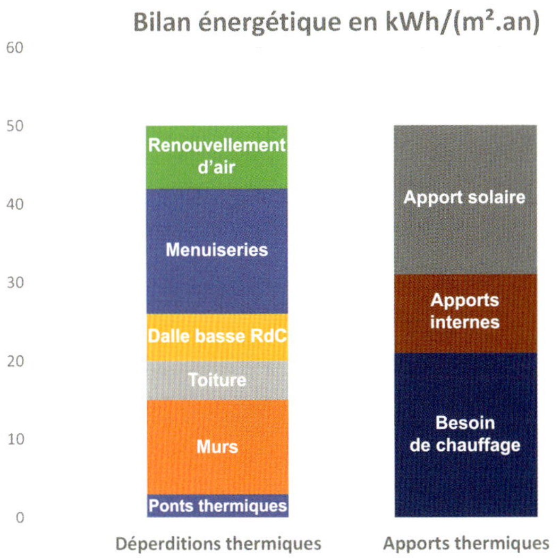

▲ **Fig. 5.2.** Besoin thermique de chauffage : équilibre entre les déperditions thermiques et les apports
(Source : C. Charlot-Valdieu et Ph. Outrequin)

Estimer le besoin thermique et le niveau optimal de consommation d'énergie

Dans la réalité, certaines maisons atteindront plus facilement le niveau BBC que d'autres. Il est donc important d'essayer d'aller au-delà des attentes et d'optimiser le programme de travaux.

À partir de la typologie de bâtiments résidentiels réalisée par Pouget Consultants pour l'Ademe dans le cadre du projet européen TABULA[11], Enertech a simulé pour chaque classe de logements des rénovations globales et performantes en retenant les STR les plus performantes[12].

Cette analyse d'Enertech (tab. 5.3 et 5.4), mais aussi d'autres études[13], montre que la rénovation globale et performante **n'est pas atteinte**, ou sinon très difficilement pour plusieurs types ou classes de maisons : les maisons individuelles isolées construites avant 1948 et les maisons mitoyennes d'après-guerre (1948-1960), ce qui constitue un panel de près de 4 millions de maisons.

En revanche, **la rénovation globale et performante des maisons des années 1970 permet d'atteindre assez facilement le niveau BBC**. Ceci permet finalement que, pour l'ensemble de la typologie de maisons, la rénovation globale et performante atteint en moyenne l'objectif BBC (71 kWh_{EP}/m^2.an).

Pour atteindre les objectifs nationaux à l'horizon 2050, il est donc nécessaire que des rénovations aillent au-delà du niveau BBC afin que l'ensemble du parc atteigne « en moyenne » l'objectif BBC.

11. *Projet TABULA ; Bâtiments résidentiels ; typologie du parc existant et solutions exemplaires pour la rénovation énergétique en France*, Pouget Consultants pour l'Ademe et Programme Énergie Intelligente en Europe, 2015. Voir https://episcope.eu/fileadmin/tabula/public/docs/brochure/FR_TABULA_TypologyBrochure_Pouget.pdf.

12. ADEME, Dorémi, Enertech. *La rénovation performante par étapes - Étude des conditions nécessaires pour atteindre la performance BBC rénovation ou équivalent à terme en logement individuel*, 2021. Voir https://media.renovation-doremi.com/filer_public/5c/93/5c936214-25b2-4f11-8923-5aa89d28164c/synthese-renovations-performantes-par-etapes-2021.pdf.

13. La Calade, *Élaboration d'une stratégie de réhabilitation énergétique des logements de la Communauté d'agglomération du Libournais*, Cebatrama, 2014. Dans cette étude portant sur 23 500 maisons, une typologie a été créée avec 11 classes de maisons individuelles qui ont ensuite été croisées avec le niveau de revenus des propriétaires occupants.
La Calade, *Approche territoriale de la réhabilitation énergétique du secteur résidentiel. Recherche 2008-2010 pour le programme de recherche du PUCA-PREBAT « Politique de l'habitat, énergie et effet de serre »*, août 2010. Dans cette étude portant sur 15 000 maisons individuelles, une typologie a été créée en distinguant 14 classes de maisons individuelles selon la période de construction, le type (isolée, mitoyenne en ville ou en bande), la modénature (simple ou complexe) et le niveau social (site web du PUCA et outrequin.philippe@gmail.com).

▼ **Tab. 5.3.** Consommation d'énergie pour le chauffage et l'eau chaude sanitaire dans le cas d'une rénovation globale et performante (RGP) des maisons individuelles isolées

Bâtiment exemplaire Maison isolée	**Caractéristiques**	**Parc et besoin de chauffage avant et après RGP**
	Avant 1915 Shab = 88 m^2 Brique et moellons Plancher bas sur cave Combles perdus 2 niveaux	PARC 2,5 millions BESOIN CHAUFFAGE 158 kWh/m^2 **CONSO RGP** **85 kWh$_{EP}$/m^2**
	1920 Shab = 86 m^2 Brique pleines ou creuses Plancher bas sur cave Combles aménagés 2 niveaux	PARC 1,43 million BESOIN CHAUFFAGE 169 kWh/m^2 **CONSO RGP** **80 kWh$_{EP}$/m^2**
	1966 Shab = 72 m^2 Parpaings ou briques avec enduit ; Plancher bas avec entrevous sur sous-sol Combles non aménagés 2 niveaux chauffés	PARC 1,46 million BESOIN CHAUFFAGE 172 kWh/m^2 **CONSO RGP** **67 kWh$_{EP}$/m^2**
	1970 Shab = 119 m^2 Parpaings creux et enduit Rez-de-chaussée sur sous-sol et garage Combles aménagés 1 niveau chauffé + combles	PARC 1,20 million BESOIN CHAUFFAGE 127 kWh/m^2 **CONSO RGP** **48 kWh$_{EP}$/m^2**
	1980 Shab = 130 m^2 Parpaings isolés avec PSE en ITI Rez-de-chaussée sur cave et garage Plancher bas en béton isolé Combles aménagés 1 niveau chauffé + combles	PARC 1,51 million BESOIN CHAUFFAGE 107 kWh/m^2 **CONSO RGP** **63 kWh$_{EP}$/m^2**

(Source : Enertech & Dorémi à partir du projet TABULA)

Effectuer une optimisation technico-économique (approche en coût global)

Dans la rénovation énergétique, l'approche en coût global peut être particulièrement pertinente et on peut déplorer que cette forme de pensée de « *l'homo economicus* » ne soit pas plus développée en France.

Le coût global consiste à ramener les dépenses et les économies générées par un projet sur une même ligne afin de **faire apparaître si le projet est rentable ou non**.

Le critère retenu est la valeur actualisée nette ou VAN qui est la différence entre la somme des économies d'énergie réalisées par la rénovation énergétique et le coût d'investissement initial. **Si la VAN est positive, les travaux sont rentables** : l'économie sera supérieure aux dépenses d'investissement.

La VAN est calculée sur un horizon lointain qui peut correspondre à la durée de vie physique de l'investissement ou à un horizon qui semble raisonnable pour le maître d'ouvrage et avec un taux d'actualisation qui permet de comparer des euros disponibles (économisés) sur différentes périodes – un euro disponible dans un an n'a pas la même

▼ **Tab. 5.4.** Consommation d'énergie pour le chauffage et l'eau chaude sanitaire dans le cas d'une rénovation globale et performante des maisons individuelles mitoyennes

Bâtiment exemplaire Maison mitoyenne	**Caractéristiques**	**Parc et besoin de chauffage avant et après RGP**
	1850 Shab = 144 m^2 Pierre Plancher bas sur terre-plein Combles aménagés 2 niveaux chauffés + combles Mitoyenne sur 2 côtés	PARC 0,75 million BESOIN CHAUFFAGE 152 kWh/m^2 **CONSO RGP** **72 kWh_{EP}/m^2**
	1930 Shab = 88 m^2 Moellons Plancher bas sur cave 2 niveaux chauffés + combles non aménagés Mitoyenne sur 2 côtés	PARC 0,40 million BESOIN CHAUFFAGE 170 kWh/m^2 **CONSO RGP** **68 kWh_{EP}/m^2**
	1954 Shab = 79 m^2 Parpaings ou mâchefer sans isolation Plancher bas sur terre-plein 2 niveaux + combles non aménagés Mitoyenne sur un côté	PARC 0,39 million BESOIN CHAUFFAGE 166 kWh/m^2 **CONSO RGP** **97 kWh_{EP}/m^2**
	1973 Shab = 105 m^2 Parpaings creux sans isolation Plancher bas sur cave 2 niveaux + toiture terrasse Maison en bande sur deux côtés	PARC 0,30 million BESOIN CHAUFFAGE 128 kWh/m^2 **CONSO RGP** **43 kWh_{EP}/m^2**
	1977 Shab = 75 m^2 Parpaings partiellement isolés en PSE Plancher bas sur local non chauffé avec isolation Combles non aménagés 1 niveau sur local non chauffé Maison en bande sur deux côtés	PARC 0,35 million BESOIN CHAUFFAGE 103 kWh/m^2 **CONSO RGP** **54 kWh_{EP}/m^2**

(Source : Enertech & Dorémi à partir du projet TABULA)

valeur qu'un euro disponible dans 10 ans ; entre les deux, on peut évaluer une équivalence correspondant au taux d'actualisation.

Les pouvoirs publics ont défini en 2021 un taux d'actualisation public qui est égal à 1,2 % + 2β %, β pouvant varier entre 0 et 5 % selon le risque et le bénéfice collectif attendu[14].

Les ménages ont une préférence pour le présent et une aversion au risque plus élevée qui augmente le taux d'actualisation ; **le taux d'actualisation des ménages varie de 7 % à plus de 25 %**, variable selon l'âge, le niveau de revenus et la catégorie socio-professionnelle[15].

14. Voir le *Guide de l'évaluation socioéconomique des investissements publics Complément opérationnel I – Révision du taux d'actualisation* publié par France Stratégie en octobre 2023.

15. Voir l'ouvrage de C. Charlot-Valdieu et Ph. Outrequin, *Mener un projet de construction ou d'aménagement en coût global* (Éd. Le Moniteur, 2e éd., 2018).

UN EXEMPLE D'ANALYSE EN COÛT GLOBAL

Imaginons un projet de rénovation globale et performante pour une maison des années 1960-1970 de 140 m², peu isolée, située en région parisienne.
Les factures de gaz pour le chauffage et l'ECS indiquent une consommation annuelle de 43 245 kWh, soit 308,9 kWh/m² habitable, responsable d'une émission de GES de 72 kg eqCO_2/(m².an).
L'ensemble des gestes de travaux est envisagé pour une rénovation globale et performante. Les murs, la toiture et le plancher bas sont rénovés avec des coefficients U après travaux de 0,20, 0,11 et 0,25 W/(m².K). Les menuiseries extérieures sont changées avec des doubles vitrages performants. Une ventilation double flux est posée et la chaudière gaz est renouvelée avec une chaudière à condensation. Des radiateurs basse température sont posés.
La simulation indique une consommation de chauffage de 39 kWh/(m².an) et de fourniture d'ECS de 24 kWh/(m².an), soit une consommation finale de 63 kWh/(m².an), passant la maison en classe B. De même, le cep calculé sur cinq usages est de 73 kWh/(m².an), inférieur au seuil des 80 kWh/(m².an) pour le niveau BBC.
Les émissions de gaz à effet de serre s'élèvent à 15 kg eqCO_2/(m².an), en classe C qui sera la nouvelle étiquette Climat de la maison.
L'analyse du coût global peut être faite avec une hypothèse de hausse du prix du gaz de 3 % par an (en euro constant, c'est-à-dire hors inflation courante) sur une période de 30 ans.
– L'approche sociétale correspond au fait que ces travaux doivent être faits **pour répondre aux engagements de l'État** sur la lutte contre le changement climatique et sur la nécessité de réduire la dépendance des approvisionnements en gaz. On peut donc retenir le taux d'actualisation public de 1,2 %.

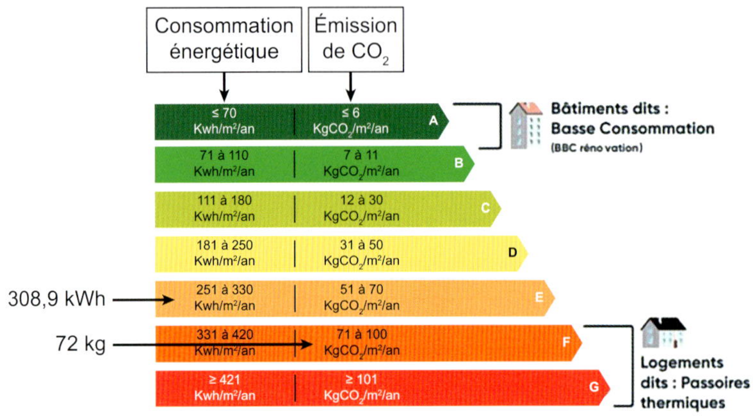

▲ **Fig. 5.3.** Positionnement de la maison sur la grille du DPE (Source du graphique : quelleenergie.fr ; source du calcul : les auteurs avec le modèle SEC)

– L'approche microéconomique correspond à la vision du maître d'ouvrage pour qui l'investissement présente un risque (performance non atteinte, coût des travaux plus élevés, effet rebond), la valorisation patrimoniale n'est pas une certitude (au moment d'une revente éventuelle non programmée) et le financement du projet va l'empêcher durablement de faire d'autres choix plus valorisants ou passionnants. On retiendra un taux d'actualisation de 7 %.
Comparons les résultats obtenus en termes de coût global et de VAN, ramenés au m² de surface habitable[1].
Le coût des travaux est estimé à 78 400 € TTC, soit un ratio de 560 €/m², avec un temps de retour estimé à 14 ans :
– l'approche sociétale indique un résultat positif avec une VAN égale à + 17 €/(m².an) ;
– par contre, hors subvention et aides, l'approche microéconomique, pour le ménage, indique une VAN négative de – 7 €/(m² an). **Tous les travaux (points sur les courbes, fig. 5.4) ne sont donc pas rentables**.
La simulation doit aussi prendre en compte le fait que personne ne sait comment les prix de l'énergie vont évoluer (à la hausse ?).
Aussi en retenant une évolution du prix courant de l'énergie suivant exactement celle de l'inflation générale – soit une hausse du prix réel de l'énergie égale à 0 –, on réduit le risque pour le ménage d'avoir une VAN négative sur 30 ans. Ensuite, on va chercher à rendre le scénario de rénovation globale acceptable pour le ménage avec une VAN qui soit *a minima* supérieure à zéro, quelle que soit l'évolution du prix de l'énergie.
Le calcul montre, **dans cet exemple**, que **la collectivité et les parties prenantes des certificats d'économie d'énergie (CEE) doivent participer au financement des travaux pour un montant de l'ordre de 40 %.**
Dans ce cas, la VAN atteint un niveau où les investissements réalisés – y compris les renouvellements à opérer sur 30 ans – sont tout juste amortis par les économies d'énergie.
Si le prix de l'énergie doit augmenter au-delà de l'inflation courante, la VAN du ménage augmentera. Il en est de même si le montant des aides publiques et des parties prenantes augmente au-delà de 40 % (fig. 5.5).

1. Simulations réalisées avec le modèle SEC de La Calade (Ph. Outrequin). Ce modèle a été élaboré avec un financement de la Commission européenne et il a été utilisé depuis 2008 sur plusieurs milliers de logements : des logements sociaux (plans stratégiques de patrimoine en Picardie, Alsace, Auvergne, Nord-Pas-de-Calais…) et des logements privés (SRCAE Auvergne, SRCAE Haute Normandie, Stratégie Région Aquitaine et pour une communauté d'agglomération) et dans des programmes de recherche du PUCA sur les maisons individuelles.

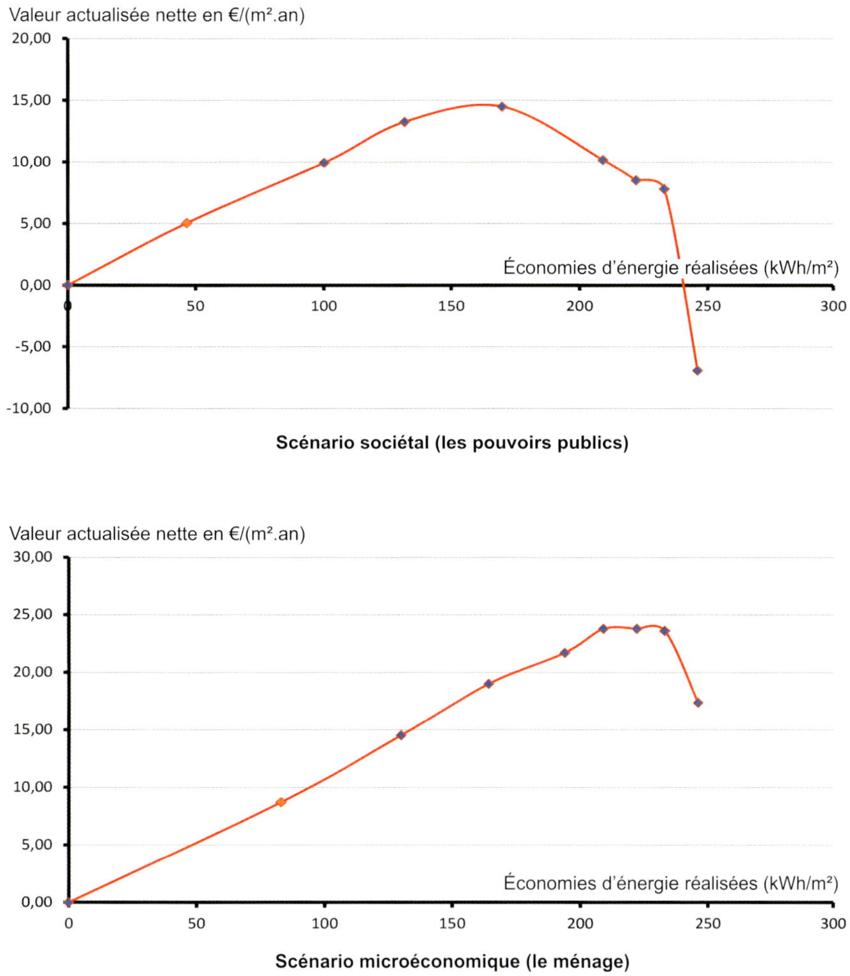

▲ **Fig. 5.4.** Valeur actualisée nette (VAN) en fonction des économies d'énergie réalisées. Calcul en euro constant (hors inflation générale) et avec une hausse du prix du gaz de + 3 % par an. Chaque point sur la courbe correspond à un geste (les travaux ou STR étant hiérarchisés en fonction de leur rentabilité, du plus rentable au moins rentable) (Source : C. Charlot-Valdieu et Ph. Outrequin)

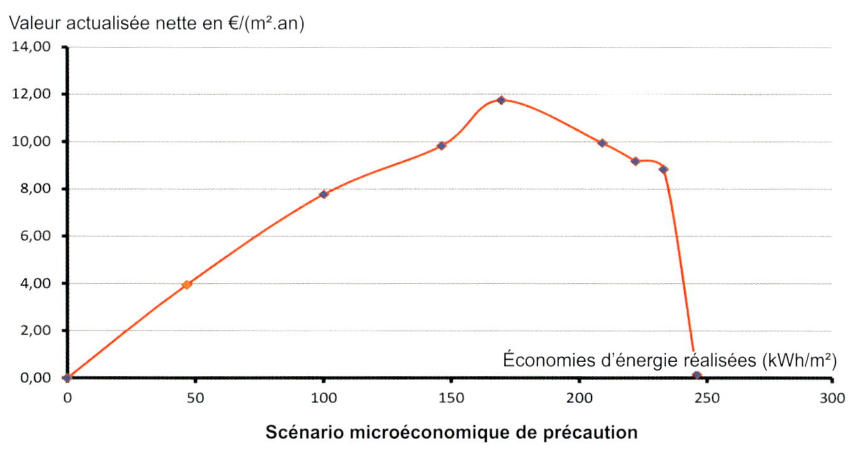

▲ **Fig. 5.5.** Valeur actualisée nette (VAN) de la rénovation globale, aides publiques et CEE déduits en fonction des économies d'énergie réalisées. Aide minimale de l'État et CEE : 39 % du coût des travaux TTC ; VAN pour le ménage : 0 €/(m².an) avec prix du gaz + 0 %/an (en euro constant) (Source : C. Charlot-Valdieu et Ph. Outrequin)

Le taux d'actualisation n'a rien à voir avec le taux d'intérêt qui sera exigé avec le crédit bancaire que pourra rechercher le ménage pour financer son projet de travaux.[16] Le taux d'actualisation est un paramètre économique qui traduit la vision du ménage quant à son avenir (risque et préférence pour le présent). La valeur retenue est une hypothèse de calcul qui ressort tout de même de résultats d'études économétriques évaluant le taux d'actualisation implicite des ménages dans leur processus de décision. **Le taux de 7 % est plutôt un taux minimal pour les ménages**. Le taux d'actualisation des entreprises est de l'ordre de 15 %.

Ce taux élevé par rapport à celui des pouvoirs publics ne fait que traduire le peu d'appétence des ménages à investir davantage dans les travaux d'économies d'énergie et de réduction des émissions de gaz à effet de serre.

Le calcul d'optimisation ou de rentabilité (en coût global) pose la question du financement indispensable des travaux d'économie d'énergie par les pouvoirs publics et les parties prenantes pour atteindre le niveau BBC.

La forme des courbes 2 et 3 des figures 5.4 et 5.5 montre aussi qu'**une stratégie de rénovation énergétique peut amener à rechercher un optimum microéconomique de rénovation qui n'est pas forcément au niveau attendu par les pouvoir publics en termes de performance énergétique**. Dans l'exemple ci-avant, l'écart est de 90 kWh/m^2 et, sur ce point-là aussi, une incitation financière pourrait être nécessaire, même si ce calcul d'optimisation est difficile à appréhender par les maîtres d'ouvrage (avec des hypothèses de calcul souvent peu transparentes).

Cette analyse n'a pas abordé le financement du reste à payer pour le ménage, une fois les subventions et les aides reçues, sachant que **80 % des ménages français ont une épargne annuelle inférieure à 6 000 €** (chiffres de 2017) et que 20 % des ménages concentrent 68 % de l'épargne totale.

5.2.4 Un enjeu financier pour les ménages

La rénovation globale et performante des logements coûte particulièrement cher. Elle est plus complexe, exige des délais de réflexion et de réalisation plus longs et peut nécessiter le relogement provisoire du ménage. Beaucoup de ces rénovations globales se feront à l'occasion de l'acquisition d'un nouveau logement.

Selon une étude d'Enertech, **il faut compter en moyenne 62 000 € TTC pour les six postes concernant l'énergie** (isolation de l'enveloppe, menuiseries, ventilation, système de chauffage, gestion des interfaces et de l'étanchéité) auxquels s'ajoutent 15 000 à 25 000 € de finitions, d'embellissement, d'investissement de confort (moyenne d'une étude portant sur une centaine de maisons individuelles rénovées au niveau BBC d'une surface moyenne de 124 m^2)[17]. **Le ratio des travaux énergétiques seuls est de 526 € TTC/m^2 Shab.**

Ce coût est supérieur à la moyenne constatée dans le rapport de l'observatoire Effinergie sur les maisons rénovées BBC d'avril 2021, où le coût moyen est de 55 900 € HT par maison, soit 59 000 € TTC (avec une TVA de 5,5 %).

Une étude du Cerema[18] de 2017 indiquait un coût médian de 63 250 € TTC (60 000 € HT) pour la rénovation performante de 120 maisons individuelles situées en Alsace, d'une surface moyenne de 146 m^2, soit un coût de 433 € TTC/m^2 Shab. Les travaux sur l'enveloppe représentent 71 % du coût, les systèmes énergétiques 16 % et les équipements de MDE (maîtrise de la demande d'énergie) 13 %.

Les simulations réalisées par I4CE reposent sur des hypothèses de coûts de rénovations globales situés entre 45 000 € et 90 000 € par logement. L'Agence pour la transition écologique (Ademe) estime, quant à elle, entre 60 000 € et 70 000 € le coût moyen de rénovation permettant d'aboutir, par logement, au niveau BBC.

En février 2024, la revue *Le Particulier* indiquait un coût de 400 €/m^2 pour faire gagner deux classes du DPE à une maison individuelle et de 600 €/m^2 pour aller de G à B[19], soit plus de 70 000 € pour la rénovation énergétique d'une maison de 120 m^2.

Le modèle SEC (*Sustainable Energy Cost*) d'analyse en coût global énergétique élaboré par La Calade dès 2004 à l'issue d'un projet européen (en partenariat avec l'USH pour la France) et mis à jour en continu depuis lors (coût des travaux, prix de l'énergie, taux d'actualisation, etc.) permet aussi des analyses tant à l'échelle d'un bâtiment que d'un parc (parc de logements sociaux ou parc résidentiel d'une collectivité ou d'un quartier)[20].

Ces coûts élevés, multipliés par le nombre de maisons à rénover annuellement, se traduisent par des montants d'investissement importants, largement supérieurs aux dépenses de rénovation énergétique réalisées aujourd'hui par les ménages.

16. Confusion très fréquente lors de simulations ou calculs effectués par des personnes qui ne sont pas économistes...

17. Voir l'étude *Perf in Mind* réalisée pour l'Ademe par Enertech, Effinergie, Médiéco et l'institut négaWatt (2021).

18. Voir le fascicule G : les enseignements économiques publié dans l'étude *500 maisons rénovées basse consommation. Enseignements opérationnels des programmes « Je rénove BBC » en Alsace* par le Cerema et EDF (juin 2017).

19. Voir l'article de la page 20 paru dans la revue *Le Particulier*, n° 1214 de février 2024.

20. Voir l'article « Vers des stratégies territoriales soutenables de réhabilitation énergétique des logements ? » paru dans *Le quatre pages* du PUCA n° 6 de janvier 2013.

▼ **Tab. 5.5.** Chiffre d'affaires suivant les postes de travaux en rénovation en 2021

Postes de travaux	Opération (ou geste) ayant un impact énergétique significatif	Chiffre d'affaires 2021 (mrds d'euros)	Part du chiffre d'affaires global (%)
Ouverture	Pose de fenêtres isolantes (double vitrage) en bois, en PVC ou en aluminium	6,96	39,90
Chauffage/ Ventilation	Installation de chauffage, de régulation, de production autonome d'eau chaude sanitaire, équipement ENR	3,17	18,20
Toiture	Travaux de couverture avec isolation thermique par l'extérieur	3,16	18,10
Agencements intérieurs	Isolation de mur, isolation de plancher et plafond courant, isolation de plancher et rampant de comble	2,69	15,40
Façade	Travaux de ravalement avec isolation thermique par l'extérieur	1,46	8,40
Total	–	17,44	100,00

(Source : Club de l'amélioration de l'habitat d'après le compte satellite du Logement 2021)

Le Club de l'amélioration de l'habitat estime que les dépenses de rénovation énergétique se sont élevées pour les ménages à 17,44 milliards (mrds) € en 2021 (tab. 5.5).
Selon une étude de Rexocode[21], confirmée par d'autres études[22], l'investissement nécessaire pour atteindre le niveau BBC en moyenne du parc résidentiel s'élèverait, sur la période 2023-2050, à 640 mrds d'euros en plus de l'investissement tendanciel, soit un **supplément d'investissement de 23 mrds d'euros par an**, essentiellement à la charge des ménages.

Il s'agit donc de **doubler la mobilisation financière des ménages** pour des investissements dont la rentabilité est à long terme (en dehors de la qualité de vie et du confort acquis à la suite immédiate des travaux). Le montant des politiques publiques d'aides à la rénovation énergétique s'élève aujourd'hui entre 7 et 8 mrds d'euros avec des objectifs qui semblent complémentaires mais qui s'avèrent parfois divergents dans les faits : réduction de la consommation d'énergie, sortie des passoires énergétiques, décarbonation[23].

21. Voir l'étude *Les enjeux économiques de la décarbonation en France* de Rexocode publiée en mai 2022.
22. Voir le rapport *Les incidences économiques de l'action pour le climat* de Jean Pisani-Ferry et Selma Mahfouz publié en mai 2023. Il chiffre le besoin en investissement supplémentaire à 21 mrds € à partir de 2030.

23. Voir l'article « À quand une vraie politique de réhabilitation énergétique des logements » de Philippe Outrequin publié dans *Habitat Naturel* (n° 99, octobre 2024).

▼ **Tab. 5.6.** Quelques coûts unitaires

	Étude Perf in Mind (€ 2021 TTC)	**Étude Cerema** (€ 2017 TTC)	**Étude La Calade avec le modèle SEC** (€ 2021 TTC)	**Étude UFE (données EDF-GDF Suez) par logement**
Isolation des murs par l'extérieur (ITE)	159 €/m² traité	109 à 138 €/m² traité	121 à 178 €/m² traité	13 930 à 16 685 €
Isolation des murs par l'intérieur (ITI)	87 €/m² traité	76 à 100 €/m² traité	74 à 96 €/m² traité	8 100 à 9 700 €
Isolation des combles perdus	43 €/ m² traité	34 à 49 €/m² traité	40 à 50 €/m² traité	3 825 à 4 590 €
Isolation des rampants	120 €/ m² traité	74 à 114 €/m² traité	115 à 140 €/m² traité	5 960 à 7 140 €
Isolation de la toiture en sarking (par l'extérieur)	300 €/m² traité	204 €/m² traité	–	–
Isolation du plancher bas	–	30 à 52 €/m² traité	30 à 55 €/m² traité	3 935 à 4 700 €
Menuiseries extérieures	703 €/m² menuiserie	587 à 658 €/m² baie	450 à 650 €/m² baie	9 000 à 9 900 € (DV)
Ventilation simple flux	1 800 €/maison	1 600 €/maison	15 €/m² Shab	–
Ventilation double flux	6 700 €/maison	6 000 €/maison	40 à 50 €/m² Shab	–
Chaudière gaz (double service)	7 200 €	7 570 €	48 €/m² Shab	–
Radiateurs basse température	3 500 €	7 650 €	40 €/m² Shab	–
PAC air/eau double service	13 700 €	14 750 €	90 €/m² Shab	–
Poêles à bois	5 800 €	6 900 €	5 000 €	–
Chaudière bois alimentation automatique	–	–	160 €/m² Shab 12 à 20 000 € (SNCB)	–
Chauffe-eau solaire individuel	5 400 €	–	1 000 €/m² capteur	–
Ballon thermodynamique pour la production d'ECS	2 400 €	2 735 €	20 €/m² Shab	–
Panneaux photovoltaïques	3,2 à 5 €/Wc	–	–	–

En conclusion, **le coût des travaux de rénovation des maisons individuelles nécessaire pour atteindre le niveau BBC ou mieux est > 60 000 € TTC**, atteignant souvent plus de 100 000 € en intégrant les éléments complémentaires de la rénovation énergétique. Le dispositif Doremi a permis la rénovation BBC de 130 projets entre janvier 2022 et juin 2024 avec un coût moyen de 842 €/m², soit 100 000 € pour une maison de 120 m².

Ces études montrent aussi qu'il y a **une grande variabilité des coûts**, y compris pour des prestations de même type. À vrai dire, il n'y a pas de corrélation entre le coût d'une opération et la performance thermique obtenue. La variabilité des prix s'observe dans l'étude du Cerema à partir de l'écart-type qui est en moyenne de 46 % du coût moyen des opérations atteignant toutes le niveau BBC, également toutes réalisées en Alsace (68 000 € +/– 31 000 €).

L'architecture des bâtiments, la formation des artisans et compagnons, leur appropriation de certaines techniques (ventilation double flux, isolation par l'extérieur, menuiseries en triple vitrage), la localisation expliquent ces grandes variations de coûts.

Le développement du marché de la rénovation performante[24] devrait contribuer à rationaliser et faire baisser les prix. Cependant, **il ne faut pas négliger les coûts annexes d'embellissement, de mise aux normes et d'accompagnement qui peuvent augmenter la dépense des ménages de 30 à 40 %.**

24. Les aides qui interviennent pour réduire la dépense finale de la rénovation au profit des primes, subventions, prêts bonifiés, certificats d'économie d'énergie sont variables et ne sont pas traitées dans ce livre.

▼ **Tab. 5.7.** Coût de l'accompagnement

	Étude Perf in Mind (€ 2021 TTC)	Étude Cerema (€ 2017 TTC)
AMO	2 400 €	–
Études thermiques	–	1 350 €
Maîtrise d'œuvre	9 500 €	9 600 €
Test d'infiltrométrie	770 €	660 à 1 100 €

5.3 La rénovation performante par étapes

5.3.1 Questions posées par la rénovation par étapes

La rénovation globale requiert des moyens financiers et une organisation (durant le temps du chantier) qui incitent beaucoup de ménages à faire une rénovation par étapes plutôt que globale.

Comment cette rénovation par étapes peut-elle être aussi performante qu'une rénovation globale ? À quelles conditions ? Peut-on atteindre une performance BBC rénovation à terme, sur la moyenne nationale du parc, quel que soit le nombre d'étapes ? Quels sont les travaux indissociables ? Quelles sont les interfaces et interactions à traiter simultanément ?

Rappelons les six travaux à traiter et les éléments spécifiques à distinguer :

– Pour les **murs** : ITE (Isolation thermique par l'extérieur), ITI (Isolation thermique par l'intérieur), isolation mixte ITE/ITI, présence d'un débord de toiture ou non…

– Pour les **toitures** : combles perdus, rampants, sarking, toiture-terrasse, présence d'un faux-plafond…

– Pour les **planchers bas** : sur terre-plein, sur vide-sanitaire accessible ou non, sur local non chauffé…

– Pour les **menuiseries extérieures** : pose en feuillure, en tunnel, en applique, « en rénovation », avec/sans occultations/volets roulants…

– Pour la **ventilation** : quatre systèmes de ventilation peuvent être mis en œuvre sur des projets de rénovation soit ventilation naturelle, simple flux autoréglable (à débit constant) ou hygroréglable de type A ou B et ventilation double flux à récupération de chaleur.

– Pour la **production de chauffage et d'eau chaude sanitaire** : choix entre les différents systèmes à savoir pompe à chaleur, radiateurs ou panneaux électriques, chaudière gaz, poêle à bois, géothermie/puits canadien, chauffage solaire, chauffe-eau solaire, thermodynamique, électrique…

La rénovation par étapes suggère que l'on établisse **un plan de rénovation en plusieurs phases** (étapes) mais que ces étapes soient réalisées de façon cohérente, n'obligeant pas à défaire dans une phase ultérieure ce qui a été fait précédemment et ne créant pas de pathologies difficiles à corriger.

La question est bien d'éviter ces risques de pathologies et de dégradations du logement telles que les traces d'humidité, la condensation suivie par l'apparition de moisissures, de champignons, de salpêtre, voire le pourrissement de certains matériaux (bois) ou l'éclatement du béton (rouille des aciers), la perte d'efficacité d'isolant craignant l'eau…

Tous ces aspects renvoient aux phénomènes de transfert d'humidité et de vapeur d'eau dans les parois. Le fait de modifier une maison, en l'isolant, en améliorant son étanchéité à l'air, en modifiant le système de ventilation, en posant un enduit à l'extérieur, modifie le **comportement hygrothermique du bâtiment** et peut induire des pathologies.

Afin de les prévenir et en tenant compte du phasage futur des travaux de rénovation, **un certain nombre de principes sont à retenir.** Une étude d'Enertech en 2017 les a précisés :

– Ventiler mécaniquement le logement en assurant un taux de renouvellement d'air élevé (0,6 vol/h) et continu (supérieur à la réglementation), afin d'évacuer l'humidité générée par les occupants (douches, cuisine, respiration…). Enertech mentionne n'avoir pas étudié la possibilité d'installer une ventilation de type Hygro B qui fonctionne quand les occupants sont là.

– Traiter les remontées humides avant rénovation et s'assurer de la compatibilité des matériaux de rénovation choisis en cas de risque de présence continue d'eau dans les murs.

– Assurer l'étanchéité à l'air avec, par exemple, une membrane frein-vapeur continue pour éviter de concentrer les problèmes aux endroits des discontinuités.

– Respecter la perméabilité croissante des matériaux et la capacité de séchage des murs.

– Soigner la mise en œuvre de l'étanchéité à la pluie.

– Traiter les nez des planchers intermédiaires en bois ou hourdis, source de passage possible de l'eau en cas de discontinuité de l'étanchéité.

– Choisir la nature de l'isolation thermique en fonction des matériaux de construction.

– Bien dimensionner les systèmes techniques qui doivent être adaptés à la rénovation une fois toutes les étapes du projet terminées.

Tous ces éléments sont à prendre en compte de façon prioritaire dans une démarche de rénovation performante par étapes.

5.3.2 Quels parcours de rénovation ?

Par définition, **les six types de travaux** (isolation des murs, des planchers bas et de la toiture, remplacement des menuiseries extérieures, ventilation et production de chauffage/ECS) ainsi que **le traitement des interfaces** (jonctions physiques entre ces postes de travaux assurant l'étanchéité à l'air et la continuité de l'isolation) **et les interactions entre ces postes** (bon dimensionnement des systèmes notamment) peuvent être réalisés entre 1 et 6 étapes. L'étude d'Enertech et Dorémi réalisée pour l'Ademe[25] en 2021 portait sur des modèles théoriques de maisons représentatives du parc de maisons individuelles isolées ou mitoyennes construites avant 1982.

L'objectif était d'analyser les conditions pour atteindre l'objectif du label BBC rénovation, soit 80 kWh_{EP}/m^2 SRT, correspondant à 80 kWh_{EP}/m^2 Shab pour les deux usages chauffage et ECS. L'analyse porte sur cinq parcours de rénovation (fig. 5.6).

L'analyse des différents scénarios tend à démontrer que **seules, la rénovation quasi-complète (RQC) et la rénovation complète et performante (RCP), réalisées en 2 ou 1 étape(s), permettent d'atteindre l'objectif BBC** (fig. 5.7) :

– **Les rénovations réalisées en 5 ou 6 fois posent trop de problèmes pour la gestion des interfaces** (ponts thermiques, étanchéité à l'air), sauf défaire et refaire, ce qui est prohibitif au niveau des coûts, ce qui rend *in fine* ces stratégies inaptes pour atteindre le niveau BBC.

– **La stratégie en 3 ou 4 étapes ne permet pas non plus d'atteindre le niveau BBC mais s'en rapproche**. La gestion des interfaces est rendue partiellement possible.

– **Les stratégies en 1 ou 2 étapes permettent de traiter l'ensemble des interfaces** : elles réduisent les pertes thermiques de façon importante et rendent les systèmes techniques plus efficaces ; elles permettent aussi de bien les dimensionner.

- Partielle - Rénovation partielle	**- Partielle + -** Rénovation partielle renforcées	**- SG -** Rénovation Semi-Globale	**- RQC -** Rénovation Quasi-Complète	**- RCP -** Rénovation Complète et performante
- 5 étapes - 5 postes - Gestes de travaux ✗ Interfaces - Niveau aides financières	- 6 étapes - 6 postes - Gestes de travaux ✗ Interfaces - STR	- 3/4 étapes - 6 postes - Feuille de route ` Interfaces - STR	- 2 étapes - 6 postes - Feuille de route ✓ Interfaces - STR - ECS +	- 1 étape - 6 postes - Globale ✓ Interfaces - STR - ECS +

▲ **Fig. 5.6.** Les cinq parcours de rénovation complète et performante étudiés (Source : Enertech scop & Dorémi, p. 82)

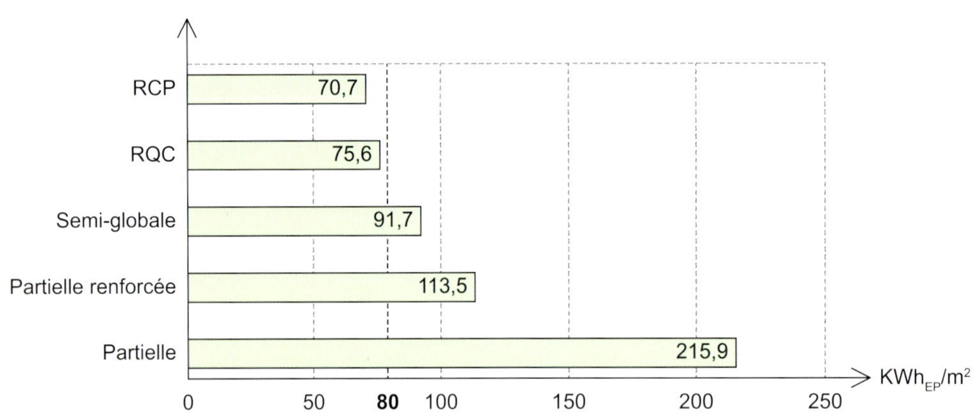

▲ **Fig. 5.7.** Consommation moyenne à terme des cinq parcours de rénovation. Moyenne du parc construit avant 1982. Consommation de chauffage et de production ECS en énergie primaire, rapportée à la surface habitable (Source : Enertech scop & Dorémi, p. 84)

25. Voir l'étude *La rénovation performante par étapes - Étude des conditions nécessaires pour atteindre la performance BBC rénovation ou équivalent à terme en logement individuel* publiée par Enertech scop et Dorémi pour l'Ademe, 2021.

5.3.3 Phasage des travaux

Pour garantir une bonne qualité de l'air intérieur, **la gestion de l'humidité** doit être traitée dès la première phase des travaux si celle-ci se fait par étapes, afin d'éviter tout risque de condensation dans les parois.

Quand cela est possible, **la ventilation double flux** est de loin la plus efficace en apportant une meilleure qualité de l'air (à condition d'assurer un bon entretien des filtres) et des économies d'énergie. Il est préconisé de retenir un échangeur de chaleur à haut rendement (85 % selon Eurovent ou 75 % pour les machines certifiées PHI) et des ventilateurs à faible consommation d'électricité (0,25 Wh/m^3).

Si le traitement des différents types de travaux (isolation des parois, de la toiture, du plancher bas ou du mur périphérique, menuiseries) se fait par étapes se succédant dans le temps, les problèmes sont principalement dans la gestion des interfaces.

Anticiper sur des travaux futurs, certes programmés mais pas forcément réalisés à terme, rend complexe la préparation de l'interface, d'autant plus que ce sont des entreprises et des corps de métier différents qui vont intervenir. Défaire pour refaire n'est pas évident au plan psychologique comme économique.

Les difficultés majeures dans une rénovation par étapes ont été recensées par Dorémi (tab. 5.8).

▼ **Tab. 5.8.** Points à traiter ensemble (sans solution pour une rénovation par étapes)

Isolation en premier	Problèmes majeurs posés dans les étapes ultérieures
Isolation par l'intérieur des murs (ITI)	Isolation des rampants de la toiture Isolation en sarking Isolation de la toiture terrasse Pose des menuiseries
Isolation par l'extérieur des murs (ITE)	Isolation en sarking si débord de toit maçonné ou sans débord ou toiture en appui Isolation de la toiture terrasse Pose des menuiseries Isolation du plancher bas sur terre-plein
Isolation des rampants de la toiture ou isolation par sarking	Isolation des murs en ITI Pose des fenêtres de toit
Pose des menuiseries ou volets roulants	Isolation par l'extérieur Si fenêtres de toit isolation de la toiture en sarking ou toiture terrasse
Isolation du plancher bas sur terre-plein	Isolation des murs en ITE

(Source : Enertech scop & Dorémi)

Dans tous ces cas, il serait largement préférable d'associer en même temps les deux types de travaux. Sinon, il est *a minima* **nécessaire d'anticiper le traitement de l'interface**. Autrement, il est quasi impossible de traiter correctement l'étanchéité à l'air ou à l'humidité.

Dorémi met aussi en avant des points sensibles mais gérables quand ils sont traités par étapes, **à condition qu'ils soient anticipés dès la première étape de la rénovation** (tab. 5.9).

▼ **Tab. 5.9.** Points sensibles de la rénovation à gérer par anticipation

Isolation en premier	Problèmes majeurs posés dans les étapes ultérieures
Isolation par l'intérieur des murs (ITI)	Traitement du plancher intermédiaire en bois Isolation des combles perdus si faux plafond Isolation du plancher bas sur terre-plein ou avec isolation sous chape
Isolation par l'extérieur des murs (ITE)	Traitement du plancher intermédiaire en bois Isolation des combles perdus si débord de toit maçonné Isolation des rampants si débord de toit maçonné ou toiture en appui Isolation du plancher bas avec isolation sous chape ou isolable
Isolation de la toiture (combles perdus, rampants, sarking ou toiture terrasse)	Isolation en ITE
Pose des menuiseries ou volets roulants	Isolation en ITI
Isolation du plancher bas sous chape	Isolation des murs en ITI

(Source : Enertech scop & Dorémi)

Les autres interfaces possibles sont gérables par étapes. **Il est toujours préférable d'anticiper les travaux dans une stratégie globale, en figeant dès le départ le choix technique pour les différents composants de la rénovation.** Cette stratégie doit aussi prendre en compte les interactions entre les travaux sur l'enveloppe et les systèmes techniques qui peuvent nécessiter des traversées d'isolant, la création de ponts thermiques (passage des gaines, des réseaux...).

L'analyse effectuée par Enertech et Dorémi démontre que le parcours vers une rénovation BBC doit être limité à **3 étapes maximum pour traiter les six postes de travaux, la rénovation en 1 ou 2 étapes étant réellement à privilégier**.

La ventilation est à inscrire dès la première étape et, comme le montrent le tableau 5.9 et les réalisations présentées dans l'ouvrage, il est nettement préférable d'**associer certains travaux** comme les menuiseries avec l'isolation des murs.

Anticiper les travaux demande l'élaboration par un bureau d'études d'une **feuille de route** complète pensant précisément au traitement des interfaces et des interactions puis, au moment de la réalisation, un suivi permettant la coordination des différents corps de métiers, même à des années d'intervalle.

Enertech et Dorémi préconisent d'écarter les rénovations partielles qui sont sources de pathologies et de désordres futurs et qui ne permettent pas de répondre à l'objectif national d'atteindre le niveau BBC (tab. 5.10).

▼ **Tab. 5.10.** Quelques recommandations dans le traitement des interfaces lors d'une rénovation par étapes[26]

Isolation en premier	Recommandations pour prévenir les étapes ultérieures de rénovation
Isolation par l'intérieur des murs (ITI)	**Combles perdus** : isoler les murs le plus haut possible et remonter la membrane d'étanchéité jusque dans les combles. **Rampants** : isoler les pignons en même temps pour une meilleure étanchéité à l'air. Assurer la continuité des isolants et de la membrane d'étanchéité de la toiture, des pieds droits des rampants et des pignons. **Plancher bas sur vide sanitaire ou local non chauffé** : laisser une bande périphérique de membrane d'étanchéité à l'air en attente pour raccord à une future isolation sous chape ou de plancher bois. **Menuiseries extérieures** : pas de solution connue pour assurer la continuité thermique à la jonction avec la paroi, sauf des travaux spécifiques sur l'isolation au moment du changement des fenêtres.
Isolation par l'extérieur des murs (ITE)	**Toiture** : inclure l'isolation de la face externe de la pane sablière à l'isolation des murs. **Planchers bas sur terre-plein** : si l'isolation continue du plancher bas n'est pas réalisable, prévoir une isolation périphérique verticale enterrée de plus de 60 cm. **Autre type de plancher bas** : isoler par l'intérieur le mur du soubassement sur une hauteur de 30 cm minimum. **Menuiseries extérieures** : mise en place d'un précadre isolé, pour recevoir ultérieurement les menuiseries au nu extérieur.
Isolation de la toiture	**Isolation en ITE des combles perdus** : inclure l'isolation des faces intérieure et supérieure de la pane sablière. **Isolation en ITE de la toiture terrasse** : bien remonter l'isolant sur chaque face de l'acrotère. **Isolation des rampants** : s'assurer que l'isolant descend jusqu'à la face supérieure de la pane sablière. Isoler les pieds droits sur leur face horizontale et verticale à une performance thermique équivalente aux rampants. **Isolation en ITI des rampants** : inclure l'isolation des pignons et assurer la continuité entre isolants et entre membranes d'étanchéité de la toiture, des pieds droits des rampants et des pignons.
Pose des menuiseries ou volets roulants	**Isolation en ITI** avec : – *Pose en applique intérieur* : avec tapées adaptées à l'épaisseur d'isolation prévue et habillage intérieur provisoire. – *Pose en feuillure* : avec dormant suffisamment épais pour recevoir un retour d'isolation de tableau d'au moins 4 cm. – *Pose tunnel nu intérieur* : avec précadre qui rattrape l'épaisseur d'isolant, et habillage intérieur provisoire ; prévoir une attente de membrane en périphérie du cadre afin de faire la jonction avec la membrane ultérieure de l'ITI. **Isolation en ITE avec pose en tunnel** : prévoir des élargisseurs, pour pouvoir isoler les tableaux ultérieurement. La pose au futur nu extérieur est à envisager dès la conception.
Isolation du plancher bas sous chape	**Isolation des murs en ITI** : isolation entre solives (plancher bois) ou isolation sous chape (dalle béton) pour couper le pont thermique, en laissant une réservation pour l'ancrage du futur doublage, avec bande de membrane d'étanchéité à l'air en attente.

(Source : d'après l'étude Expérience P2E)

26. Voir les travaux d'Expérience P2E, *Passeport Efficacité énergétique Maison individuelle, un guide technique*, Éditions Parisiennes, 2020.

Il est possible de **synthétiser avec quelques règles de combinaison des gestes de rénovation**[27] :
– en cas d'ITE, prévoir l'intégration des menuiseries dans l'isolant (si elles sont changées) et améliorer le système de ventilation afin d'assurer un renouvellement d'air suffisant ;
– en cas d'ITI, traiter préalablement les menuiseries et la ventilation ;
– il n'y a pas d'ordre d'intervention particulier entre les traitements des parois verticales ou des parois horizontales mais le traitement des liaisons est à anticiper ;
– une fois l'enveloppe traitée, il convient de vérifier l'adaptation du système de chauffage (puissance, régulation, règle de la loi d'eau...), celui-ci pouvant entrer en interrelation avec le système de ventilation (double flux).

> **Dans tous les cas, une approche globale de la rénovation est nécessaire** pour apporter à la fois confort, qualité sanitaire, qualité du bâti et économie d'énergie, que ce soit une rénovation en une ou plusieurs étapes.
> Cette approche globale implique :
> - de respecter les bonnes pratiques en matière de migration d'humidité et de vapeur d'eau,
> - d'assurer un renouvellement d'air suffisant pour garantir une bonne qualité de l'air Intérieur,
> - de traiter les six postes de travaux à un bon niveau de performance,
> - de traiter les interfaces (continuité de l'isolation et de l'étanchéité à l'air et traitement des ponts thermiques),
> - de rendre cohérent le traitement de l'enveloppe avec le choix des systèmes de ventilation et de chauffage.

5.4 La rénovation passive EnerPHit

Contrairement à de nombreux labels, l'origine de la démarche « *bâtiment passif* » n'est pas liée à un objectif réglementaire mais à un objectif programmatique d'optimisation de la conception d'un bâtiment en vue d'améliorer la qualité sur de nombreux aspects (confort, coût, santé...).
Le bâtiment passif nécessite une démarche de résultats répondant à des exigences. Cette démarche est à la fois :
– **scientifique** : élaborée par des chercheurs, elle s'appuie sur la physique du bâtiment ;
– **pragmatique** : elle s'appuie sur le retour d'expérience ;
– **de développement durable** : elle croise différentes approches et répond à divers objectifs (réduction des consommations d'énergie et des émissions de gaz à effet de serre, limitation des coûts, confort et santé pour les usagers...).
Il existe deux labels de rénovation passive proposés par le *PassivHaus Institut (PHI)*, selon que l'on adopte la méthode des composants ou la méthode des besoins en énergie[28].
Les critères des labels ont été définis en distinguant différentes zones climatiques, trois d'entre elles concernant la France métropolitaine.

5.4.1 La méthode des besoins en énergie

Pour la méthode des besoins en énergie, l'obtention du **label EnerPHit exige de satisfaire un besoin de chaleur pour le chauffage Q_H inférieur à un certain plafond variable selon la zone climatique** : 15 kWh/(m^2.an) en zone tempérée chaude (Nice), 20 kWh/m^2.an en zone tempérée (Nantes) et 25 kWh/(m^2.an) en zone tempérée frais (Lille), **le calcul devant être effectué avec un logiciel spécifique, le PHPP**.
Le bâtiment doit également satisfaire :
– un besoin en énergie primaire $Q_P \leq 120 + (Q_H - 15) \times 1{,}2$, exprimé en kWh/(m^2.an). Cette exigence concerne tous les usages à l'intérieur du bâtiment soit le chauffage, l'ECS, le rafraîchissement, l'éclairage, les auxiliaires (dont la ventilation) et les usages électrodomestiques.
– un test d'étanchéité n50 ≤ 1 vol/heure sous 50 Pa (avec comme valeur cible un coefficient n50 ≤ 0,6 vol/heure) ;
– une fréquence des surchauffes (> 25 °C) ≤ 10 % de la période annuelle (sans climatisation) ;
– une proportion d'heures dans l'année où l'humidité absolue de l'air dépasse les 12 g/kg : inférieure ou égale à 20 % sans climatisation.

5.4.2 La méthode par éléments

La méthode des composants ou par éléments du bâtiment est envisagée s'il est impossible de respecter le besoin de chaleur de chauffage (de 15 à 25 kWhep/m^2.an selon le climat). Dans ce cas, il est nécessaire de justifier que tous les éléments constructifs respectent **des valeurs limites** (inscrites dans le tableau 5.11).
Les critères autres que le besoin de chauffage énoncées ci-avant doivent également être satisfaits.

27. Voir le rapport RAGE (Règles de l'Art Grenelle Environnement 2012), *Stratégies de rénovation Fiches « solutions techniques »*, avril 2013.

28. Voir La Maison du passif, Critères pour la labellisation Bâtiment Passif, EnerPHit et Base (2019).

▼ **Tab. 5.11.** Critères EnerPHit pour la méthode des composants du bâtiment

Climat	Enveloppe opaque		Menuiseries				Ventilation
	Avec ITE	*Avec ITI*	*Sur mur*	*Toit pentu*	*Toit horizontal*	*Vitrages*	
	Coefficient U (W/(m².K))		***Coefficient*** U_w (W/(m².K))			U_g (W/(m².K))	***Rendement mini. de l'échangeur***
Tempéré frais	0,15	0,35	0,85	1,10	1,20	$U_g \leq 1{,}6$ g	75 %
Tempéré	0,30	0,50	1,05	1,30	1,40	$U_g \leq 2{,}8$ g – 1	75 %
Tempéré chaud	0,50	0,75	1,25	1,30	1,40	–	–

Ce tableau 5.11 appelle quelques commentaires :
– les valeurs limites recherchées doivent être respectées en moyenne sur l'enveloppe, d'une part, et sur les menuiseries, d'autre part ;
– les valeurs limites des coefficients de transfert thermique U des composants de l'enveloppe opaque (mur, plancher haut ou toiture, plancher bas) peuvent être dépassées pour des raisons exceptionnelles, telles que monument historique, contrainte d'usage du bâtiment, exigences légales…
– une isolation par l'intérieur (ITI) est acceptée uniquement lorsqu'une isolation par l'extérieur (ITE) n'est pas possible, pas autorisée ou pas économiquement viable ;
– concernant le plafond de sous-sol non chauffé, des dérogations sont admises si l'épaisseur d'isolant pose problème pour maintenir une hauteur sous plafond acceptable. Il en est de même de la dalle de sol pour des raisons de pratique constructive ;
– le coefficient U des portes de descente au sous-sol non chauffé doit être inférieur ou égal à 1,60 W/(m².K) et celui des portes extérieures inférieur ou égal à 0,80 W/(m².K) ;
– les ponts thermiques linéiques ψ ne doivent pas être supérieurs à 0,01 W/(m.K) et les ponts thermiques ponctuels χ ne doivent pas être supérieurs à 0,04 W/K ;
– la VMC double flux doit desservir toutes les pièces à l'intérieur du volume chauffé à moins qu'elles fassent partie d'une zone de transfert. La consommation électrique de la centrale de ventilation doit être inférieure ou égale à 0,45 Wh/m³.

Le PHI (Passive House Institute) recommande l'usage **des produits certifiés adaptés à un bâtiment passif**. S'ils n'existent pas, le maître d'ouvrage devra choisir avec le certificateur le produit qui se rapproche le plus des critères.

D'autres recommandations sont encore faites par le PHI :
– un système de ventilation dont le volume sonore doit être inférieur ou égal à 25 dB(A) dans les pièces avec arrivée d'air ;
– un taux d'humidité d'air intérieur supérieur à 30 % (faute de quoi des mesures doivent être entreprises) et inférieur ou égal à 80 % ;
– toutes les pièces doivent avoir au moins une fenêtre ouvrable ;
– un débit de ventilation moyen de 20 à 30 m³/h par personne avec au moins un taux de renouvellement de l'air de 0,3 volume d'air par heure ;
– la pose de châssis de fenêtres certifiés passifs ainsi que du triple vitrage.

▲ **Fig. 5.8.** Le label bâtiment passif EnerPHit

Les **opérations labellisées passives** présentées dans cet ouvrage sont les suivantes :
– Six maisons ont obtenu le label EnerPHit : 2 3 17 21 24 25
– Une maison a obtenu le label EnerPHit par éléments : 18
– Une maison a obtenu le label Bâtiment Passif Classique atteignant par conséquent les objectifs d'un logement passif neuf : 14
– Une maison a obtenu la certification de la Fédération Française de la Construction Passive très proche d'EnerPHit : 13
– Les quatre logements créés dans la maison de ville de Bruxelles ont obtenu le label belge Bâtiment passif.

5.4.3 Le PHPP, logiciel incontournable du passif

Le PHPP (*Passive House Planning Package*) est **le logiciel de conception** indispensable pour l'analyse des bâtiments passifs mais il peut aussi être utilisé pour tout type de bâtiment. **Cet outil donne la priorité à l'analyse de l'enveloppe afin de réduire les ponts thermiques**. Il est particulièrement efficace dans la mesure où il permet des modifications instantanées sur l'enveloppe du bâtiment (épaisseur d'isolant, taille des fenêtres, linéaire de perte thermique, etc.).

Il vérifie tous les éléments de l'enveloppe thermique et des systèmes et il prend en compte les impacts réseaux, y compris de ventilation, et leur cheminement hors de l'enveloppe chauffée. Tous les détails de conception de l'enveloppe doivent être justifiés par un calcul de pont thermique (et non pas par une simple transposition à un catalogue de ponts thermiques).

C'est un outil de dialogue qui accompagne les acteurs (maître d'ouvrage, architecte, bureau d'études thermiques) dès la conception du bâtiment et **qui permet d'affiner les choix techniques** tout au long du projet. C'est aussi un outil de validation du projet de construction ou de rénovation qui sert de base pour l'attribution des labels.

Le PHPP est **un outil dont les estimations de consommation sont reconnues par les professionnels comme très fiables**.

Même si le PHPP est simple d'utilisation (fonctionnant avec Excel), **il est indispensable que les utilisateurs aient suivi une formation appropriée (CEPH)**[29].

Pour des projets de rénovation complexes et importants, il peut être intéressant de coupler l'étude PHPP avec une simulation thermique dynamique (STD) très pertinente pour le confort d'été et l'évaluation des apports extérieurs.

Certes l'utilisation de ces logiciels a un coût, mais il est largement compensé par la quasi-disparition des (risques de) pathologies et par une garantie de résultats en termes de performance (et donc de coût ou charges énergétiques pendant les 20 à 30 années qui suivent les travaux).

5.5 La rénovation Minergie

Minergie® est le label suisse de construction durable pour les bâtiments neufs ou rénovés, soutenu par les milieux économiques, les cantons et la Confédération. Il met l'accent sur la réduction des consommations d'énergie, la minimisation de l'énergie grise (énergie contenue dans les matériaux et équipements de la maison), le recours aux énergies renouvelables et le confort des usagers.

Valeurs rapportées à la surface de référence énergétique				
Surface de référence énergétique A_{RE}:	208,2	m²		Critères respectés ?
	Méthode utilisée:	Méthode mensuelle	Certification standard passif:	
Besoin de chaleur de chauffage annuel:	8,57	kWh/(m²a)	15 kWh/(m²a)	oui
Résultat du test d'infiltrométrie:	0,6	h⁻¹	0,6 h⁻¹	oui
Besoin en énergie primaire (ECS, chauffage, refroidissement, électricité auxiliaire et domestique):	62	kWh/(m²a)	120 kWh/(m²a)	oui
Besoin en énergie primaire (ECS, chauffage et électricité auxiliaire):	35	kWh/(m²a)		
Besoin en énergie primaire économisée par la production d'électricité photovoltaïque:		kWh/(m²a)		
Puissance de chauffage:	12	W/m²		
Surchauffe estivale:		%	sup. à 25 °C	
Besoin de refroidissement annuel:	0	kWh/(m²a)	15 kWh/(m²a)	non
Puissance de refroidissement:	0	W/m²		

▲ **Fig. 5.9.** Exemple de résultat obtenu avec le PHPP pour la rénovation passive d'une maison en Lorraine (source : Architecture-Rolf-Matz)

29. La formation CEPH Concepteur/conseiller Européen Bâtiment Passif (Passive House) est reconnue RGE.

Minergie-P®[30] concerne des bâtiments passifs neufs ou rénovés. Les bâtiments Minergie-P® se caractérisent par une enveloppe très bien isolée (valeur relative à l'enveloppe au moins inférieure de 10 % aux exigences légales) et étanche à l'air. En moyenne, la consommation d'énergie pour la production de chaleur, les installations techniques, les appareils électrodomestiques, l'éclairage doit être inférieure à 80 kWh/m^2 (énergie finale par m^2 de surface énergétique de référence) en rénovation. Le label préconise également que l'électricité soit auto-produite. Le label rentre dans l'objectif d'une société dite à 2 000 Watts (ce qui correspondrait à la puissance énergétique nécessaire pour chaque individu, tous usages confondus).

Les exigences de Minergie-P® en rénovation sont les suivantes :

– besoin énergétique annuel pondéré pour le chauffage, l'ECS, la ventilation et la climatisation ≤ 60 kWh/(m^2.an) ;

– besoin de chaleur pour le chauffage seul inférieur à 90 % de la valeur limite figurant dans la réglementation suisse (MoPEC 2014) pour les rénovations ;

– indice MKZ des besoins énergétiques globaux pondérés de l'énergie finale ≤ 80 kWh/(m^2.an) en rénovation[31] ;

– exigence de confort d'été : maximum de 100 heures par an au-dessus de 26,5 °C.

– étanchéité à l'air de l'enveloppe qa, 50 ≤ 1,6 m^3/(h.m^2) mesurée par un test de la porte soufflante (BlowerDoor Test).

L'objectif doit être aussi d'atteindre la neutralité carbone. Les bâtiments Minergie-P® après rénovation n'émettent plus de gaz à effet de serre car ils n'utilisent plus d'énergies fossiles (sauf exception).

30. Minergie® Règlement des labels Minergie®/Minergie-P®/Minergie-A®, version 2023 : https://www.minergie.ch/fr/standards/renover/eco/.

31. L'indice MKZ correspond au besoin net global de toutes les énergies finales d'exploitation du bâtiment pondérées par les facteurs énergétiques nationaux, rapporté à la surface de référence énergétique. Il comprend six composants : besoin en énergie pour l'ensemble chauffage, ventilation et climatisation, la fourniture d'eau chaude, l'éclairage, les appareils domestiques et les installations techniques générales auxquels on déduit l'autoproduction d'électricité (elle-même subdivisée en autoconsommation et en part injectée dans le réseau).

Tous les bâtiments Minergie-P® doivent aussi se conformer à des exigences concernant les stations de recharge pour véhicules électriques, les besoins en eau chaude sanitaire ainsi que les appareils électriques et l'éclairage efficaces. Au final, Minergie® signifie une performance énergétique du bâtiment rénové généralement plus de 3 fois meilleure qu'avant les travaux.

Minergie-ECO® est un complément des labels Minergie® qui permet de prendre en compte les aspects liés à la santé et à l'écologie de la construction[32]. Il est nécessaire de respecter huit exigences supplémentaires concernant :

– le climat intérieur (valeur limite pour les formaldéhydes et solvants, aération de 30 jours après la fin des travaux) ;

– la protection contre le bruit (isolation phonique, qualité acoustique et sonore) ;

– la qualité de la lumière du jour ;

– la durabilité des matériaux ainsi que l'origine et la durabilité du bois ;

– l'intégration de l'économie circulaire dans la conception (valeur écologique résiduelle lors d'une éventuelle déconstruction, longévité des matériaux) ;

– la protection de la biodiversité, les éléments de construction exposés aux intempéries, tels que les métaux lourds, les biocides, les produits de protection chimique, doivent être évités ;

– la résilience climatique : les surfaces de façade, de toit, et les revêtements extérieurs non végétalisés doivent être réduits. Les toits plats non accessibles doivent présenter une couche de substrat appropriée pour une végétalisation adaptée au site et riche en espèces. Les façades doivent également être végétalisées, en renonçant à l'arrosage avec de l'eau potable.

– les solutions innovantes, allant au-delà des mesures précédentes, sont encouragées.

Les **opérations de rénovation labellisées Minergie** présentées dans cet ouvrage :
– Deux réalisations exemplaires ont obtenu le label Minergie-P®, l'une des deux ayant également obtenu le label Minergie-ECO® : maisons ⓬ et ⓯.

32. Minergie-ECO est le résultat d'une coopération de Minergie avec l'association ecobau.

6 L'analyse des points singuliers de la rénovation

Une rénovation performante et durable se doit de traiter tous les points qui génèrent des déperditions thermiques mais aussi ceux qui peuvent créer des dysfonctionnements du bâtiment et des pathologies susceptibles parfois de détériorer sa structure même.

Ce chapitre présente les principales difficultés que peut rencontrer l'architecte ou le maître d'œuvre pour garantir la performance énergétique de la maison.

Du fait de la complexité de la maison, **l'isolation de l'enveloppe**, c'est-à-dire les murs, le plancher bas, la toiture, peut générer des ponts thermiques importants et occasionner des travaux relativement coûteux : c'est, par exemple, la question du décaissement des murs à l'extérieur quand l'isolation du plancher bas (sur terre-plein notamment) est rendue quasiment impossible ou encore la liaison de l'espace chauffé avec les espaces non chauffés (garage, cave). Les liaisons entre les parois verticales et la toiture ou les planchers bas requièrent une véritable ingénierie afin de limiter les ponts thermiques et d'éviter les risques de condensation.

Un aspect fondamental de la rénovation performante est **la gestion du renouvellement d'air**. D'une part, il est indispensable de réduire l'étanchéité à l'air du bâtiment pour éviter les déperditions thermiques et les pathologies et, d'autre part, il est nécessaire de garantir un renouvellement d'air suffisant pour assurer une bonne qualité de l'air et éviter aussi les pathologies. La ventilation est au cœur de la rénovation énergétique performante.

Le **confort d'été** est un élément incontournable de la rénovation performante et nécessite des choix techniques spécifiques mais aussi une réflexion globale mettant en relation le niveau d'isolation et le renouvellement d'air dans la maison.

Enfin, une fois traités l'enveloppe, le renouvellement d'air et le confort d'été, intervient la question du **mode de chauffage**, cette question devenant mineure dans les rénovations énergétiques très performantes.

Il n'y a pas deux projets de rénovation énergétique performante identiques mais il y a des points singuliers à étudier de façon approfondie et des écueils à éviter que ce chapitre a cherché à montrer.

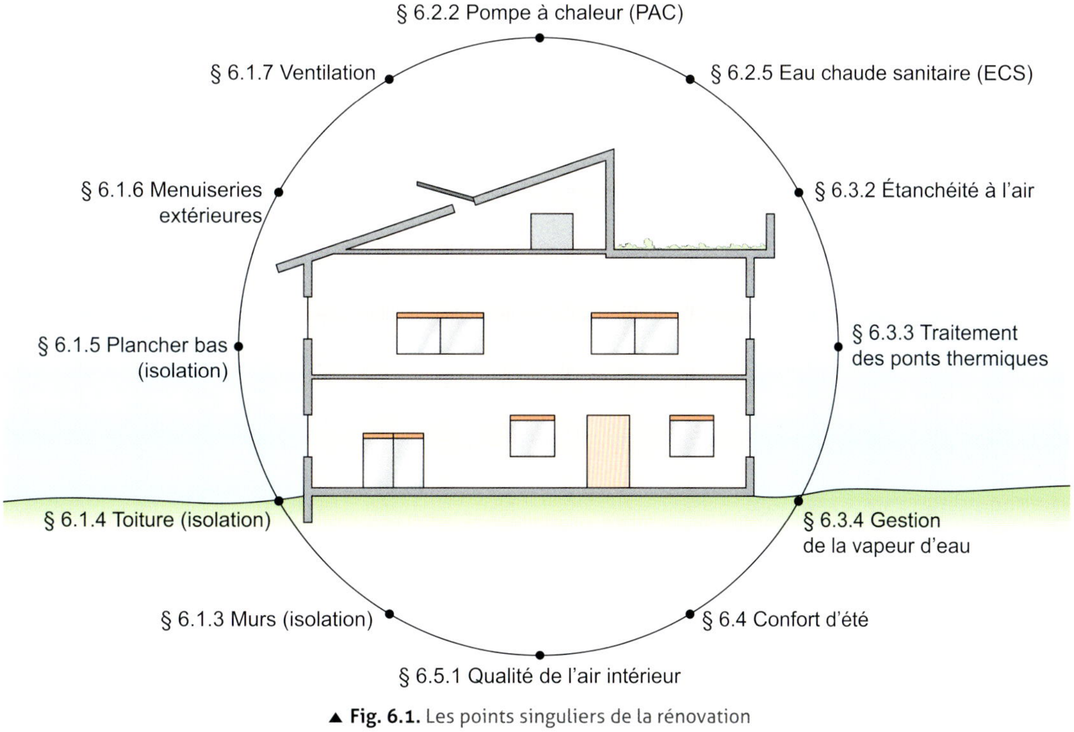

▲ **Fig. 6.1.** Les points singuliers de la rénovation

6.1 L'isolation de l'enveloppe

6.1.1 Identifier les déperditions thermiques

Les déperditions thermiques d'un logement désignent **les pertes de chaleur** subies par les échanges d'air entre l'intérieur et l'extérieur. Elles proviennent du renouvellement d'air (ventilation), par le biais des parois surfaciques et par les ponts thermiques situés entre deux éléments de la construction.

En moyenne, dans une maison non rénovée thermiquement, la toiture représente 30 % des déperditions, les murs 20 %, les menuiseries 15 %, le plancher bas 10 %, la ventilation et les infiltrations 20 % et les ponts thermiques 5 % (fig. 6.2).

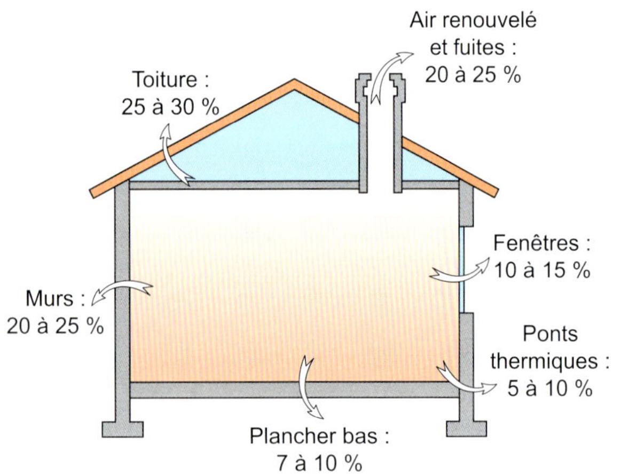

▲ **Fig. 6.2.** Les déperditions thermiques d'une maison (Source : AQC)

Une fois rénovée au niveau BBC, les déperditions sont largement réduites et une nouvelle répartition des pertes apparaît avec une très forte réduction des déperditions par la toiture et une augmentation importante de la part liée aux ponts thermiques.

Selon l'analyse présentée dans le rapport *Perf in Mind* sur 103 maisons individuelles rénovées BBC, les déperditions par les parois restent toujours dominantes (76 % avec 20 % des déperditions thermiques par les murs, 18 % par les menuiseries, 13 % par le plancher bas, 7 % par la toiture et 18 % de ponts thermiques), la ventilation représente 14 % des déperditions et les infiltrations 10 % (fig. 6.3).

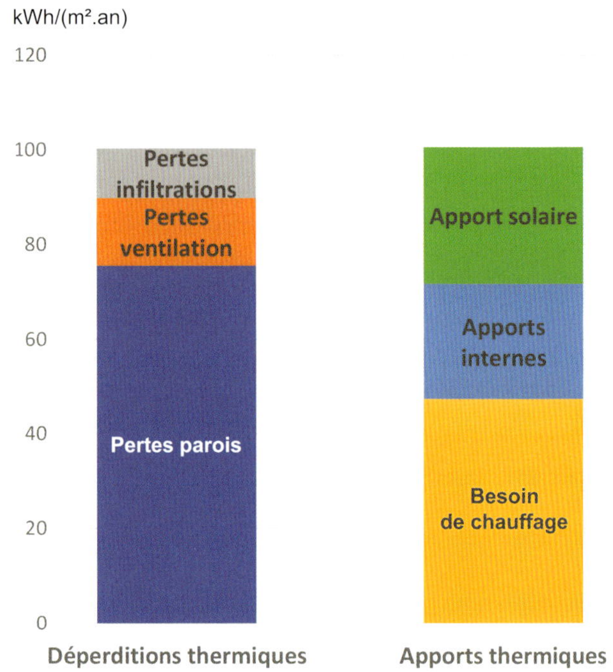

▲ **Fig. 6.3.** Besoin de chauffage moyen de 103 maisons individuelles rénovées BBC (Source : Enertech, *Perf in Mind*)

6.1.2 Définir l'enveloppe chauffée

L'enveloppe chauffée définit le volume de la maison qui est chauffé. *A contrario*, la maison dispose d'espaces non chauffés tels que les caves, les garages, les ateliers ou les celliers. Les interfaces (les portes d'accès et les escaliers) génèrent généralement des **ponts thermiques** difficiles à résoudre.

Les portes d'accès aux espaces non chauffés doivent être isolées et étanches à l'air. Il en est de même de la cage d'escalier qui peut être couverte d'un enduit épais afin d'assurer l'étanchéité à l'air.

Les accès aux combles perdus peuvent être une source de pont thermique et un traitement spécifique doit être assuré. Si le sous-sol avec garage fait partie de l'espace chauffé, le problème se reporte sur les portes de garage. Dans le cas de portes sectionnelles, celles-ci peuvent être isolées avec un isolant mince (film thermo-réflecteur ou feuille polyuréthane). Neuves, elles peuvent comporter de la mousse de polyuréthane.

Les portes de garage enroulables sont également doublées de mousse de polyuréthane assurant une certaine isolation. Enfin les portes de garage battante ou pliante sont souvent dépourvues d'isolation mais peuvent être doublées d'une couche d'isolant.

EXEMPLE DE TRAITEMENT D'UNE CAGE D'ESCALIER

Localisation : maison ⓮, Romans-sur-Isère, Drôme.
Contexte : la maison a été construite dans les années 1950 en béton et parpaing. Elle n'a pas d'isolation et est chauffée au gaz (classe F). Elle comprend un rez-de-chaussée sur sous-sol avec garage et des combles perdus.
Démarche et projet : la cage d'escalier montant du garage à l'étage principal créait un point froid dans le volume chauffé. Elle a été isolée ainsi que le mur de refend accolé (fig. 6.3 et 6.5).
Autres exemples de réalisation présentés dans l'ouvrage :
– maison ❾ de Roquebrun : isolation de la cage d'escalier,
– maison ㉑ de Tournon sur Rhône : construction d'un sas avec une porte étanche.

▲ **Fig. 6.4.** Préparation de la cage d'escalier pour recevoir 20 cm de mousse de PU projetée (Crédit photo : Pierre Leriche)

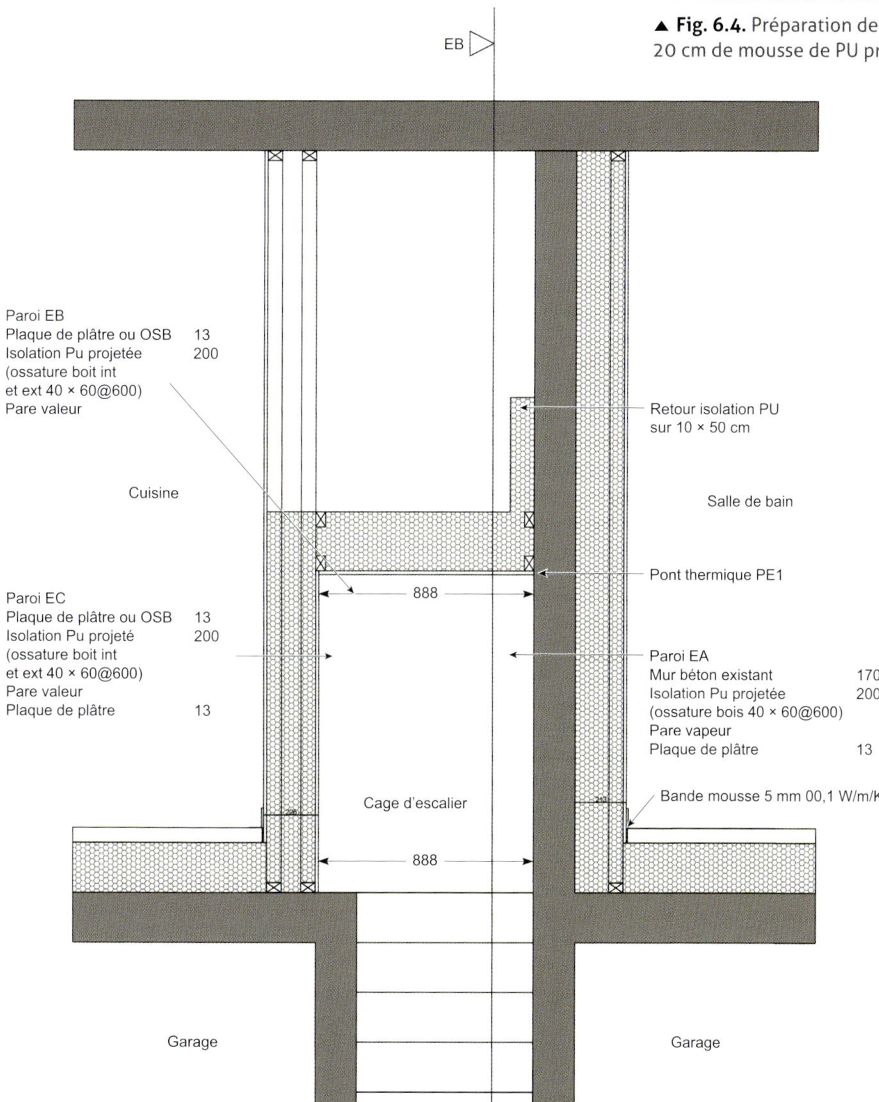

◀ **Fig. 6.5.** Coupe de la cage d'escalier entourée d'une coque isolante, avec remontée de l'isolant sur le mur de refend afin de limiter le pont thermique (Source : Phroneco)

6.1.3 Isoler les murs

Niveau d'isolation requis en BBC

Pour atteindre le niveau BBC ou mieux, le niveau d'isolation requis pour les murs est un **coefficient de résistance thermique R** compris **entre 3,7** (niveau minimum pour les subventions) **et 5,5 m^2.K/W** avec une moyenne de 4,7 m^2.K/W.

Les épaisseurs d'isolant sont majoritairement pour l'isolation par l'extérieur (ITE) de 14 à 20 cm et pour l'isolation par l'intérieur (ITI) de 12 à 16 cm.

À noter, le différentiel d'épaisseur n'a qu'un faible impact économique, le coût d'une ITE ou d'une ITI dépend davantage des finitions (plaque de plâtre, enduit, bardage) et de sa mise en œuvre (échafaudage, pose, découpe...).

Isolation par l'intérieur (ITI)

L'isolation par l'intérieur (ITI) pose un certain nombre de problématiques que le concepteur doit prendre en compte :

– **Point de rosée** : tout ajout d'isolant côté intérieur d'un mur a un impact sur la température de l'air et son humidité. Plus la résistance thermique de la paroi est élevée, plus le point de rosée – là où la vapeur se transforme en gouttelette – va transiter vers l'intérieur, le mur existant étant plus froid (moins de chaleur s'échappe) et un risque de condensation existe à la jonction du mur existant et de l'isolation. Ainsi un enduit plâtre intérieur (préexistant) ne résiste pas au gel et pourrait moisir après une période froide.

De même, si le mur est plus froid et si de l'eau capillaire est emprisonnée entre le crépi extérieur et le mur, le givre pourrait provoquer des éclatements et des fissures.

La mise en œuvre d'une ITI exige une **analyse détaillée du mur ainsi que des interfaces** (planchers intermédiaires, angles extérieurs) et des problèmes préexistants.

Une règle consiste à éviter les isolants étanches à la diffusion de l'humidité vers l'intérieur, afin de ne pas la bloquer dans le mur. Les solutions associant des matériaux à forte capacité hygroscopique et une membrane frein-vapeur hygrovariable semblent bien convenir pour des travaux d'isolation par l'intérieur. Elles peuvent accepter un taux d'humidité élevé et une capacité de séchage naturel pendant la période de rediffusion.

Dans le même temps, la membrane pare-vapeur peut gérer l'étanchéité à l'air.

Dans certains cas, le pare-vapeur ne s'impose pas et l'étanchéité à l'air peut être assurée par un enduit intérieur à la chaux (fig. 6.6).

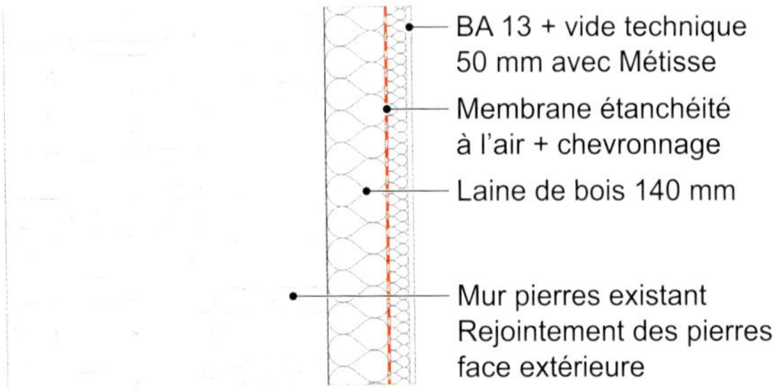

C'est la membrane pare-vapeur qui gère l'étanchéité à l'air
Les murs en pierre doivent toujours être rejointoyés.

a

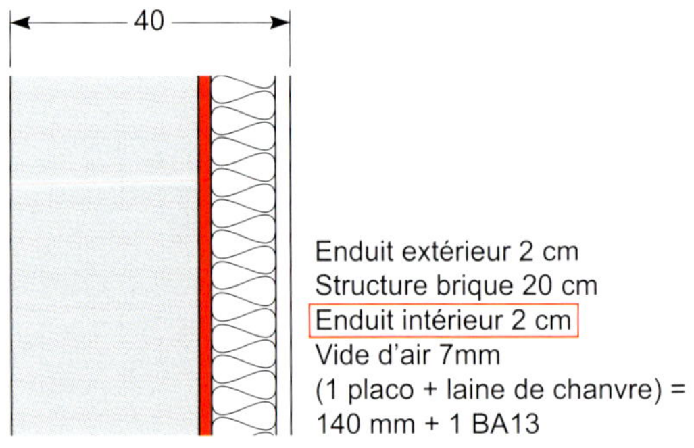

C'est l'enduit chaux intérieur qui assure l'étanchéité à l'air
Il n'y a pas de pare-vapeur dans la paroi

b

▲ **Fig. 6.6.** Deux exemples de traitement de l'étanchéité à l'air : a) mur en pierre et isolation en laine de bois ; b) Mur en brique et isolation avec de la laine de chanvre (Source : Thomas Primault et Quinze A)

Certains professionnels estiment qu'une isolation thermique par l'intérieur devrait se limiter à un R de 3,4 m².K/W, soit environ 120 mm d'isolant, afin d'éviter les risques de pathologies[1].

– **Inertie thermique** : l'isolation par l'intérieur tend à réduire l'inertie thermique de la maison (si l'isolant posé est léger) et, par conséquent, l'intérêt de la surventilation nocturne. La surchauffe d'été d'une maison avec une forte inertie (façade en briques pleines de 23 cm et dalle béton) et avec ITI par rapport à une maison jumelle non isolée serait de 1,5 °C à 2,2 °C[2]. Ce phénomène peut être corrigé par des protections solaires adéquates.

– **Mur de refend**[3] : dans la rénovation du moulin de Montreuil-sous-Pérouse (maison ❶), l'agence d'architecture Quinze A a mis en évidence le traitement des murs de refend qui peuvent générer des ponts thermiques (fig. 6.7).

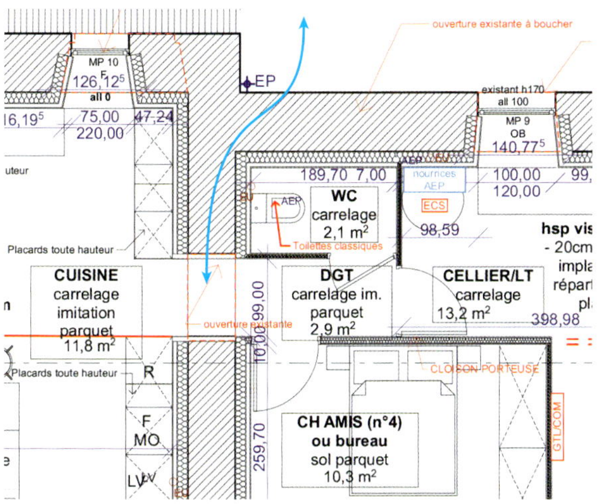

▲ **Fig. 6.7.** Mur de refend et pont thermique : malgré l'ITI, un pont thermique survient avec la rupture de la continuité de l'isolant dans le passage de la cuisine au couloir. (Source : Thomas Primault et Quinze A)

– **Épaisseur des parois** : dans de nombreux logements, les pièces peuvent être relativement petites et l'ITI va nuire à la qualité de vie dans le logement. Par exemple, l'isolation d'une chambre de 12 m² sur deux côtés par 20 cm d'isolant réduit cette surface de 12 %.

Plutôt que de peu isoler, il est possible de choisir **des isolants minces** (sous vide ou aérogels) dont la conductivité thermique est très faible (tab. 6.1), mais leur inconvénient est d'avoir un coût élevé et d'être étanches à la vapeur d'eau. **Les isolants sous vide** (PIV) sont fabriqués en fonction des cotes précises prises par le maître d'œuvre ; ils exigent ensuite une pose très délicate et précise, des fuites pouvant apparaître au niveau des joints entre les pièces[4].

▼ **Tab. 6.1.** Exemples d'isolants minces très performants

Types d'isolants minces	Coefficient λ (W/(m.K))	Commentaires
Isolant sous vide (PIV) : isolant ultramince composé d'une nanopoudre de silice enveloppée dans un film étanche puis mis sous vide	0,0069	Mise en œuvre complexe car non découpable mais calepinage possible. Coût : environ 200 €/m² HT hors pose Épaisseur 10, 20 ou 50 mm
Calostat pure en panneaux (Evonik, Allemagne)	0,019 à 0,021	Silice microporeuse
Fixit 222 Aérogel (Fixit Gruppe, Suisse)	0,028	Épaisseur inférieure à 10 cm
Spaceloft aérogel de silice en rouleaux	0,015	Aérogel pur pouvant être découpé

(Source : Victor Hoppe, La Maison du Passif)

Isolation par l'extérieur (ITE)

Par rapport à l'ITI, l'isolation par l'extérieur (ITE) a l'avantage de préserver l'inertie de la maison et d'éliminer en grande partie les ponts thermiques (notamment les liaisons avec les structures horizontales) ; elle apporte ainsi un confort thermique hiver comme été plus important. Les économies d'énergie générées sont supérieures à celle de l'ITI grâce aux épaisseurs d'isolant plus importantes et à la suppression des ponts thermiques.

Autre avantage, elle n'impacte pas sur la surface de la maison et peut aussi être une source d'embellissement, de décoration ou de requalification de la maison. Le plus souvent, l'aspect de la façade sera modifié, ce qui peut toutefois compliquer le travail de l'architecte dans le cadre d'une préservation patrimoniale.

Au-delà de l'esthétique, la recherche de la performance énergétique permise par l'ITE conduit à se poser des questions sur la présence de ponts thermiques importants qui ne seront éliminés que par la suppression de l'élément de construction : balcons, escalier d'entrée, pergola, véranda.

1. Voir l'article de Léo Morche, « Isolation par l'intérieur », *Habitat Naturel*, n° 93, mai 2023, pp. 44-48.
2. Voir Victoria Tink et al., cité par l'étude Résiliance p. 52.
3. Il s'agit d'un mur porteur situé à l'intérieur de la maison, jouant un rôle dans la structure.
4. Voir les pp. 30 à 34 d'*Habitat Naturel*, n° 97, mars-mai 2024.

Maison avant travaux :
accès par escalier en béton sur la façade ouest sur jardin

Maison après travaux :
suppression de l'escalier, remplacement de la porte d'entrée par une paroi vitrée (nouvel accès par le garage au nord) et nouvelle terrasse en bois désolidarisée de la structure

▲ **Fig. 6.8.** Modification de la modénature d'une maison après une ITE (maison ⓮ de Romans-sur-Isère, crédit photos : Pierre Leriche)

En effet, l'isolation de la maison doit être faite sans discontinuité, ce que ces éléments de modénature ne permettent pas, sauf s'ils sont désolidarisés de la construction (voir les projets de rénovation à Magny-les-Hameaux, maison ⓴, ou à Romans-sur-Isère maison ⓮, fig. 6.8). En fait, c'est toute la modénature de la maison qui va être modifiée et parfois même les modes de circulation à l'intérieur de la maison.

L'isolation par l'extérieur augmente de façon significative l'épaisseur des murs et, de ce fait, va réduire considérablement le débord de toiture. Il sera nécessaire d'envisager des travaux sur la toiture afin de recréer un débordement suffisant pour protéger la façade de l'eau (exemple avec la maison ㉑ de Tournon-sur Rhône).

L'ITE peut aussi créer des désordres dans la structure bâtie (risque de condensation) si le système de ventilation est insuffisant ou défectueux. Il peut aussi générer des problèmes d'étanchéité des menuiseries et de la toiture si la conception puis la mise en œuvre ne sont pas faites correctement (voir § 5.1.2).

Des épaisseurs d'isolant différentes sont nécessaires pour atteindre les objectifs selon la résistance thermique des matériaux (tab. 6.2).

▼ **Tab. 6.2.** Épaisseurs d'isolant en cm en fonction de l'objectif de performance énergétique

Objectifs de performance énergétique		RT	Niveau d'exigences pour des aides financières	BBC Réno 2024	EnerPHit
Niveau de résistance thermique R minimal		3,2 m^2.K/W	3,7 m^2.K/W	4,4 m^2.K/W	6,7 m^2.K/W
Isolants (cm)	Polystyrène expansé PSE	10 à 12	12 à 14	14 à 17	21 à 25
	Polystyrène extrudé XPS	9 à 13	10 à 15	12 à 18	19 à 27
	Polyuréthane	7 à 9	8 à 10	10 à 12	15 à 19
	Laines minérales	10 à 14	11 à 17	13 à 20	20 à 30
	Fibre de bois	12 à 16	14 à 18	17 à 22	25 à 33
	Bloc de chanvre	19 à 21	22 à 24	26 à 29	40 à 44

PLU et promotion de l'ITE

Ce constat de performance devrait inciter les collectivités locales à promouvoir l'ITE (notamment dans leurs PLU ou PLUi)[5] et à accompagner plus favorablement les demandes dès lors qu'elles peuvent s'intégrer dans le paysage et ne nuisent pas à la qualité architecturale de l'édifice.
L'ITE peut aussi être un élément utile à l'architecte pour recréer un aspect contemporain et rompre la standardisation de nombreuses maisons.

Décaissement des murs périphériques

Dans le cas où l'isolation du plancher bas est difficile et où la liaison avec le mur extérieur crée un important pont thermique, il est indispensable de décaisser le mur périphérique puis de l'isoler. L'excavation sera selon les cas à réaliser entre 60 cm et 1,2 m (fig. 6.9 à 6.11). On peut profiter de cette excavation pour adapter les regards des eaux de pluie.

Les isolants adaptés à ces décaissements sont principalement le polystyrène haute densité type Jackodur, le polyuréthane ou les blocs de liège.

▲ **Fig. 6.9.** Exemple d'isolation des soubassements avec du polystyrène haute densité : excavation de la terre sur 1,20 m x 0,60 m (maison 21 de Tournon-sur-Rhône, crédit photos : Jean-Louis André)

▲ **Fig. 6.10.** Exemple d'ITE avec excavation complète des terres. (maison 25 de Saint-Cyr au Mont d'Or, crédit photos : Atelier de Montrottier Loïc Parmentier et associés)

5. Voir l'ouvrage de C. Charlot-Valdieu et P. Outrequin, *Faire du PLU un projet de territoire durable*, op. cit.

« Le schéma de détail (fig. 6.11) montre la nécessité de faire descendre l'isolant jusqu'aux fondations de l'édifice afin de couper le pont thermique de la liaison mur-dalle au niveau bas. Le retour horizontal de l'isolant permet également de limiter la descente dans le sol du froid ou du chaud qui contournerait les fondations pour atteindre le plancher bas. Il s'agit d'une manière compensatoire lorsque l'on ne peut pas isoler le plancher bas existant. »
(Loic Parmentier)

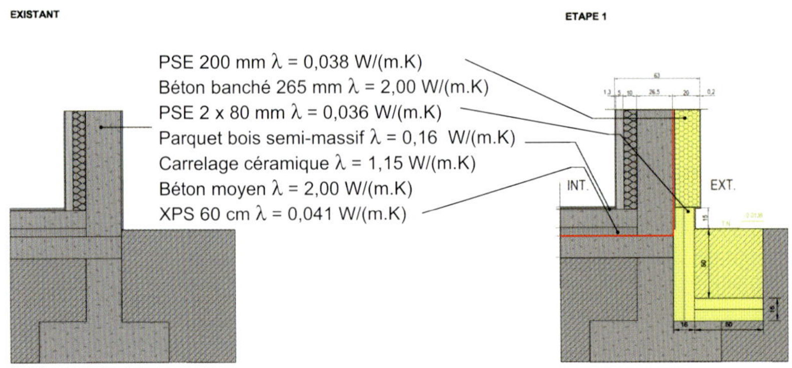

▲ **Fig. 6.11.** Liaison de la dalle sur terre-plein avec le mur extérieur (maison 25 de Saint-Cyr au Mont d'Or, source du schéma de détail : Pollet Ingénierie)

EXEMPLE D'UNE RÉNOVATION PRIVILÉGIANT LA STRUCTURE BOIS[6]

Localisation : Hauts coteaux de la Loire
Architecte : Atelier de Montrottier Loïc Parmentier et associés
Contexte : ce bâtiment a été transformé par une intervention architecturale marquée, valorisant la structure bois.
Démarche et projet : cette fermette traditionnelle datant de la fin du XIXe siècle, en forme de L, est composée d'une partie habitation perpendiculaire à la pente, orientée nord/sud, et d'une grange-étable orientée est/ouest.
Une cour centrale, bordée de murs en pierre, se forme naturellement entre ces bâtiments et la pente du terrain.
Les fondations et soubassements du bâtiment sont en moellons de pierre en granit local particulièrement solides et le reste du bâtiment est en pisé (matériau traditionnel et local).
L'architecte a choisi d'enjamber le soubassement existant avec un habillage en bois (lamellé-collé) donnant une trame régulière et légère, créant une coursive au sud donnant sur la cour et assurant une bonne maîtrise des apports solaires hiver comme été (fig. 6.12).
Une entreprise spécialisée a réalisé l'ensemble des pièces en lamellé-collé (Douglas local et purgé d'aubier). L'assemblage et le montage de la structure principale ont été effectués en auto-construction en moins d'une semaine (un des intérêts du bois et des filières sèches).
Le remplissage de la structure principale, pour les parois latérales (pignons en creux) a été réalisé en ossature bois. Le bardage est composé de tasseaux ajourés horizontaux de Douglas sur les faces nord et au sud, et est en tôle ondulée noire sur ses faces latérales plus exposées (fig. 6.13 et 6.14).
La couverture en tôle ondulée galvanisée a été recouverte par des bacs pré-végétalisés permettant de résoudre simultanément trois thématiques : l'acoustique, le thermique et l'esthétique.
Enfin, la grange-étable (en cours de rénovation en 2024/2025) pourra compléter l'habitation principale, devenir un gîte ou offrir un nouveau foyer, selon les besoins de la famille.

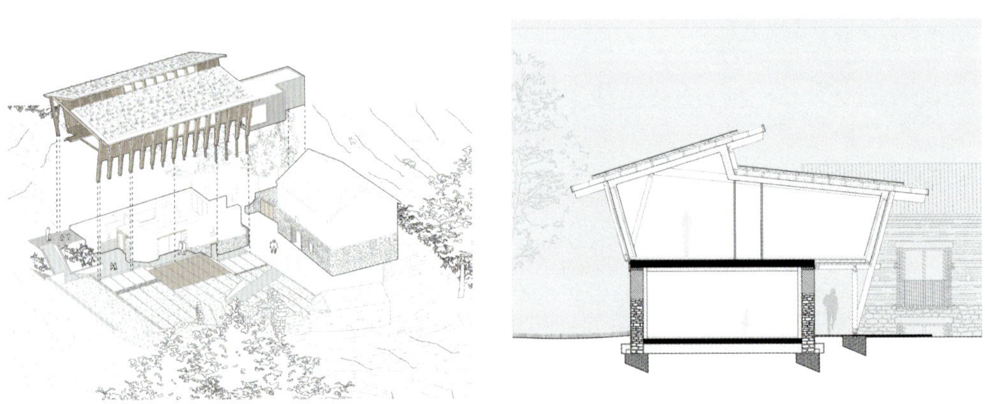

▲ **Fig. 6.12.** Coupe de la structure bois rapportée et coupe transversale de la maison (Source : Atelier de Montrottier Loïc Parmentier et associés)

6. Voir l'article paru dans *Habitat naturel* de septembre 2024 (n° 99).

▲ **Fig. 6.13.** L'habillage de la maison existante avec une structure en lamellé-collé (Crédit photo : Atelier de Montrottier Loïc Parmentier et associés)

▲ **Fig. 6.14.** La coursive au sud donnant sur la cour (Crédit photos : Atelier de Montrottier Loïc Parmentier et associés)

6.1.4 Isoler la toiture

Identifier les déperditions thermiques

Plusieurs techniques d'isolation de la toiture sont à distinguer :

– l'isolation en combles perdus (environ un tiers des maisons)[7] ;
– l'isolation sous rampant ;
– l'isolation en sarking, c'est-à-dire au-dessus de la charpente existante, parfois en combinaison avec une isolation sous rampant ;
– l'isolation d'une toiture terrasse.

Pour atteindre le niveau BBC ou mieux, le niveau d'isolation requis pour les toitures est un coefficient de résistance thermique **R compris entre 7,5 et 9,5 m^2.K/W** avec une moyenne de 7,9 m^2.K/W. Le niveau minimum pour rendre les travaux éligibles aux subventions est de 6 m^2.K/W.

Le niveau d'isolation est en général plus élevé pour les combles perdus et le sarking (R = 7,5 à 10 m^2.K/W) que pour l'isolation sous rampants (R = 6,8 à 8 m^2.K/W).

Les épaisseurs d'isolant varient selon les cas de 20 à 40 cm. Selon l'association Promotoit qui regroupe des entreprises produisant des matériaux de construction pour la toiture, le gisement d'économie d'énergie de chauffage serait en France pour les maisons individuelles de 24 % à 29 % pour les maisons avec combles déjà aménagés et de 28 % à 39 % lors d'une rénovation avec aménagement de combles et création de surface habitable. 59 % des maisons avec combles aménagés auraient une isolation insuffisante ainsi que 25 % des maisons dont les combles pourraient être aménagés.

Isoler les combles perdus

L'isolation se fait sur le plancher des combles non utilisés, la ouate de cellulose et la laine de verre étant les isolants les plus fréquemment utilisés avec cette technique, pour des épaisseurs comprises entre 30 et 35 cm.

La pratique courante actuelle est d'arrêter l'isolant (posé ou soufflé en vrac) au droit du nu intérieur des murs périphériques (gouttereaux et pignons), ou contre la panne sablière (fig. 6.15).

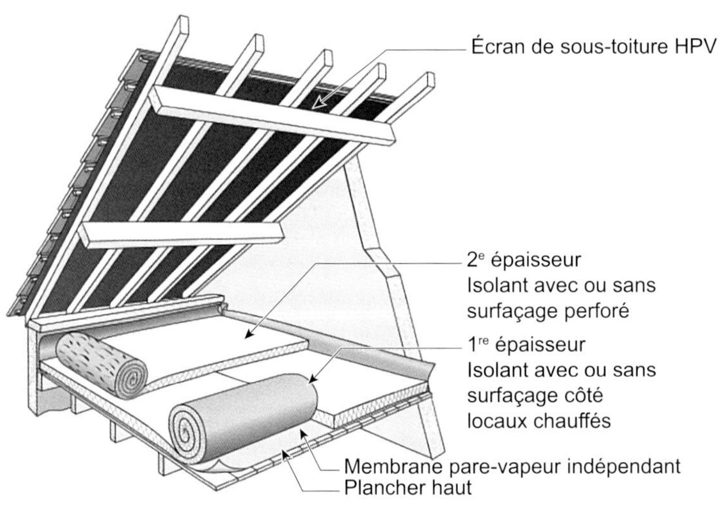

▲ **Fig. 6.15.** Exemple d'isolation sur deux couches croisées en combles perdus sur plancher bois (Source : Isover, e-*Cahiers du CSTB*, n° 3560_V2, juin 2009)

7. Voir l'étude sur *La Rénovation basse consommation des maisons individuelles* de l'Observatoire BBC Effinergie (avril 2021).

Si le mur périphérique ne dépasse pas la hauteur d'isolant soufflé d'au moins 10 cm, le CSTB prescrit la mise en place de déflecteurs positionnés au nu intérieur du mur afin de ne pas créer un obstacle à la ventilation des combles en partie basse, tout en évitant des mouvements d'air dans l'isolant, ce qui peut créer une discontinuité de l'isolation si le support de l'isolant n'est pas étanche à l'air[8].

Avec une ITE, l'isolation des combles perdus s'arrêtant au droit du mur va générer un important pont thermique avec un risque de moisissure sur le haut du mur. Si le mur est perméable à la vapeur d'eau, la condensation qui peut survenir pourra atteindre la charpente bois en appui du mur.

Pour éviter ce pont thermique, il faut réaliser l'isolation de la tête de mur pour permettre la jonction avec l'ITE.

Dans le cas d'une ITI installée après la pose de faux-plafonds (utiles pour cacher un plafond en mauvais état ou pour faire passer les gaines de ventilation et/ou les réseaux), un pont thermique sera créé si l'ITI s'arrête au niveau du plafond avec une discontinuité de l'enveloppe isolante. Les mesures de correction sont lourdes et complexes (par exemple, entourer chaque poutre porteuse par un film pour assurer la continuité de l'étanchéité) pour créer une isolation et une membrane d'étanchéité à la jonction des isolants.

Isoler les rampants

L'isolation des rampants se fait généralement avec deux couches d'isolants, la seconde étant dotée d'un pare-vapeur et croisée et agrafée à un contre-chevron. La laine de verre et la laine de bois sont les isolants les plus fréquemment utilisés avec cette technique, pour des épaisseurs comprises entre 20 et 30 cm.

L'isolation des rampants ne doit pas s'arrêter contre l'intérieur du mur mais doit recouvrir la tête du mur (fig. 6.16), de même que le frein-vapeur, celui-ci devant être raccordé à la partie de maçonnerie étanche (membrane ou voile béton ou enduit extérieur).

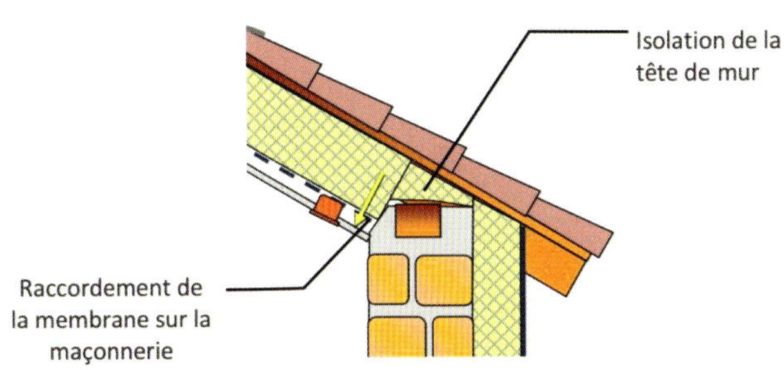

▲ **Fig. 6.16.** L'isolation des rampants ne doit pas s'arrêter contre l'intérieur du mur mais doit recouvrir la tête du mur (Source : Dorémi)

8. Voir la p. 60 de l'étude Enertech & Dorémi ainsi que la brochure de l'AQC, *Isolation des combles perdus par soufflage, 12 enseignements à connaître* (2019).

Dorémi met l'accent sur le risque de discontinuité de l'isolation de l'enveloppe dans le cas des toitures en appui sur un mur, l'ITE pouvant être arrêtée au-dessus de la couverture existante. Il y a aussi discontinuité de la membrane d'étanchéité ou de l'enduit (fig. 6.17).

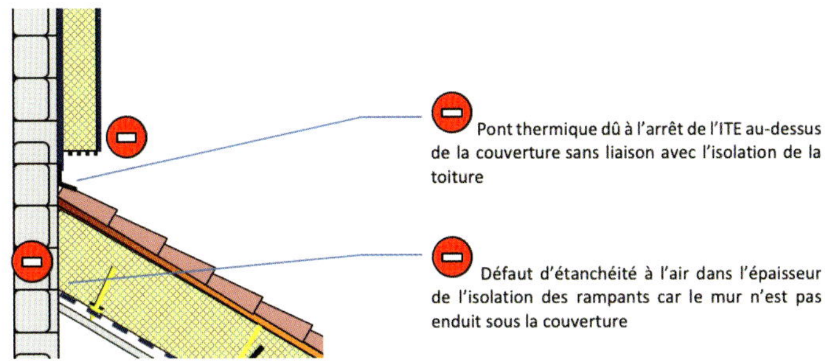

▲ **Fig. 6.17.** Discontinuité de l'isolation et de l'étanchéité à l'air sur un toit sur un mur d'appui (Source : Dorémi)

Isoler par l'extérieur (sarking)

Le sarking est une isolation des rampants par l'extérieur sous la couverture. Cette technique permet de gagner du volume sous les combles et de conserver de la surface habitable. Elle protège aussi la charpente thermiquement et surtout contre l'humidité et ne dégrade pas les finitions intérieures quand les combles sont déjà aménagés.

La démarche vise à déposer la couverture existante puis à fixer les panneaux isolants (et un pare-vapeur) au-dessus des chevrons de la toiture, à mettre en place un pare-pluie ou un écran à haute perméabilité à la vapeur d'eau (HPV) assurant l'étanchéité à l'eau et enfin à poser un lattage et contre-lattage permettant de reposer la couverture.

Le polyuréthane et la laine de bois sont les isolants les plus fréquemment utilisés avec cette technique, pour des épaisseurs comprises entre 20 et 35 cm.

Cette technique modifie évidemment la hauteur de faîtage, ce qui peut être contraire au règlement du PLU ou être refusé en secteur protégé ou classé. Mais suite au Grenelle de l'environnement, le Code de l'urbanisme prévoit des possibilités pour favoriser la rénovation énergétique[9].

9. Op. cit., *Faire du PLU un projet de territoire durable.*

▲ **Fig. 6.18.** Exemple de technique du sarking ou ITE de la toiture sous la couverture (Source : Isover)

Cas d'une surélévation

La rénovation énergétique peut s'accompagner d'une surélévation de la toiture afin de transformer des combles perdus en pièces habitables. Cette densification verticale répond souvent à des besoins des familles de disposer de plus d'espace et peut s'accompagner d'une valorisation architecturale en proposant une architecture contemporaine qui modifie l'image du bâti et augmente sa valeur patrimoniale[10]. La surélévation répond aussi à la nécessité de limiter autant que possible l'artificialisation des sols.

Ces surélévations sont fréquemment construites en ossature bois (pour des questions de poids notamment) et sont isolées en respectant les réglementations relatives à la construction neuve, voire davantage (fig. 6.19).

6.1.5 Isoler le plancher bas

L'hétérogénéité des situations

Pour 55 % des maisons, le plancher bas de l'espace chauffé donne sur un local non chauffé ou sur un sous-sol (au moins partiellement enterré), pour 32 % sur un terre-plein, moins de 5 % ont un vide sanitaire et les autres ont une ouverture sur l'extérieur[11].

10. Voir l'ouvrage de Géraldine Bouchet-Blancou avec la contribution de Mignery Didier, *La surélévation des bâtiments*, Éditions du Moniteur (2023).

11. Source : Observatoire BBC Effinergie, op. cit.

▲ **Fig. 6.19.** Exemple d'une surélévation de toiture réalisée en ossature bois (Crédit photos : Armel Joly)

Lors d'une rénovation, un diagnostic initial du sous-sol doit être effectué pour analyser les problèmes d'humidité, de remontées capillaires, de manque de ventilation et d'étanchéité à l'air.

L'isolation thermique se fait le plus souvent en sous-face dès lors que la maison dispose d'un sous-sol. Les problématiques révélées lors du diagnostic doivent conduire au choix des isolants les plus appropriés. De même, l'isolation de la périphérie des murs de façades doit aussi être fréquemment réalisée pour réduire le pont thermique entre la dalle basse et la paroi verticale. Évidemment celle-ci est indispensable dès lors que l'isolation du plancher bas s'avère impossible.

De nombreuses contraintes techniques apparaissent pour la réalisation des travaux d'isolation avec le passage des réseaux d'eau, d'électricité, des gaines de chauffage, le tableau électrique et ses départs, la fixation des luminaires qui sont autant de points de perte d'étanchéité, dès lors que le sous-sol n'est pas dans l'enveloppe chauffée. Toute la difficulté est de garantir la continuité de l'isolation sur toute la surface de la dalle[12].

12. Pour les bonnes pratiques de l'isolation des planchers bas, voir le guide de l'AQC, *L'isolation en sous-face des planchers bas en rénovation* (octobre 2021).

Dans le cas d'un vide sanitaire, l'isolation thermique en sous-face est souvent plus difficile, voire impossible faute d'accès ou de manque d'espace. Il est possible cependant d'ajouter une isolation sur la dalle existante, comme pour une maison sur terre-plein. Il faut alors démolir le revêtement avant de recouler une chape sur l'isolant.
On peut considérer que l'isolation des murs périphériques et l'isolation de la dalle en sous-face du sous-sol vont de pair pour améliorer significativement la performance énergétique et réduire les ponts thermiques.
L'isolation thermique de sous-sol inaccessible peut se faire aujourd'hui avec un robot (fig. 6.20) qui projette de la mousse de polyuréthane haute performance (épaisseur de 50 à 320 mm).

▲ **Fig. 6.20.** Exemple d'un robot projeteur de mousse polyuréthane sous plancher du rez-de-chaussée

Identifier les déperditions thermiques

Pour atteindre le niveau BBC ou mieux, le niveau d'isolation requis pour les planchers bas est un coefficient de résistance thermique **R** compris **entre 3 et 7 m^2.K/W.** Les épaisseurs d'isolant à poser varient selon les isolants : avec la mousse de PU, les épaisseurs vont de 7 à 17 cm environ.
L'épaisseur d'isolant est un paramètre important dans la conception de l'isolation du plancher bas. Sous la dalle, elle réduit la hauteur disponible dans un local non chauffé ou un sous-sol, avec parfois des contraintes comme la porte de garage basculante, ou encore dans un vide sanitaire. Au-dessus de la dalle comme sous chape, elle réduit la hauteur sous plafond et nécessite de revoir toutes les portes intérieures, voire les portes extérieures et portes-fenêtres. Si une dalle est réalisée ou refaite, l'épaisseur d'isolant va nécessiter de décaisser plus profond pour ne pas réduire la hauteur sous plafond. Dans tous les cas, on voit que cette hauteur est contraignante [13].
Le traitement des ponts thermiques et de la migration de l'humidité peut obliger le maître d'œuvre à réaliser l'isolation dans l'épaisseur du plancher.

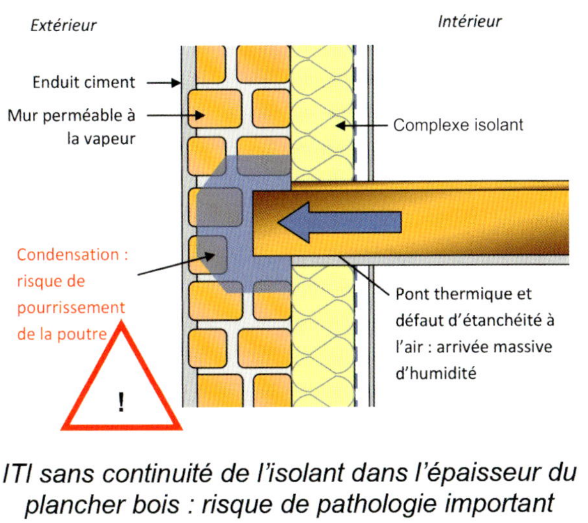

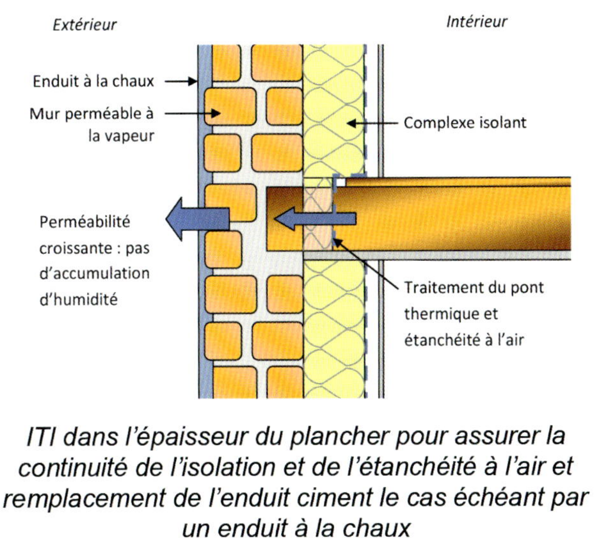

▲ **Fig. 6.21.** Veiller à la continuité de l'isolation et de l'étanchéité à l'air aux interfaces (Source : *Migration d'humidité et de vapeur d'eau dans les parois du bâti ancien,* Climaxion, Enertech SCOP)

13. Voir l'étude *Perf in Mind, rénovation performante des maisons individuelles* de SCOP Enertech, Effinergie, Médiéco, Institut négaWatt réalisée pour l'Ademe (novembre 2021).

6.1.6 Changer les menuiseries extérieures

L'hétérogénéité des choix

Lors des rénovations BBC ou mieux, 80 à 90 % des rénovations remplacent les menuiseries, le PVC étant majoritaire (55 %) devant le bois (26 %), le bois-alu (5 %) et l'aluminium (14 %)[14]. Le recours au triple vitrage concerne 1 maison sur 4 ou 5, l'essentiel des rénovations portant sur des doubles vitrages à faible émissivité et à gaz argon.

D'un point de vue technique, trois types de pose des menuiseries sont à distinguer (fig. 6.22) : en tunnel, en applique ou en feuillure, les deux dernières citées pouvant être posées vers l'intérieur ou vers l'extérieur.

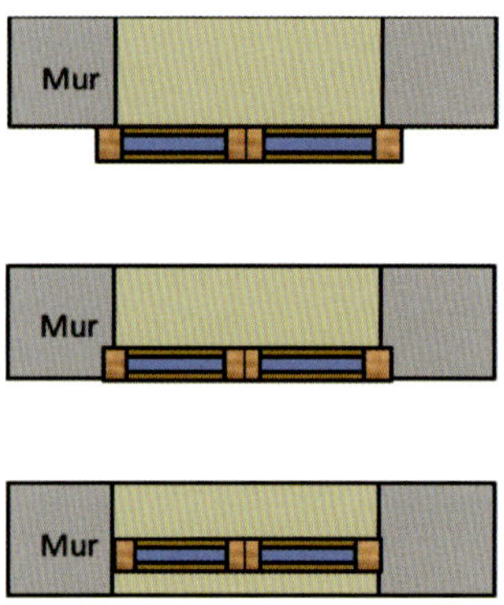

▲ **Fig. 6.22.** Les trois techniques de pose des menuiseries (Source : Dorémi)

La pose en applique est celle qui offre la plus grande surface de contact entre la menuiserie et l'isolant à poser, puisque la menuiserie se trouve directement dans le plan de l'isolant mural, en ITI comme en ITE (fig. 6.23).

Si la pose des menuiseries ne se fait pas en même temps que l'isolation du mur, la pose se fera plutôt en feuillure ou en tunnel. Le recouvrement du dormant par l'isolant sera plus complexe, surtout si l'ancien dormant est conservé (fig. 6.24). Mais un dormant élargi peut poser des problèmes d'esthétique (en attente de l'isolation) et de perte de luminosité.

En cas d'ITE prévue, il est judicieux de **déplacer la fenêtre au nu extérieur du mur** pour faciliter le recouvrement du dormant par l'isolant et limiter l'élargissement du dormant.

Les experts de Dorémi mettent aussi en garde sur un **point de vigilance** quand on conserve le dormant existant souvent en bois sur lequel on pose les nouvelles menuiseries « *rénovation* » en PVC ou en aluminium, matériaux étanches à l'humidité. Pour éviter le pourrissement du bois, le DTU 36.5 préconise une ventilation de l'habillage extérieur[15]. Cet espace ventilé entre la menuiserie et l'ITE crée un important pont thermique.

La pose de volets roulants peut aussi empêcher les retours d'isolant. Dorémi préconise que, lors d'une isolation par l'extérieur, le coffre et les coulisses soient espacés de la maçonnerie par une épaisseur d'isolant d'au moins 4 cm pour couper le pont thermique en linteau et tableau.

Pose des menuiseries bois-aluminium en triple vitrage au nu extérieur pour une mise en œuvre sans pont thermique. L'isolation extérieure viendra recouvrir la menuiserie

Bande pré-comprimée périphérique assurant l'étanchéité à l'air entre la menuiserie et la maçonnerie

▲ **Fig. 6.23.** Exemple de pose en applique (maison ⓮ de Romans-sur-Isère, crédit photos : Pierre Leriche)

14. Source : Observatoire BBC Effinergie, op. cit.

15. Voir aussi le guide *Fenêtres et portes extérieures neuf et rénovation* coordonné par l'IT-FFB et le CSTB, collection *Calepins de chantier*, SEBTP (2011).

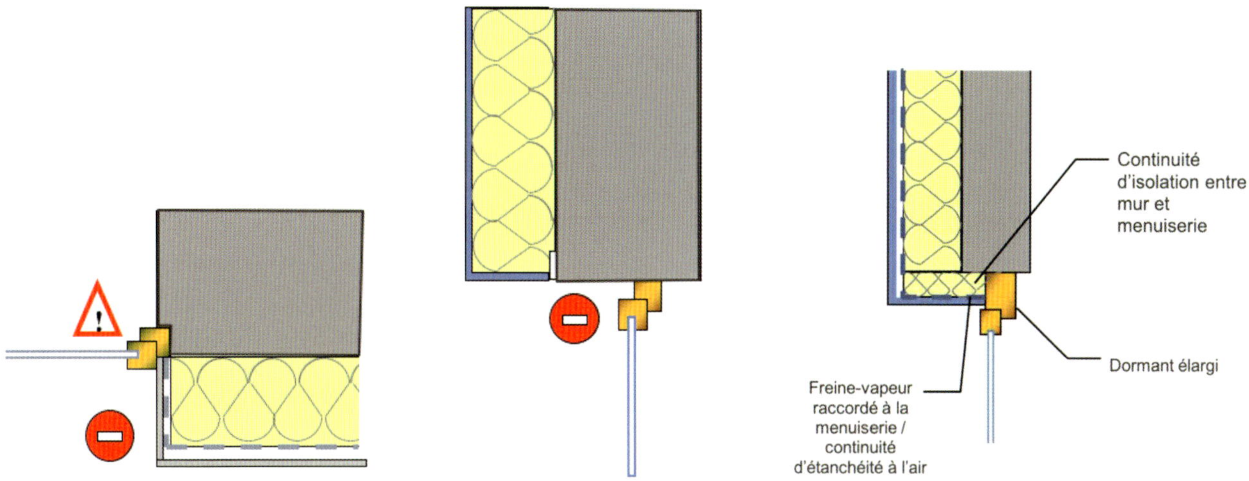

Pose en feuillure : l'isolant et le frein-vapeur ne peuvent recouvrir le dormant.

Pose en tunnel : l'isolant et le frein-vapeur n'atteignent pas le dormant.

Pose en tunnel : le dormant élargi (75 mm) permet le retour de l'isolant (40 mm pour couper le pont thermique) et du frein-vapeur. Selon les recommandations minimales du CSTB, l'isolant doit recouvrir le dormant de la menuiserie sur au moins 25 à 40 mm.

▲ **Fig. 6.24.** Interfaces entre l'isolation (ITI ou ITE) et la menuiserie (Source : Dorémi)

Ce manque évident d'esthétique (volet roulant plus petit que le tableau) fait que **l'ITE et le volet roulant doivent être réalisés en même temps.**

Il est clair, au vu de ces différents aspects, que l'isolation des murs et la pose des menuiseries (et des volets roulants) doivent se faire dans la même phase, que l'anticipation des travaux à venir est très complexe et pose aussi des questions d'esthétique dans l'attente de l'étape de rénovation suivante.

Fenêtres de toit ou lucarnes

Une fenêtre de toit est une source de chaleur en été et de froid en hiver. Il est préférable d'installer des lucarnes (si cela est possible) qui ont un vitrage vertical, efficace au sud l'hiver et protégé l'été par une avancée de toiture (voir l'exemple de la maison ㉔ à Montgermont).

Choisir le vitrage

Une des caractéristiques importantes du vitrage est son facteur de transmission totale de l'énergie solaire ou **facteur solaire** « *g* ». Il représente la part de rayonnement solaire transmise par la fenêtre vers le volume intérieur par transmission directe et par rayonnement infrarouge et s'exprime par un nombre compris entre 0 et 1.

Un facteur solaire de 1 signifie que la totalité du flux incident est transmis par le vitrage. Ce facteur solaire va dépendre du type de vitrage, une fenêtre en triple vitrage aura généralement un facteur solaire plus faible car le fait d'avoir un vitrage supplémentaire augmente les réflexions. En revanche une fenêtre en triple vitrage permet d'avoir une plus grande résistance thermique, ce qui peut s'avérer avantageux en hiver.

Une des solutions pour limiter les apports solaires est de réduire le facteur solaire g mais le vitrage contribuera à augmenter les besoins de chauffage en hiver, d'où **un compromis à trouver** dépendant du climat local, de l'orientation du bâtiment et de l'exposition des différentes fenêtres.

Une autre caractéristique d'un vitrage est le **taux d'émissivité** qui exprime la capacité du vitrage à réémettre dans l'infrarouge toute l'énergie absorbée et à absorber une partie du rayonnement grandes longueurs d'ondes (800 à 3 000 nanomètres). L'émissivité est une valeur comprise entre 0 et 1. On peut retenir un vitrage à basse émissivité (0,04) qui réduit les pertes thermiques par rayonnement grandes longueurs d'ondes. Ils sont généralement constitués d'une très fine couche métallique positionnée entre les deux vitres du double vitrage en altérant faiblement le facteur solaire *g* et en ne modifiant pas le coefficient de transmission thermique *U*.

La position du film basse émissivité varie en fonction de ce qui est recherché. Pour conserver la chaleur en hiver, le film sera apposé en face 3 (fig. 6.25) pour que le verre intérieur rayonne la chaleur absorbée vers l'intérieur, alors qu'en été, pour se protéger de la chaleur, on choisira un film basse émissivité apposé en face 2 pour que le verre rayonne vers l'extérieur.

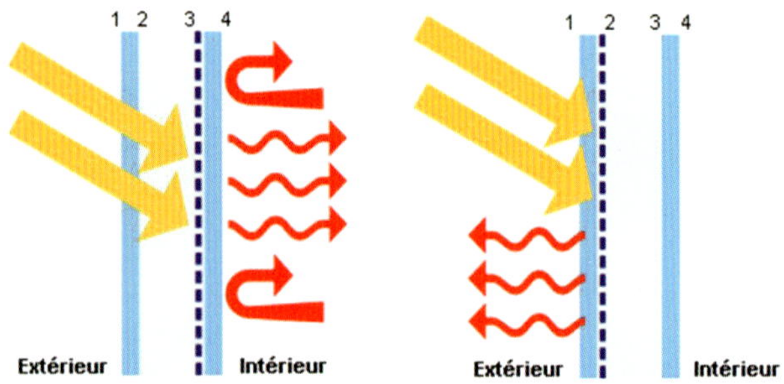

▲ **Fig. 6.25.** Position de la couche basse émissivité sur un double vitrage en hiver ou en été (Source : energieplus-lesite.be)

Isoler la porte d'entrée

Comme pour les fenêtres, la porte d'entrée ne doit pas être responsable d'une perte de confort à cause des déperditions thermiques ou d'un ressenti de paroi froide. Du côté intérieur, la porte doit maintenir sa température de surface élevée alors que du côté extérieur, elle doit limiter au maximum la déperdition de chaleur par rayonnement. Il faut éviter un courant d'air froid descendant désagréable et conserver une atmosphère chaude et conviviale.

On estime qu'une porte mal isolée avec un coefficient de transmissions thermiques *Ud* égal à 3 W/(m^2.K) perd autant de chaleur qu'un mur de construction passive de 50 m^2. Aussi, il est nécessaire de recourir à des portes d'entrée isolées et dans lesquelles il n'y a pas de perte thermique entre le dormant et l'ouvrant.

Le coefficient de transmissions thermiques *Ud* d'une porte étanche est compris entre 0,60 et 1,0 W/(m^2.K). Le PHI (Passive House Institute) fixe une valeur plafond de 0,80 W/(m^2.K) pour une porte d'entrée dont les dimensions du dormant sont de 1,10 m de large et de 2,30 m de haut (calculée selon la norme NF EN 10077-2).

La gestion de la porte d'entrée est aussi une affaire de comportement. Dans la maison ⓯ de Nazelles-Négron, la présence de cinq enfants et d'un jardin requiert une certaine discipline l'été pour ne pas ouvrir et fermer la porte d'entrée à tout instant…

▲ **Fig. 6.26.** Étanchéité à l'air de la porte d'entrée : ITE avec 80 mm de fibre de bois et un enduit plastique ; le seuil de la porte a été démoli et isolé pour supprimer le pont thermique du seuil de porte[16]. La porte a un triple vitrage bois avec capotage aluminium Internorme, *Ud* = 1, W/(m^2.K). (Source et crédit photo : Aidan Sanderson)

6.1.7 Choisir une ventilation adaptée

Le système de ventilation doit prendre en compte plusieurs problématiques du bâtiment : l'**hygiène** (gestion sanitaire de l'humidité et des polluants pour une bonne qualité de l'air intérieur), la **maîtrise de l'énergie** (réduction des consommations de chauffage et d'électricité) et le **confort des usagers** (thermique, acoustique…).

Dans une maison, les systèmes de ventilation provoquent des déperditions thermiques plus ou moins importantes avec un impact non négligeable sur la performance thermique.

Ventilation naturelle vs ventilation mécanique contrôlée (VMC)

La **ventilation naturelle** et notamment traversante est efficace pour aérer la maison mais elle n'est optimale que si la conception initiale de la maison consiste à avoir des pièces de vie situées face au vent et les pièces humides derrière. Les inconvénients de la ventilation naturelle sont les fortes déperditions thermiques surtout en hiver et les aléas de la météo. Le tirage thermique peut atténuer partiellement ces pertes (grille d'aération en bas des murs pour l'entrée d'air[17], bouches sur le toit raccordées à des conduits pour évacuer l'air vicié, fig. 6.27).

16. Voir les pp. 375-382 de l'op. cit. *Maisons individuelles passives* concernant une rénovation EnerPHit en ossature bois et paille.

17. Cette arrivée d'air frais au niveau du sol posant alors un problème de confort ou de santé en cas de présence de très jeunes enfants.

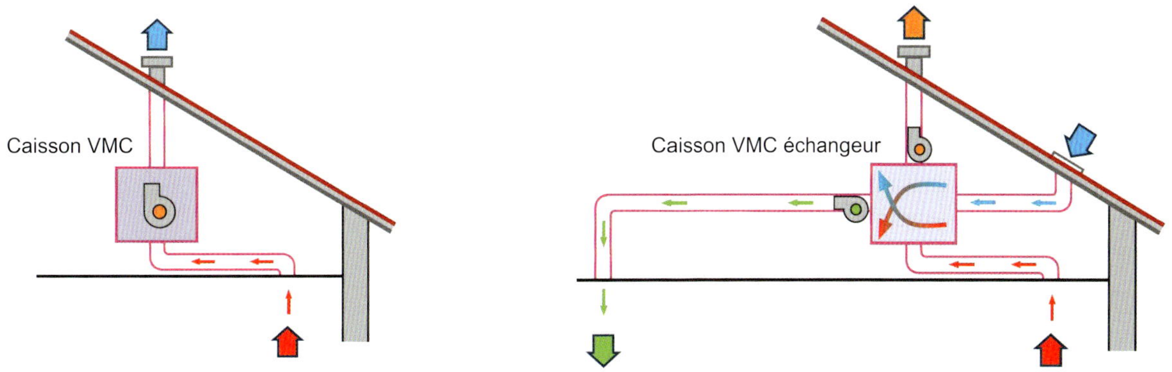

▲ **Fig. 6.27.** Schémas d'une ventilation simple flux (gauche) et double flux (droite) (Source : Cerema, Ademe)

La **ventilation mécanique contrôlée** (VMC) va limiter les déperditions thermiques de façon plus efficace : la déperdition va de 1,6 kW pour une maison avec une ventilation simple flux autoréglable à 0,9 kW pour une ventilation simple flux hygroréglable (qui réduit les débits) et est seulement de 0,3 kW pour une ventilation double flux qui récupère la chaleur. Ceci impacte directement la consommation d'énergie du logement. Dans une maison BBC, si une ventilation autoréglable est installée dans une maison avec un besoin de chauffage de 55 kWh/m^2, la ventilation hygroréglable réduit ce besoin de 10 kWh/m^2 et la ventilation double flux le réduit de 20 kWh/m^2.[18]

Cette forte variation des déperditions montre bien l'importance du choix de la **ventilation** dans l'objectif de **performance thermique** de la rénovation.

Régler et entretenir une VMC

L'installation d'un système de ventilation requiert une vraie **compétence pour sa mise en œuvre et son réglage des débits**. Très souvent, on observe des débits trop importants en ventilation simple flux hygroréglable et des débits trop faibles en ventilation double flux. De ce fait, elle génère des nuisances acoustiques qui sont tout à fait évitables.

Le choix de la ventilation et notamment le taux de renouvellement d'air a un impact sur la qualité de l'air intérieur. Ainsi, la solution hygroréglable réduit les débits par rapport à la ventilation autoréglable ou double flux ; elle est à éviter autant que possible dans les zones soumises à des émissions de radon.

18. Voir op cit. *Perf in Mind.*

La **ventilation double flux est la plus efficace** à condition de respecter un certain nombre de règles[19]. Lors de la conception, le réseau doit être étudié de façon à réduire les pertes de charge, en optimisant les passages des gaines pour qu'ils soient les plus courts et les plus droits possibles et en adoptant une grille de rejet de l'air extrait performante. Une fois les **emplacements** du répartiteur, de la centrale, de son alimentation et de l'évacuation des condensats définis, le réseau doit absolument être étanche.

La mise en service exige un **réglage précis** afin d'assurer un bon équilibrage des débits entre les pièces[20].

Enfin, **l'entretien régulier** (nettoyage et changement régulier des filtres avec un nettoyage complet tous les dix ans) doit permettre de réduire la consommation électrique tout en assurant un débit d'air correct.

De façon générale, la ventilation double flux est d'autant plus efficace que l'étanchéité de la maison est élevée. Faute de quoi les rendements en termes d'apports énergétiques diminuent. Cependant, la ventilation double flux garde toujours l'avantage d'apporter un air plus sain grâce aux filtres[21] et peut contribuer au rafraîchissement de la maison avec la présence, par exemple, d'un puits canadien.

19. Voir le guide *Enseignements des bâtiments performants en énergie ; Agir sur la ventilation mécanique contrôlée* publié par le Cerema et l'Ademe (mars 2021, 24 p.) disponible en téléchargement gratuit sur www.cerema.fr.

20. Voir l'article « VMC double flux, bonnes pratiques » de Martin Kaltenbacher pour l'association Qualiventil paru dans *Habitat Naturel* (n° 95, septembre 2023, pp. 52-56).

21. Les filtres ISO ePM ou F7 filtrent les pollens, poussières, bactéries, moisissures, spores, champignons jusqu'à 10 µm et les filtres ISO ePM1 filtrent les virus, bactéries, gaz d'échappement jusqu'à 1 µm. Voir le dossier publié dans la revue *Habitat Naturel* (n° 91). On estime que les concentrations en COV et en CO_2 sont divisées par quatre dans les chambres avec la VMC double flux (source : BE Octopus Lab, oct. 2018).

Choisir un système de ventilation double flux

On rencontre principalement deux types de ventilation double flux : la **VMC avec un échangeur à plaques** et, dans les régions où l'air est plus sec, la **VMC avec échangeur enthalpique** (prix de 5 000 à 8 000 € TTC pour une installation complète).

Les systèmes 4 en 1 sont aussi une option intéressante fournissant le chauffage, l'ECS, la ventilation et le refroidissement (prix de 10 000 à 13 000 € HT hors installation).

La ventilation double flux peut parfois être **décentralisée**, c'est-à-dire que le système est installé pièce par pièce, autrement dit, chaque pièce dispose de son propre système de ventilation, ce qui, dans une maison, doit concerner aussi bien les pièces sèches que les pièces humides pour assurer une ventilation de qualité. Ce système s'applique dans les maisons dans lesquelles l'installation des gaines de distribution d'air est quasiment impossible.

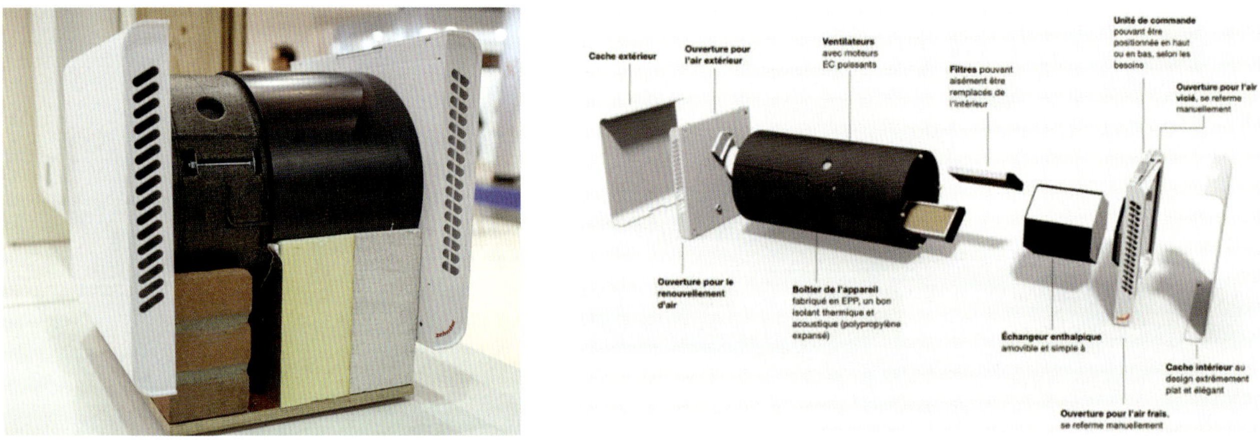

▲ **Fig. 6.28.** Système de ventilation double flux décentralisé encastré dans le mur Zehnder ComfoSpot 50 (Crédit photos : Zehnder ComfoSpot 50)

Le choix des VMC pour les rénovations présentées dans l'ouvrage

Type	Modèles	Rénovations exemplaires
Ventilation double flux	Zehnder ComfoAir Q	1 2 3 6 10 13 15 19 21 22
	Paul (Novus)	14 24
	Brink Flair 225	11 18 23
	Autres modèles	5 7 16 20
Ventilation thermodynamique	Nilan (4 en 1) : chauffage, refroidissement, ventilation et ECS	9
	Pichler (4 en 1) : chauffage, refroidissement, ventilation et ECS	17
	Nilan (3 en 1) : chauffage, ECS et ventilation	27
	Titan (3 en 1) : chauffage, refroidissement et ventilation	12
	Genvex (3 en 1) : chauffage, refroidissement et ventilation	25
VMC simple flux	Hygroréglable	4 8

6.2 Les systèmes techniques, leur dimensionnement

Les **déperditions globales** des maisons s'expriment par la puissance thermique nécessaire pour maintenir les maisons à 19 °C lorsqu'il fait – 11 °C dehors sans apports gratuits.
L'étude *Perf in Mind* estime que les maisons rénovées BBC ou mieux ont une déperdition thermique d'environ 5 kW, ce qui doit être pris en considération lors du **dimensionnement** des systèmes techniques et de leur réglage. Cette puissance peut augmenter de 1 à 2 kW dans le cas où des parties de la maison ne peuvent pas être isolées (mur, plancher bas). De même, une mauvaise étanchéité à l'air va augmenter de 1 kW environ les déperditions globales.
L'analyse de nombreuses maisons rénovées BBC montre que les pompes associées à des chaudières ne sont pas réglées au regard des nouveaux besoins de la maison et ont été laissées à leur débit maximum, soit le double des **besoins**. De même, l'asservissement de la pompe de chauffage au fonctionnement de la chaudière n'a pas été programmé, alors qu'il est possible de le faire dans les chaudières récentes.
De même, l'absence de changement de système de chauffage va laisser dans la maison un système peu performant du fait qu'il sera largement surdimensionné.

Le choix des modes de chauffage pour les rénovations présentées dans cet ouvrage

Type	Modèles	Rénovations exemplaires
Système thermodynamique 4 en 1 ou 3 en 1		9 12 16 17 27
Réchauffage de l'air de la VMC double flux	Bouches chauffantes	1 5 6 10 14 16 24 25
	PAC géothermique	2
Appoint de la VMC double flux	Poêles à bois	1 5 6 7 10 11 15
	PAC pour plancher chauffant	3 18 24
	Radiateurs électriques	7 20 21 25
	Chaudière fioul existante	13 19
	PAC air/eau (radiateurs existants)	22 23
Base	PAC pour plancher chauffant	4
	Radiateurs électriques	8

6.2.1 Le maintien des systèmes de chauffage existants

Les rénovations énergétiques ne s'accompagnent pas toujours d'un changement de système de chauffage. Dans ce cas, il peut y avoir des surconsommations d'énergie.
Si nous considérons les chaudières gaz, elles ont souvent été surdimensionnées à l'achat (plus de 24 kW) et elles ne sont pas modulantes. Ceci peut conduire à des pertes de rendement supérieures à 20 $kWh_{EF}/(m^2.an)$, ce qui est considérable par rapport à l'objectif BBC. Ceci doit conduire les maîtres d'ouvrage à aller à plus ou moins court terme vers l'acquisition d'un nouveau moyen de chauffage.
Dans les rénovations par étapes, il est préconisé de retenir un système très modulant si celui-ci est changé au début du projet de rénovation pour qu'il puisse s'adapter à l'évolution du bâti. Il existe, par exemple, des chaudières gaz très modulantes pouvant aller de 24 kW nominal à 2,5 kW ou d'autres allant de 12 kW nominal à 1 kW (il s'agit de chaudière dont le brûleur adapte le débit d'air et de gaz à la demande, limitant ainsi les déclenchements intempestifs par un fonctionnement en continu, la régulation se faisant à travers un thermostat d'ambiance, une sonde extérieure et une sonde intérieure).

6.2.2 La pompe à chaleur (PAC)

Installer une PAC dans un bâtiment mal isolé est totalement à proscrire.
Le niveau de température nécessaire dans les radiateurs (55 °C) pour assurer le chauffage est beaucoup trop élevé au regard de la capacité thermique de la PAC. Le fonctionnement d'une PAC est inverse de la température extérieure : plus il fait froid, plus sa puissance diminue. De ce fait, beaucoup de pompes à chaleur ne fonctionnent pas avec les coefficients de performance attendus. Le COP (COP = énergie fournie/énergie consommée) évolue en effet de façon inverse avec la température de sortie de la PAC.

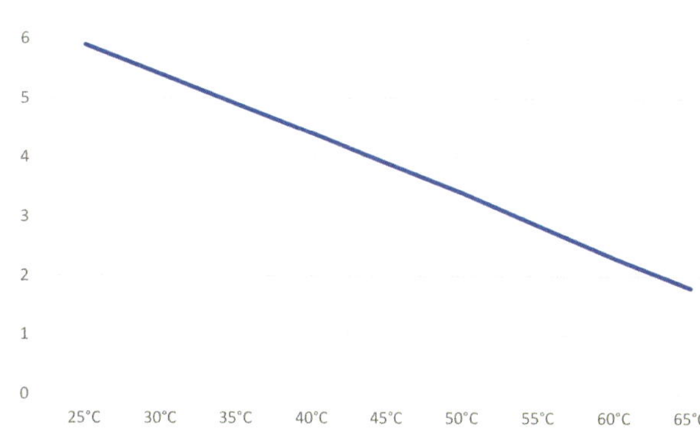

▲ **Fig. 6.29.** Évolution du coefficient de performance des PAC en fonction de la température de sortie du condenseur (Source : les auteurs à partir d'une étude Enertech (courbe moyenne obtenue sur le COP des PAC installés dans quatre immeubles livrés en 2018 à Grenoble, programme Écocités))

Sur la figure 6.29, le COP passe de 4 à 45 °C à 2,3 à 60 °C, soit une perte de performance de plus de 40 % ! Un même constat a été fait dans le cadre du programme Energy Sprong avec des COP à peine supérieurs à 2.

À partir de ce constat, plusieurs solutions s'offrent aux propriétaires de maisons mal isolées : isoler pour réduire le besoin de puissance thermique ou disposer d'un moyen de chauffage complémentaire (conserver la chaudière existante ou installer quelques convecteurs électriques ou un poêle à bois d'appoint ou encore choisir une PAC hybride dans laquelle se trouve également une chaudière gaz).

Une PAC fonctionne dans de bonnes conditions si la température de départ vers les émetteurs (radiateurs, planchers chauffants) est de 45 °C, ce qui suppose une maison bien isolée.

La simulation d'une maison chauffée au fioul et classée en F ou G montre que, sans rénovation, la consommation d'énergie avec une PAC diminue certainement mais **sans réduire considérablement la dépense énergétique.**

▼ **Tab. 6.3.** Consommation d'énergie et dépense énergétique de différentes solutions recourant à une PAC (Source : les auteurs à partir d'une extrapolation d'une étude de négaWatt sur le parc de logements des classes F et G chauffés par des énergies fossiles[22]. Prix de l'énergie retenu : fioul 12 c€/kWh et électricité 25 c€/kWh)

Consommation de chauffage	Énergie finale (kWh/m^2)	Énergie primaire (kWh$_{EP}$/m^2)	Dépense (€/(m^2.an))
Situation initiale : fioul	350	350	42
PAC + convecteurs électriques	130	301	33
PAC en relève de chaudière	245	317	36
PAC hybride (élec. + chaudière gaz)	212	282	29
PAC haute température	116	267	29
PAC + rénovation globale + régulation	15	35	4

22. Voir le guide *Rôle de la pompe à chaleur dans la stratégie de rénovation* de négaWatt (nov. 2022, 60 p.).

Du point de vue de la stratégie énergétique nationale, l'association négaWatt fait observer que si la totalité du parc de logements chauffés au fioul ou au gaz des classes F et G faisait l'objet d'une rénovation globale, la puissance appelée pour une température extérieure de – 5 °C induite par les PAC ne serait que de 1,0 GWe, soit 60 % de la puissance d'un seul réacteur EPR. À l'inverse, sans rénovation, l'appel de puissance de pointe serait 9 à 10 fois supérieure pour une température extérieure de – 5 °C.[23]

La stratégie « rénovation globale + PAC » va sans doute s'appuyer sur le développement des PAC air/eau même si, dans la théorie, la PAC eau/eau ou la PAC géothermique sont préférables du point de vue puissance appelée mais la source froide n'est pas toujours disponible ou le coût peut être prohibitif[24].

L'analyse réalisée par négaWatt de la PAC géothermique installée lors de la rénovation du siège de la FFB Drôme-Ardèche à Valence montre aussi « *qu'il ne faut jamais aller rechercher une nappe phréatique à plus de 10 m de profondeur car la consommation de la pompe chargée de remonter l'eau est beaucoup trop importante et dégrade la performance globale de la PAC. Dans le cas d'espèce, il aurait été préférable d'utiliser des sondes sèches, c'est-à-dire des forages dans lesquels sont placés des tubes parcourus par de l'eau. Dans ce cas, la consommation des circulateurs qui fonctionnent sur des boucles fermées est très faible et le bilan de la PAC excellent.* »[25]

Un produit innovant : le mur géothermique

Une réponse au coût élevé des forages et aux limites de la géothermie horizontale peut être le mur géothermique. Celui-ci est constitué de tuyaux en PEHD de 25 mm de diamètre, chargé en eau glycolée (pour le chauffage) ou en eau seule (géocooling). Il arrive déjà entièrement monté et est installé verticalement dans une tranchée située entre 1,5 et 4 m de profondeur. Sa longueur varie de 6 à 10 m. L'eau circulant est constamment à 18 °C et est relié à une PAC.

23. Voir la note *Pompes à chaleur et rénovation performante, une combinaison gagnante* rédigée par le Cler (Réseau pour la transition énergétique) et l'association négaWatt (janvier 2023).

24. D'après l'*Étude qualitative du marché des pompes à chaleur individuelles réalisé par* Observ'ER et l'Ademe, (juillet 2022) : en 2021, il y a eu environ 200 000 pompes à chaleur air/eau individuelles vendues en rénovation (nouvel équipement ou renouvellement), soit 80 % du marché de la PAC air/eau. Les splits ou biblocs représentent 85 % du marché et les monoblocs 15 %. Il y a eu aussi 3 200 ventes de PAC géothermiques (5 à 20 kW), le principal obstacle des PAC géothermiques étant le coût du forage (entre 8 000 et 12 000 €).

25. Association négaWatt, op. cit. p. 45.

> Sur une saison de chauffe, un mur géothermique fournit 1,5 à 2 MWh de chaleur. L'été, le mur géothermique peut alimenter une VMC double flux, un plancher, un radiateur réversible et fournit de 0,15 à 0,3 MWh de froid passif.
> Pour une maison dont le besoin maximum en hiver serait de 50 W/m^2, un mur géothermique et la PAC associée permet de chauffer l'équivalent de 30 m^2 avec un coefficient de performance de l'ordre de 5 (cas de plancher chauffant basse température). Trois à quatre murs géothermiques peuvent assurer le chauffage de la maison. L'été, un mur géothermique peut rafraîchir jusqu'à 40 m^2 d'une maison. Selon le fabricant FreeHeat[26], un mur géothermique coûte 1 200 € posé. Pour une maison de 150 m^2 dont la consommation de chauffage la situe dans l'étiquette C, il est nécessaire de poser 5 à 6 murs, pour un coût de l'ordre de 10 000 à 16 000 €.

En résumé, les principaux déterminants d'une **PAC performante** sont de :
– **Puiser l'énergie à la plus haute température possible**, donc idéalement dans le sol, sinon dans l'air si le climat est suffisamment clément.
– **Émettre la chaleur à la température la plus basse possible**, donc idéalement dans un plancher chauffant, sinon dans des radiateurs réglés à basse température, ce qui n'est rendu possible que par une excellente isolation de l'enveloppe et une ventilation performante. Clairement, « *la réalisation d'une rénovation performante est une condition préalable et impérative* » pour le développement des PAC, technique largement mise en avant par les pouvoirs publics pour la décarbonation du secteur des bâtiments.

6.2.3 Les systèmes compacts 4 en 1 ou systèmes de ventilation thermodynamiques

Les tours ou machines compactes dites **4 en 1**, appelées aussi **ventilations double flux thermodynamiques** sont des systèmes de ventilation double flux intégrant une pompe à chaleur de récupération (sans groupe extérieur).
Dans une centrale de ventilation double flux conventionnelle à un seul niveau d'échange, c'est un échangeur rotatif (roue) ou à plaques (contre-flux croisé) qui fait l'essentiel du travail de récupération d'énergie sur l'air vicié, afin de réchauffer l'air neuf introduit. Ces matériels **très performants** permettent de récupérer 80 à 90 % de la chaleur extraite et un peu moins en matière de rafraîchissement.
Les systèmes de ventilation double flux thermodynamiques possèdent **deux niveaux d'échanges**, un échangeur passif (à contre-courant hautement performant) comme pour une ventilation double flux conventionnelle et une pompe à chaleur permettant une récupération de la chaleur résiduelle pour la production d'eau chaude sanitaire et le chauffage de l'air soufflé.
La pompe à chaleur est dotée d'un circuit de refroidissement réversible permettant de rafraîchir l'air entrant avec un abaissement de la température de l'air neuf insufflé de 10° à 14 °C. Vu la volumétrie, cette fonction de rafraîchissement ne fait pas office de climatisation.
Selon l'entreprise Nilan, un des leaders sur ce marché, le bilan énergétique de ce système indique que l'énergie thermique fournie à l'air neuf représente de 8 à 17 fois la consommation électrique absorbée.
Plusieurs fabricants proposent ces équipements tels que Brink, Nilan, Pichler ou Swegon. Certaines machines disposent d'un humidificateur utile dans les régions où l'air est très sec. D'autres intègrent une sonde d'hygrométrie permettant une augmentation du débit en cas d'augmentation de l'hygrométrie et vice-versa.

▲ **Fig. 6.30.** Schéma d'un système de ventilation thermodynamique (Source : Nilan)

26. Site web : plancher-chauffant-caleosol.fr.

6.2.4 Les poêles à bois

Les appareils à bûches ou à granulés peuvent être des systèmes de chauffage suffisants quand la maison a été rénovée de façon très performante, ces appareils pouvant avoir des puissances nominales allant de 2 à 8 kW. Au niveau BBC, la puissance de chauffage nécessaire est de l'ordre de 35 à 40 W/m^2 pour une surface habitable de 100 m^2 (hors salle de bain).

Lors de la rénovation, l'emplacement du poêle est déterminant et il n'est pas toujours aisé de canaliser la chaleur dans les pièces adjacentes et à l'étage. Des chauffages d'appoint électriques sont parfois nécessaires (ainsi qu'un sèche-serviettes dans la salle de bain).

Le tubage doit être totalement étanche pour la sécurité, bien dimensionné (selon la puissance, la longueur et la température de sortie des fumées), conforme au DTU et régulièrement ramoné (2 fois par an).

On distingue les **poêles étanches ou non étanches** selon que l'air pour la combustion est acheminé depuis l'extérieur du logement par une gaine ou pris directement dans le logement. Les poêles non étanches doivent disposer d'une grille d'entrée d'air qui nuit fortement à l'étanchéité à l'air de la maison et perturbe la VMC, les rendant peu compatibles avec l'objectif BBC[27].

Dans le cas où une ventilation double flux est installée, celle-ci va capter l'air comme le poêle à bois et, pour éviter une concurrence entre appareils, il est préconisé d'aller chercher l'air pour la combustion directement à l'extérieur. Pour les maisons particulièrement étanches à l'air, l'ensemble du circuit doit aussi être étanche.

Enfin, rappelons que **l'usage des foyers ouverts est incompatible** avec l'objectif de rénovation au **niveau BBC** ou mieux[28].

6.2.5 L'eau chaude sanitaire (ECS)

La rénovation thermique des logements doit s'accompagner d'un effort d'économie d'eau, ceci pouvant être réalisé aux moyens d'équipements hydro-économes[29] :

– un réducteur de pression, si la pression du réseau pour l'eau froide est supérieure à 2,5 ou 3 bars ; un robinet d'eau dont la pression passe de 6 bars à 3 bars va économiser 8 litres d'eau par minute (passant de 25 L à 17 L) ;

– des robinets mitigeurs ou mitigeurs thermostatiques pour la douche et le bain, économisant de 20 à 30 % d'eau chaude ;

– des réducteurs de débit tels que le mousseur-aérateur (mélange d'air sous pression et d'eau) ou la douchette hydro-économe (économie de 30 à 60 %), le régulateur de débit-douche (limitant le débit entre 6 et 12 L par minute), le stop douche...

– des douchettes à turbulence sur les baignoires ;

– des robinets à infrarouge, des détecteurs de proximité sur les robinets ;

– un lave-linge et un lave-vaisselle économes en eau (et en électricité), si possible directement raccordés sur l'alimentation en eau chaude ;

– des chasses d'eau double flux pour les toilettes (économie de 22 m^3 par an pour une famille de 4 personnes en passant d'un réservoir 9 L à un réservoir 3/6 L).

Les consommations par usage indiquent par conséquent une large fourchette de consommation pouvant aller de 4 L à 16 L d'eau par minute pour une douche, 2 ou 3 L à 15 L d'eau par minute pour les lavabos et les éviers[30].

La consommation moyenne d'eau potable en France est de 150 L par jour et par personne. La mise en place d'équipements réduisant la consommation associée à des comportements économes peut permettre d'atteindre une consommation de l'ordre de 80 L par jour et par personne.

Le choix de fourniture d'ECS pour les rénovations présentées dans cet ouvrage

Modèles	Maisons
Chauffe-eau thermodynamique	1 6 12 27
PAC géothermique et CESI	2
PAC air/eau	3 4 18 24
Chauffe-eau/ballon électrique	5 8 22
Chauffe-eau solaire (CESI) avec appoint électrique	7 11 14 15 20 21 23 25
Système thermodynamique 4 en 1	9 17
Chaudière gaz à condensation	16
Chaudière fioul existante	13 19
Récupération de chaleur sur les eaux grises	9 18

27. Voir Pouget Consultants, Biomasse Normandie. Fiche Poêle à bois. Région Normandie, janvier 2020.

28. Voir le n° 96 d'*Habitat Naturel* de décembre 2023 (pp. 63 à 76) pour une présentation détaillée de 65 poêles à bûches et à granulés dont les puissances vont de 1 à 12 kW.

29. Voir l'étude réalisée par Info Énergie Auvergne Rhône-Alpes, *Réaliser des économies d'eau dans son logement* (avril 2017, 5 p.).

30. Voir l'étude ECSpect d'Enertech.

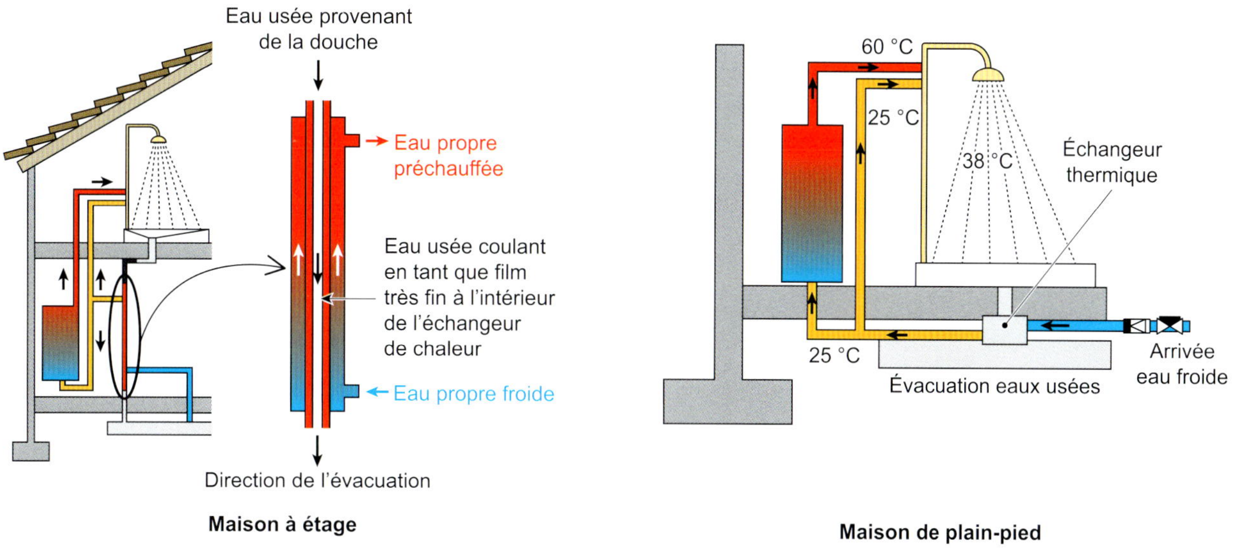

▲ **Fig. 6.31.** Exemple de système de récupération de chaleur utilisée pour la douche dans une maison

Par ailleurs, il est possible d'installer des systèmes de récupération de la chaleur utilisée pour la douche, qui permettent de préchauffer l'eau froide (fig. 6.31). Différents systèmes sont possibles en fonction de la configuration du système de fourniture d'eau chaude sanitaire. Les économies d'énergie sont de l'ordre de 30 à 50 %.

6.3 La gestion des interfaces

Conformément à la définition de l'Agence Qualité Construction (AQC), une **interface** est une jonction physique entre deux postes de travaux (ex. : jonction ITE - combles perdus, réseau de chauffage traversant une ITI...). La plupart des interfaces nécessitent une mise en œuvre adaptée pour assurer une continuité de la barrière frein-vapeur, de l'étanchéité à l'air et une diminution des points thermiques (jointoiement par des membranes, isolants...).

Une rénovation performante impose de traiter minutieusement les interfaces. Le bon traitement des interfaces impose **une bonne coordination entre les professionnels** intervenant sur les différents lots.

Conformément à la définition de l'AQC, une **interaction** est un lien de dépendance entre deux postes de travaux sans jonction physique : par exemple, le bon dimensionnement du système de chauffage selon le niveau de performance de l'enveloppe, ou l'étanchéité à l'air requise pour un poêle à bois au sein d'une enveloppe étanche.

La rénovation performante impose de tenir compte de ces interactions entre postes de travaux ; il s'agit souvent d'enjeux de conception.

La rénovation globale et performante en une seule fois ou par étapes doit toujours procéder d'une approche initiale globale et ensuite être coordonnée au niveau des phases et des types de travaux pour éviter ce que l'AQC appelle les **non-qualités**, c'est-à-dire la non-conformité, les malfaçons, le non-respect des schémas de détail, les dysfonctionnements, lesquels peuvent donner lieu à des désordres et des pathologies du bâti.

La rénovation doit préserver la santé des occupants et le bâti. Pour cela, il est nécessaire de traiter l'étanchéité de l'enveloppe, les ponts thermiques et la migration d'humidité et de vapeur d'eau.

6.3.1 Vérifier la continuité de l'enveloppe isolée

Un principe de la rénovation performante est d'assurer la continuité de l'enveloppe isolante (fig. 6.32). Il est nécessaire que l'étanchéité à l'air soit sans interruption.

Pour cela, les éléments assurant cette continuité doivent être posés (membrane étanche, enduit, plâtre) et les jonctions entre différentes surfaces doivent être traitées pour réduire les ponts thermiques et les fuites d'air. Lors de la conception du projet de rénovation, il est essentiel de prendre en compte ces jonctions susceptibles de créer des défauts d'étanchéité mais aussi les problèmes que peut créer le passage des réseaux et les risques de dégradation et de percement de l'étanchéité au cours du chantier (pose de prises électriques par exemple).

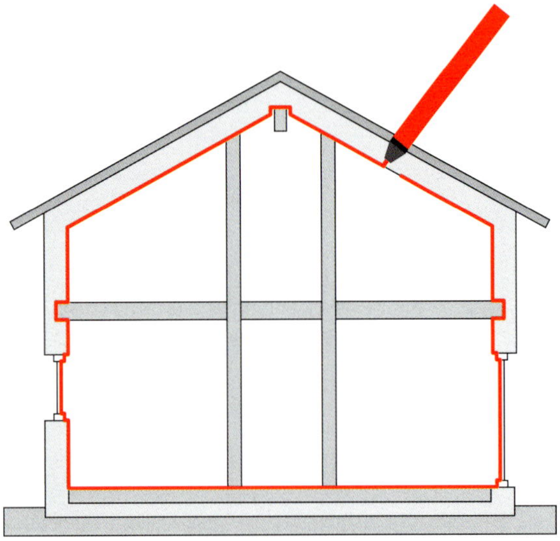

▲ **Fig. 6.32.** La continuité de l'enveloppe : on doit faire le tour sans lever le crayon !

▲ **Fig. 6.33.** Le test de la porte soufflante (Crédit photo : Jean-Louis André)

6.3.2 Estimer l'étanchéité à l'air

La mesure

L'étanchéité à l'air se mesure en fonction des mouvements d'air de l'intérieur vers l'extérieur de la maison, sous une pression donnée, différente de la pression atmosphérique (1 Pa).

Le test d'infiltrométrie appelé aussi **test de la porte soufflante** (fig. 6.33) vise à mesurer les infiltrations d'air d'un bâtiment hors ventilation. Il mesure la quantité d'air qui entre dans le bâtiment du fait des défauts de l'enveloppe. Pour effectuer le test, on utilise une porte soufflante placée à l'entrée du bâtiment. Cet appareil comprend une toile de nylon qui rend étanche la porte et un ventilateur laissant passer l'air. Par ailleurs, tous les circuits de ventilation sont bouchés.

Le ventilateur crée une différence de pression entre l'intérieur et l'extérieur (en dépression ou en surpression) de la maison et on mesure le débit de fuite (en volume par heure ou en m^3 par heure et m^2 de surfaces déperditives hors plancher) pour différents niveaux de différences de pression. Des capteurs placés dans le logement mettent en évidences les entrées d'air parasite. Ce système permet ainsi à l'opérateur de rechercher et de localiser les différentes fuites d'air. Différentes méthodes sont à sa disposition : une fumée artificielle inodore pour suivre les fuites d'air, une caméra thermique qui détecte les entrées d'air froid, un anémomètre qui mesure les courants d'air ou encore l'inspection visuelle.

Cette méthode est définie par la norme NF EN ISO 9972 de juillet 2016.

La réglementation impose de mesurer le volume d'air extrait en m^3 par m^2 de parois froides (ensemble des surfaces déperditives hors plancher) et par heure sous une pression de 4 Pa (q4), ce qui correspond à la dépression induite par une ventilation simple flux. Dans le neuf, les maisons individuelles doivent respecter un q4 inférieur à 0,6 $m^3/(h.m^2)$ alors que dans l'existant il n'y a pas d'exigence.

Dans beaucoup de pays européens, comme pour les bâtiments passifs, on exprime la performance de l'étanchéité à l'air en évaluant le volume d'air extrait par heure sous une pression de 50 Pa (n50 en vol/h), soit la pression exercée par un vent de 30 km/h. L'objectif du standard passif est de ne pas dépasser un n50 de 0,6 vol/h dans la construction neuve et d'atteindre un n50 de 1 vol/h dans l'existant.

Le q4 moyen des rénovations labellisées BBC-Effinergie Rénovation pour les maisons individuelles se situe à 0,74 $m^3/(h.m^2)$, correspondant à une étanchéité 2,5 fois moindre que celle des rénovations passives. 50 % des bâtiments ont une perméabilité comprise entre 0,5 et 1,0 $m^3/(h.m^2)$.

La conversion d'une unité à l'autre dépend de la compacité et de la hauteur sous plafond de la maison, ainsi que de l'exposant qualifiant l'écoulement d'air. En maison individuelle, on peut retenir qu'un q4 de **0,3 $m^3/(h.m^2)$** est équivalent à un **n50 de 1 vol/h** et qu'un q4 de 0,8 $m^3/(h.m^2)$ correspond à un n50 de 2,5 vol/h.

Correspondance entre les méthodes de mesure : q4 et n50

Pour mémoire, la formule de passage du q4P au n50 est la suivante :

$$q4Pa\_surf = \left(\frac{4}{50}\right)^n \times \frac{V}{A_{PF\text{-}RT}} \times n50$$

avec V : volume habitable en m^3 ;
$A_{PF\text{-}RT}$: surface des parois déperditives hors planchers bas en m^2 ;
n50 : étanchéité en vol/h ;
n : exposant de la loi d'écoulement (compris entre 0,5 et 1, on peut retenir un coefficient de 0,65 pour les maisons).

L'analyse

L'étude de 103 maisons individuelles rénovées BBC montre que le passage du n50 de 1 vol/h à 5 vol/h augmente le besoin de chauffage de 12 kWh par m^2, soit la moitié de l'objectif rénovation passive[31].

Une mauvaise étanchéité à l'air perturbe la circulation d'air dans la maison. Les bouches d'extraction de l'air vicié ne fonctionnent plus correctement, les pièces humides (cuisine, salle de bain) risquent donc de ne plus être ventilées. La qualité de l'air s'en ressent et des pathologies peuvent apparaître (moisissures suite à de la condensation).

Avec une VMC simple flux, l'impact sur la consommation d'énergie est mineur, le volume d'air entrant et sortant étant à peu près toujours le même avec ou sans fuite. Par contre avec une ventilation double flux, l'impact sur la consommation d'énergie est considérable. Les déperditions liées au renouvellement de l'air sont de l'ordre de 4 % si la maison est bien étanche mais, si l'étanchéité est mauvaise, ces déperditions peuvent aller jusqu'à 18 %. En tenant compte de la consommation électrique supérieure de la VMC double flux, cette solution n'a plus aucun intérêt[32].

La perte d'étanchéité à l'air au cours du temps est source de pathologies. Une étude de l'Ademe Normandie[33] réalisée en 2015 montre que, sur un échantillon de 30 maisons BBC construites entre 2009 et 2011, l'étanchéité à l'air s'est détériorée de 50 % en 5 ans, quels que soient le maître d'œuvre, l'architecture ou le système constructif. Le soin initial porté à l'étanchéité est donc **particulièrement crucial**, surtout dans le cas de l'installation d'une VMC double flux.

Ce qui peut amener une **perte d'étanchéité à l'air** :

- la superposition d'adhésifs de toutes sortes ou l'utilisation d'adhésifs non adaptés,
- la pose d'une plaque de plâtre masquant les points singuliers,
- le choix de menuiseries non étanches,
- la pose de prises d'électricité traversant la couche d'étanchéité,
- les hottes sans clapet étanche,
- les appareils de chauffage au bois non étanches,
- la pose de caisson de volets roulants mal étudiés,
- …

Ce qu'il est nécessaire de faire :

- prévoir soigneusement les détails de réalisation en amont ;
- s'assurer de la continuité réelle de l'étanchéité à l'air (ce qui concerne notamment les boîtiers électriques, les tableaux électriques, le passage des gaines, l'entourage des fenêtres, les angles entre parois…) ;
- réaliser la pose des produits avec soin ;
- éviter que les autres corps de métier endommagent le travail réalisé précédemment.

Le choix des membranes d'étanchéité et des rubans adhésifs et la qualité de la pose sont donc des moments essentiels pour assurer une bonne étanchéité à l'air de la maison.

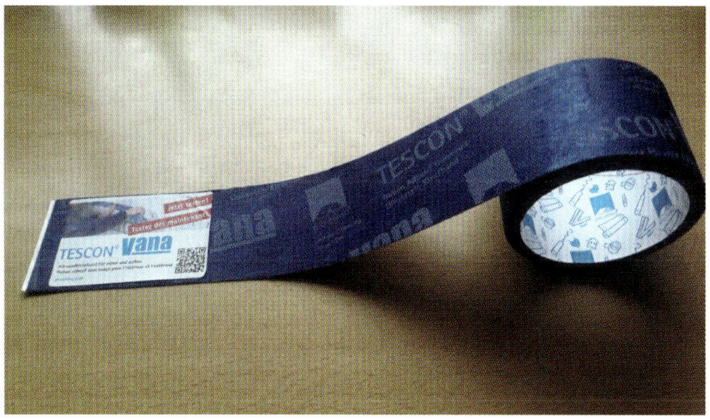

▲ **Fig. 6.34.** Exemple de ruban adhésif (Source : Pro Clima France)

23 tests d'étanchéité ont été réalisés dans les opérations de rénovation exemplaires présentées dans cet ouvrage (fig. 6.35). La moyenne des résultats obtenus est de **0,80 vol/h sous 50 Pa (n50)**.

31. Voir p. 153 de l'étude *Perf in Mind* réalisée par Enertech.
32. Voir le dossier consacré à l'étanchéité à l'air réalisé par le bureau d'études Fiabitat, spécialisé dans la construction passive : www.fiabitat.com.
33. Voir le rapport de l'Ademe Normandie, *Expertise ; Quelle pérennité de la perméabilité à l'air des maisons individuelles BBC en Normandie* (juillet 2016).

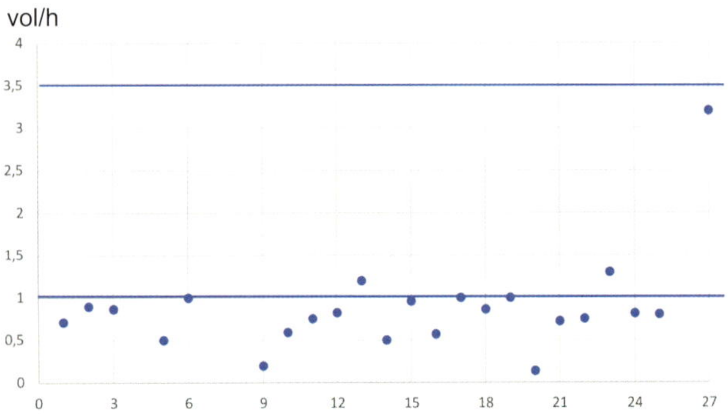

▲ **Fig. 6.35.** Résultats des tests d'étanchéité à l'air après travaux pour 23 des 27 maisons présentées dans cet ouvrage (Source : C. Charlot-Valdieu et Ph. Outrequin)

Pour rappel, le label EnerPhit préconise un niveau n50 de 1,0 volume/heure et les rénovations BBC correspondent à un taux d'étanchéité à l'air de l'ordre de 3 à 4 vol/h sous 50 Pa avec q4 = 1 $m^3/(m^2.h)$.

Les rénovations présentées dans l'ouvrage sont donc remarquablement étanches à l'air, ce qui permet d'optimiser les systèmes de ventilation à double flux et d'être très performants sur le plan énergétique.

L'intérêt des membranes d'étanchéité à l'air et frein-vapeur hygrovariable

Largement utilisées dans les maisons présentées, ces membranes (type INTELLO, INTELLO PLUS de Pro Clima) modifient leur structure moléculaire selon la valeur moyenne de l'humidité environnante et adaptent leur résistance à la diffusion aux exigences. L'hiver, la membrane intelligente se ferme à la vapeur d'eau. L'isolation thermique est protégée de la pénétration d'humidité. L'été, la membrane est ouverte à la diffusion et l'humidité peut sécher de façon optimale.

Le cas des poutres anciennes et fissurées

Dans la rénovation notamment des maisons anciennes, l'isolation par l'intérieur pose une épineuse question concernant les pertes d'étanchéité à l'air des poutres en bois anciennes (ou parfois récentes) et fissurées[34]. La pénétration inadéquate d'une poutre fissurée dans une couche étanche à l'air du bâtiment fait perdre de l'efficacité énergétique mais aussi augmente les risques de dommages structurels dus au transport par convection de l'humidité dans la surface du mur extérieur froid.

Le problème peut aussi se poser au niveau des toitures avec la connexion de la poutre du toit avec le mur de la façade.

Avant toute rénovation, **les anciennes poutres doivent être examinées** à l'endroit où elles sont intégrées dans le mur.

Il existe tout un ensemble de solutions, combinaisons de différents groupes de produits, pour garantir l'étanchéité à l'air des poutres en bois anciennes : ruban adhésif, mastic et adhésif, apprêt adhésif, ruban élastique en caoutchouc butyle, dispersion acrylique pure (solution spéciale), ruban d'étanchéité en plâtre, collerette de membrane d'étanchéité, revêtement bitumineux épais, trou percé pour l'injection de mastic et de plâtre coulé.

Dans l'ensemble, les applications impliquent toujours le scellement de la section transversale de la fissure dans la poutre. Dès que les fissures sont comblées avec un matériau approprié, le débit de fuite peut être réduit de manière significative par rapport à une simple étanchéité à l'aide d'un ruban adhésif. Par exemple, le trou percé pour l'injection de mastic apparaît comme une solution qui peut s'avérer très efficace (amélioration de plus de 90 % par rapport au simple adhésif) mais elle dépend toutefois des caractéristiques physiques de la poutre car celle-ci doit être forée initialement (voir l'exemple de la maison ❾).

Un point essentiel est évidemment que le colmatage de la fissure dans sa section transversale soit réalisé le plus largement possible. Le choix d'une méthode va aussi dépendre de sa facilité d'utilisation en fonction de l'accessibilité à la poutre et du nettoyage en profondeur de la fissure. Un gain important d'étanchéité à l'air peut demander un temps de travail important.

Le résultat en termes d'efficacité dépend aussi des caractéristiques thermiques et aérauliques autour de la maison, avec des différences de pression (de 3 à 8 Pa) qui vont jouer sur l'étanchéité à l'air.

La procédure à suivre pour une étanchéité réussie de l'intégration des poutres en bois dans les murs ou en toiture est la suivante :

- exposer la poutre autant que possible,
- nettoyer la zone de la poutre à intégrer,
- remplir les fissures,
- effectuer l'étanchéité de la poutre au niveau du mur (fig. 6.36).

34. Pour en savoir plus, voir le projet de recherche européen 3encult *(efficient energy for EU cultural heritage)* réalisé par le Passive House Institute (PHI), *Integrating wood beams into the airtight layer* en janvier 2014.

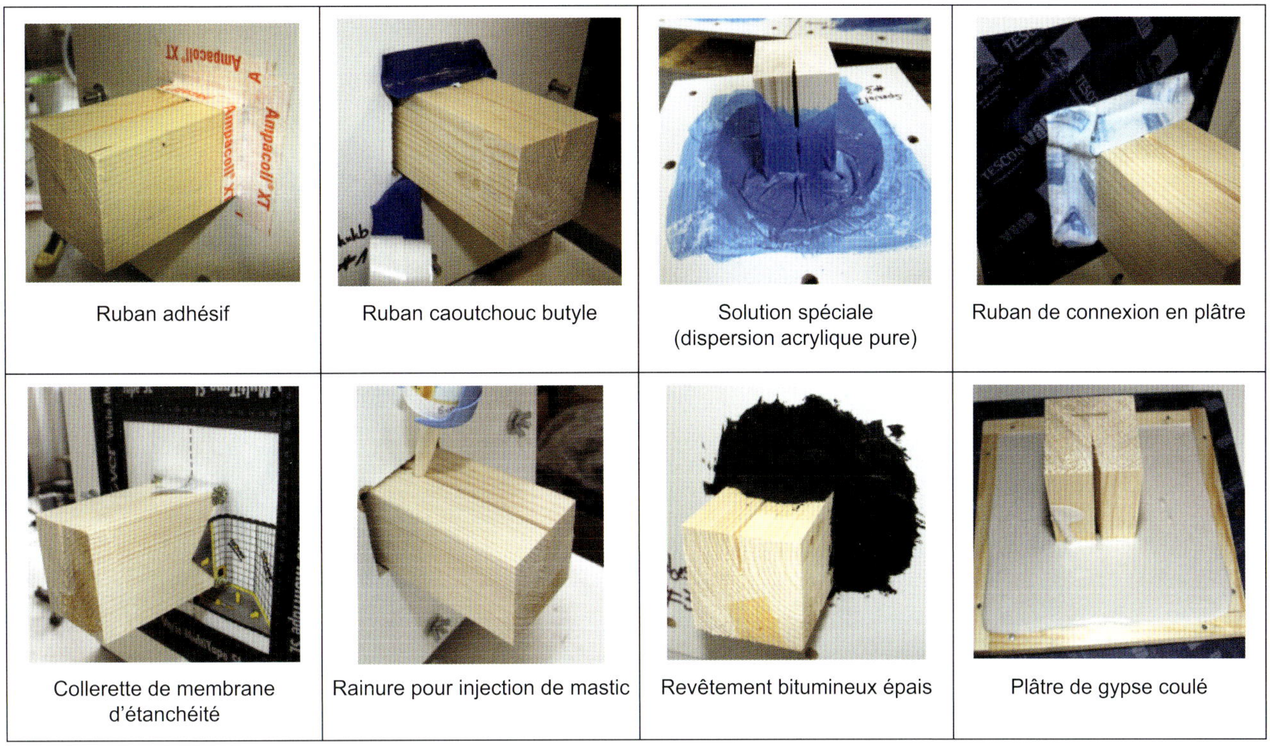

▲ **Fig. 6.36.** Différentes méthodes possibles pour rendre étanche à l'air la liaison poutres fissurées - mur (Source : PHI, 2014)

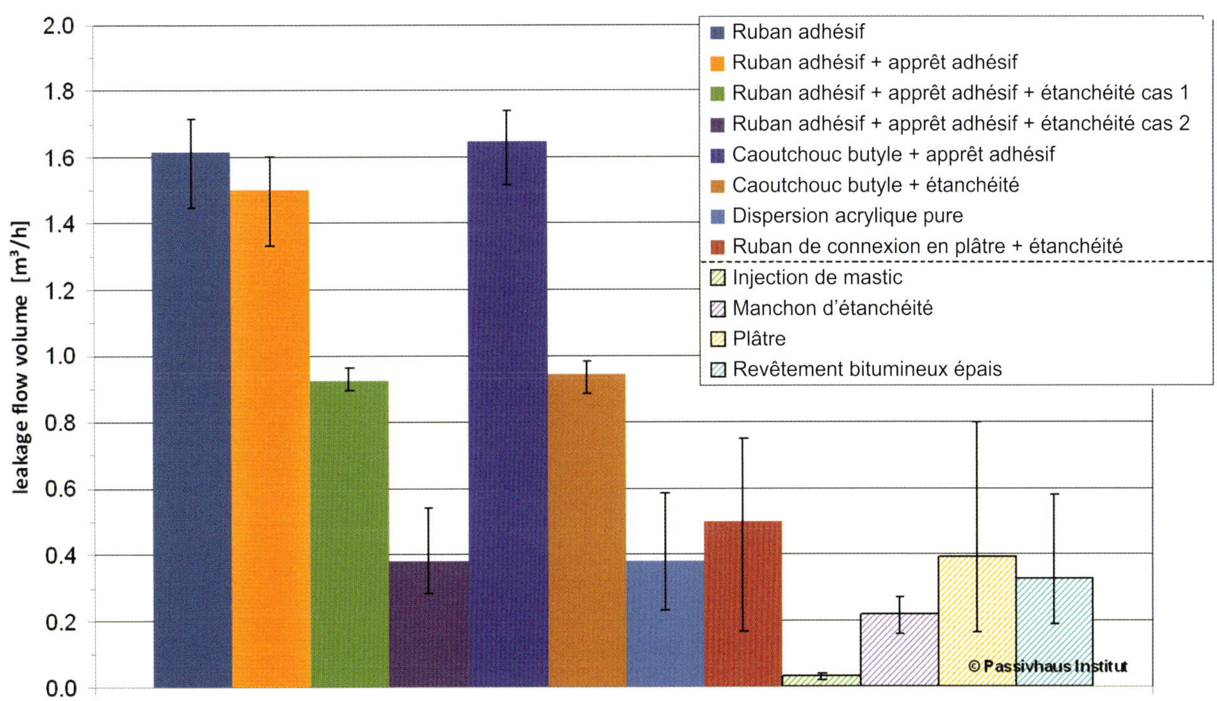

▲ **Fig. 6.37.** Comparaison des taux de fuite d'air sous une pression de 50 Pa (valeurs moyennes, minimales et maximales) (Source : PHI, 2014)

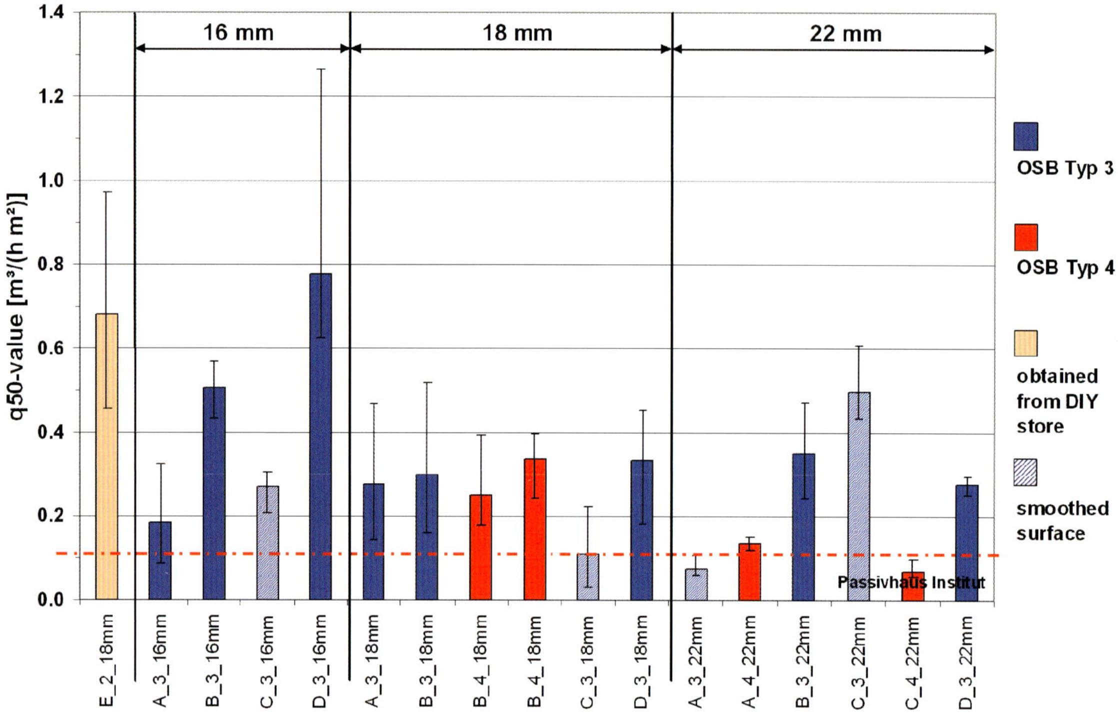

▲ **Fig. 6.38.** Résultats de mesure de perte d'étanchéité à l'air Q50 en $m^3/(m^2.h)$ pour différents échantillons d'OSB (valeurs moyennes, minimales et maximales sur les échantillons pris sur chaque ossature) (Source : PHI, 2014)

L'étanchéité à l'air des panneaux OSB

Les panneaux OSB ne sont pas tous étanches à l'air car ils sont constitués de matériaux non homogènes avec des copeaux généralement grossiers.

Des tests sur des panneaux OSB de 16, 18 ou 22 mm provenant de quatre fabricants (A à D, fig. 6.38) et d'un magasin spécialisé (E) démontrent que les fuites d'air sous 50 Pa peuvent aller de 0,03 à 1,27 $m^3/(m^2.h)$, selon les échantillons pris sur l'ossature, alors que la valeur requise maximale pour le Q50 serait de 0,1 $m^3/(m^2.h)$ selon l'étude du PHI. En moyenne, seuls trois des panneaux respectent cet objectif.

En conclusion, si les panneaux OSB sont utilisés comme couche étanche à l'air dans un bâtiment, les panneaux insuffisamment étanches à l'air, avec une mauvaise qualité des planches les constituant, entraîneront un débit de fuite plus élevé dans le bâtiment et pourront nuire à l'atteinte des objectifs.

Cette connaissance de l'étanchéité à l'air des OSB fait malheureusement défaut et exige de la part des professionnels une attention toute particulière.

Selon l'étude du PHI, avec la valeur cible du n50 de 0,6 vol/h, les fuites d'air occasionnées par les OSB pourraient être comprises entre 20 et 40 % des pertes d'étanchéité totale d'une maison passive, variable selon la qualité des panneaux.

6.3.3 Traiter les ponts thermiques

Les ponts thermiques apparaissent dès lors qu'il y a une discontinuité entre des matériaux et des parois de structure. Ils se situent principalement aux liaisons des murs et dalles, murs et fondations, refends et dalles, murs et toitures, murs et plafonds ainsi qu'à tous les percements (fenêtres, portes). Un pont thermique se mesure par la déperdition en W d'un mètre linéaire de liaison entre deux surfaces pour une différence de température entre l'extérieur et l'intérieur de 1 °C. Les ponts thermiques ne représentent qu'une faible part de la consommation d'énergie d'un bâtiment mal isolé mais ils peuvent être déterminants pour permettre à un bâtiment de devenir très performant.

Les points clés des pertes par pont thermique linéaire

La suppression des ponts thermiques est **un enjeu essentiel** qui demande une vraie compétence aussi bien de l'architecte, du bureau d'études thermiques que de l'entreprise et des compagnons sur le chantier (fig. 6.39).

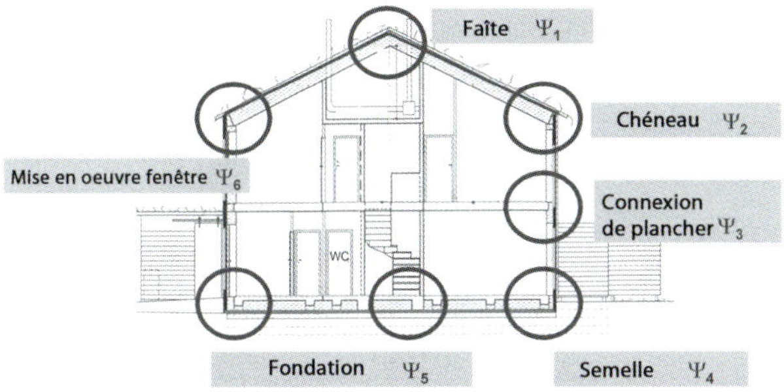

▲ **Fig. 6.39.** Les points clés des pertes par pont thermique linéaire (Source : PHI, *Ponts thermiques et structures : les limites de la construction sans pont thermique*, Cahier technique n° 35, trad. de La Maison Passive France, 2012, p. 5)

L'ITI ne permet pas de réduire les ponts thermiques autant que l'ITE. La différence de déperdition varie selon les cas de 35 à 75 %. Elle dépend de la modénature de la maison, de son nombre d'étages...

En ITI, le principal pont thermique provient du **plancher intermédiaire en béton**, l'isolation continue du logement étant interrompue à ce niveau.

La liaison du mur avec le sol est un second pont thermique classique dans le cas de l'ITI ou d'une ITE non enterrée (voir § 6.1.3, *Décaissement des murs périphériques*).

Le pont thermique avec **les menuiseries** est souvent constaté dès lors qu'il n'y a pas de retour d'isolant sur les dormants des menuiseries, ni sur les linteaux et les appuis (voir § 61.6, *Changer les menuiseries*).

Si la réduction des ponts thermiques est synonyme d'économies d'énergie (selon le CSTB, un mètre linéaire de pont thermique non traité représente 77 kWh de consommation d'énergie supplémentaire par an), elle contribue aussi à la pérennité du bâti en luttant contre les pathologies liées aux différences de température entre les parois :

– d'une part, le pont thermique occasionne un flux thermique ciblé sur une faible surface de la paroi, ce qui induit une réduction de la température surfacique à proximité ;

– d'autre part, de la condensation se crée au cœur du pont thermique, générant une dégradation du bâti, en surface (détériorations de la peinture et des enduits) mais aussi en profondeur (fissures, moisissures).

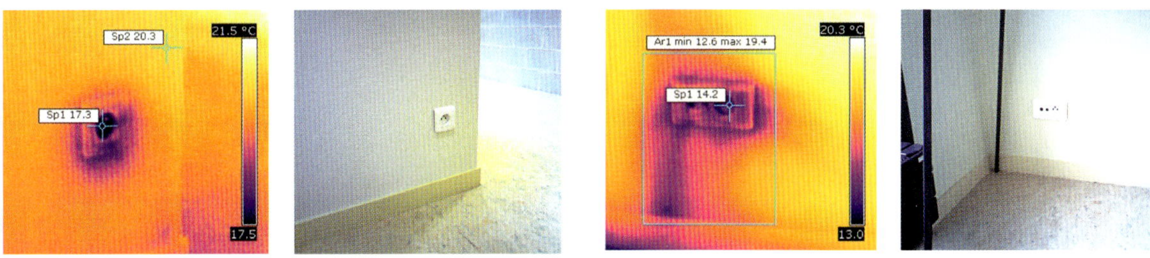

Déperditions thermiques autour des prises électriques générées par une intervention non anticipée
Ces thermogrammes indiquent la présence d'une zone froide au niveau de la prise de courant qui peut s'expliquer par un déplacement de l'isolant derrière la cloison généré par l'électricien lorsqu'il a posé la prise, pont thermique classique généré suite à une intervention sur l'isolation intérieure.

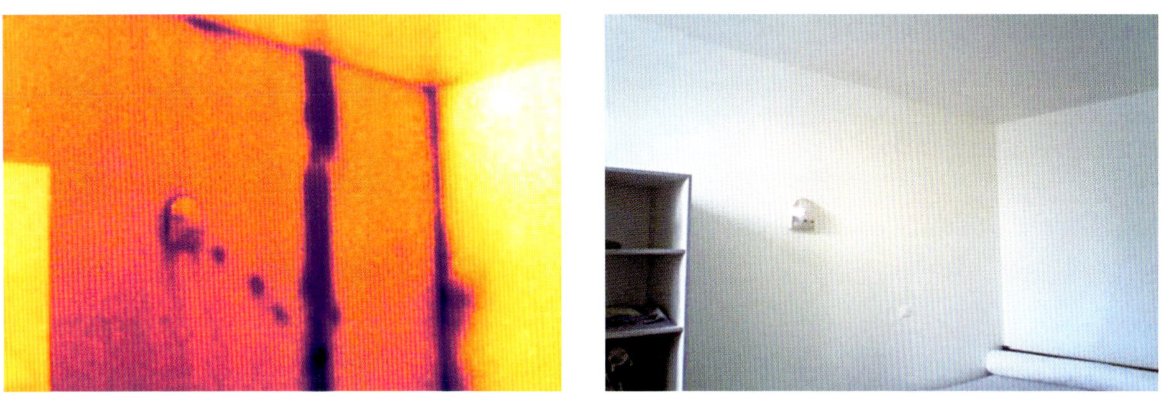

Déperditions thermiques autour des gaines électriques générées par une intervention non anticipée
Ce thermogramme souligne l'importance des ponts thermiques générés par le passage des gaines électriques. L'écart de température des murs atteint 5 °C

▲ **Fig. 6.40.** Exemples de déperditions thermiques *(Source : Bertrand Mills d'Enerconcept)*

Les rupteurs de ponts thermiques

Les rupteurs de ponts thermiques permettent de limiter les fuites notamment au niveau des liaisons entre les éléments du bâtiment.

Il existe aujourd'hui sur le marché français plusieurs types de rupteurs identifiables selon le composant (laine minérale, polystyrène), le type de liaison à traiter (dalle/façade, dalle/balcon) et le type de structure (construction dure ou métallique).

Pour la fixation au mur des parements pierre il est également possible d'utiliser des barres en fibres composites afin de ne pas créer de pont thermique à travers l'isolant.

▲ **Fig. 6.41.** Exemple de rupteurs de ponts thermiques posés sur une maison passive en haute altitude (Crédit photo : Kim Truong)

Un exemple de pont thermique peu connu

Les ventilations de chutes ou ventilation primaire servent à ventiler les réseaux d'eaux usées et à éviter toute variation de pression dans les colonnes de chute d'eaux usées. Une forte dépression dans la colonne lors du passage d'un volume d'eau aurait pour conséquence d'aspirer l'eau des siphons des appareils et de permettre la remontée de mauvaises odeurs.

Dans les constructions classiques, les ventilations de chutes sont des tuyaux PVC qui débouchent en toiture, faisant ainsi circuler de l'air froid dans ces ventilations. Ceci crée un pont thermique puisqu'il permet que de l'air extérieur pénètre dans le volume chauffé.

Dans les bâtiments passifs ou très performants, des clapets aérateurs (de type Nicoll CEP) peuvent être posés en lieu et place des sorties de toiture. Ces clapets sont équipés d'une membrane qui permet de laisser passer de l'air intérieur seulement en cas de dépression dans le réseau (source : bureau d'études thermiques et environnement Hinoki).

6.3.4 Gérer la vapeur d'eau

La migration de l'humidité et de la vapeur d'eau doit être traitée de façon à éviter les phénomènes de condensation, lesquels sont à l'origine de développements de moisissures et de pathologies diverses pour le bâti, et sont également préjudiciables pour la qualité de l'air intérieur et la santé des occupants.

Il est important, lors d'une rénovation, que la vapeur d'eau ait toujours la possibilité de perspirer à travers les parois. Celles-ci doivent être parfaitement étanches à l'air mais doivent être perméables à la vapeur d'eau.

L'air contient de la vapeur d'eau jusqu'à 17,3 g/m^3 à 20 °C, au-delà de cette concentration, l'air est saturé et il y a un risque de condensation.

Quand l'air est au contact d'une paroi, il se refroidit. À 0 °C, l'air sec ne peut absorber que 4,84 g d'eau par m^3. Plus la température de l'air est élevée, plus la quantité de vapeur d'eau absorbable est grande et inversement.

De ce fait, il y a un fort risque de saturation au fur et à mesure que la température de l'air se réduit de l'intérieur de la maison vers l'extérieur. Quand l'air atteint la température à laquelle il est saturé d'eau, c'est le **point de rosée** qui correspond au risque de condensation, transformation de la vapeur d'eau en eau liquide (fig. 6.42).

Ce problème est prégnant dans les systèmes constructifs maçonnés (et bois dans certaines régions seulement) où l'isolation a été réalisée par l'intérieur. Le point de rosée intervient au cœur de l'isolant ou à la liaison isolant-mur. La solution préconisée est la pose d'un **pare-vapeur** (membrane interdisant le passage de l'eau) ou d'un **frein-vapeur** plus perméant (Sd plus faible que le pare-vapeur, voir *Annexes* § 1).

Parmi les types de pare-vapeur, on retrouve :

- les membranes : la solution la plus fréquente avec une grande diversité de produits ;
- les panneaux Fermacell et OSB ;
- les liquides pulvérisés formant un film régulant après polymérisation ;
- les mousses projetées en polyuréthane pour des emplois spécifiques.

Un des problèmes à éviter est **le risque de discontinuité du frein-vapeur** qui peut être coupé, par exemple, autour des prises électriques. L'absence de continuité est une source de pathologie car l'eau reste emprisonnée et les matériaux ne peuvent pas sécher (phénomène de « migration d'eau »). Il serait opportun d'ailleurs d'indiquer dans les cahiers des charges que celui qui perce ou détériore le pare-vapeur a l'obligation de le réparer à ses frais. L'étanchéité à l'air côté intérieur doit être garantie avec un pare-vapeur, un frein-vapeur ou encore avec un enduit ou un parement intérieur.

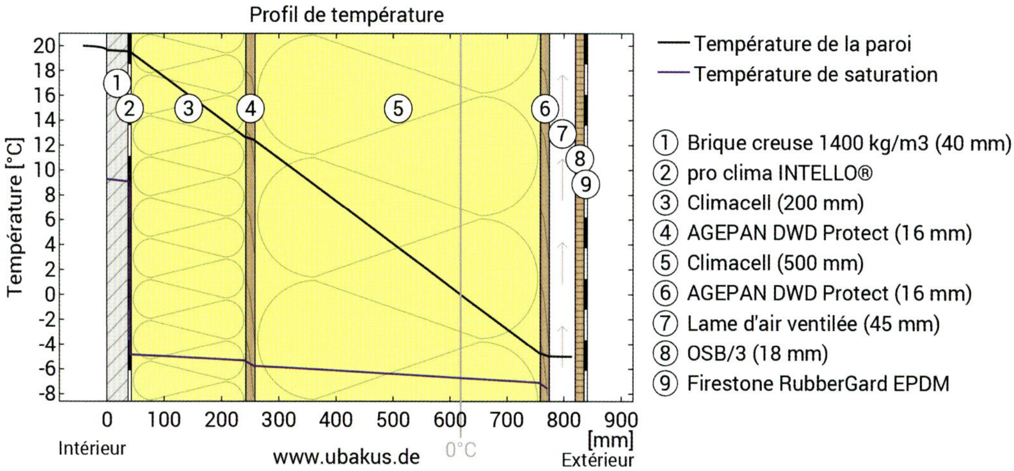

▲ **Fig. 6.42.** Exemple de profil de température à travers une paroi. La courbe bleue indique la température à laquelle la vapeur d'eau se condensera en eau liquide (point de rosée). La courbe verte indique la température à l'intérieur du mur. Cette température est toujours au-dessus de la température du point de rosée ; il n'y a pas de risque de condensation. (Source : Nicolas Delbarre et Ubakus, maison 19)

Les ponts thermiques doivent aussi être éliminés (autant que possible) pour réduire les risques de migration de la vapeur d'eau. Un pare pluie en protection de l'isolation par l'extérieur est également fortement recommandé.

> De nombreuses rénovations exemplaires ont traité la problématique de l'humidité et de la gestion de la vapeur d'eau : maisons 1 4 7 9 10 12 13 14 15 21 24

Une voie complémentaire est le choix de **matériaux** dont la perméabilité permet une migration d'eau sans condensation. C'est la notion de **paroi perspirante**. Une des règles est d'avoir un parement extérieur plus ouvert que le parement intérieur ; la perméance des différentes couches doit être croissante de l'intérieur vers l'extérieur (le coefficient Sd ou la résistance à la vapeur d'eau μ doivent être décroissants).
Les professionnels appliquent la règle du 5 ou 6 pour 1 : des parements extérieurs très ouverts à la vapeur d'eau (Sd compris entre 1 et 5 m) et une résistance à la vapeur d'eau 5 fois plus élevée pour les parements intérieurs[35].

C'est l'enduit intérieur qui permet d'assurer l'étanchéité à l'air du bâtiment. L'isolant doit être capillaire afin de pouvoir absorber les surplus ponctuels de vapeur d'eau et les restituer.
Le choix de matériaux hygroscopiques – ayant la capacité de stocker l'humidité sans risque d'altération comme le chanvre ou la paille – présente un intérêt évident mais cependant jusqu'à un certain niveau (risque de développement microbien).
Dans les rénovations, la problématique est importante car le point de rosée va se déplacer du fait de la pose de nouvelles épaisseurs d'isolant, de bardage... Un diagnostic peut s'avérer nécessaire pour appliquer les règles de bonnes pratiques (technique de 1 pour 5) et des outils existent pour conforter les choix : méthode de Glaser en cas de doute moyen (voir fig. 6.39) et méthode Wufi en cas de doute élevé[36].

35. Pour les murs maçonnés avec une isolation par l'extérieur, on estime que le Sd intérieur comprend à la fois le mur et le parement intérieur. Pour les murs maçonnés avec une isolation par l'intérieur, le Sd extérieur comprend à la fois le mur et le parement extérieur, nécessitant la pose d'un pare-vapeur (Sd > 18 m).

36. Voir le *Dossier technique, migration de vapeur d'eau et risque de condensation dans les parois* de Ville & Aménagement durable (2010).

UNE ÉTUDE RÉFÉRENCE POUR LES MAISONS CONSTRUITES AVANT 1975

Dans le cadre du projet Oktave de la région Grand-Est et de l'Ademe, en lien avec le dispositif DORéMI, la Scop Enertech[1] a étudié de façon très détaillée la question de la pérennité de l'isolation et du bâti vis-à-vis de la migration de vapeur d'eau, dans le cadre d'une **rénovation globale et performante**, pour les maisons construites avant 1975.

Les conclusions apportées par cette étude présupposent la réalisation de cette rénovation globale avec l'**isolation de toutes les parois**, l'installation d'une **ventilation mécanique** (simple flux ou double flux) respectant *a minima* les débits réglementaires (de préférence les 0,6 vol/h préconisés dans les solutions techniques de rénovation ou STR) et une **étanchéité à l'air performante** (au maximum un n50 de 3 vol/h sous 50 Pa). Il est également présupposé que le bâtiment ne présente **pas de remontées capillaires majeures** qui sont à traiter impérativement avant toute rénovation thermique.

L'étude présente pour différents types de murs existants des **solutions** d'isolation (ou bonnes pratiques), des solutions alternatives ou variantes et des **points de vigilance**, à respecter pour éviter les pathologies.

En préalable aux solutions retenues pour chaque type de mur ou de toiture, l'étude met en avant sept règles de bonne conception relatives à la gestion de l'humidité dans le bâtiment :

1 – **Ventiler mécaniquement pour évacuer l'humidité** : seule la ventilation continue, mécanique (ou naturelle assistée) permet d'évacuer efficacement l'humidité.

2 – **Traiter les remontées humides avant la rénovation** : il s'agit d'un travail pour des entreprises spécialisées. L'isolation ne devra être réalisée dans un délai d'au moins 6 mois pour laisser sécher les murs.

3 – **Assurer l'étanchéité à l'air avec un frein-vapeur continu** : un pare-vapeur non continu ne fait qu'accentuer le problème. En ITI et en rampant, il convient de prévoir un pare-vapeur ou frein vapeur en lés, de préférence avec un vide technique entre cette membrane et le parement, pour laisser passer l'électricité sans la percer.

4 – **Respecter la perméabilité croissante de l'intérieur vers l'extérieur** pour éviter l'accumulation de l'humidité (matériaux de plus en plus ouverts à la diffusion ou Sd de plus en plus faible) et conserver une bonne capacité de séchage des murs (en lacérant ou en déposant si possible les pare-vapeurs existants et en privilégiant les freins-vapeurs, notamment les freins-vapeurs hygrovariables).

5 – **Protéger les façades contre la pluie** : en cas d'application d'un enduit, privilégier la chaux, ouverte à la vapeur et capillaire.

6 – **Traiter le pont thermique et l'étanchéité à l'air des planchers intermédiaires** en assurant la continuité de l'isolation ainsi que celle de l'étanchéité à l'air (semble impossible pour les hourdis).

7 – **Choisir entre ITI et ITE** en connaissant leurs avantages et inconvénients et les bonnes pratiques associées.

1. Voir *Migration d'humidité et de vapeur d'eau dans les parois du bâti ancien. Synthèse bibliographqiue pour la rénovation performante à destination des concepteurs et artisans* d'Enertech SCOP, Rieser Thierry, Boissonneau Tristan et Moteau Stéphane, étude réalisée pour Oktave et le programme Climaxion de la région Grand-Est et de l'Ademe (2021).

6.3.5 Choisir les isolants

Le choix des isolants est particulièrement important pour permettre à la maison d'être performante au plan énergétique, confortable durablement et sans risque de pathologies ni de désordres. Mais le choix d'un isolant ne vient jamais seul. Il dépend du matériau à isoler et nécessite aussi d'être accompagné de systèmes de protection contre la vapeur d'eau, l'humidité, la pluie.

De plus, il n'y a pas d'isolant miracle qui répond à tous les critères de choix (voir *Annexes*, § 1).

Le choix d'un isolant est d'abord un **choix technique**. Il dépend de l'emplacement (type de paroi à isoler) et de l'objectif de performance : le niveau de résistance thermique pour la performance thermique mais aussi le renforcement de l'inertie (pour le confort thermique et d'été) et le choix de matériaux capables de bien gérer l'humidité et la vapeur d'eau.

L'isolant doit être efficace au plan **thermique** mais aussi, et ceci devient de plus en plus prioritaire, efficace pour le confort d'été. Il doit être **durable**, au sens qu'il doit rester performant sur le cycle de vie du bâtiment. Enfin, il doit être posé sans qu'il crée de problème de condensation ou de moisissures.

Des **contraintes de place** peuvent faire basculer vers un isolant à très faible conductivité thermique type polyuréthane voire isolant sous vide qui peut alors être en contradiction avec un objectif écologique.

Ensuite, la **contrainte économique** peut faire choisir les matériaux les moins chers sur le marché, tels que la laine de verre ou les panneaux de polystyrène qui ont un très bon rapport qualité/prix.

Une autre dimension mise en avant est la réduction de l'**empreinte écologique**, les deux indicateurs généralement retenus étant l'énergie grise et le bilan carbone[37].

Parfois, ajouter des centimètres d'isolant peut avoir pour effet d'économiser moins d'énergie que ce qu'il a fallu consommer pour les produire (notamment dans les climats les plus doux...). L'optimisation énergétique pose toutefois la question de la fiabilité des données d'énergie grise.

37. L'énergie grise est la quantité d'énergie qu'il a fallu dépenser pour produire, transporter et poser le matériau. Le bilan carbone évalue les émissions de carbone issues également du cycle de vie des matériaux.

Les isolants retenus dans les rénovations exemplaires présentées dans l'ouvrage

Type de paroi	Isolant	Rénovations exemplaires
Isolation par l'intérieur	Laine/fibre de bois	4 5 8 9 10 16
	Ouate de cellulose	3 9
	Mousse résolique ou phénolique	16
	Polyuréthane, PIR	14 16
	Laine de bois et métisse	1
Isolation sur local non chauffé	Biofib trio	2
	Laine de bois et métisse	10
	Polyuréthane	14
	Polystyrène extrudé XPS	25
	Ouate de cellulose et laine de bois	9
Isolation par l'extérieur	Ouate de cellulose	1 7 10 11 12 15 19 22 23 24
	Polystyrène PSE ou graphité	13 14 16 18 20 21 24 25
	Laine/fibre de bois	6 15 16 17
	Laine de roche	27
	Paille	4
	Ouate de cellulose + fibre de bois	2
Mur périphérique	Liège	2 15
	Polyuréthane, PIR	21
Toiture	Ouate de cellulose	1 4 7 9 10 11 12 14 15 16 18 19 20 22 23 24 25
	Laine de bois	1 2 5 10
	Laine minérale	3 23 25 27
	Panneau fibre de bois	6 8 13 16
	Polyuréthane, PIR	16
	Toile de jute	17
	Paille	21
Plancher bas	Polyuréthane, PIR	1 3 6 9 10 14 16 18 19 20 21 24
	Polystyrène PSE/PSE graphité	5 11 17 19 22
	Liège	4 7 15
	Polystyrène extrudé XPS	19 25
	Ouate de cellulose	1 12
	Laine de bois	10 23
	Misapor et fibre de bois (partie)	2

6.4 Le confort d'été

6.4.1 L'isolation thermique et le confort d'été

L'isolation thermique permet évidemment de conserver la chaleur de la maison pendant l'hiver. L'été, l'isolant ralentit l'entrée de la chaleur dans le logement mais n'empêche pas le réchauffement de la maison. Les soirs d'été, hors période de canicule, il fait plus frais à l'extérieur de la maison qu'à l'intérieur et l'isolant peut être de nature à bloquer la sortie de la chaleur.

Il n'y a pas d'équilibre de ces flux de chaleur en journée et pendant la nuit. Le flux de chaleur est proportionnel à la différence de température entre le chaud et le froid. Or, cette différence est beaucoup plus importante la journée (chaleur de la toiture 70 °C vs chaleur intérieure 25 °C) que la nuit (chaleur intérieure 25 °C vs chaleur extérieure 15 °C). La question qui se pose est le temps que met la chaleur à traverser une cloison isolée. L'objectif doit être de poser un isolant qui retarde au maximum le passage de la chaleur avec une situation « idéale » qui serait que la chaleur de la journée soit encore dans l'isolant le soir venu[38].

Plusieurs indicateurs permettent de comparer les matériaux :

– **La diffusivité thermique** indique la vitesse de déplacement de la chaleur dans un matériau. Plus la diffusivité est faible, plus le matériau est capable d'accumuler la chaleur et plus l'impact est positif pour le confort d'été.

– **L'effusivité thermique** est la capacité d'un matériau à échanger de l'énergie avec son environnement, à absorber et à stocker de l'énergie. Plus l'effusivité est forte, plus l'impact est positif sur le confort d'été.

– **Le déphasage thermique** est le temps que met la chaleur pour traverser une épaisseur donnée de matériau. Les isolants organiques (polystyrène) et minéraux (laine de verre, laine de roche) ont un déphasage thermique de l'ordre de 4 à 6 heures (pour 20 cm d'isolant) alors que la plupart des matériaux biosourcés ont un déphasage beaucoup plus long pouvant aller jusqu'à 12 heures (voir Annexes, § 1). Avec un déphasage long, l'entrée de la chaleur à l'intérieur du bâtiment est décalée de quelques heures par rapport au pic de chaleur de midi. Cela présente deux avantages : le premier est de garder une température stable pendant les heures les plus chaudes, et le deuxième est de pouvoir évacuer le surplus de chaleur par l'ouverture des fenêtres le soir et la nuit (surventilation nocturne). Le déphasage thermique est d'autant plus long que le matériau a une masse volumique et une capacité thermique élevées, éléments qui traduisent l'inertie du matériau.

L'Association des industriels de la construction biosourcée (AICB) a comparé différents matériaux biosourcés ou non sur ces critères : isolants de différentes origines ou béton biosourcé (béton de chanvre). Les isolants et bétons biosourcés ont parfois une moins bonne conductivité thermique pour le chauffage l'hiver mais ont des meilleures capacités d'effusivité et de diffusivité pour assurer le confort d'été (tab. 6.4).

Il faut évidemment envisager la paroi dans sa totalité. Le déphasage thermique d'une paroi n'est pas le déphasage thermique d'un matériau pris isolément et l'évaluation des capacités de la paroi doit être prise en considération dans l'analyse du confort d'été. Plus un mur est lourd, plus il faudra d'énergie pour gagner la température de confort. Autre exemple, un panneau de Fermacell de 15 mm permet d'augmenter le déphasage thermique de 2 heures. Un mur intérieur en terre crue va aussi augmenter l'inertie de la maison et améliorer le confort d'été (voir les maisons ❷ et ⓯).

Le confort d'été peut être amélioré lors des rénovations en **privilégiant les matériaux à forte capacité hygroscopique** qui permettent d'amortir les variations du taux d'humidité d'une pièce en absorbant l'humidité en excès, en la stockant et en la restituant, lorsque l'atmosphère devient plus sèche. Un bon taux d'humidité dans l'air (entre 40 % et 60 %) apporte une sensation de confort thermique aux usagers d'un bâtiment. C'est le cas notamment du béton de chanvre.

▼ **Tab. 6.4.** Tableau comparatif des matériaux biosourcés vs non biosourcés (Source : AICB. Confort d'été : l'atout des biosourcés, 2023)

	Conductivité λ (W/m.K)	**Masse volumique ρ** (kg/m^3)	**Capacité thermique c** (J/kg.K)	**ρc** (J/K.m^3)	**Effusivité** (J.K^{-1}.m^{-2}/s$^{-1/2}$)	**Diffusivité** (10^{-7} m^2/s)
Isolant biosourcé	0,036-0,044	15-110	1 600-2 100	105 000-231 000	63-93	1,6-3,6
Isolant minéral	0,032-0,046	15-50	1 030	36 050-51 500	34-41	6,4-8,8
Isolant pétrosourcé	0,023-0,038	25-30	1 000-1 450	30 000-36 250	26-37	7,6-10,5
Béton biosourcé	0,07-0,16	350-800	1 230-1 560	546 000-984 000	195-396	1,3-3,6

38. Voir l'article de Guy Hallard « Isolation et confort d'été », *Habitat naturel*, n° 94, juin-août 2023, pp. 22 à 25.

UNE ÉTUDE SUR LES CAPACITÉS HYGROSCOPIQUE ET HYGROTHERMIQUE DU BÉTON DE CHANVRE

Une étude du Cerema[1] a évalué les besoins théoriques en chauffage et en refroidissement d'un bâtiment R+1 fictif de 100 m^2 situé à Nancy (zone climatique H1b), occupé par une famille de deux adultes et deux enfants, à l'aide du logiciel WUFI® Plus.
Les murs de la maison (base de 7 m^2 de côté) sont constitués d'un parement extérieur (enduit chaux-sable de 20 mm), **de 30 cm de béton de chanvre** et d'un parement intérieur de type enduit chaux (sable ou chanvre) ou panneau Fermacell.
La température intérieure est de de 18 °C de 8 h à 17 h en semaine et 20 °C le reste du temps. L'humidité relative à l'intérieur de la maison est de 50 %.
La ventilation est assurée par une VMC hygroréglable basse consommation.
La simulation réalisée montre que les transferts couplés de chaleur et d'humidité au sein des murs en béton de chanvre permettent de **réduire jusqu'à 70 % le besoin en chauffage du bâtiment :** la consommation de chauffage est de 9,7 kWh/m^2 (10e année) avec le béton de chanvre et l'enduit chaux chanvre, comparée à une consommation de référence de 30 kWh/m^2 (sans les propriétés hygroscopiques du chanvre).
L'auteur de l'étude, Étienne Gourlay, estime que **ce résultat est robuste** à condition que l'étanchéité à l'air du logement soit conforme à la norme attendue, même si une telle économie n'a jamais pu être observée *in situ*.
Ainsi, ces simulations montrent que les transferts couplés de chaleur et d'humidité au sein des murs en béton de chanvre font que les 30 cm de béton de chanvre se comportent alors « énergétiquement » comme 22 cm de laine de verre, alors que les coefficients de résistance thermique R sont respectivement de 4,55 et 5,87 m^2.K/W.
Si le bâtiment a une performance thermique moindre, soit dans la simulation un besoin de chauffage de 62 kWh/(m^2.an), les transferts hygrothermiques dans le mur ne permettent plus qu'une économie d'énergie de l'ordre de 20 %, soit 13 kWh/(m^2.an). Du fait des pertes de calories par la toiture et la dalle, l'influence relative du béton de chanvre est moindre.
L'étude montre aussi que le besoin en chauffage annuel diminue au cours du temps. Ceci est vraisemblablement dû au choix des conditions initiales des matériaux : leur teneur en eau diminue au cours du temps pour se stabiliser ensuite. Par conséquent, les résistances thermiques des parois sont plus faibles les premières années et le besoin en chauffage est alors plus important.
Une des explications à ce résultat est qu'en choisissant un excellent régulateur hydrique comme le béton de chanvre, les débits de ventilation au niveau de la VMC hygroréglable et les pertes de chaleur par renouvellement d'air qui représentent 20 à 25 % des déperditions dans un bâtiment sont nettement moins importants.

1. Voir *Modélisation des besoins de chauffage et de refroidissement d'un bâtiment en béton de chanvre*, Cerema, mars 2021.

▲ **Fig. 6.43.** Une maison à colombage réhabilitée en blocs de béton de chanvre à Sélestat (Crédit photos : ISOHEMP)

6.4.2 Le choix des vitrages

Le confort d'été peut aussi demander un compromis au niveau du facteur solaire des vitrages. Celui-ci indique le pourcentage de chaleur qui va traverser le vitrage. On peut chercher à le maximiser pour capter la chaleur l'hiver mais cela peut devenir un handicap l'été. Le compromis est alors à trouver avec le système d'occultations à mettre en œuvre.

6.4.3 L'importance de la toiture

En rénovation, le confort d'été prend une importance grandissante, notamment dans certaines pièces de la maison. Ainsi l'aménagement des combles se heurte souvent à une surchauffe l'été, la chaleur ayant des difficultés pour s'évacuer.

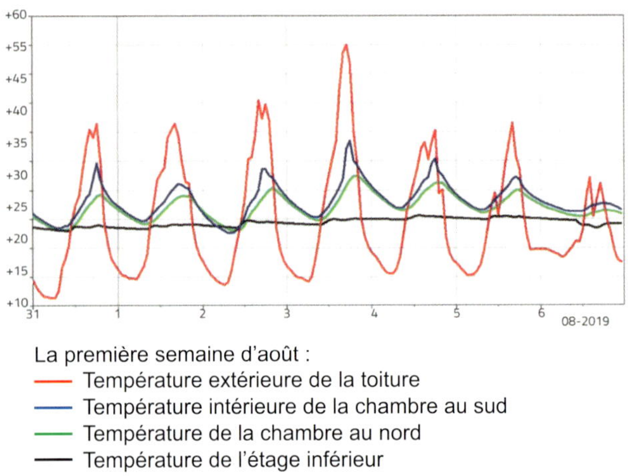

▲ **Fig. 6.44.** Exemple de courbe de température d'une maison en pierre située à Nantes de 3 étages avec combles aménagés (Source : Cédric Durandal ABCD44, *Habitat Naturel*, n° 86, p. 72)

La démarche a consisté à analyser l'origine des apports solaires, la toiture, le pignon et les fenêtres étant concernées : la **toiture** très peu isolée (6 à 8 cm d'isolant entre les chevrons) est responsable de l'essentiel de la surchauffe.

Une isolation de la toiture avec 30 cm d'isolant va faire baisser la température de 3 °C... la surventilation nocturne améliorera la situation de 1 °C et la pose d'une couverture plus claire, encore de 1 °C... on peut donc atteindre une réduction finale de 5,3 °C, et passer de 32 °C à 26,7 °C.

Cet exemple montre que l'isolation de la toiture est un facteur déterminant pour tenter d'améliorer le confort d'été.

6.4.4 Les protections solaires

Les systèmes passifs

De nombreuses techniques sont possibles en rénovation[39]. **Les systèmes passifs sont à privilégier** car ils n'entraînent pas de consommation d'énergie mais ils exigent parfois du pilotage, notamment les masques solaires mobiles. On distinguera les dispositifs favorisant la surventilation naturelle nocturne et les équipements de protection.

La **surventilation nocturne** prend tout son sens quand la maison a une inertie thermique qui la rend capable de stocker l'énergie. L'inertie thermique permet de stocker les apports solaires l'été et la chaleur interne l'hiver. L'été la chaleur de la journée est évacuée durant la nuit avec une surventilation nocturne. Les isolants à fort déphasage thermique vont aussi jouer ce rôle.

Les **occultations des menuiseries** sont importantes pour le confort d'été et, en particulier, pour se protéger du soleil la journée en été. Les protections solaires extérieures sont à privilégier. Celles-ci sont majoritairement des volets roulants ; on trouve aussi des volets battants ou coulissants et plus rarement des brise-soleil orientables (BSO).

Le besoin annuel de froid est inférieur de 48 à 60 % avec les volets roulants extérieurs ou les films de protection solaire par rapport à des stores vénitiens intérieurs situés sur les façades sud et ouest d'une maison. En effet, les protections solaires extérieures bloquent l'irradiance solaire avant même qu'elle n'arrive sur le vitrage alors que les stores vénitiens ou les rideaux rayonnent une grande part de l'énergie reçue au travers des vitrages dans le volume habitable et sur les vitrages eux-mêmes, réchauffant l'ambiance.

Les volets roulants extérieurs sont plus efficaces thermiquement sur des façades sud alors que les films de protection solaire en surimposition extérieure sont à préférer en exposition ouest, en particulier pour des raisons de confort visuel.

Les protections solaires mobiles, en particulier les volets roulants, sont plus efficaces lorsqu'elles sont pilotées intelligemment en fonction des apports solaires et des besoins en éclairage plutôt que l'irradiance solaire mesurée sur la façade.

Mais si les simulations thermiques dynamiques (STD) ont tendance à montrer que les stores extérieurs sont plus efficaces que les casquettes fixes, ils peuvent aussi s'avérer gênants s'ils sont posés sur un passage vers une terrasse...

Les volets classiques restent aussi une solution que certains préfèrent afin de garder l'esthétique de la maison. Ils peuvent être efficaces à condition de les utiliser à bon escient et d'accepter un peu moins de lumière dans les pièces (fig. 6.45).

39. Voir le rapport *Résiliance : adaptation des bâtiments au changement climatique* disponible sur le site de la librairie de l'Ademe.

▲ **Fig. 6.45.** Deux maisons rénovées selon le standard passif ayant reposé des volets après une ITE (Crédit photos : J. Hornecker (à gauche, maison 12 de Sentheim) et C. Charlot-Valdieu (à droite, maison 21 de Tournon-sur-Rhône))

Les casquettes solaires fixes réduisent aussi les besoins de rafraîchissement, de façon beaucoup plus importante qu'elles ne réduisent les apports solaires l'hiver. On estime qu'un débord de toit entraîne une diminution d'environ 25 % des besoins annuels de froid par rapport à un logement sans débord[40]. Leur inconvénient principal est souvent esthétique et d'augmenter les besoins d'éclairage.

Parmi les techniques de rafraîchissement, le revêtement de peinture métallisée ou la pose de films aluminium tendus sous les tuiles peuvent être utilisés pour limiter les apports par rayonnement thermique infrarouge sur la couche isolante du toit, respectivement en limitant le rayonnement des tuiles vers l'isolant recouvrant le volume à rafraîchir et en réduisant l'absorption de la chaleur par la soupente isolée. Ces solutions techniques sont appelées « *isolations réflectives* »[41].

Parmi les systèmes de rafraîchissement actifs, citons les brasseurs d'air qui donnent une sensation de rafraîchissement qui va jusqu'à 4 °C, les puits canadiens et le géocooling.

Les brasseurs d'air (ventilateurs)

Les ventilateurs plafonniers ou mobiles créent un effet de refroidissement ressenti par la vitesse de l'air, estimé par certaines études entre 2,8 °C et 4 °C avec une vitesse d'air allant jusqu'à 1,5 m/s. Le rejet s'effectue principalement sous la forme d'humidité[42].

Le puits canadien

Le puits canadien ou provençal peut être parfois mis en place lors de rénovations, associé à une ventilation double flux. Il présente l'avantage de préchauffer l'air l'hiver et de le rafraîchir l'été, il contribue aussi à réduire l'humidité de l'air (qui se condense sur les parois du puits). La performance du couple puits canadien-ventilation double flux est élevée. Il est nécessaire de prendre des précautions dans les zones de radon en privilégiant une ventilation par insufflation afin de générer une surpression dans le puits et éviter d'aspirer l'air à travers un puits en dépression qui favoriserait la migration du gaz dans l'air[43].

40. Une absence de débord de toiture est aussi la cause de la salissure plus rapide des murs du fait de la pluie, problème encore aggravé par l'absence de gouttières, ce que l'on peut observer dans de nombreuses maisons individuelles récentes, construites par des promoteurs.

41. Voir la p. 66 du rapport *Résiliance, op. cit.*

42. Voir la p. 86 du rapport *Résiliance, op. cit.*

43. Voir la p. 89 du rapport *Résiliance, op. cit.*

Le géocooling

Les sondes géothermiques verticales ou horizontales permettent de préchauffer le bâtiment l'hiver et de le rafraîchir l'été. Ce système fonctionne avec un fluide caloporteur (eau glycolée) circulant en boucle fermée dans un réseau enterré dans le sol. Cette solution est onéreuse mais possède une excellente efficacité énergétique couplée à une pompe à chaleur. Ce système est très répandu au Danemark par exemple[44].

La végétalisation de la façade et de la toiture

La végétalisation de la toiture (terrasse ou très faible pente) améliore l'inertie de la toiture, la rafraîchit en captant l'humidité de l'air et contribue efficacement au confort d'été. La végétalisation de la façade va créer un effet de masque protégeant le mur du soleil. L'évapotranspiration naturelle des plantes produit un rafraîchissement par évaporation du rideau végétal de même que la circulation d'air entre le mur végétal et la paroi. Une étude comparant un mur végétalisé avec de la vigne vierge et un mur nu indique une différence de température de 5,7 °C au moment du pic d'irradiation solaire[45]. La résistance thermique du rideau végétal augmente avec le rayonnement solaire incident mais diminue avec l'augmentation de la température extérieure. L'écartement de 1 mètre du rideau végétal avec le mur améliore l'effet de rafraîchissement par convection des murs.

6.4.5 L'isolation et le renouvellement d'air vont de pair

Le projet Résiliance a analysé l'évolution de l'inconfort d'été sur une maison Phenix des années 1970, située en Île-de-France, d'une surface de 86 m², occupée par une famille de 4 personnes.

Le système constructif est constitué d'une structure en acier, des murs en plaques de béton mince à l'extérieur et de plâtre (BA13 avec 2 cm de PSE) à l'intérieur avec une lame d'air centrale. Le toit est isolé avec 4 cm de laine de verre et les fenêtres sont à simple vitrage. La ventilation est mécanique à simple flux.

Les simulations montrent que l'isolation des murs extérieurs et de la toiture, d'une part, et le renouvellement d'air élevé, d'autre part, sont bénéfiques pour le confort d'été. Sans isolation mais avec des occultations et avec un renouvellement d'air de 2 vol/h, le nombre de degrés-heures d'inconfort est mesuré à 500 DH (degrés-heures). En isolant les murs et la toiture de 20 cm ou en augmentant le taux de renouvellement d'air à 10 vol/h, le nombre de degrés-heures passe à 300 DH. Si on cumule les deux actions, l'inconfort d'été est mesuré entre 60 DH (triples vitrages), 75 DH (doubles vitrages) et 100 DH (simples vitrages).

Retenons qu'**un débit d'air suffisant est indispensable pour que l'isolation soit bénéfique au confort d'été et que, plus la maison est isolée, plus la ventilation naturelle nocturne est nécessaire**.

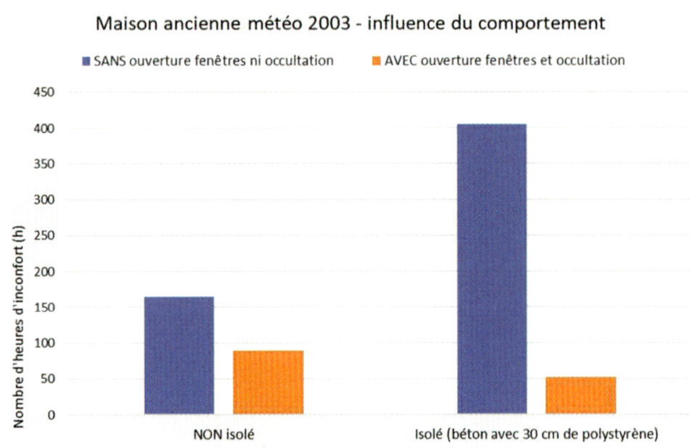

▲ **Fig. 6.46.** Influence du comportement des occupants sur le confort d'été selon l'isolation de la maison (climat parisien)
(Source : rapport Résiliance, page 349)

La simulation d'un puits canadien réduit d'un tiers le nombre de degrés-heures d'inconfort. La présence de brasseurs d'air améliore aussi le confort d'été de façon significative (mesuré avec le logiciel Pleiades).

L'étude Résiliance met aussi en évidence la problématique de l'inconfort d'été qui sera d'autant plus prégnant d'ici 2050 que l'on se situe au sud de la France. La climatisation alimentée par une source d'énergie renouvelable sera peut-être une des solutions alternatives à mettre en œuvre.

S'adapter au changement climatique

Les facteurs comportementaux et humains jouent aussi un rôle important. Ainsi, la gestion des ouvrants et des occultants pour le confort d'été est souvent antinomique avec l'usage souhaité de la maison par les occupants. Ceux-ci veulent profiter des espaces extérieurs, de la liberté de se mouvoir, de la vue. Il est toujours difficile de faire accepter la fermeture des volets quand il fait chaud...

Les protections fixes sont généralement jugées peu efficaces. La ventilation naturelle nocturne apporte un meilleur confort mais se heurte aux problèmes des nuisances acoustiques et de sécurité, voire de pollution. Elle est évidemment peu efficace dans les épisodes caniculaires.

44. Voir notamment l'ouvrage de C. Charlot-Valdieu et Ph. Outrequin, *Conception, réalisation et évaluation d'un quartier à très basse énergie* (Éd. du Moniteur, 2014).
45. Voir Susorova Irina & al. cité dans le rapport *Résiliance*, p. 48.

En conclusion, favoriser l'inertie thermique (matériaux et isolants lourds), les matériaux biosourcés capables de gérer les flux de chaleur, la ventilation naturelle nocturne et un taux de renouvellement d'air élevé (ventilation mécanique), la pose de protections solaires extérieures et une bonne gestion des ouvertures contribue à réduire très largement les risques de surchauffe, tout en évitant la pose d'une climatisation active.

Lors des rénovations globales, il est aussi envisageable d'accroître (voire de créer) des **débords de toiture**, ce qui évite notamment de baisser totalement les volets roulants l'été et permet de garder à la fois la lumière et la vue. De même, l'isolation par l'extérieur est préférable à l'isolation par l'intérieur.
Enfin, la **végétation** doit aussi apporter du rafraîchissement, de l'ombre, d'où l'intérêt de la présence d'arbres à feuilles caduques, ce qui permet aussi de profiter des apports solaires l'hiver.
La climatisation active devrait être interdite dans les bâtiments neufs car aujourd'hui les techniques existent pour garantir le confort d'été. Les collectivités devraient montrer l'exemple lors de la réalisation de leur PLU (Plan local d'urbanisme) en créant une OAP (Orientation d'aménagement et de programmation) informant sur les techniques permettant le confort d'été sans climatisation active[46].

6.5 Les autres éléments de confort et de qualité

6.5.1 La qualité de l'air intérieur

La rénovation énergétique des logements doit s'accompagner d'actions visant à une bonne qualité de l'air intérieur, en évitant les émissions de particules fines, en limitant les sources de pollution à l'intérieur du logement et en maintenant un air sain grâce à un bon renouvellement d'air.

La mauvaise qualité de l'air dans les logements est une source de désordres dans le bâtiment (humidité et moisissures) et provoque des maladies (allergies, asthme, maladies cardiovasculaires, cancers) et **des décès estimés à 20 000 par an**.
Un des indicateurs mesurant la pollution de l'air due aux occupants est le dioxyde de carbone. Celui-ci a un impact sur les fonctions cognitives. Une concentration de 1 000 ppm réduit de 20 % les fonctions cognitives des enfants dans les écoles et une concentration de 1 400 ppm de 50 %[47].
Même si le dioxyde de carbone n'a pas d'impact direct sur la santé, il constitue un bon indicateur de la pollution de l'air (tab. 6.5).

▼ **Tab. 6.5.** Concentration en CO_2 par rapport à l'air neuf en ppm (Source : norme EN 13779)

Niveau de concentration	Valeur par défaut	Qualité de l'air
≤ 400	350	Excellente
400 à 600	500	Moyenne
600 à 1 000	800	Modérée
> 1 000	1 200	Faible

L'étude de *Perf in Mind* (fig. 6.44) démontre la corrélation entre la concentration en CO_2 des maisons et le taux de renouvellement d'air : le taux de renouvellement d'air effectif détermine la qualité de l'air intérieur, plus encore que le type de ventilation (simple flux ou double flux).
Le réglage et la conformité du débit d'air sont des paramètres essentiels à la bonne qualité de vie dans le logement. Ainsi, si on souhaite vivre dans une ambiance avec une qualité d'air excellente, moyenne ou modérée, il faut un taux de renouvellement d'air de 0,5 vol/h, soit le niveau de renouvellement d'air attendu en simple flux autoréglable ou en double flux, mais pas celui attendu en ventilation hygroréglable (0,3 vol/h).

46. Voir l'ouvrage de C. Charlot-Valdieu et Ph. Outrequin, *Faire du PLU un projet de territoire durable*, op. cit.

47. Voir le *Guide Nanosense de la QAI dans les écoles*, 2018.

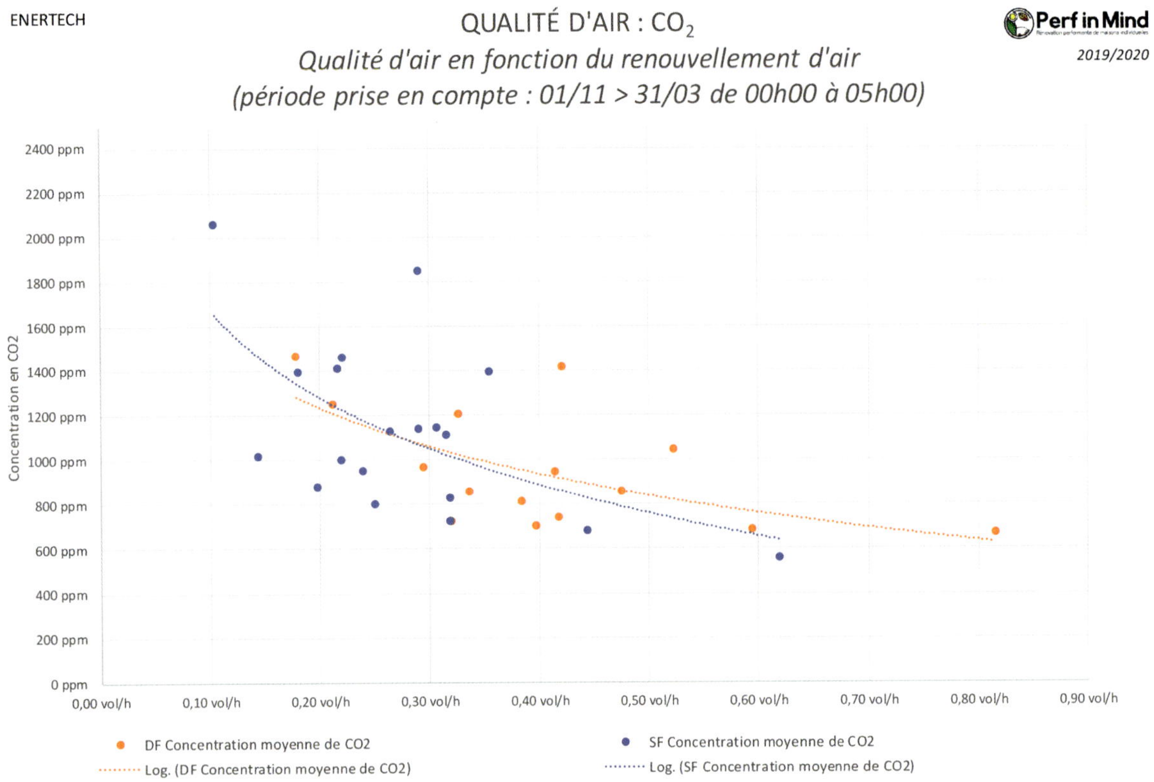

▲ **Fig. 6.47.** Qualité de l'air mesuré par le taux de CO_2 moyen pendant la nuit en fonction du taux de renouvellement d'air (Source : Enertech)

Un avantage de la **ventilation double flux** est la **présence de filtres** qui peuvent retenir jusqu'à 95 % des particules PM10 et PM2,5 contrairement à tous les autres systèmes de ventilation, grâce notamment à la présence de filtres de haute performance F7. Proches d'une voie à grande circulation, la ventilation simple flux ne permet pas de filtrer suffisamment les particules fines. Mais une action essentielle pour le bon fonctionnement de la ventilation double flux est le nettoyage des filtres et leur changement périodique, en moyenne une à deux fois par an, le rythme de remplacement étant fonction du niveau de la pollution extérieure.

6.5.2 Le radon

Les zones à potentiel radon de catégories 2 et 3 sont celles localisées sur des formations géologiques présentant des teneurs en uranium qui peuvent faciliter le transfert du radon vers les bâtiments. L'objectif est de limiter la concentration en radon à moins de 300 Bq/m^3 et de viser la valeur la plus basse possible (le niveau moyen en France est de 100 Bq/m^3)[48].

Dans ces zones, il est recommandé d'**aérer quotidiennement le domicile** (ventilation naturelle) **et/ou** de mettre en place une **ventilation double flux**, les filtres pouvant se charger de réduire la concentration en radon dans la maison. Là encore le bon fonctionnement de la ventilation est important avec de l'entretien régulier et un taux de renouvellement d'air de l'ordre de 0,5 vol/heure.
En revanche, la ventilation simple flux (Hygro) contribue à une mise en dépression de la maison et favorise le transfert de ce gaz issu du sol vers l'intérieur. Le renouvellement d'air normal de la simple flux hygroréglable (0,3 vol/h) est jugé insuffisant dans les zones à potentiel radon relativement élevé.

6.5.3 Les gestes de sobriété énergétique

La sobriété énergétique est définie comme **l'ensemble des actions volontaires** (et donc non contraintes) qui permettent d'économiser une partie de la consommation d'énergie. Un certain nombre de gestes de sobriété énergétique, gratuits ou presque, permettrait d'économiser jusqu'à 30 % de la consommation d'énergie dans les logements, selon l'association négaWatt.

48. Voir *Le zonage radon sur ma commune* du Ministère de la Transition Écologique et de la Cohésion des Territoires, mai 2023.

Les principales mesures qui peuvent accompagner les actions plus lourdes de rénovation énergétique sont principalement des actions de bon sens que beaucoup de ménages font naturellement. D'autres demandent des investissements très peu coûteux :

- **En matière de chauffage**[49] :
  - surveiller la température dans la maison et dans les différentes pièces en suivant un adage de l'Ademe : « *19 °C dans les pièces à vivre, 16 °C dans les chambres, c'est bon pour la santé, le porte-monnaie et l'environnement* ». Il convient aussi de réduire la température en cas d'inoccupation prolongée ou de ne chauffer que les pièces occupées. La température de consigne de chauffage varie généralement de 19 °C à 21 °C. Dans les logements non rénovés, l'impact est une augmentation de la consommation d'énergie pour le chauffage de 7 % par degré supplémentaire. Une fois le logement rénové BBC, l'augmentation relative sera plus importante de 15 % sur un besoin de chauffage de l'ordre de 40 kWh/(m^2.an), soit environ 6 kWh/m^2 et par °C.
  - adopter les vêtements portés en intérieur selon la saison ;
  - poser des films isolants quand les menuiseries sont encore en simple vitrage (en attendant de les changer) ;
  - réduire les infiltrations des fenêtres et des portes ;
  - isoler les combles perdus.
- **En matière d'eau chaude sanitaire (ECS)** :
  - régler la température de l'ECS entre 55 et 60 °C pour éviter l'entartrage du chauffe-eau (ce qui est suffisant pour limiter le développement de bactéries pathogènes) ;
  - économiser l'eau (et l'eau chaude par conséquent) avec des équipements tels que : des robinets mitigeurs ou mitigeurs thermostatiques pour la douche et le bain ; des réducteurs de débit de 50 % au nez des robinets ; des douchettes à turbulence sur les baignoires ; des robinets à infrarouge ou des détecteurs de proximité sur les robinets ; un lave-linge et un lave-vaisselle économes en eau (et en électricité), si possible directement raccordés sur l'alimentation en eau chaude ; des chasses d'eau double flux pour les toilettes.

En matière de consommation électrodomestique, certaines « bonnes » pratiques peuvent se révéler assez contraignantes, telles que l'extinction des appareils en veille, des appareils allumés inutilement ou des box internet et box TV en dehors des heures d'utilisation. Certaines pratiques de cuisine peuvent amener des économies substantielles, de même que les bonnes pratiques d'usage des appareils de lavage (vaisselle, linge), du repassage et de l'éclairage.

Le réglage des pompes de chauffage murales gaz et leur asservissement au brûleur pourraient aussi être réalisés par les installateurs au moment de la mise en service des chaudières.

Un geste tout-à-fait essentiel est aussi **le réglage des installations** quelques mois et années après la mise en service. Le réglage des débits de ventilation, du renouvellement d'air, des températures de consigne est absolument indispensable pour optimiser les besoins énergétiques et assurer un confort thermique et d'usage du logement.

Plusieurs rénovations exemplaires présentées dans cet ouvrage ont inscrit **un suivi de la maison** dans le contrat de maîtrise d'œuvre. La labellisation est aussi un moyen d'assurer la performance mais le commissionnement est d'autant plus nécessaire que la maison est performante.

Un autre constat à rappeler est que la performance de la maison dépend du comportement de ses occupants. Dans une maison passive située dans les Pyrénées-Atlantiques, les propriétaires ont loué un été leur maison durant trois semaines et les relevés ont indiqué des températures intérieures supérieures à 31 °C alors que les relevés faits à d'autres périodes avec les propriétaires indiquaient un très bon comportement de la maison (température intérieure inférieure à 26 °C, y compris pendant des périodes de canicule)[50]. Des volets ou des fenêtres qui restent ouverts pendant les périodes chaudes et l'absence de surventilation nocturne rendent la maison beaucoup moins agréable en l'absence de climatiseurs...

49. Voir les pp. 63 à 65 de l'ouvrage *Réhabilitation énergétique des logements* de C. Charlot-Valdieu Catherine et Ph. Outrequin, op. cit.

50. Voir les pp. 329 à 335 de l'ouvrage *Maison individuelles passives* de C. Charlot-Valdieu et Ph. Outrequin, *op. cit*.

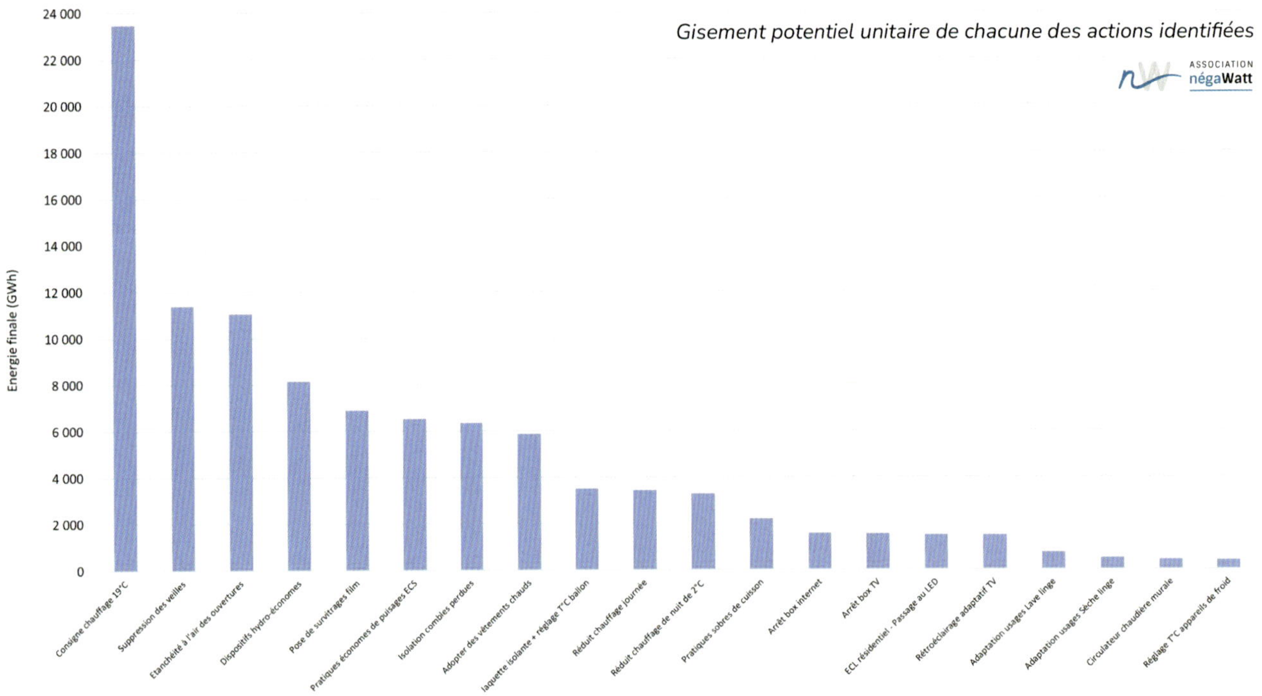

▲ **Fig. 6.48.** Gisement mobilisable par mesure selon l'institut négaWatt en GWh par an pour l'ensemble du secteur résidentiel (Source : Association négaWatt. Sobriété, négaWatt présente des propositions chiffrées, septembre 2022)

PARTIE 3

Des rénovations exemplaires dans le bâti ancien

Caractéristiques générales des maisons

Le bâti ancien se caractérise assez souvent par **un enjeu patrimonial**, même si ces bâtiments ne sont pas protégés par un dispositif particulier. Il constitue cependant un patrimoine à transmettre avec une remise en valeur. Cet habitat vernaculaire est très varié et se compose de maison de corps de ferme, de longères, de granges rénovées et aussi de maisons de ville de 2 ou 3 niveaux, assez étroites et profondes.
Ce bâti ancien possède des systèmes constructifs et des comportements très éloignés des bâtiments modernes. On retrouve fréquemment une architecture bioclimatique, avec une orientation qui a été réfléchie. Les matériaux utilisés sont peu transformés ou vernaculaires : pierre, pierre de taille, moellons, briques, granit, pan de bois et torchis. Ceux-ci nécessitent des dispositifs spécifiques et des matériaux compatibles pour préserver les qualités d'origine du bâti.
Ce sont en particulier des matériaux sensibles à l'humidité (transfert de vapeur d'eau, capillarité) avec **un fonctionnement hygrométrique spécifique** (fig. 1).
Selon la nature des murs extérieurs, surtout ceux vus depuis l'espace public, la nature de l'isolation thermique sera différente. Des murs dont la préservation visuelle est nécessaire seront isolés par l'intérieur alors que des murs déjà enduits à la chaux, voire cimentés, pourront être isolés par l'extérieur.

On observe aussi des réhabilitations qui nécessitent d'être supprimées pour rendre le bâtiment plus sain et conforme à l'état d'origine[1].
Les maisons anciennes isolées (secteur diffus) sont généralement construites sur un terre-plein ou sur une cave (local agricole). Elles comprennent un niveau chauffé avec des combles perdus ou deux niveaux si les combles sont aménagés. Ces maisons possèdent parfois des espaces habitables non chauffés car non utilisés.
Les maisons mitoyennes sont plutôt sur deux ou trois niveaux sur cave. Les murs de façade, de refend et les murs mitoyens portent généralement l'intégralité du bâtiment, les planchers contribuant peu à la stabilité de l'édifice et ne pénétrant qu'*a minima* dans les façades, réduisant ainsi les ponts thermiques.
Les toitures sont généralement à deux pans en tuiles, avec une charpente bois et des fermes traditionnelles. Les fenêtres sont à simples ou doubles vitrages, en bois ou en PVC (si une rénovation a déjà eu lieu).
Le bâti ancien a également des hauteurs sous plafond importantes et possède des éléments d'intérieur à conserver (poutres, cheminées...).
Du point de vue thermique, le bâti ancien possède une forte inertie thermique favorable au confort d'été mais aussi d'importantes infiltrations d'air (ex. : q4 égal à 2,5 $m^3/(m^2.h)$ en moyenne sur le panel du projet BATAN réalisé par le Cerema[2]).

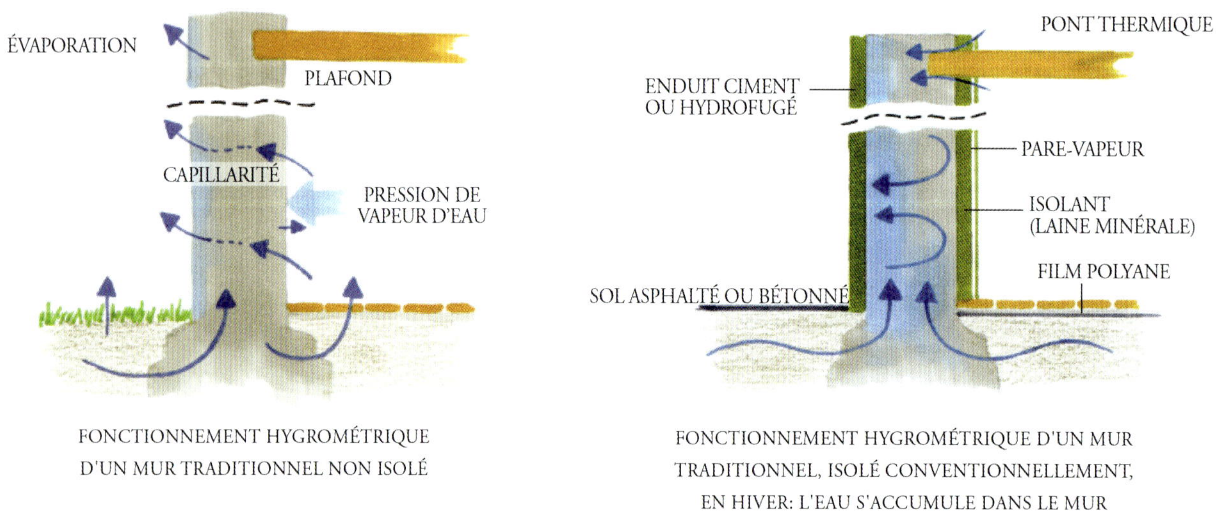

▲ **Fig. 1.** Fonctionnement hygrométrique des murs (Source : Maisons Paysannes de France, fiche ATHEBA)

1. Voir la *Charte de la réhabilitation responsable du bâti ancien* du CREBA (Centre de ressources pour la réhabilitation responsable du bâti ancien).
2. Voir l'étude du Cerema, *BATAN : Modélisation du comportement thermique du bâtiment ancien avant 1948* (février 2011).

Des maisons avec sous-sol

1 Un moulin à farine du XVe siècle
Montreuil-sous-Pérouse, Ille-et-Vilaine
Rénovation passive vers l'autonomie énergétique

2 Une longère sur cave voûtée de 1875
Tours, Indre-et-Loire
Rénovation passive

3 Une grange en pierre du XIXe siècle
Sain Bel, Rhône
Rénovation passive, maison sur cave voûtée

Des maisons sur terre-plein

4 Un corps de ferme de 1780
La Roche-Jaudy, Côtes d'Armor

5 Une ferme traditionnelle abandonnée depuis 40 ans
Neuilly l'Évêque, Meuse
Rénovation passive

6 Une maison landaise traditionnelle
Sore, Landes
Rénovation passive vers l'autonomie énergétique, maison de plain-pied

7 Une maison de mineur
Montceau-les-Mines, Saône-et-Loire

Des maisons de ville (mitoyennes)

8 Une maison de pêcheur du XVIIe siècle
Sables d'Olonne, Vendée
Maison de trois niveaux sur cave, en secteur sauvegardé, mitoyenne sur trois côtés

9 Une maison de village proche de la Méditerranée
Roquebrun, Hérault
Rénovation passive, maison de trois niveaux sur cave, en secteur sauvegardé, partiellement mitoyenne sur deux côtés

1. Un moulin à farine du XVe siècle

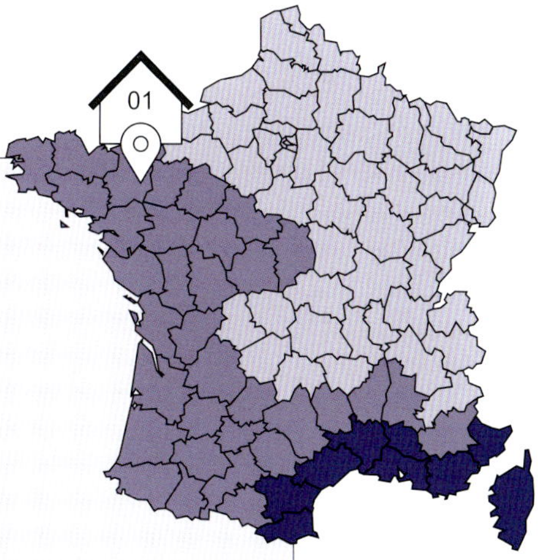

Maître d'ouvrage : privé
Architecte : Thomas Bonnin, Quinze Architecture, Rennes
BET thermique : Hinoki
BET structure : Forces et Appuis
Entreprises du projet par lot : Charpente et bardage bois : Format Bois. Couverture et bardage métal : Burlot. Menuiseries extérieures et BSO : ISO Construction. Menuiseries intérieures, cloisons, isolation : Clément. Serrurerie, escalier : Raux Gicquel. Chape, isolation, revêtements de sols : Demé Carrelage. Peinture : APR Barbedor. Ventilation, plomberie, ECS : Heliante sarl. Électricité : Pardo Électricité. Poêle : Cheminée Imagine. Démolition, VRD et gros œuvre : Moulin.

Localisation : Montreuil-sous-Pérouse, Ille-et-Vilaine
Altitude : 70 m
Période de construction : XVe siècle
Date des travaux : 2018/juillet 2019
Shab avant/après travaux : 0 m² (moulin industriel et hangar) /288 m²
Surface chauffée avant/après travaux : (296 m²) /195 m²
Coût des travaux : 2 707 €/m² Shab

Crédit photo : Joan Casanelles pour Quinze Architecture

Le projet

Les objectifs, le contexte

Le maître d'ouvrage voulait une maison à la fois passive et autonome en énergie et en eau, avec un jardin permettant une autonomie en fruits et légumes.

Ce moulin à farine du XVe siècle répondait à ses objectifs. Il avait fonctionné avec la force hydraulique jusqu'à ce que le cours de la rivière soit détourné puis avec l'électricité avant d'être définitivement arrêté. L'histoire avait fait de ce bâtiment un mélange hétérogène et peu attractif d'espaces et de matériaux mais il possédait un fort potentiel de rénovation.

L'intention architecturale première fut de rendre au moulin sa forme originelle. Les excroissances industrielles ont été supprimées et le volume en pierre mis en valeur.

Un projet de rénovation passive donnant une deuxième vie à un moulin du XVe siècle

La surface habitable étant limitée par la mairie au volume en pierre existant, les anciens espaces agricoles ont été transformés en une très grande pergola/jardin d'hiver (175 m^2) en structure bois et charpente traditionnelle. Le bâtiment d'habitation est constitué d'un niveau semi-enterré et de deux niveaux supérieurs (voir coupe de la maison).

▲ Le moulin avant rénovation façades nord et ouest (Crédit photo : Joan Casanelles pour Quinze Architecture)

▲ Façades nord et ouest du bâtiment avant travaux (Crédit photos : Joan Casanelles pour Quinze Architecture)

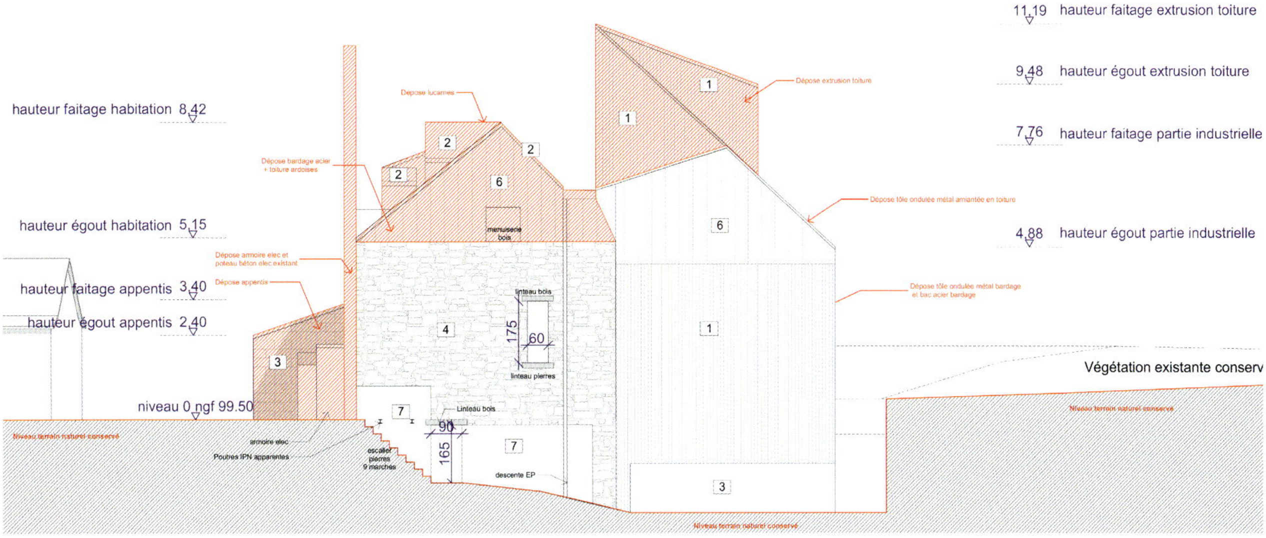

▲ Façade ouest du bâtiment avant travaux : en rouge parties à démolir (Source : Quinze Architecture)

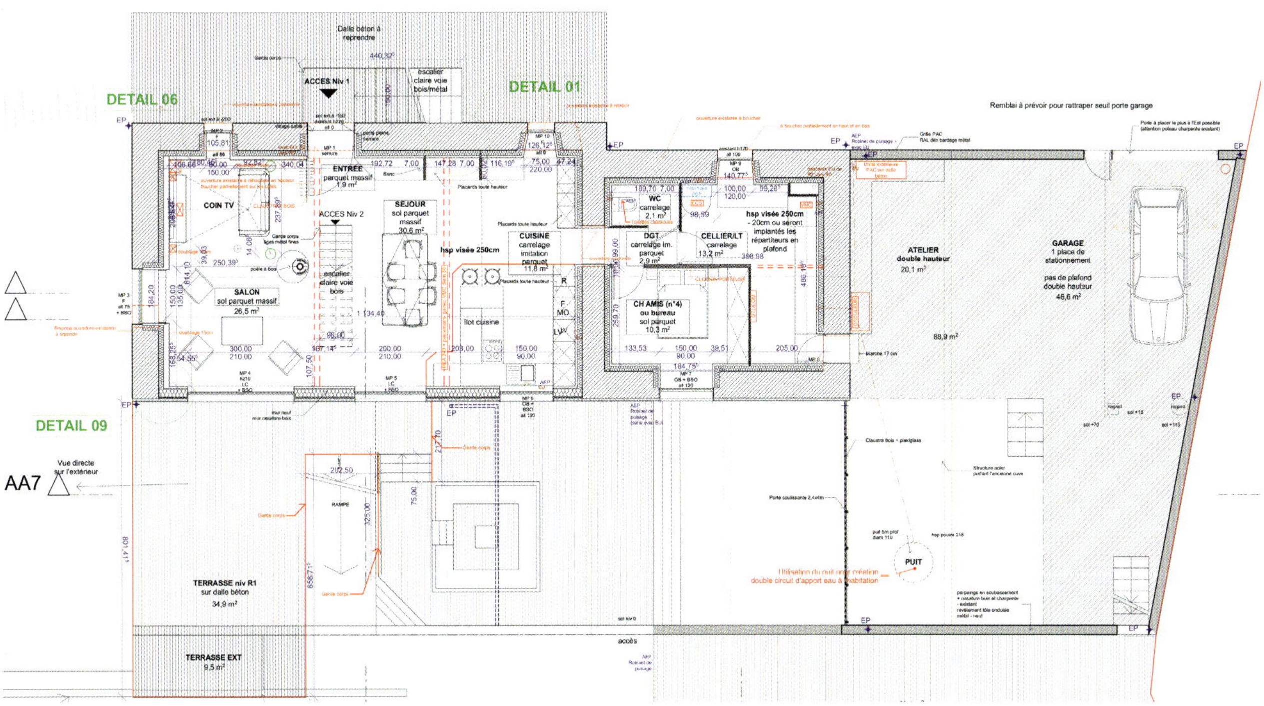

▲ Plan du premier niveau après travaux (Source : Quinze Architecture)

Le diagnostic fait état d'un sous-sol très humide devant être considéré comme un grand vide sanitaire et nécessitant de prendre des mesures pour éviter la migration de l'humidité vers les niveaux supérieurs.

Pour cet espace au sous-sol non intégré dans l'espace passif, il a été prévu une circulation d'air permanente en ne vitrant pas toutes les ouvertures et en supprimant les enduits ciment non respirants. Au-dessus de cet espace, un plancher étanché à l'air et bien isolé a été créé.

Le premier niveau a une surface habitable de 98 m^2 et comprend un séjour-salon de 48 m^2, une cuisine de 20 m^2, un cellier, une chambre et un WC. Il ouvre au sud sur la pergola/jardin d'hiver (voir plan du rez-de-chaussée ci-avant).

Au nord, les ouvertures initiales étant de petite taille et placées de façon aléatoire, l'agence d'architecture Quinze A a accentué leur irrégularité en les soulignant par des encadrements en bois faisant aussi écho à la façade bois située au sud.

▲ Vue du moulin rénové entrée nord (Crédit photos : Joan Casanelles, Quinze Architecture)

▲ Vue du moulin rénové donnant au sud sur la pergola/jardin d'hiver (Crédit photo : Joan Casanelles pour Quinze Architecture)

▲ L'accès au niveau semi-enterré côté sud (Crédit photo : Cloé Simon, Quinze Architecture)

▲ Vue de la terrasse (Crédit photo : Joan Casanelles pour Quinze Architecture)

Le second niveau a également une surface de 97,5 m² au sol (79,9 m² habitables) comprenant trois chambres, deux salles de bain et un espace de jeux.

L'éclairage naturel est assuré par cinq fenêtres de toit VELUX triples vitrages ainsi que par des fenêtres triples vitrages au sud et à l'ouest pour lesquelles des brise-soleil ont été installés.

L'étanchéité à l'air est continue d'un étage à l'autre grâce à un frein-vapeur hygroréglable Intello de Proclima.

Au bout de la maison, l'atelier puis le garage doivent assurer une continuité architecturale : une tôle noire (métal ondulé) a été ajoutée en mur et toiture pour réaliser un monochrome (voir photo page suivante).

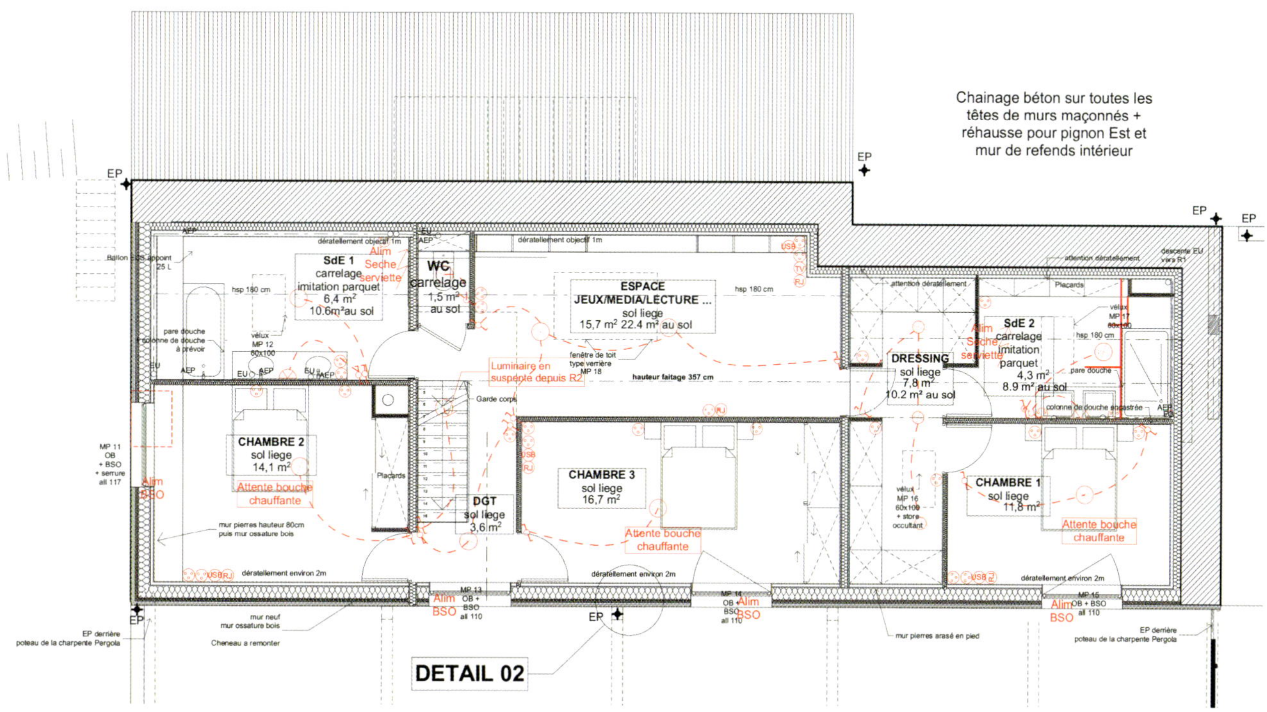

▲ Plan du second niveau (Source : Quinze Architecture)

▲ Atelier et garage en structure bois (avec charpente d'origine) dans le prolongement est du moulin (Crédit photo : Joan Casanelles pour Quinze Architecture)

▲ La conservation des éléments historiques (Crédit photo : Joan Casanelles pour Quinze Architecture)

Technique constructive et solutions techniques

	État initial	État après rénovation	U (W/(m².K))
Murs extérieurs	Murs en pierre	Pierres rejointoyées et reconstituées par endroit, bardage bois sur les murs tombés reconstitués. Pour les murs en pierre (65 cm) : isolation par l'intérieur avec 140 mm laine de bois + 50 mm métisse.	0,177
		Pour le mur à ossature bois (façade sud RDC et R+1 seulement) : 60 mm fibres de bois dense + 220 mm ouate de cellulose insufflée + 50 mm métisse	0,152
Toiture	Toiture non isolée ; ardoises sur charpente bois	Isolation toiture (de l'extérieur vers l'intérieur) : 60 mm fibres de bois dense + 250 mm ouate de cellulose insufflée dans les caissons (Isocel) + 100 mm laine de bois. Les ardoises sont remplacées.	0,139
Plancher bas donnant sur locaux non chauffés, terre-plein...	Plancher en bois brut pour habitation ; béton brut ailleurs	Isolation des planchers conservés pour la structure : 180 ou 220 mm ouate de cellulose + 60 mm Isolant sous chape polyuréthane TMS Efisol. Partie agricole, garage et sous-sol : dalle béton existante conservée	0,133 et 0,173
Menuiseries extérieures	–	Fenêtres triples vitrages Internorm PVC/Alu KF410 et cinq fenêtres de toit Velux triple vitrage GGL 2066 Porte extérieure isolée Ud = 1,0	Uw = 0,741

Occultations	–	BSO
Chauffage	–	Bouches chauffantes encastrées Zehnder + poêle à bois STUV 30 compact haut 3-9 kW + sèche-serviettes dans les deux salles de bain Thermor Majorque 600 W gris ardoise
Eau chaude sanitaire	–	Chauffe-eau thermodynamique Daikin Ech2O 300 L
Ventilation	–	VMC Double flux Zehnder ComfoAir Q 350
Énergies renouvelables	–	Panneaux PV

Le choix des matériaux

Pour laisser respirer la maison, les matériaux biosourcés sont privilégiés. Les nouvelles parois sont isolées par l'extérieur en ouate de cellulose et fibres de bois. Les parois conservées en pierre sont isolées par l'intérieur en laine de bois et métisse.

La continuité de l'enveloppe pour éviter les ponts thermiques

Un soin particulier a été apporté au traitement des ponts thermiques comme l'illustrent les schémas de détail qui suivent.

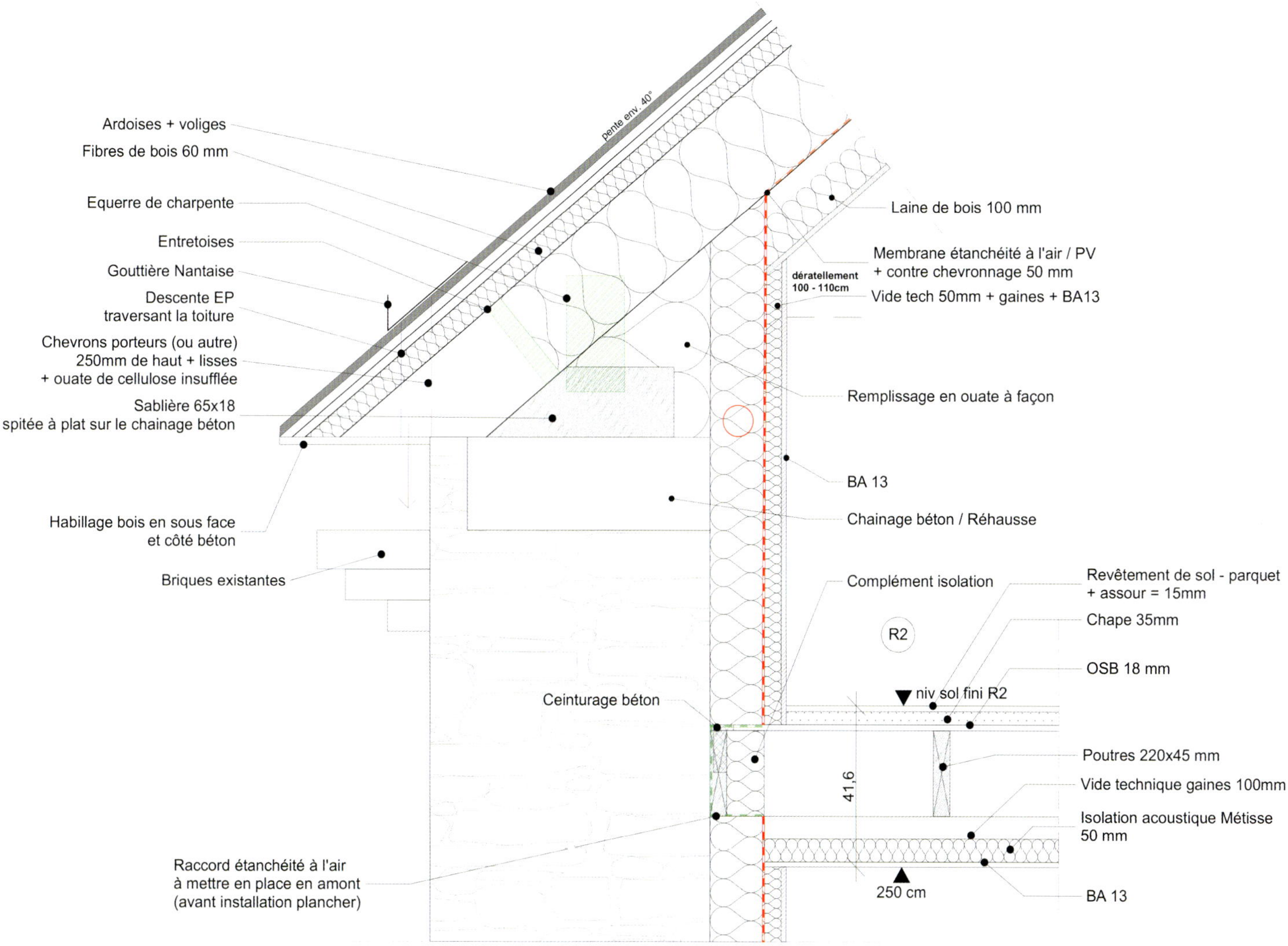

▲ Liaison mur en pierre (R2) et toiture (Source : Quinze Architecture)

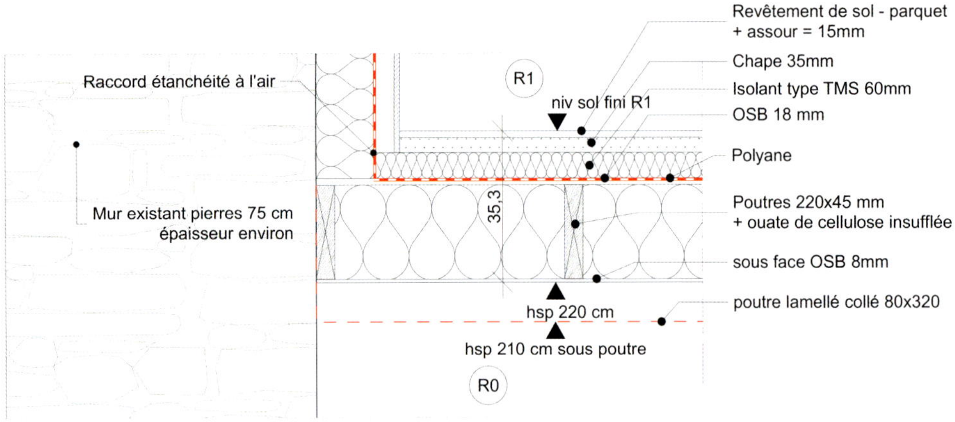

▲ Liaison entre le sous-sol (hors volume passif R0) et le volume habitable (R1)
(Source : Quinze Architecture)

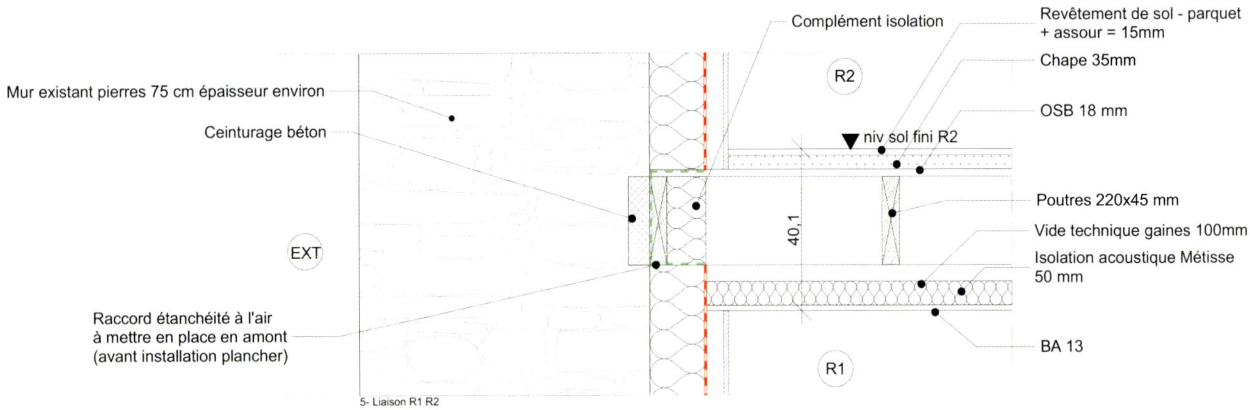

▲ Liaison plancher (R1 à R2) au mur en pierre
(Source : Quinze Architecture)

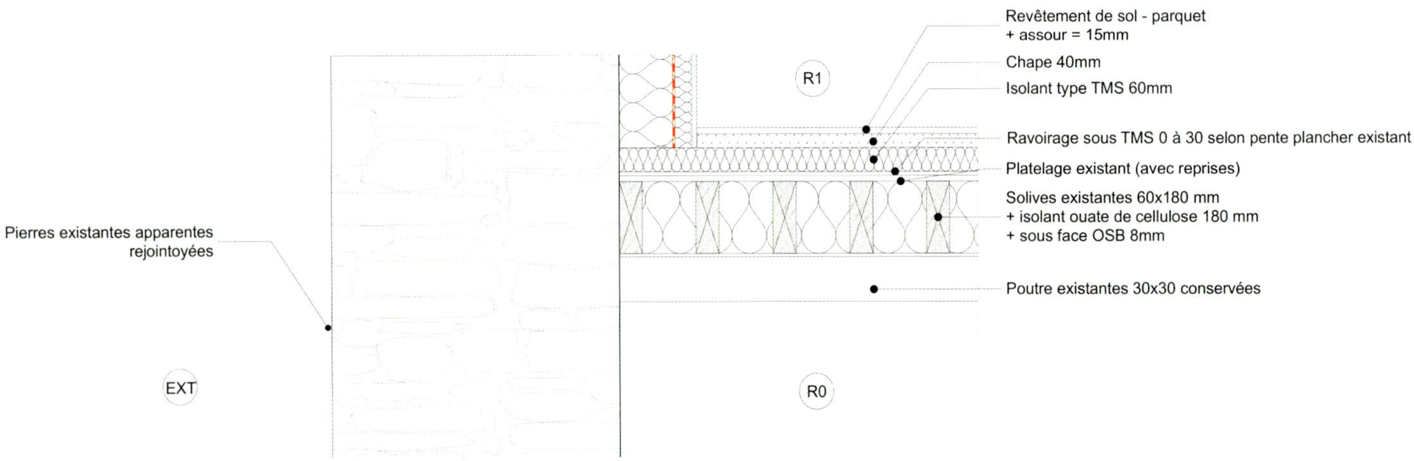

▲ Liaison mur en pierre conservé et plancher ouest conservé (R0/R1)
(Source : Quinze Architecture)

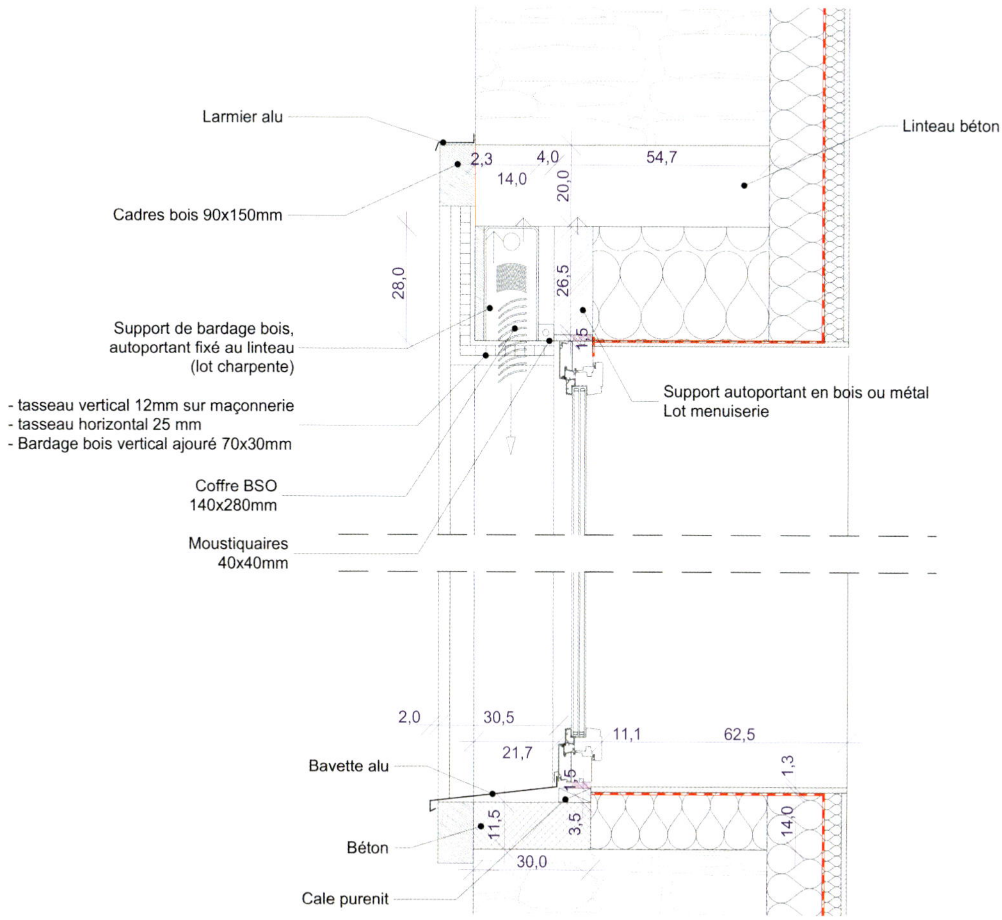

▲ Insertion de la menuiserie ouest salon avec BSO intégré dans le mur en pierre (coupe)
(Source : Quinze Architecture)

Traitement de l'étanchéité à l'air

Comme l'explique Thomas Bonnin, « *le jour du test intermédiaire tout le monde a retenu son souffle et malheureusement le premier résultat de 1 vol/heure a été insuffisant à nos yeux, même s'il était conforme au label EnerPHit. Un défaut d'étanchéité au-dessus d'un mur de refend a été détecté. Comme il est en pierre et en contact avec la façade, l'air y circule librement. Nous avons dû démonter une partie du plancher de l'étage pour colmater la fuite au mieux. Quelques réglages du poêle ont également été nécessaires pour aboutir au final à un résultat de n50 de 0,71 : un résultat exceptionnel pour une réhabilitation si complexe* ».

Unité de mesure	Avant travaux	Après travaux
n50 en volume par heure	–	0,71

Le chauffage

Le chauffage est assuré par des bouches chauffantes encastrées liées à la VMC double flux et un poêle à bois a été installé comme chauffage d'appoint.

▲ La vue de la maison (Crédit photo : Joan Casanelles pour Quinze Architecture)

La performance énergétique

Consommation théorique d'énergie avant et après travaux

	Avant travaux	Après travaux
Surface de référence (m^2)	–	184,60
Besoin de chauffage (kWh/m^2)*	–	20,3
Consommation en énergie primaire (kWh_{EP}/m^2)*	–	56
Confort d'été (fréquence de surchauffe en % d'heures dans l'année supérieures à 25 °C)*	–	4 %

* Source : PHPP

Consommation réelle sur comptage (données issues de captage Enlighten)

Usages*	Moyenne années 2021-2022-2023 (kWh/an)	Ratio (kWh/ (m^2.an))
Consommation tous usages	6 282	34,0
Production PV	2 851	15,5
Autoconsommation PV	1 455	7,9
Achat au réseau	4 828	26,2
Vente PV au réseau	1 396	7,6
Bilan net des achats au réseau	3 431	18,6

* Bouches chauffantes, sèche-serviettes, ECS, VMC et tous les usages électriques de la maison.

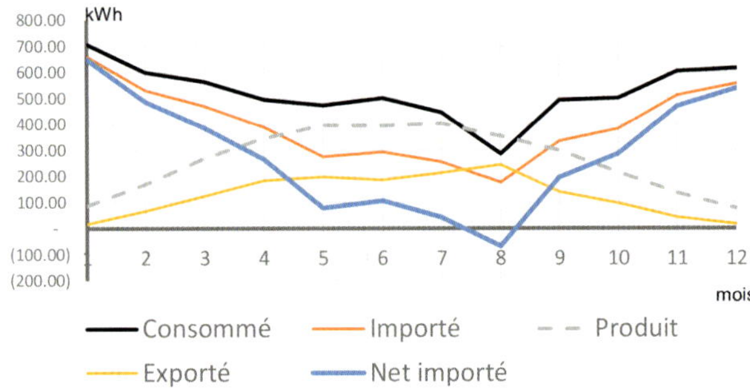

▲ Bilan énergétique de la maison par mois (moyenne des années 2021 à 2023) (Source : données du maître d'ouvrage)

Le point de vue du maître d'ouvrage

Les maîtres d'ouvrage se disent « *très satisfaits de la réalisation. La maison se comporte bien. Pas de malfaçons. Nous visons d'être à l'équilibre en production énergétique d'ici 2026. Nous avons une installation de 3 KW et pensons la doubler, voire plus, en prévision de l'achat d'un véhicule électrique.*

La priorité est la végétalisation du terrain (arbre d'ornement et massifs divers), puis de compléter la partie verger (plus de 10 arbres fruitiers actuellement) et de continuer à préparer la partie potagère (amélioration de la terre). Une réserve d'eau de pluie de 6 m³ a été installée.

Le but est d'atteindre une autonomie partielle sur les fruits et légumes, la production énergie et la consommation d'eau (provenant d'un puits). »

Récompenses

Sélectionné pour le prix Archinovo[1] 2021.

Remerciements et sources

Thomas Bonnin, Quinze Architecture, contact@quinze-a.fr ; www.quinze.Archi.
Thomas Primault, bureau d'études thermiques et environnement Hinoki. info@hinoki.eu
Habitat Naturel, hors-série n° 21, janvier 2020 et hors-série n° 22.

1. Le prix Archinovo est un prix d'architecture consacré à la maison contemporaine en France et soutenu par le ministère de la Culture et de la Communication, le Pavillon de l'Arsenal et la Cité de l'architecture et du patrimoine. Il est décerné tous les 2 ans.

2. Une longère de 1875 sur cave voûtée

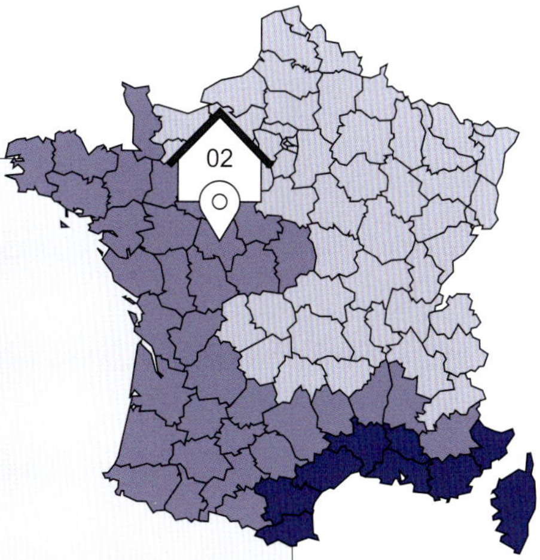

Maître d'ouvrage : Richard Coignard
Architecte : Rond comme un carré, Beaulieu-lès-Loches
Maîtrise d'œuvre et fourniture des matériaux biosourcés : A2ME, Nicolas Delbarre, Nazelles-Négron
BET thermique : ESSOR (Ballan-Miré) et CDC (Joué-lès-Tours)
Entreprises : Démolition : TSD. Maçonnerie : BB Rénovation. Charpente toiture étanchéité à l'air isolation combles et ITE : C3BOIS. Menuiseries extérieures, protections solaires, cuisine : Raphaël Derre. Cloisons, plâtrerie : Jeulin Plâtrerie. Chauffage ventilation électricité : Bonsens. Étude d'éclairage et fourniture des appareils d'éclairage : FD Éclairage. Peinture : Prévost. Carrelages : Benoit Gavard. Enduits façades à la chaux : Vif Façades. Foreur et sonde géothermique : Phreatech. Test d'étanchéité : Dicatherm.

Localisation : Tours, Indre-et-Loire
Altitude : 100 m, zone climatique H2b
Date de construction : 1875
Date des travaux : 2019 à 2022
Shab avant/après travaux : 110 m²/ 185 m²
Coût des travaux hors VRD : 3 265 €/m² Shab dont 814 € /m² pour la performance énergétique

Crédit photo : Richard Coignard

Le projet

Les objectifs, le contexte

Ingénieur thermicien, le maître d'ouvrage connaissait les bâtiments passifs. Avec son épouse ils souhaitaient faire construire une maison passive tout en restant sur la ville de Tours. La difficulté de trouver un terrain les a amenés à acheter une maison ancienne qui pouvait être rénovée de façon très performante. Ils ont trouvé et acheté une longère construite au XIXe siècle sur un terrain d'environ 1 000 m^2 qui faisait partie d'une ferme viticole.

▲ La longère avant travaux (Crédit photo : Richard Coignard)

La longère était constituée d'un ensemble habitable de quatre pièces et d'une grange de taille importante dans laquelle un pressoir était installé. La maison était construite en grande partie sur une cave voûtée (qui servait de stockage pour l'activité viticole).

Le système constructif de cette longère est caractéristique d'un certain nombre de constructions de ce type réalisées il y a 150 ans et plus. Les paysans creusaient deux tranchées parallèles qui définissaient la hauteur de la cave et la largeur de la longère, sur toute sa longueur. Une fois ces tranchées remplies de moellons et de liants jusqu'au niveau du sol, ils construisaient directement sur le sol existant la voûte de la cave en pierre et moellons, laquelle servait ensuite de base pour la maison. Le travail consistait ensuite à créer la cave en sortant toute la terre de l'espace ainsi construit !

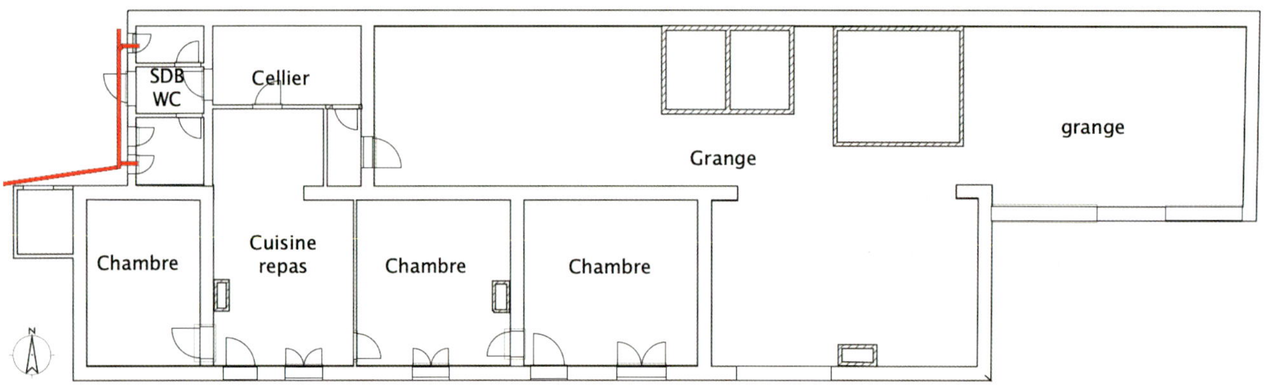

▲ Plan masse de la longère avant travaux de rénovation (Source : Richard Coignard)

▲ La cave voutée a été conservée et sert aujourd'hui d'atelier (Crédit photo : Catherine Charlot-Valdieu)

▲ Zone nord de la longère avec le pressoir à raisins (qui deviendra la cuisine) (Crédit photo : Richard Coignard)

Le projet : une rénovation passive avec des matériaux biosourcés

Les travaux de rénovation avaient pour objectif d'utiliser une partie de la grange existante en surface habitable et en serre et, à l'inverse de l'existant, de transformer la partie ouest de la longère en atelier ; mais l'organisation de la maison a conservé l'ensemble des murs porteurs.

Un escalier en bois a été créé pour rejoindre le sous-sol qui comprend la partie technique (VMC double flux, pompe à chaleur, ballon ECS), une cave et un large espace en terre servant aujourd'hui d'atelier de travail.

Une longère présente une grande surface de toiture et de grandes longueurs de ponts thermiques relativement à la surface habitable.

L'état initial de la bâtisse, peu compatible avec un niveau passif, a nécessité de refaire tous les planchers et une grande partie de la toiture. Cela a eu une grande incidence sur le montant du coût des travaux.

La première étape de la rénovation a consisté à enlever tout le béton sur les murs et la voûte. Près de 700 m^3 de gravats ont ainsi été enlevés et il a fallu environ 9 mois pour assécher la totalité des murs en tuffeau.

Les travaux de rénovation énergétique ont ensuite consisté à améliorer la qualité thermique de l'enveloppe grâce à une isolation par l'extérieur des murs en pierre. Celle-ci a permis de réduire les pertes énergétiques dues aux ponts thermiques. Les pierres sont par contre restées apparentes à l'intérieur de la longère.

▲ Enlèvement du béton sur les murs et la voute et pièce (futures chambres) ainsi nettoyée (Crédit photos : Richard Coignard)

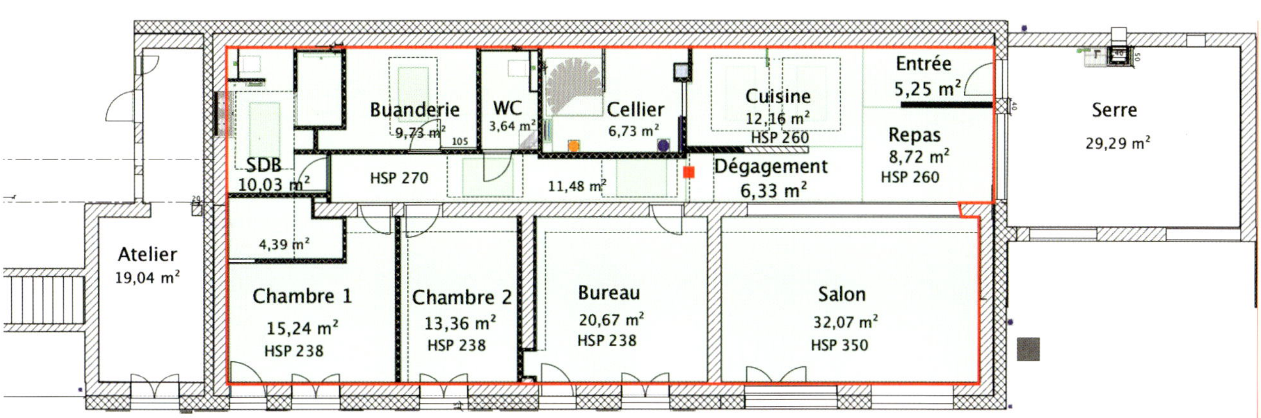

▲ Plan masse de la surface habitable (en vert) de la longère après travaux (Source : Richard Coignard)

◄ Des murs en pierre apparente à l'intérieur (Crédit photo : Catherine Charlot-Valdieu)

Technique constructive et solutions techniques

	État initial	État après rénovation	U (W/(m².K))
Murs extérieurs	Moellons de 34 cm sans isolation	Moellons 34 cm ITE : 260 mm ouate de cellulose + OSB + 60 mm fibre de bois + enduit chaux. Bas du mur extérieur : 200 mm liège sur 1,2 m enterré pour rupture des ponts thermiques + membrane delta MS et drain périphérique Intérieur : plâtre et plaques Fermacell enduit et peintures à bases minérale et végétale	0,14
Murs intérieurs (donnant sur locaux non chauffés)	–	Isolation avec 240 mm biofib trio (mixte chanvre, lin et coton)	0,15
Toiture	Charpente bois/charpente conservée sur la moitié et refaite en traditionnel sur l'autre moitié	500 mm laine de bois soufflée + 200 mm panneaux en fibre de bois autour de la tête de mur pour rejoindre l'ITE	0,10
Plancher bas	Plancher bas sur cave composé pour moitié d'une voûte en pierre de 50 cm et d'une chape béton et pour l'autre moitié d'un plancher léger et d'une chape.	Dalle de chaux sur 450 mm de granulats de verre cellulaire Misapor sur la partie sur voûte.	0,24
		360 mm fibre de bois sur plancher bois sur l'autre moitié.	0,12
Menuiseries extérieures	Simples vitrages	Triples vitrages Bieber avec châssis en bois/aluminium	0,76 à 0,85

Occultations	–	Volets persiennes en bois sur toutes les menuiseries et brise-soleil orientables (BSO) sur les deux grandes baies du salon
Chauffage	Radiateurs, chaudière fuel	Chauffage à partir de la ventilation double flux avec réchauffage de l'air par une pompe à chaleur géothermique Lemasson.
Eau chaude sanitaire	Chaudière fioul	Pompe à chaleur géothermique et chauffe-eau solaire Viessmann, ballon de stockage de 200 L
Ventilation	Naturelle	VMC double flux ComfoAir Q de Zehnder assurant le chauffage et le rafraîchissement de l'air introduit en été par géo-cooling.
Énergies renouvelables	–	Solaire thermique et géothermie (sonde verticale de 108 m.)

Le maître d'ouvrage souhaitait également réduire les consommations d'eau (mise en place de cuves de récupération d'eau de pluie) et utiliser des peintures, des revêtements de sol et un mobilier à faible impact sur la qualité de l'air et la santé des futurs habitants.

La mise au point de tous les détails techniques de construction, principalement pour le traitement des ponts thermiques, reste l'une des principales difficultés inhérentes à une rénovation énergétique très performante. L'analyse du bâtiment a permis de détecter une bonne douzaine de ponts thermiques différents.

Le choix de matériaux

Le choix s'est porté sur l'usage quasi-exclusif de matériaux biosourcés : ouate de cellulose, liège et laine de bois soufflée.

La continuité de l'enveloppe et les ponts thermiques

Le traitement de la façade a combiné un traitement des murs périphériques, une isolation par l'extérieur (ouate de cellulose, OSB et panneaux fibre de bois, finition enduit à la chaux) et la pose de menuiseries bois/alu triple vitrage à rupteurs de ponts thermiques.

Isolation des murs périphériques

Pour éviter le pont thermique dans le mur extérieur et la dalle basse, un décaissement de 1,20 m a été effectué tout autour de la longère et une isolation a été réalisée avec plusieurs couches de liège (24 cm + 6 cm + 10 cm) recouvertes par une membrane étanche.

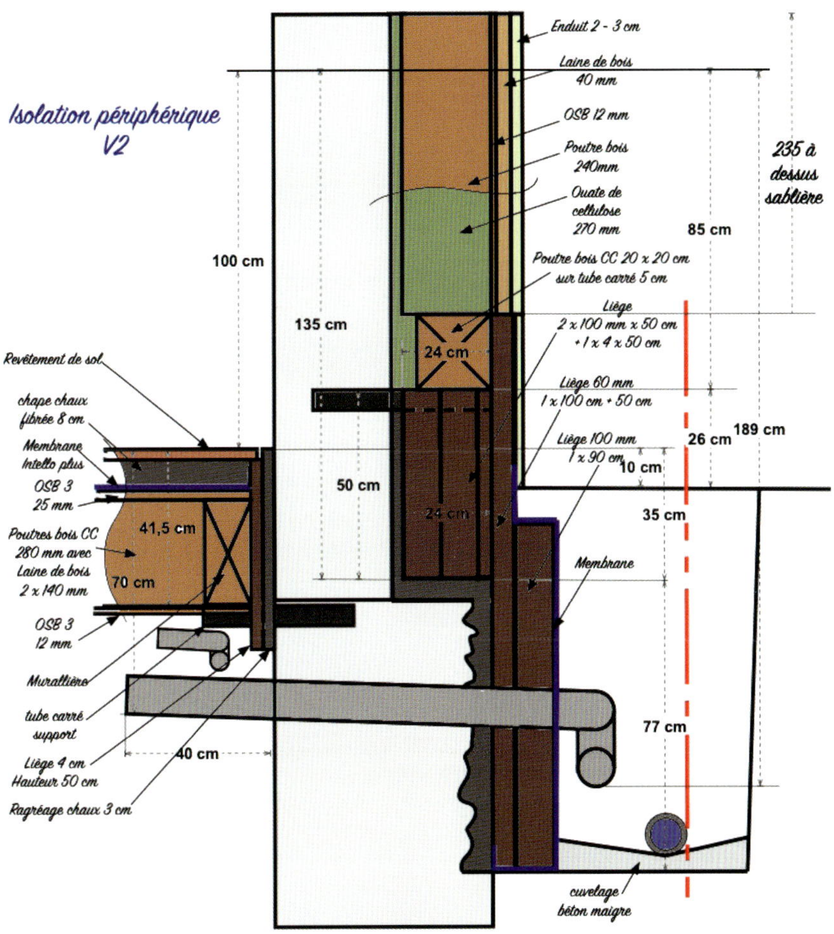

▲ Décaissement des murs extérieurs à 1,20 m de profondeur (du fait de l'existence d'un sous-sol) pour supprimer les ponts thermiques sur le pourtour de la maison (Crédit photo et source : Richard Coignard)

Pose des menuiseries

▲ Les murs périphériques et les menuiseries en façade sud avant et après travaux (Crédit photos : Richard Coignard)

▲ Façade sud avec deux couches de plaques de liège de 10 cm d'épaisseur sur les fondations et ossature bois pour l'ITE recouvrant les menuiseries en triple vitrage (Crédit photos : Richard Coignard)

▲ Pose des menuiseries au nu extérieur du mur et d'une membrane d'étanchéité (collée sur la maçonnerie) (Crédit photo : Richard Coignard)

▲ Mise en place de la membrane delta MS et drain pour protéger le liège (façade sud) (Crédit photo : Richard Coignard)

Isolation de la toiture et des combles perdus

Sur la partie nord de la maison, cinq fenêtres de toit ont été installées comme puits de lumière (triples vitrages FAKRO France). L'isolation de la toiture a été refaite et une isolation performante a été mise en œuvre pour les dalles des planchers bas. Les cheminées ont été supprimées.
Les combles perdus ont été isolés avec 500 mm de fibres de bois soufflées.

▲ Montage de la charpente nord avec au fond l'ancienne charpente conservée (Crédit photo : Richard Coignard)

▲ Combles perdus avant isolation avec membrane d'étanchéité et en cours d'isolation (soufflage de laine de bois sur 50 cm (40 cm après tassement) (Crédit photos : Richard Coignard)

Isolation du plancher bas

▲ Livraison du Misapor pour isoler le plancher (Crédit photo : Richard Coignard)

▲ Déconstruction du plancher en zone nord et livraison du Misapor pour combler le plancher en zone sud (Crédit photos : Richard Coignard)

▲ Isolation intérieure périphérique en liège de la zone nord et ancrage pour muralières du plancher bois (Crédit photos : Richard Coignard)

Le plancher bois en zone nord (photo de droite) est mis en place sur 30 cm de laine de bois, une membrane d'étanchéité à l'air, un OSB de 25 mm et un papier kraft pour le coulage d'une chape de chaux fibrée de 8 cm.

Les murs périphériques intérieurs ont été isolés avec des plaques de liège de 4 cm d'épaisseur afin de supprimer le pont thermique.

Traitement de l'étanchéité à l'air

L'étanchéité à l'air de la maison est **quatre fois supérieure aux exigences** de la réglementation énergétique actuelle applicable aux maisons neuves.

Unité de mesure	Avant travaux	Après travaux
Q4 en $m^3/(m^2.h)$	Non connu	0,15
n50 en volume par heure	Non connu	0,9

▲ Pose de la membrane d'étanchéité et du pare-vapeur (Crédit photo : Richard Coignard)

Gestion de la vapeur d'eau (calcul du Sd en mètre)

Pour évaluer les risques de condensation à l'intérieur de la paroi, une étude a été réalisée en utilisant le diagramme de Glazer. Le résultat indique que les risques de condensation sont évités, le point de rosée étant à l'extérieur de la paroi.

Remarque: les valeurs indiquées pour les pressions de saturation sont légèrement différentes de celles données par le diagramme de l'air humide (formule mathématique approchée)

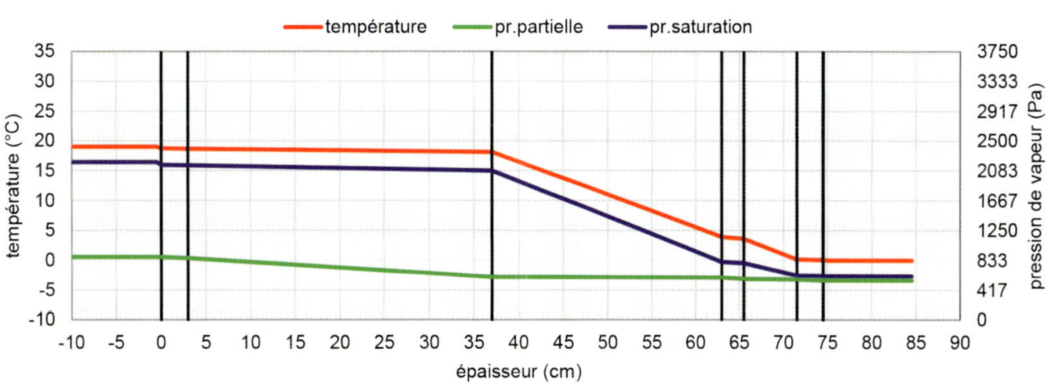

Source : BET Essor

Le chauffage

La chaudière fioul a été remplacée par une solution géothermique (eau/eau) associée à une ventilation double flux et un ballon solaire de 200 litres. Les radiateurs en fonte ont été déposés en faveur d'un chauffage par soufflage d'air chaud *via* la ventilation double flux (et un panneau rayonnant dans la salle de bain).

Pour améliorer l'inertie du bâtiment et l'hygrothermie, **un mur en terre crue sépare l'entrée du séjour** et une attention particulière a été portée à la porte de la cave séparant l'espace chauffé de la cave (voir photos).

Pendant la saison de chauffe, du sol au plafond, aucune surface n'est à moins de 17 °C. L'équilibre thermique est très satisfaisant et la sensation de confort d'une maison passive est bien là.

▲ La VMC double flux, le préchauffage de l'air par la géothermie et le ballon d'eau chaude au sous-sol (Crédit photo : Catherine Charlot-Valdieu)

▲ Foreuse pour la réalisation de la sonde géothermique à 110 mètres et mise en place de la sonde (Crédit photos : Richard Coignard)

▲ Le ballon d'eau chaude solaire et la pompe à chaleur (Crédit photos : Catherine Charlot-Valdieu)

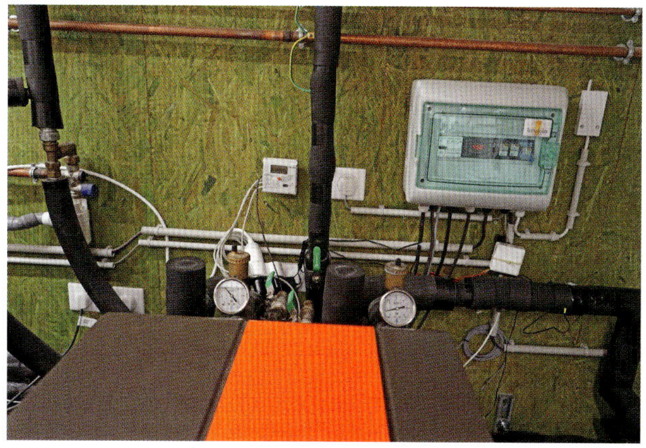

▲ Un mur en terre crue sépare l'entrée du séjour (Crédit photo : Richard Coignard)

▲ La porte qui sépare l'espace chauffé de la cave (Crédit photo : Catherine Charlot-Valdieu)

Le confort d'été

Les menuiseries du séjour sont équipées de brise-soleil orientables intégrés dans la menuiserie (y compris dans l'ovale de la porte-fenêtre du séjour).

La prise en compte de l'orientation des baies, leurs tailles et leurs protections, l'exposition du bâtiment (vent, soleil), l'organisation des espaces intérieurs, la couleur et la nature du revêtement des parois sont autant de leviers à actionner en phase conception.

Par ailleurs, la réduction des apports internes (occupants, bureautique, ECS, éclairage...) associée à une optimisation des scénarios d'occupation et d'utilisation des équipements permet également d'améliorer le confort d'été.

Ce bâtiment a une très grande inertie thermique et une isolation performante de l'enveloppe : Ubat de 0,25 W/(m².K).

Enfin, au niveau de la parcelle, la végétalisation, la nature et la couleur des revêtements des sols favorisent également le confort d'été.

Les volets bois persiennes et les BSO sur les menuiseries et baies au sud préviennent les surchauffes. La ventilation double flux est équipée d'un échangeur direct sur le réseau géothermique (géocooling) assurant ainsi 0 % de surchauffe. Les deux premiers étés n'ont jamais vu la température intérieure dépasser les 25 °C.

Qualité de l'air intérieur

La filtration F7 de l'air soufflé et un renouvellement d'air entre 0,33 vol/h (et 0,66 vol/h en demande chauffage) assurent une qualité de l'air optimale.

L'utilisation exclusive de matériaux biosourcés pour les revêtements de sol (bois, liège) évite les émissions de COV et renforce la sensation de bien-être.

Autres éléments de confort (embellissement, éclairage…)

L'éclairage est assuré par des spots LED encastrés pour une puissance totale de 640 W pour les 165 m^2 du rez-de-chaussée avec un rendu particulièrement réussi (une étude d'éclairage a été réalisée par FD Eclairage qui a aussi fourni les appareils d'éclairage).
Les couleurs chaudes et la variation d'intensité apportent un confort visuel très agréable.
Sur la partie nord de la maison, cinq fenêtres de toit ont été installées comme puits de lumière (triples vitrages FAKRO France).

▲ Les pièces humides en bout de longère au nord avec une belle hauteur sous plafond et un puits de lumière (Crédit photos : Catherine Charlot-Valdieu)

▲ Des couleurs chaudes avec les murs en pierre et un éclairage LED encastré pour le confort visuel : vue sur le couloir central et sur la cuisine éclairée par deux fenêtres de toit (Crédit photos : Richard Coignard)

La performance énergétique

Consommation théorique d'énergie avant et après travaux

	Avant travaux	Après travaux
Surface de référence (m^2)	110	185
DPE énergie (kWh_{EP}/m^2)	351	39,2
DPE climat (kg $eqCO_2/m^2$)	108	1
Cep (réglementaire) (kWh_{EP}/m^2)	–	126,5
Besoin de chauffage (kWh/m^2)*	–	21
Consommation en énergie primaire (kWh_{EP}/m^2)*	–	57
Confort d'été (fréquence de surchauffe en % d'heures dans l'année supérieures à 25 °C)*	Non connu	0 %

* Source : PHPP

Consommation réelle d'énergie

Avant la rénovation, la longère demandait une consommation de fioul pour le chauffage et l'eau chaude sanitaire de 4 800 litres par an, soit environ 4 500 € par an (prix 2018, au prix de 2024, la facture aurait été de l'ordre de 6 500 €).
Après rénovation, au prix de 2022, la dépense d'électricité de la maison, tous usages compris, a été de 720 € soit 3,80 € par m^2.
La dépense de chauffage, eau chaude et ventilation s'est élevée à 361 €, soit moins de 2 € par m^2 et par an. La dépense a été divisée par 12 (par 18 aux prix actuels).

Équipement ou poste	Consommation moyenne années 2022-2023 (kWh/an)	Ratio (kWh/ (m^2.an))
Ventilation	580	3,07
Pompe à chaleur	1 543	8,17
Éclairage	333	1,76
Cuisine	963	5,10
Électrodomestique	814	4,30
Total Électricité	4 234	22,40

Source : Le maître d'ouvrage

La consommation d'énergie tous usages confondus est de 22,4 kWh par m^2 habitable et par an, soit environ 5 fois inférieure à la consommation finale d'énergie d'une construction neuve.

Les émissions de gaz à effet de serre sont de 1,8 kg $eqCO_2/(m^2.an)$ au lieu de 83 kg $eqCO_2/(m^2.an)$ avant travaux.
La rénovation a généré une très faible empreinte environnementale du fait de l'usage quasi-exclusif de matériaux biosourcés d'une part et de très faibles émissions de gaz à effet de serre dans la vie en œuvre.

Le point de vue du maître d'ouvrage

Le maître d'ouvrage, ingénieur thermicien de formation, a été très actif sur tout le processus de rénovation de la longère, avec un suivi pratiquement au jour le jour. La planification des travaux et le suivi technique des mises en œuvre ont été réalisés avec la maîtrise d'œuvre qui est intervenue à raison d'un rendez-vous de chantier mensuel.
Le maître d'ouvrage a lui-même réalisé l'isolation du plancher bas sur la cave voûtée en granulats de verre cellulaire (Misapor) et l'aménagement d'une partie de la cave comme local technique, lequel est intégré dans le volume chauffé.
Une difficulté très circonstancielle a été de trouver un charpentier engagé sur les aspects de l'isolation thermique par l'extérieur et le traitement de l'étanchéité à l'air. Au final, celui qui a réalisé le chantier s'est montré passionné par le projet, compétent et minutieux.
Le charpentier (Compagnon du Devoir) n'avait jamais eu l'occasion de travailler sur un bâtiment passif et cette expérience l'a totalement convaincu. Il a réalisé la charpente, l'OSB et un somptueux escalier en chêne pour accéder au local technique en y mettant toute sa passion.
Si c'était à refaire, précise le maître d'ouvrage, « *nous réduirions la surface habitable, mais nous conserverions l'utilisation exclusive de matériaux biosourcés, les performances énergétiques et le niveau de confort du niveau passif. Nous vivons dans un environnement sain où la sensation de bien-être est présente tout au long de l'année, c'est bien sûr un luxe que nous aimerions voir plus accessible.* »

Récompenses, labels
Lauréat du Concours Ma Maison Eco (CMME) porté par la Région Centre Val de Loire.
Label EnerPHit
Remerciements et sources
Monsieur Richard Coignard, maître d'ouvrage
Agence d'architecture Rond comme un carré, rondcommeuncarre@gmail.com
A2ME, maître d'œuvre, nicolas@a2me.fr (voir la maison 15)

3. Une grange en pierre du XIXe siècle

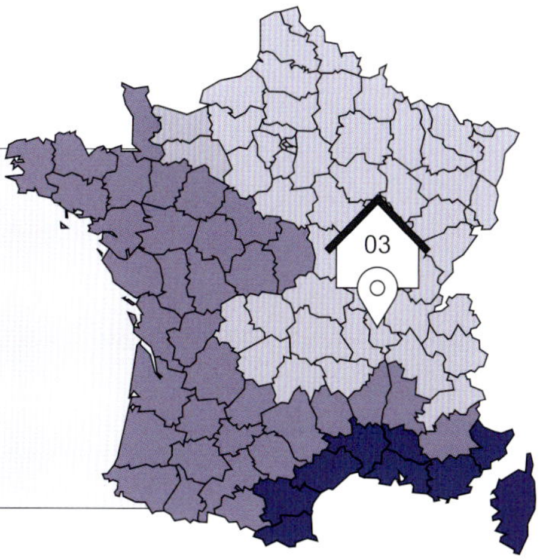

Maître d'ouvrage : Jean-Philippe Magnin
Architecte : Stephen Mure
Conception thermique, contractant général et maître d'œuvre : Be&CO – Clément Daval
Entreprises du projet : BE&CO (contractant général)

Localisation : Sain-Bel, Rhône
Altitude : 245 m
Période de construction : avant 1900
Date des travaux : mai 2018 - janvier 2019
Shab avant/après travaux : 0/148 m^2
Coût des travaux : 1 845 €/m^2 (y compris aides 115 €/m^2) dont 662 €/m^2 pour la performance énergétique.

Crédit photo : Stephen Mure

▲ Les façades sud-ouest et sud-est de la grange avant travaux (perpendiculaire à la maison attenante) (Crédit photo : Stephen, Mure)

Le projet

Les objectifs, le contexte

Le projet a consisté à transformer en maison passive une grange en pierre attenante à une maison. Les acquéreurs ont donc recherché un architecte formé au passif (qualification CEPH) et pris contact avec la mairie, le bâtiment étant situé dans un site protégé.

La transformation architecturale de la grange en logement passif (avec pour objectif le niveau EnerPHit) a été validée par l'audit énergétique réalisé avec le moteur de calcul PHPP. Les besoins de la famille étaient d'obtenir une surface habitable d'environ 150 m^2 dans une grange dont la surface au sol était de 130 m^2 mais avec une grande hauteur. Le projet visait aussi à conserver une partie de la hauteur de la grange et la poutraison apparente.

Le projet de rénovation : une maison passive

Ce projet a dû faire face à des contraintes architecturales fortes : mitoyenneté, pas d'ouvertures existantes, conserver la poutraison apparente et faible marge de manœuvre en hauteur pour créer un étage, mais il présentait des atouts importants : une grande hauteur sous-plafond permettant d'augmenter la surface habitable et l'absence totale d'isolation et de plancher intermédiaire facilitait l'atteinte d'une grande performance thermique (continuité de l'isolation).

La création d'ouvertures était une obligation, la grange ne possédant que deux ouvertures (une porte et une fenêtre). Mais cette création était forcément limitée : un mur donnant directement sur le voisin, un autre mur étant mitoyen et le mur situé au nord donnant sur un sous-bois. L'angle sud-est/sud-ouest de la grange était par conséquent prioritaire pour rendre le bâtiment habitable et lumineux.

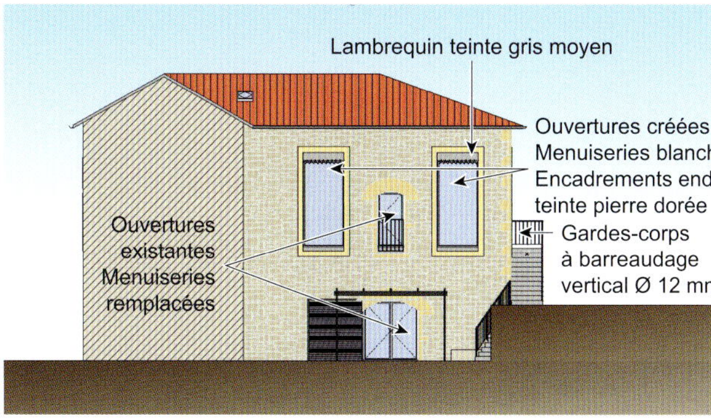

Façade sud-ouest avec l'entrée de la cave

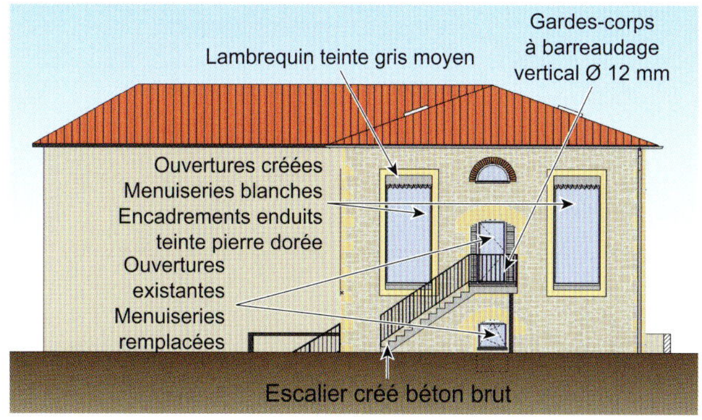

Façade sud-est avec le soupirail existant (cave)

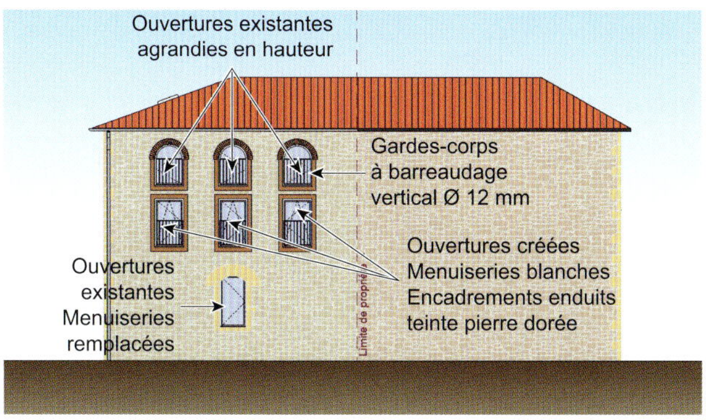

Façade nord-ouest en limite de propriété

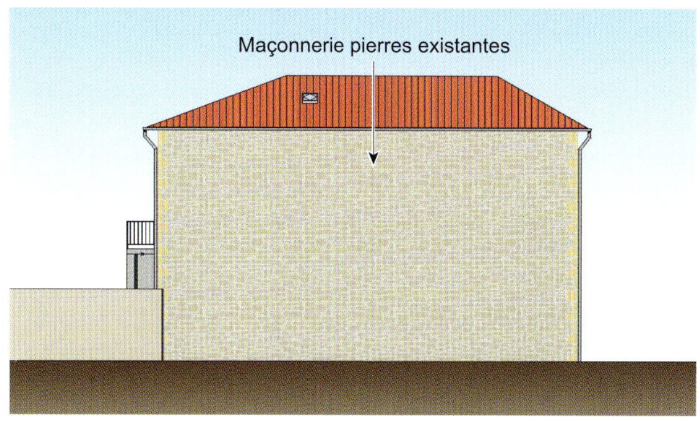

Façade nord-est en limite de propriété

▲ La création d'ouvertures à l'issue d'un dialogue constructif avec l'ABF (Source : Stephen Mure)

▲ La grange rénovée, perpendiculaire à la maison mitoyenne (Crédit photo : Stephen Mure)

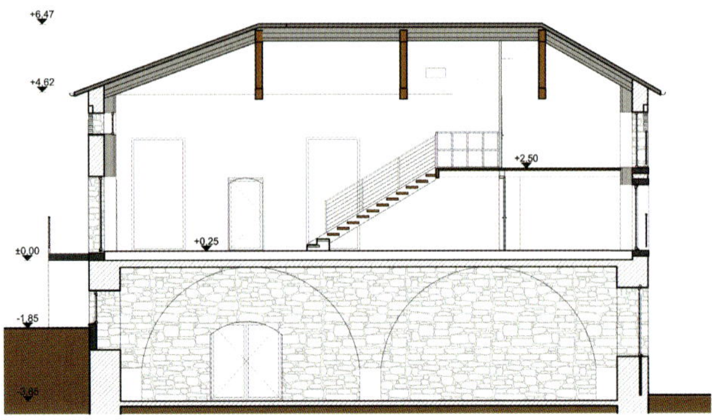

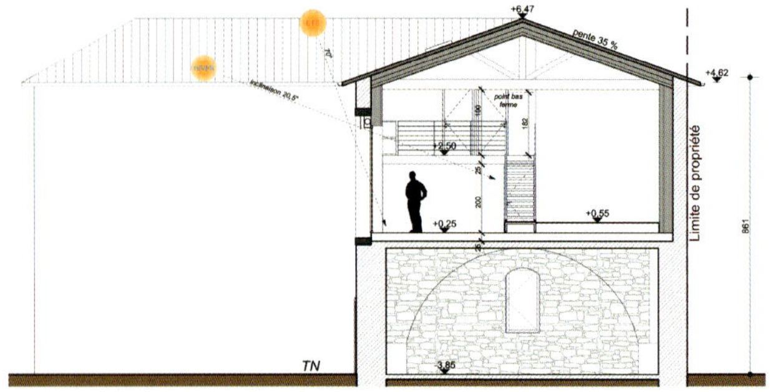

▲ Coupe longitudinale de la maison (Source : Stephen Mure)

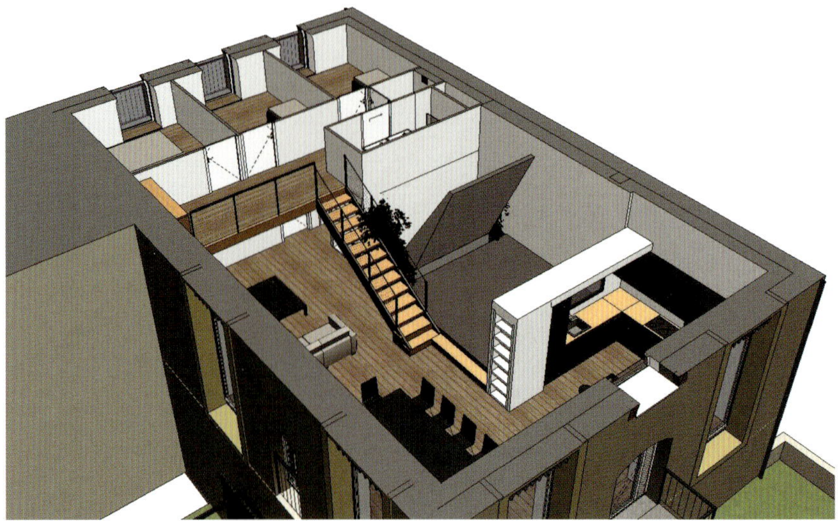

▲ Photo du séjour avec la mezzanine et maquette du logement situant le mur d'escalade (« *moon board* » en partie arrière) (Crédit photo : Clément Daval ; source : Stephen Mure)

Les acquéreurs de la grange ont été séduits par les murs en pierre et se sont tout de suite projetés vers une isolation thermique par l'intérieur même si celle-ci pouvait rendre plus difficile l'atteinte de l'objectif EnerPHit. Par ailleurs, étant dans un secteur protégé du fait de la proximité d'un château, l'architecte des bâtiments de France (ABF) a souhaité le maintien de petites fenêtres identiques à celles du voisinage. Le passif exigeant des apports solaires massifs l'hiver, le percement de grandes fenêtres est davantage préconisé. Un compromis a été trouvé permettant le percement vertical de quatre fenêtres conservant les proportions des maisons voisines et les axes de symétrie de part et d'autre des ouvertures existantes mais sur une plus grande hauteur sur les deux façades sud (afin d'éclairer le séjour en profondeur), la façade nord-ouest (qui ne comportait que trois petits fenestrons en demi-lune) étant percée de six ouvertures respectant les volontés de l'ABF. Les hauteurs des fenêtres favorisent l'entrée de la lumière dans la maison. La grange comprenait une grande cave voûtée semi-enterrée côté sud-est de 107,2 m^2 (accessible uniquement de l'extérieur) qui a été conservée avec ses trois ouvertures. Mais, elle ne contenait pas de plancher intermédiaire et le projet a consisté à en créer un avec une faible marge de manœuvre en hauteur et en traitant le pont thermique de la liaison plancher-mur ITI.

Le logement comprend un niveau principal avec un séjour-salon (sud-ouest), une cuisine (sud-est) et une chambre avec salle de bain (nord) ainsi qu'une mezzanine desservant trois chambres d'enfants, une salle de jeux et une salle de bain. La création de la mezzanine a limité la hauteur sous-plafond d'une partie de la maison.

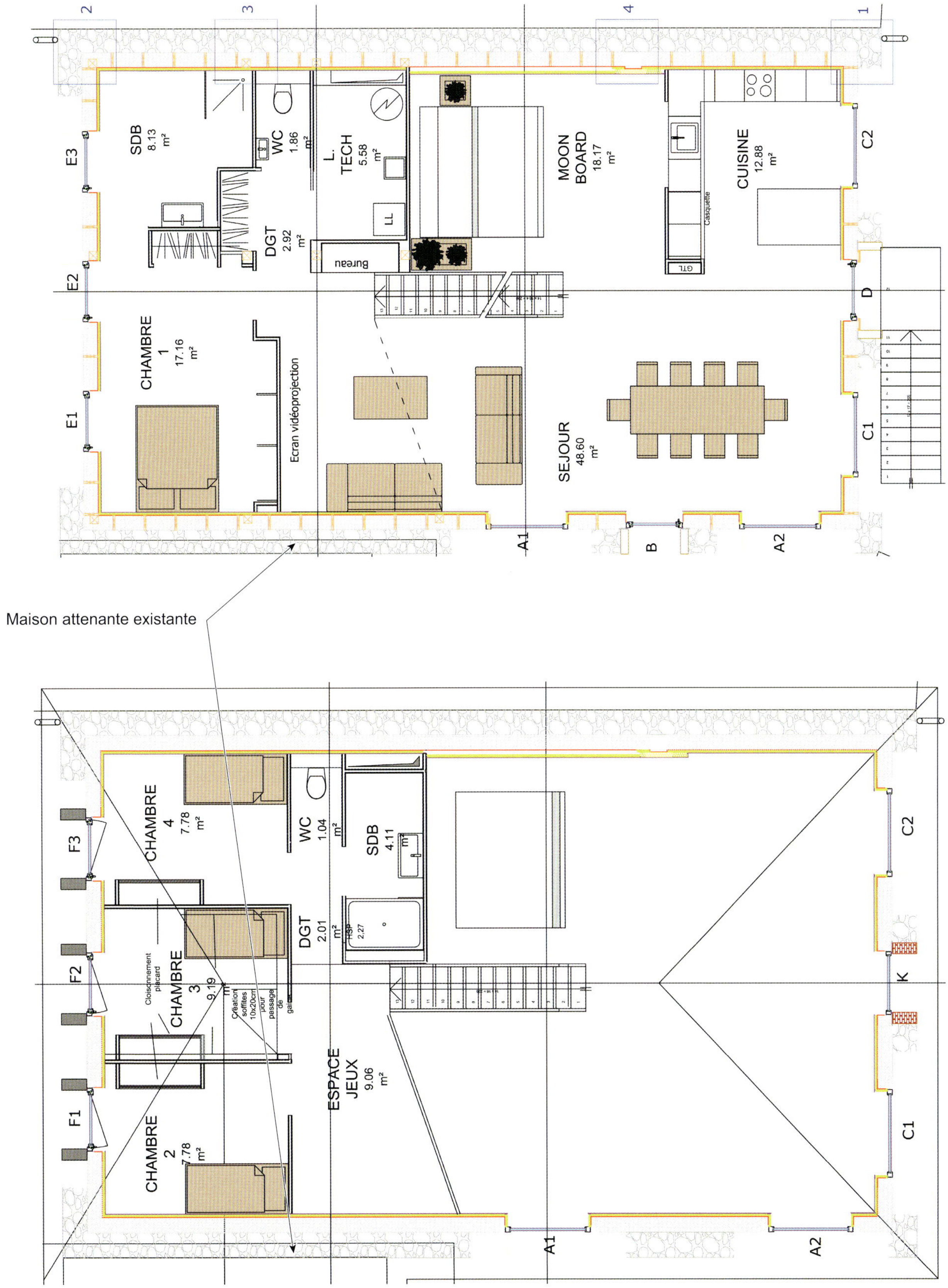

▲ Plan du rez-de-chaussée et de l'étage (avec les 3 chambres d'enfant) (Source : Stephen Mure)

Technique constructive et solutions techniques

	État initial	État après rénovation	U (W/(m².K))
Murs extérieurs	Pierre	Pierre extérieure, isolation par l'intérieur avec des caissons à ossature bois remplis par 280 mm de ouate de cellulose insufflés et fermés par un frein-vapeur hygrovariable Intello, puis 45 mm laine minérale et un placo de type BA13	0,130
Toiture	Tuiles et charpente traditionnelle	Tuiles et charpente inchangées, isolation 500 mm de laine de verre (2 couches croisées 260 mm et 240 mm), BA13.	0,079
Plancher bas	Plancher bois sur cave voûtée	Démolition de la dalle béton sur 2/3 de la surface. Chape anhydrite de 5 cm, 160 mm mousse de polyuréthane, chape anhydrite de 5 cm.	0,157
Menuiseries extérieures	–	Menuiseries bois triples vitrages Ceribois (entreprise Blanc, Savigneux en Haute-Loire). Ug = 0,52 W/(m².K), facteur solaire g = 54 %	0,86

Occultations	–	BSO sur les fenêtres sud-est/sud-ouest
Chauffage	–	Pompe à chaleur Atlantic de 4 kW pour plancher chauffant basse température (25/30 °C)
Eau chaude sanitaire	–	Pompe à chaleur
Ventilation	–	VMC double flux Zehnder, ComfoAir 350, rendement mis en œuvre 81 % (certifié 84 %) Réseau de gaines PEHD D75 mm antibactérien, antistatique et alimentaire (passage de gaines complexe dans le plancher intermédiaire)
Énergies renouvelables	–	–

▲ Percement d'ouvertures de grande hauteur en façades sud-est et sud-ouest pour éclairer le séjour en profondeur (Crédit photo : Stephen Mure)

Le percement des nouvelles ouvertures de grande hauteur

Disposées sur les façades sud-ouest et sud-est, quatre grandes baies vitrées ont été réalisées, pourvues de brise soleil orientables (BSO).

Au nord-ouest, les trois petits fenestrons en demi-lune existants sont transformés en allèges ouverts jusqu'au rez-de-chaussée, avec un linteau reconstitué.

La création d'un plancher intermédiaire

L'étage est réalisé sur une structure autoportante poteaux-poutres en bois, dissociée des façades, avec un sommier métallique mince du fait du manque de hauteur pour conserver une hauteur minimale à l'étage.

Une longrine en béton reprend au sol la charge des trois poteaux et est noyée dans l'isolant au-dessus de la voûte de la cave.

▲ Création du plancher intermédiaire avec répartition de la charge en tête de voute de la cave (Crédit photos : Stephen Mure)

Le traitement des ponts thermiques

De façon classique dans les maisons passives, pour éviter le pont thermique, un nouvel escalier a été posé, désolidarisé de la structure.

Les ponts thermiques liés aux menuiseries sont réduits grâce au recouvrement de l'isolation intérieure sur les menuiseries ainsi que sur les linteaux des BSO.

Les châssis ont été posés sur une pièce d'appui en Purenit assurant la continuité de l'isolation entre la menuiserie et l'isolation au sol.

Au total, il y a une continuité de l'isolation autour de l'enveloppe par l'intérieur.

▲ Recouvrement des menuiseries et des linteaux des BSO avec l'isolation par l'intérieur (mezzanine) (Crédit photo : Stephen Mure)

▲ L'entrée de la maison avec un nouvel escalier désolidarisé de la structure (Crédit photo : Jean-Philippe Magnin)

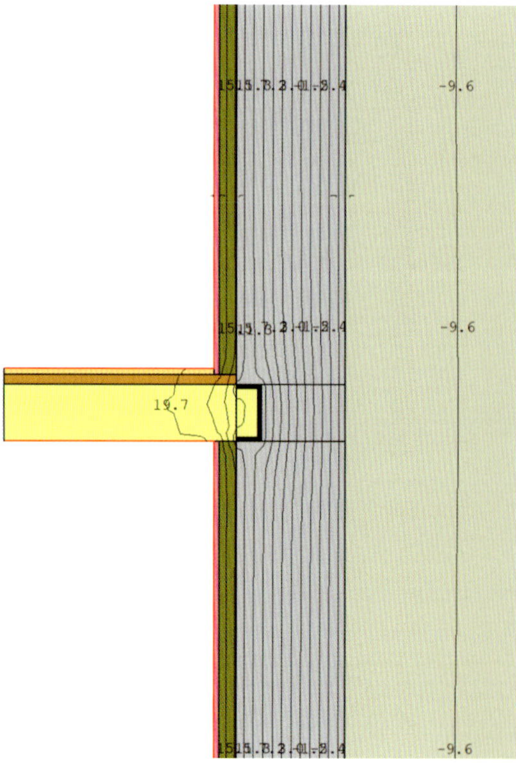

◄ Traitement du pont thermique plancher intermédiaire/mur isolé par l'intérieur (Source : Clément Daval)

Traitement de l'étanchéité à l'air

L'étanchéité à l'air a nécessité un traitement au niveau des pénétrations de chaque pièce de charpente avec des liaisons membrane/charpente bien anticipées. Une membrane a été posée entre la structure du sommier et les solives. Un logiciel (THERM) a été utilisé pour ce traitement.

Pour les façades, l'étanchéité à l'air a été réalisée avec la pose d'un frein-vapeur hygrovariable INTELLO (accessoires PROCLIMA).

Pour les planchers, des bandes de pare-vapeur ont été posées avant la pose des solives et des pièces en Purenit calent la structure avec les murs, évitant les ponts thermiques.

L'étanchéité à l'air a constitué l'enjeu majeur du projet. Il a été impossible de tester l'étanchéité en dépression sans recouvrir la membrane au plafond du parement plâtre.

Unité de mesure	Avant travaux	Après travaux
n50 en volume par heure	Non évalué	0,87

▲ Pose d'un frein-vapeur hygroréglable (INTELLO) pour assurer l'étanchéité à l'air (Crédit photos : Stephen Mure)

La performance énergétique

Consommation théorique d'énergie avant et après travaux

	Avant travaux	Après travaux
Surface de référence (m^2)	130	156
Besoin de chauffage (kWh/m^2)*	Non évalué	19
Consommation en énergie primaire (kWh_{EP}/m^2)*	Non évalué	85
Confort d'été (fréquence de surchauffe en % d'heures dans l'année supérieures à 25 °C)*	Non évalué	5 %

* Source : PHPP

Consommation réelle sur factures

Usages	Avant travaux	Après travaux
Tous usages	Non chauffé	4 200 kWh/an

La consommation d'électricité de la maison, tous usages confondus, a été de 4 200 kWh sur l'année 2023, soit 27 kWh d'énergie finale par m^2 et par an. Ceci correspond à une consommation d'énergie primaire de 62 kWh_{EP}/m^2, en deçà même de la prévision faite avec le PHPP et du plafond du label EnerPHit (120 kWh_{EP}/m^2)

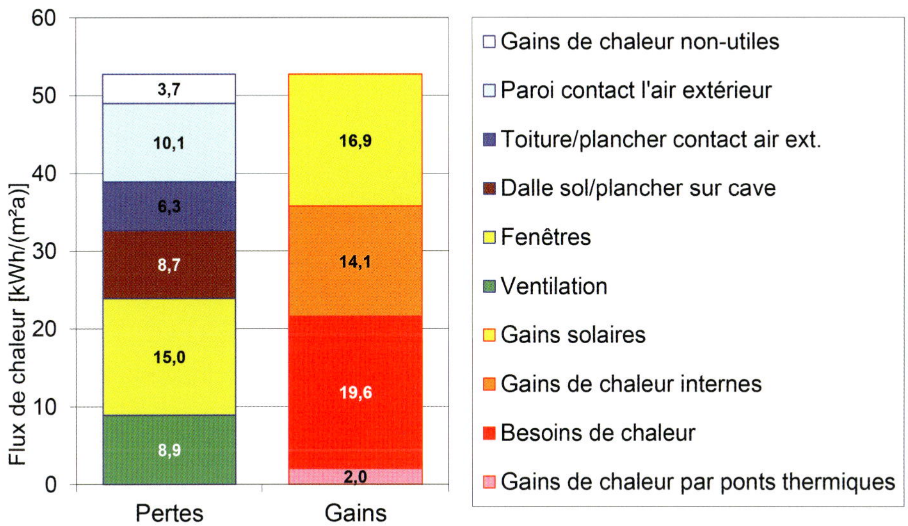

▲ Bilan énergétique de chauffage (Source : Clément Daval)

Récompenses, labels
Label EnerPHit 2019
Trophée Passi'Bat 2021. Conservation du patrimoine

Remerciements et sources
Stephen Mure, architecte, mure.architecte@gmail.com
Clément Daval, BE&CO, Conception thermique, contractant général et maître d'œuvre : clement.daval@be-co.fr
Le maître d'ouvrage, Jean-Philippe Magnin : jeanphilippemagnin@gmail.com
Habitat Naturel, n° 86.

4. Un corps de ferme de 1780

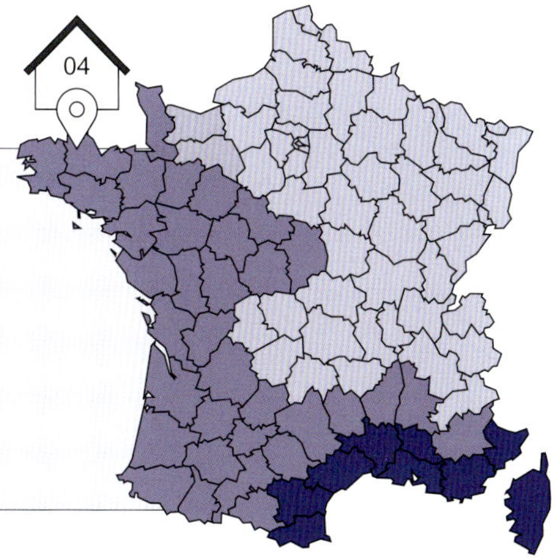

Maître d'ouvrage : Aurélien et Blandine de Wazières
Architecte : Blandine Houssais Architecture
BET : LEI, BET Structure
Entreprises : Le Repair, Pavy Rénovation, TyCoat, Paille et Sens, AGC, SBCI, Mahou, Pereira, LM Couverture

Localisation : La Roche-Jaudy, Côtes-d'Armor
Altitude : 47 m
Période de construction : 1780 et rénovée en 1920
Date des travaux : 1920 (1re rénovation) /2021
Shab avant/après travaux : 220 m^2/320 m^2
Coût des travaux hors VRD : 797 €/m^2 (1re phase de réhabilitation en 2013) et 726 €/m^2 (2e phase de réhabilitation en 2021)

Crédit photo : Pascal Léopold

Le projet

Les objectifs, le contexte

Le projet concerne la réhabilitation du corps de ferme de Keravel du XVIIIe siècle, composé de quatre bâtiments auxquels s'ajoute une construction neuve destinée à des bureaux. La parcelle est située aux 2/3 d'un côteau au sud du bourg voisin et offre une belle vue sur le paysage dont un espace naturel protégé. La chapelle voisine est classée au titre des monuments historiques et le corps principal de la maison est identifié au PLU comme bâtiment d'intérêt patrimonial. Le bâtiment à rénover est orienté nord-est et protégé des vents dominants (ouest et sud-ouest) mais l'éclairement n'est pas optimum.

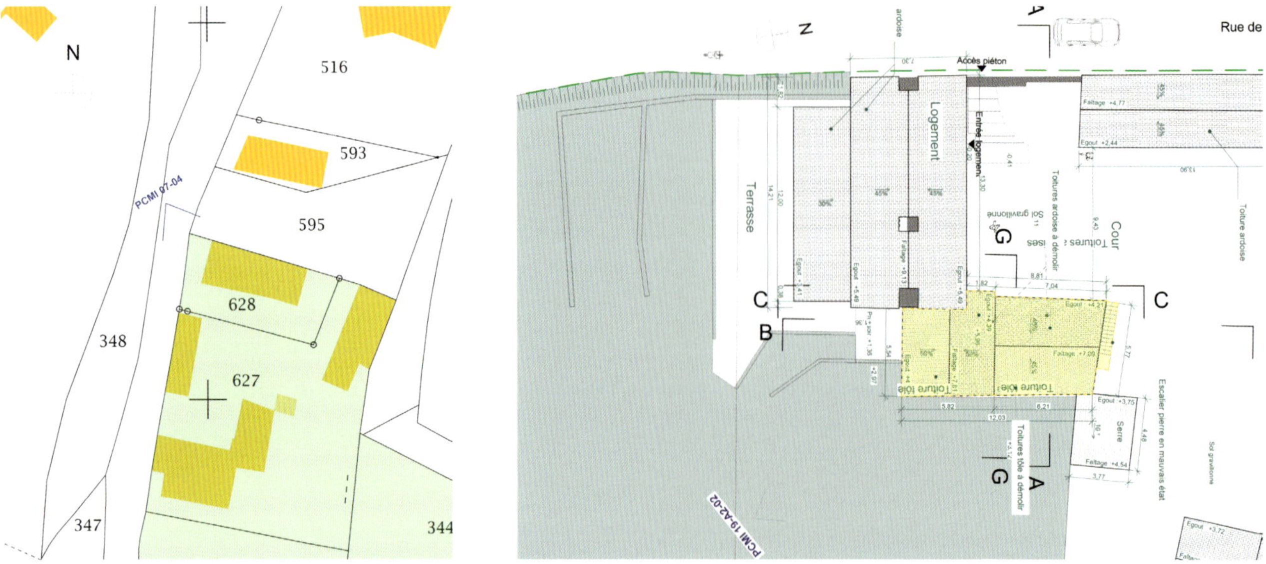

▲ Cadastre et Plan des bâtiments avec parties à démolir (en jaune) (Source : B. Houssais Architecture)

Le bâtiment rénové en logement est le bâtiment en équerre sur le plan ci-dessus. Réhabilité une première fois en 1920, il a été acquis par le maître d'ouvrage en 2012. Après la réhabilitation du manoir ou corps de ferme principal du XVIIIe siècle en 2013, le maître d'ouvrage a installé son agence d'architecture en lieu et place d'un hangar agricole voisin.

L'objectif des travaux menés en 2021 est de rendre habitable l'annexe de cet ancien corps de ferme pour le transformer en logement confortable (pour deux adultes et trois enfants), en respectant le lieu et le bâti ancien et en recourant prioritairement à des matériaux locaux et biosourcés.

Le projet de rénovation

La réhabilitation de l'annexe en pierre (moellons de schistes avec joint en mortier chaux-sable) et sa surélévation en ossature bois et remplissage paille sont les aspects dominants du projet.

De nombreuses problématiques sont à prendre en compte dans le traitement du bâti ancien, notamment la gestion de l'eau et le comportement hydrique de ce type de bâti ainsi que le confort thermique et d'usage du logement.

PCMI 19-A2-01

PCMI 19-A2-02

▲ Photographies des bâtiments avec parties à démolir en jaune (Source : B. Houssais Architecture)

La première réhabilitation (2013)

À l'origine, le bâtiment principal n'était pas isolé, les fenêtres de petite taille étaient principalement au nord et le mur périphérique sud-est était semi-enterré sous 1,50 m. de terres naturelles.

La maçonnerie, la charpente et le plancher intermédiaire étaient en bon état malgré une humidité importante. L'accès à tous les éléments de structure était aisé en l'absence de doublage.

Une première étape a consisté à supprimer des éléments du second œuvre (tels que les cloisons, les installations électriques et de chauffage, les escaliers vétustes, les aménagements intérieurs) et à démolir quelques parties du gros œuvre (percements pour amener de la lumière depuis le Sud et réfection de la couverture, création de trémie pour l'escalier qui monte aux combles) afin de créer un espace de vie important et bien lumineux (avec la création de trois larges baies vitrées).

À l'intérieur, le maître d'ouvrage a conservé et mis en valeur les encadrements de baies en granit, les corbeaux et manteaux des cheminées, les poutres de chêne et le parquet d'origine à l'étage.

Le confort thermique de l'enveloppe a été obtenu par le remplacement de toutes les menuiseries extérieures, y compris les fenêtres de toit, à l'alignement des baies existantes, la rénovation de la couverture et l'isolation des murs extérieurs à l'aide de chaux chanvre et de chaux sable, ainsi que de la laine minérale à l'étage.

L'installation d'un plancher chauffant au rez-de-chaussée et d'un système de chauffage par aérothermie complète le programme de travaux.

Le terrassement réalisé au sud ouvre une perspective paysagère pour le logement, améliore les apports solaires et contribue aussi à corriger une forte présence d'humidité dans la maçonnerie, en libérant un ancien mur de soutènement de 1,50 m de terres. Il apporte aussi de la fonctionnalité avec la terrasse et de la luminosité avec l'ouverture des trois baies.

▲ Terrassement réalisé pour ouvrir le bâtiment au sud : l'extension est située à droite du bâtiment principal et l'agence B. Houssais Architecture a pris place dans le bâtiment sur l'arrière (entre les deux arbres). En partie haute du coteau, le maintien de l'ancienne haie de bocage permet de réguler l'écoulement des eaux de pluie dans le sol en direction de la maison. (Crédit photo : Pascal Léopold)

La construction d'un bâtiment pour l'agence d'architecture

Un hangar agricole est démoli et un bâtiment neuf orienté au sud est construit pour abriter l'agence d'architecture de Blandine Houssais.

La réhabilitation et la surélévation du bâtiment annexe en 2021

En 2021, un second programme de travaux est entrepris sur la partie habitation.

L'inertie thermique des bâtis anciens est un élément favorable au confort des occupants mais cette inertie est principalement périmétrale. Les maçonneries de ces bâtiments présentent aussi un déphasage important.

Les travaux entrepris en 2021 portent sur la surélévation du bâtiment annexe situé à l'est du bâtiment principal. Le rez-de-chaussée en pierre est transformé en un grand bureau et en arrière-cuisine, laquelle permet la jonction avec le bâtiment principal et le nouvel étage *via* un sas vitré en retrait.

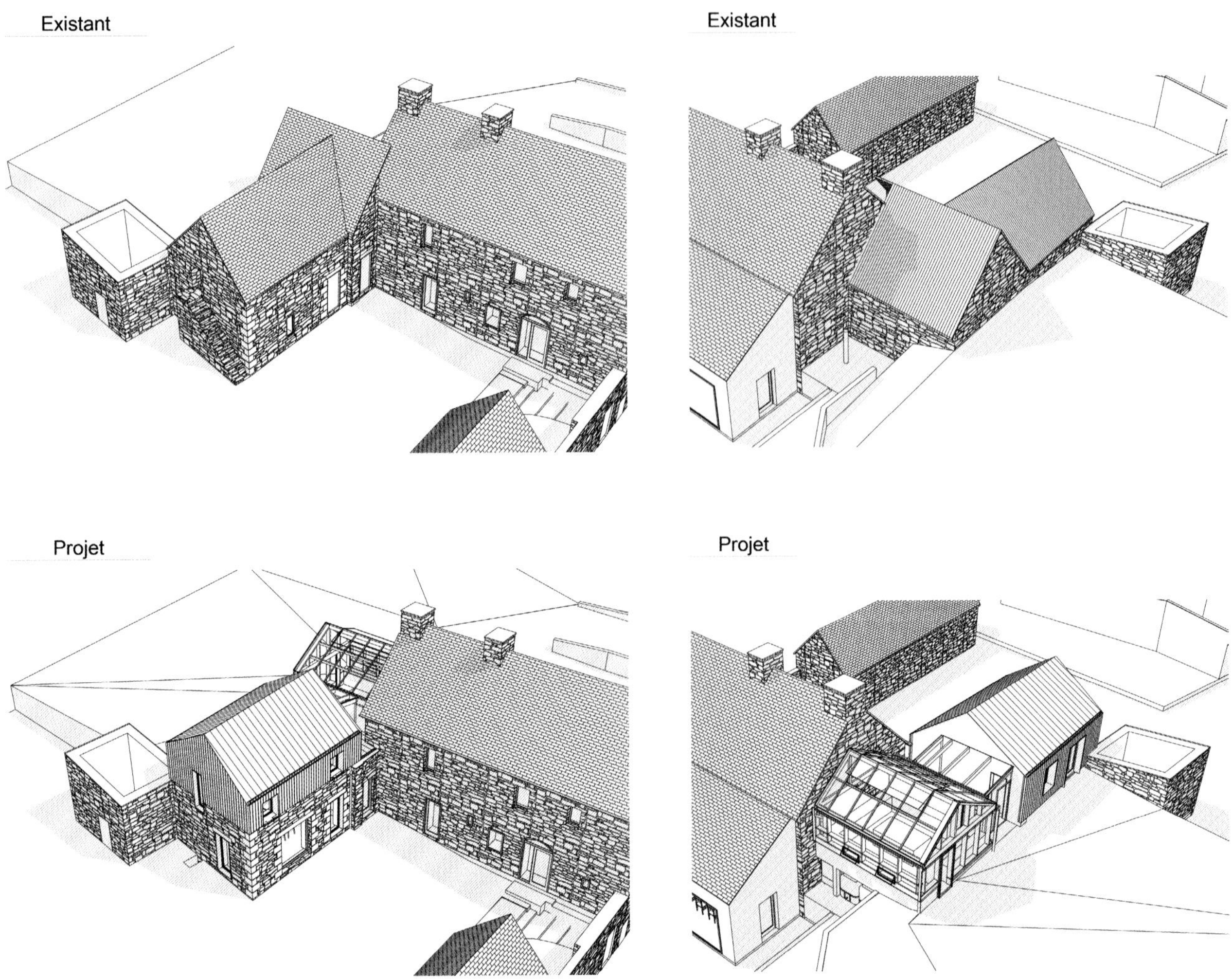

▲ Le projet par rapport aux bâtiments existants (Source : B. Houssais Architecture)

Technique constructive et solutions techniques

	État après rénovation	**U** (W/(m².K))*
Murs extérieurs (structure existante)	Type 1 : Pierre et 80 mm enduit chaux chanvre Type 2 : Pierre + 100 mm fibre de bois + panneau Fermacell (12,5 mm)	1,07 0,40
Murs : surélévation	Type 3 : 20 mm bardage bois prégrisé, double liteaunage 2 × 27 mm, pare-pluie, 16 mm contreventement en fibre de bois, 370 mm ossature bois et paille. Finitions : – Type 3a : 30 mm enduit intérieur, – Type 3b : panneau OSB, frein-vapeur, vide technique et BA13.	0,16
Toiture	Zinc joint debout, volige, 43 mm tasseau 43×63 à plat + lame d'air, 40 mm pare-pluie rigide isolant, 370 mm chevrons porteurs et ouate de cellulose projetée dans des caissons de bois, frein-vapeur et support (total 495 mm)	0,15
Plancher bas rez-de-chaussée	200 mm hérisson de cailloux lavés, film de protection, 100 mm panneau isolant en liège, 100 mm béton d'argile, 10 mm sol de finition argile (total 410 mm)	0,46
Plancher haut bureau rez-de-chaussée/ chambre en R+1	Parquet chêne massif, 20 mm chape sèche, 10 mm isolant en liège, 40 mm dalle de compression, 150 mm poutrelles hourdis, 75 mm ouate de cellulose et ossature métallique, plaque BA13 (total 333 mm)	–
Menuiseries extérieures	Menuiseries Bieber en chêne, triples vitrages 4/18/4/18/4 Gamme Innova 78. Ug = 0,6 W(m².K) ; g = 60 %	Uw = 0,88

*Estimation des coefficients U par les auteurs (sauf menuiseries)

Chauffage	Pompe à chaleur air/eau raccordée à un plancher chauffant en rez-de-chaussée et à des radiateurs à l'étage du bâtiment principal Sèche-serviettes dans les deux salles de bain
Eau chaude sanitaire	Pompe à chaleur air/eau pour 80 % des besoins, un chauffe-eau électrique pour la salle de bain de l'extension
Ventilation	VMC simple flux

Source : B. Houssais Architecture

Au rez-de-chaussée, les maçonneries en pierre (moellons de schistes) sont conservées et rénovées, jointoyées à la chaux en extérieur, isolées en chaux chanvre sur toutes les façades sur cour et en laine de bois et Fermacell (plaque constituée à 80 % de gypse ou plâtre et à 20 % de cellulose) en doublage du mur de soutènement conservé. La dalle en argile est coulée sur un hérisson ventilé. Les chaînes d'angle existantes sont en pierre de taille et granit.

La surélévation s'implante sur un rez-de-chaussée réhabilité. Cette base est renforcée par une semelle en béton permettant la stabilisation des murs et un report de charge réparti.

La surélévation est en ossature bois avec un remplissage paille, avec un enduit terre à l'intérieur et un bardage bois non traité à l'extérieur. La salle de bain est isolée avec de la ouate de cellulose et un doublage en Fermacell. Les menuiseries sont en triple vitrage bois (chêne).

Les toitures vétustes sont remplacées par un étage complet accueillant la chambre et sa salle de bain, d'une part, et un jardin d'hiver, d'autre part. Le palier de l'escalier permet de relier la serre et le potager à l'arrière-cuisine, puis à la cuisine existante.

L'isolation de la toiture en paille permet une continuité de l'isolation, évitant tout pont thermique.

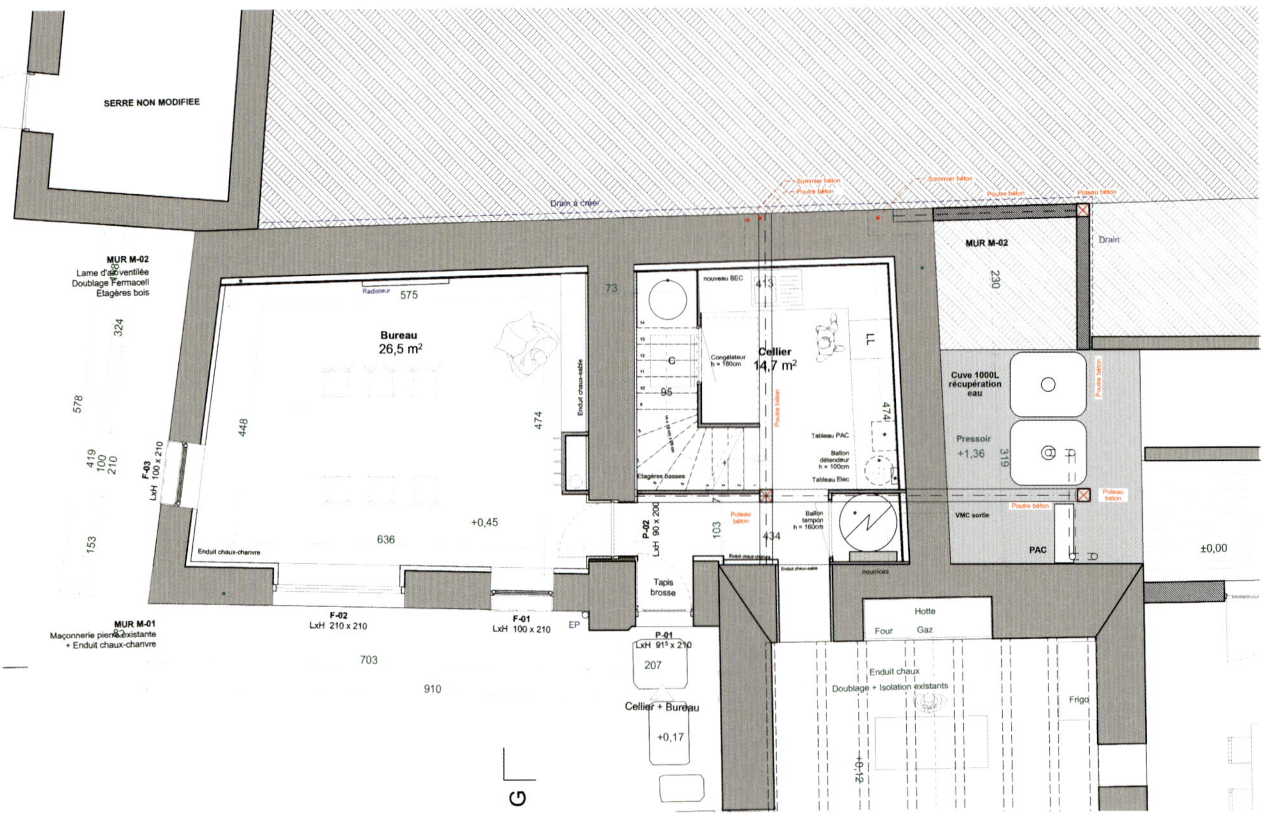

▲ Plan du rez-de-chaussée de l'annexe rénovée en 2021 (Source : B. Houssais Architecture)

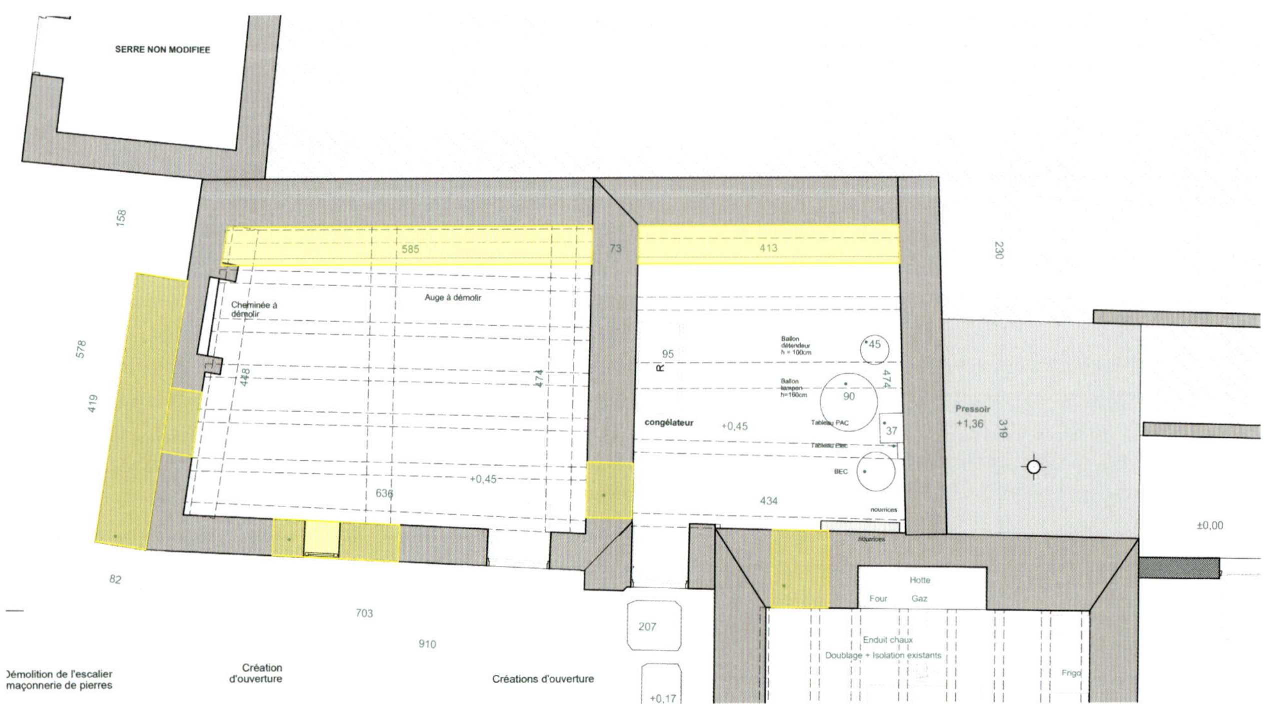

▲ En jaune les parties à démolir et les ouvertures à créer (Source : B. Houssais Architecture)

Le mur a été démoli par petites touches, par « *grignotage* » avec un renforcement au fur et à mesure par des étais. Ce percement a permis le maintien de la structure en phase chantier et la préservation de la cheminée en granit d'intérêt patrimonial.

▲ L'ouverture du pignon pour permettre la liaison entre les deux bâtiments et l'escalier de l'étage (Crédit photo : Pascal Léopold)

▲ La cuisine et la cheminée en granit avant l'extension (Crédit photo : Cécile Bernard)

▲ L'annexe rénovée en moellons de schistes avec joint de chaux-sable et sa surélévation en bois (Crédit photos : Pascal Léopold)

Les chaînes d'angles des murs sont en pierres de taille et granit : les baies créées sont réalisées avec ce même type de pierre. Les menuiseries sont en bois. Le mur ci-avant présentait une inclinaison vers l'extérieur qui a été conservée (mais consolidée par chaînage en partie haute).

Tous les matériaux sont bruts : dalles, enduits (terre ou chaux chanvre), plafonds ; aucun bois n'est traité. Certains éléments issus de la démolition de la charpente ou de maçonnerie ont pu être réutilisés *in-situ* ou *ex-situ* (avec l'intervention de l'association Le Repair). La paille hachée issue des découpes a aussi été réemployée pour combler les interfaces complexes (embrasures, fixations, etc.) ou pour une première passe d'enduit allégé.

Les murs en pierre ont été fortement rénovés : enlèvement des enduits ciment, coulinage (injection gravitaire ou sous basse pression d'un coulis afin de remplir les vides à l'intérieur des maçonneries) et ceinturage.

Ces murs maçonnés anciens possèdent une capacité de déphasage thermique importante et une inertie forte, ce qui permet de lisser les températures intérieures en hiver comme en été.

La couverture de la surélévation est en zinc gris anthracite avec une charpente bois double pente, permettant de conserver la forme et le coloris initial. L'intégration dans le bardage des eaux pluviales évite la pose de gouttières apparentes.
Une serre est créée dans le prolongement du bâtiment rénové, elle possède une ossature et une charpente bois et une couverture en polycarbonate ondulée. Cet espace est ventilé par des ouvertures en toiture régulées à l'aide de vérins thermosensibles.
La liaison avec le bâtiment est réalisée par un sas construit également en ossature légère bois et polycarbonate.

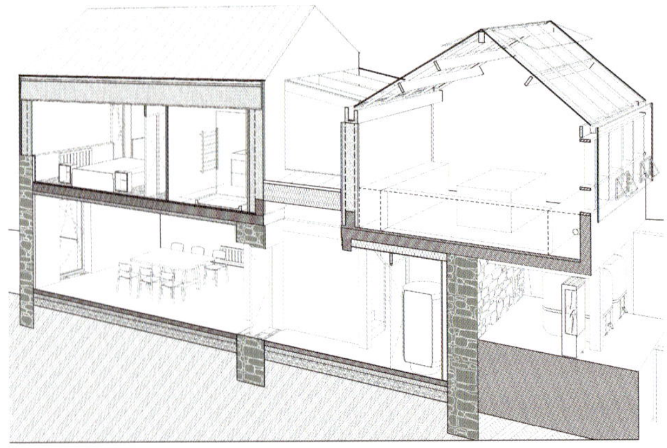

▲ Coupe de l'extension, du sas et de la serre en perspective montrant la nouvelle implantation des toitures : toiture deux pentes couverte de zinc pour l'extension et serre avec charpente bois couverte de polycarbonate, une liaison fonctionnelle réunissant les deux espaces (Source : B. Houssais Architecture)

▲ La serre et la surélévation avec sa toiture en zinc (Crédit photo : Pascal Léopold)

Caractéristiques de l'extension en R+1

Le mur de pierres de 57 cm d'épaisseur est conservé quasiment sur un demi-niveau et renforcé par une semelle béton permettant de stabiliser les murs et un report de charge réparti.
Cette épaisseur de mur permet la structure bois et le remplissage en bottes de paille de la deuxième partie des murs.
La rupture de capillarité est installée entre la maçonnerie et l'élévation en paille. Le pare-pluie et le bardage bois non traité ferment le complexe en extérieur.
Un enduit terre sert de frein vapeur et de finition en partie intérieure.
L'isolation en paille ainsi créée est continue avec l'isolation en ouate de cellulose de la toiture recouverte de zinc.

▲ Pose de l'isolation en paille (Crédit photo : B. Houssais Architecture)

Un chantier participatif

La pose de la paille (fournie par un agriculteur local) et de l'enduit a été réalisée dans le cadre d'un chantier participatif qui avait pour objectif de former les salariés du cabinet d'architecture et des amis.

L'idée était pour l'architecte maître d'ouvrage, d'une part, de mettre à profit la formation PRO PAILLE que plusieurs architectes de l'agence avaient suivi et, d'autre part, de sortir du rôle de « donneur d'ordre » et de « prescripteur » pour travailler sur le chantier au même titre que les compagnons qui réalisaient en même temps la charpente de la serre.

Le chantier paille et terre, parfaitement encadré par Michael Verger de Paille et Sens était par ailleurs particulièrement technique et pédagogique. Un soin particulier a été porté au traitement de l'étanchéité à l'air du complexe et de toutes ses jonctions (soubassement béton/pierre, fenêtres, plafond bois apparent). Blandine Houssais souhaitait également prouver qu'il est possible de faire de l'Architecture contemporaine et soignée avec des matériaux vertueux, durables et biosourcés.

La gestion des eaux pluviales et le traitement des murs de soutènement

Pour gérer les eaux pluviales, un drain périphérique est réalisé, en particulier sur le mur de soutènement maintenu dans le projet d'extension-surélévation. En partie haute, un caniveau redirige les eaux pluviales sur la porte d'accès au jardin et le bas du mur est recouvert d'un isolant imputrescible en liège posé de manière à interdire les entrées d'eau et gérer le pont thermique du nez de dalle.

Le plancher bas consiste en une dalle d'argile posé sur un hérisson de cailloux. Le hérisson ventilé et l'isolant en liège évitent la remontée d'eau par la dalle et permettent la migration de la vapeur d'eau. Couplées au drain périphérique, les remontées capillaires sont réduites au maximum.

> La dalle d'argile au sol favorise le confort thermique puisqu'elle possède une forte inertie et une effusivité élevée. Sa perspirance implique que le revêtement utilisé ne soit pas étanche, ce qui pourrait provoquer une saturation de l'humidité et de la condensation.

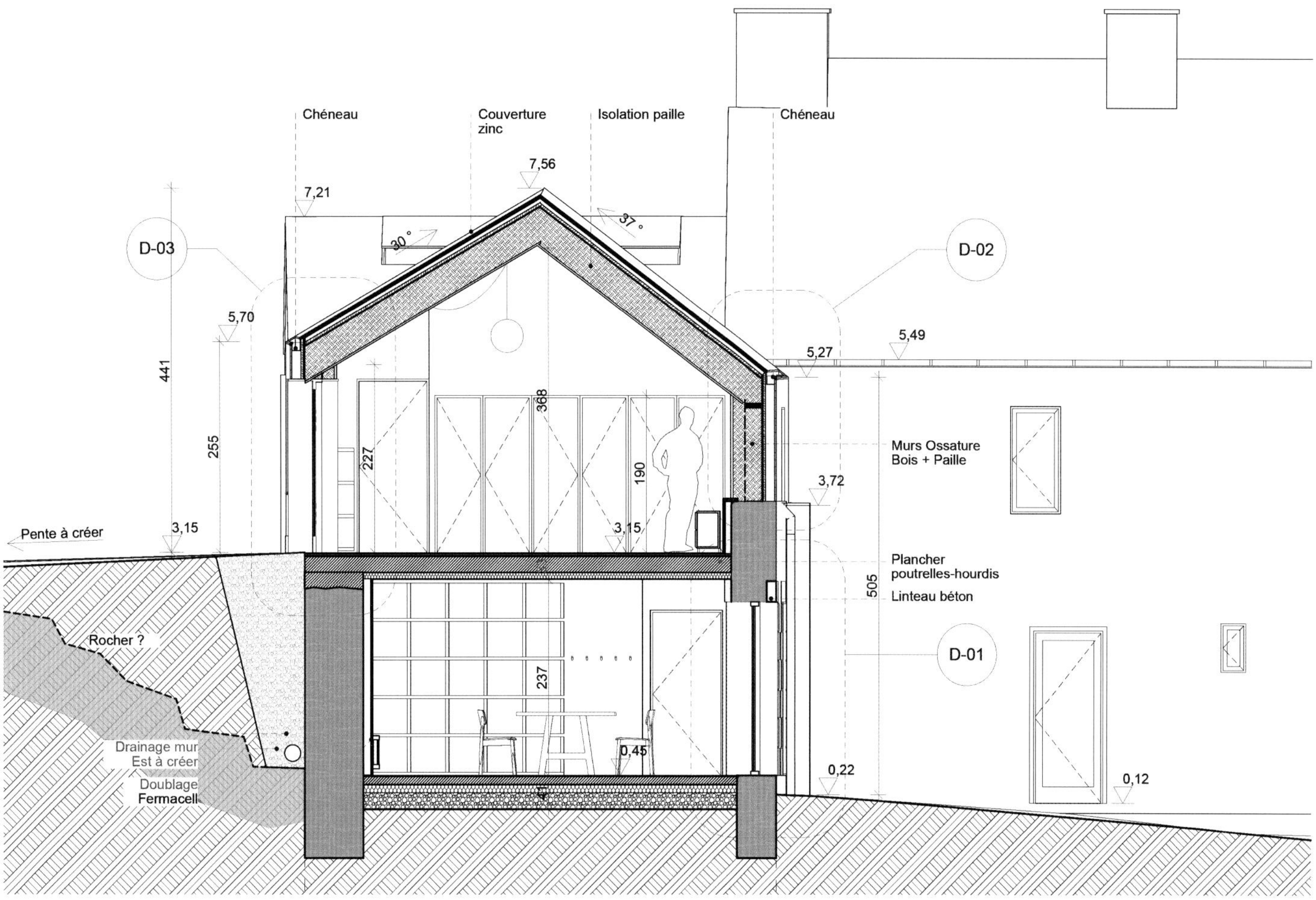

▲ Coupe du projet (Source : B. Houssais Architecture)

◄ Le soubassement en liège
(Crédit photo : B. Houssais Architecture)

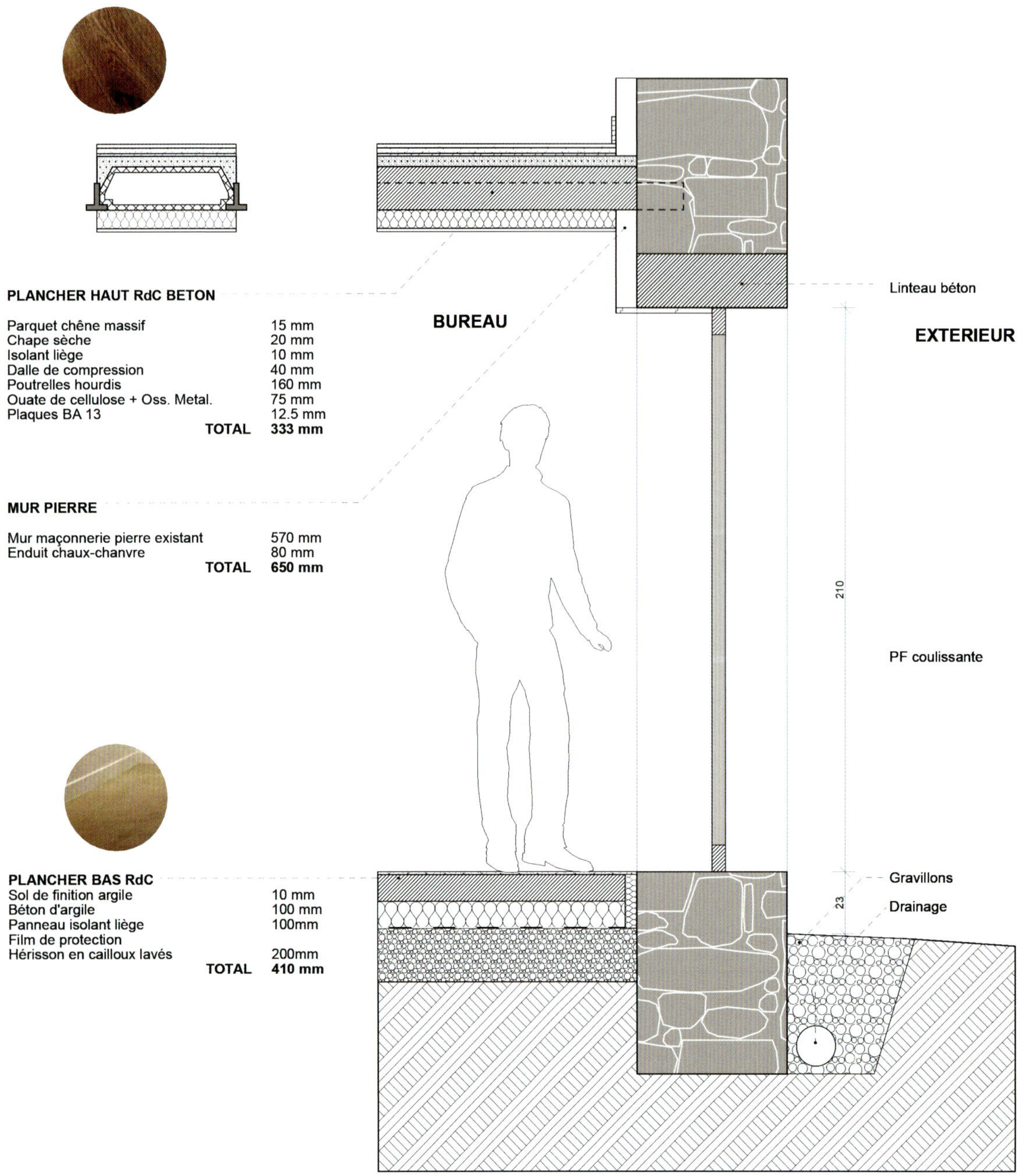

▲ Détail de l'ouverture du mur en pierre (Source : B. Houssais Architecture)

Récupération des eaux de pluie

L'eau de pluie, issue des toitures, est canalisée et stockée dans deux cuves de 1 000 litres installées en dessous de la serre. Cette eau permet l'entretien des espaces extérieurs et l'arrosage des potagers dans la serre *via* une pompe.

Gestion de la vapeur d'eau

Une des caractéristiques du bâti ancien est ce qu'on appelle une continuité hydrique. Les fondations et la maçonnerie en élévation, souvent en pierre, ne forment qu'un et sont hourdées à la chaux ou à la terre. De ce fait, les remontées capillaires se font naturellement et sans obstacle.
De plus, les capacités hygroscopiques de la terre et de la chaux favorisent une régulation de l'humidité, de la vapeur d'eau dans le bâtiment ou de l'évaporation vers l'extérieur ou sous forme liquide dans le sol.

L'étanchéification de tout ou partie du système avec un enduit hydrofuge, un complexe étanche, une isolation imperméable va déséquilibrer l'équilibre hydrique de la maçonnerie et être source de pathologie.
Une isolation sans une étude complète du cycle de l'eau peut concourir à la formation d'un point de rosée à l'intérieur du mur qui accroîtra son humidité.

La performance énergétique

Avant travaux le bâtiment était en G (DPE de 460 kWh_{EP}/m^2).
La consommation réelle d'énergie après travaux n'est pas connue car le compteur électrique est pour l'ensemble des bâtiments du corps de ferme.

▲ La maison rénovée et les bureaux de l'agence d'architecture (Crédit photo : Pascal Léopold)

Le point de vue du maître d'ouvrage

« Nous sommes pleinement satisfaits de la transformation de cette dépendance qui menaçait de s'écrouler pour de multiples raisons :
– embellissement de l'ensemble de la façade cour, de l'aspect hameau, avec un joint creux qui permet à la lumière de l'est et à la serre d'être perçues depuis la cour au nord. ;
– jonction de la maison avec une dépendance à l'origine accessible uniquement depuis l'extérieur ;
– rapprochement physique inespéré avec le jardin et surtout le potager, situé 3 m plus haut que les pièces de vie et la cuisine, grâce à l'arrière cuisine et son escalier, puis au jardin d'hiver qui nous permet de profiter de nos produits toute l'année quelle que soit la météo ;
– apport de lumière à l'intérieur de la maison, le matin (est) et le soir (ouest) jusque dans la cuisine, qui était simplement orienté nord/sud comme toute la maison principale ;
– confort inestimable des murs paille/terre tant en termes d'isolation thermique que d'hygrométrie, d'acoustique (ambiance très feutrée à l'intérieur !) et d'esthétique douce de la terre ;
– dialogue tout à fait constructif avec les ABF, qui demandaient surtout à conserver le maximum des murs pierres du rez-de-chaussée, ce qui était notre choix également. Il était aussi demandé de ne pas nuire à la lisibilité de la construction principale par rapport au projet qui n'est qu'une annexe. »

Récompenses, labels
Prix régional de la Construction Bois Bretagne en 2022.
Coup de cœur du jury.
Prix du public PAeB (Prix Architecture espace Bretagne créé par la MAeB, Maison de l'Architecture et des espaces en Bretagne, et la Ville de Lorient et organisé par la MAeB)[1] (2022).
Lauréat du Off du DD national en 2023

Remerciements et sources
Blandine Houssais Architecte, www.bhoussaisarchitecture.com, contact@bhoussaisarchitecture.com
Batylab. *Retour d'expérience. Réhabiliter l'habitat : Confort & usages*, La Roche-Jaudy (22), août 2023.
B. Houssais Architecture. *Dossier de Plans PRO*, 22 avril 2020.

1. Ce prix a pour objectif de récompenser et de promouvoir les architectes (bretons ou non) qui, à travers leurs réalisations, témoignent de la vitalité et de la qualité architecturale contemporaine en Bretagne.

5. Une ferme traditionnelle abandonnée depuis 40 ans

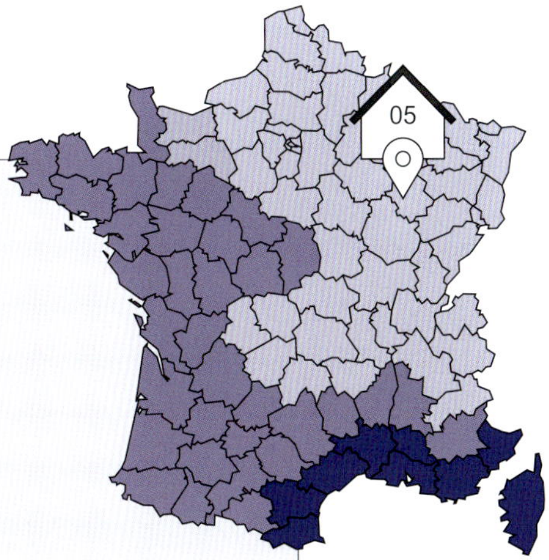

Maître d'ouvrage : Annabelle Lebeuf
Maître d'œuvre : privé
BET : Cédric Rosa, THERMAIR
Entreprises : Gros œuvre : Entreprise Valenti, Chaumont (52). Ossature/isolation/ventilation/menuiseries : Passiv'home, Saint-Étienne-Lès-Remiremont (88). Plomberie : Ent. Champonnois, Langres (52). Électricité : Cédric Bernand, Rolampont (52). Plâtrerie : Ent. Stramare, Langres (52). Couverture : Ent. Leprun, Chaumont (52). Façade/peinture : Ent. Testevuide, Langres (52). Revêtement de sols : Ent. Gauzelin, Langres (52).

Localisation : Neuilly l'Evêque, Meuse
Altitude : 350 m
Date de construction : vers 1800
Date des travaux : novembre 2014 – août 2015
Shab avant/après travaux : (250 m² d'un ancien corps de ferme) /169 m² (+ garage de 60 m²)
Coût des travaux hors VRD : 1 800 €/m² démolition comprise

Crédit photo : le maître d'ouvrage

▲ La ferme abandonnée depuis plus de 40 ans avant travaux (Crédit photo : le maître d'ouvrage)

Le projet

Les objectifs, le contexte

Le maître d'ouvrage souhaitait habiter au centre du village et dans une maison ancienne. Les terrains constructibles se situant dans les limites extérieures de la commune, le choix de la réhabilitation d'une maison existante s'est imposé.

Le maître d'ouvrage a acquis cette maison dans un état de vétusté avancé. Le bâtiment était à l'abandon depuis plus de 40 ans. La tempête de 1999 avait aggravé l'état de la toiture avec des infiltrations sur le pignon et au niveau de la cheminée. Cette dernière est tombée et le propriétaire de l'époque a consolidé à sa façon le bâtiment.

La ferme se situe à moins de 150 mètres de l'église classée. L'architecte des bâtiments de France (ABF) a donc interdit la pose de panneaux solaires sur le toit ; il a également demandé la pose de croisillons sur certaines menuiseries.

Le projet de rénovation : passif et préservation du patrimoine

Après avoir pris contact avec les anciens du village, ceux-ci ayant raconté que l'eau de la colline à l'arrière traversait la grange par grande pluie, le maître d'ouvrage a choisi de rénover la maison sur sa partie grange et écurie pour avoir plus de luminosité et de la rehausser de 1,50 m pour récupérer le niveau à l'arrière du bâtiment et éviter le ruissellement d'eau.

Souhaitant une maison performante dès le début, le maître d'ouvrage a contacté un bureau d'étude pour l'associer à son projet. Ensemble, ils ont choisi de retirer tous les éléments de la maison qui ne pouvaient pas être conservés puis de construire une maison en ossature bois dans les murs restants.

Pour les choix architecturaux extérieurs, le maître d'ouvrage a fait appel au CAUE de la Haute Marne. Celui-ci a aidé à dimensionner les ouvertures créées sur la façade ouest et à finaliser l'apparence des pignons sud et ouest.

Il fut décidé de conserver intacte la façade avant (sur rue) et d'adapter les pièces en fonction des ouvertures. Pour la façade refaite (côté ouest), l'option retenue a été de recréer une façade type d'habitation et d'ajouter une grande ouverture de la dimension d'une porte de grange afin de capter le soleil. La dalle basse a été isolée par le dessous et une remontée d'isolant en périphérie a permis de faire la continuité avec l'isolation des murs. La surélévation de la dalle par rapport au flux d'eau de pluie permet de ne plus avoir de problèmes de remontées capillaires.

▲ La maison avec jardin aménagé à 1,5 m de hauteur pour éviter le ruissellement des eaux pluviales (Crédit photos : le maître d'ouvrage)

▲ Conservation de la façade en pierre sur la rue (chemin) (Crédit photos : le maître d'ouvrage)

▲ La façade sud avec ses ouvertures d'origine (Crédit photo : le maître d'ouvrage)

Pour l'intérieur, les surfaces ont été aménagées avec au rez-de-chaussée une grande pièce ouverte avec la cuisine, une buanderie et deux bureaux – ils pourront être aménagés ultérieurement en chambre et salle de bain – et, à l'étage, trois chambres et une salle de bain.

Une batterie chaude (résistances sur les bouches de la ventilation double flux) réchauffe l'air entrant et une cuisinière à bûche (typique des cuisines de nos grands-mères) apporte également un peu de chaleur. Le souhait du maître d'ouvrage était de pouvoir être autonome en cas de coupure d'électricité.

Technique constructive et solutions techniques

Les murs en pierre étant conservés mais ne pouvant plus porter une charpente de toiture, le choix s'est porté sur l'installation d'une ossature bois à l'intérieur de l'ensemble en pierre et de recréer une toiture identique à celle existante (et rattraper la charpente conservée côté garage).

	État initial	**État après rénovation**	**U** (W/(m².K))
Murs extérieurs	Pierre	Pierre, isolation par l'intérieur en laine et fibre de bois, finition en placoplâtre peint. Façade recréée : isolation par l'extérieur, ossature bois, laine et fibre de bois, enduit mince.	0,138 pour les murs existants doublés 0,113 pour les murs ossature bois
Murs intérieurs (donnant sur locaux non chauffés)	Brique	Ossature bois avec finition OSB	0,122
Toiture	Charpente bois et tuiles en terre cuite	Charpente bois et tuiles en terre cuite Isolation laine de bois et panneau de bois dur	0,105
Plancher bas	Terre pilée et pavés en pierre	Dalle béton avec isolation en polystyrène	0,130
Menuiseries extérieures	Fenêtre bois simple vitrage, porte en bois	Menuiserie bois capotage alu triple vitrage certifiée passive. Porte d'entrée en bois certifiée passive.	Uw entre 0,65 et 0,72

Occultations	Volet bois	Volet alu battant et BSO sur baie vitrée
Chauffage	Néant	Poêle à bois (cuisinière) et batterie chaude (résistance électrique sur la VMC de 1 200 W)
Eau chaude sanitaire	Néant	Ballon électrique de 200 L
Ventilation	Néant	VMC double flux certifiée PHI

En créant une ossature bois, l'entreprise de construction a dû tenir compte de l'existence d'un mur mitoyen et d'une toiture au même niveau. Il a fallu reprendre la toiture mitoyenne. Les murs en pierre n'étant pas d'aplomb, un espace a été créé afin de rattraper la verticalité.
De plus, l'accès de la maison a été difficile pour la grue, la maison se situant au fond du chemin communal avec des maisons accolées de chaque côté.
En installant une ossature bois complète, tous les ponts thermiques ont été traités. La jonction avec la dalle a été traitée par le maçon avec l'installation d'isolant en sous face et en remontée.
Le thermicien a également calculé tous les points de rosée avant le début des travaux.
L'entreprise d'ossature a également installé les menuiseries. Il était prévu dès le départ qu'il devait à son client l'étanchéité à l'air au niveau passif. Afin de simplifier la mise en œuvre par les entreprises locales, aucun percement des murs par le second œuvre n'était possible.
En dalle, des manchons ont été installés, permettant d'encapuchonner les traversées de dalle pour les réseaux (eau, électricité) afin de ne pas avoir de fuites d'air par ces gaines et d'augmenter ainsi la performance de l'étanchéité à l'air.

L'étanchéité à l'air

Unité de mesure	**Après travaux**
Q4 en m³/(m².h)	0,11
n50 en volume par heure	0,50

La ventilation est programmée pour ventiler en permanence et une sur-ventilation est programmée tous les matins. En été, la ventilation est baissée pendant les heures les plus chaudes.
Enfin, une grande partie des déblais de la maison a été réutilisée sur place ou donnée à un agriculteur à sa demande pour faire du remblai.

La performance énergétique

Consommation théorique d'énergie après travaux

	Après travaux
Surface de référence (m^2)	169
Besoin de chauffage (kWh/m^2)*	13
Consommation en énergie primaire (kWh_{EP}/m^2)*	67
Confort d'été (fréquence de surchauffe en % d'heures dans l'année supérieures à 25 °C)*	0 %

*Source : PHPP

Consommation réelle sur factures

Usages	Avant travaux	Après travaux
Chauffage, ECS et tous usages électriques (kWh/an)	Néant	Électricité : 6 000 Bois : 1 600 Total : 7 600
Ratio de consommation d'énergie finale (kWh/m^2 shab)		45

Le point de vue du maître d'ouvrage

Le maître d'ouvrage a effectué lui-même la maîtrise d'œuvre, le suivi du chantier et le pilotage des entreprises. Il a effectué également l'ensemble des peintures de finition intérieure. Concernant le confort thermique, « *le ressenti est agréable, il n'y a pas de sensation de paroi froide, pas de courant d'air.* » Quant au confort d'été, « *il est très bon, la maison n'a jamais dépassé les 25 degrés, même en période de canicule.* »

« *Si c'était à refaire, je choisirais le même thermicien car il a été à l'écoute de nos souhaits en matière de confort et il nous a conseillés tout au long du chantier. Je pense que c'est la base de tout bon projet et je l'en remercie.*

Pour le choix des matériaux, je choisirais un autre matériau que le placoplâtre, comme la terre crue pour son inertie. Mais, dans tous les cas, je maintiendrais le confort que nous avons dans notre maison. »

Récompenses
2e du concours Envirobat de 2017
Représentation de la France en rénovation de maison à la COP21.

Remerciements et sources
Le maître d'ouvrage, Annabelle Lebeuf
Cédric Rosa, Thermair, cedric@thermair.fr

6. Une maison de maître landaise traditionnelle

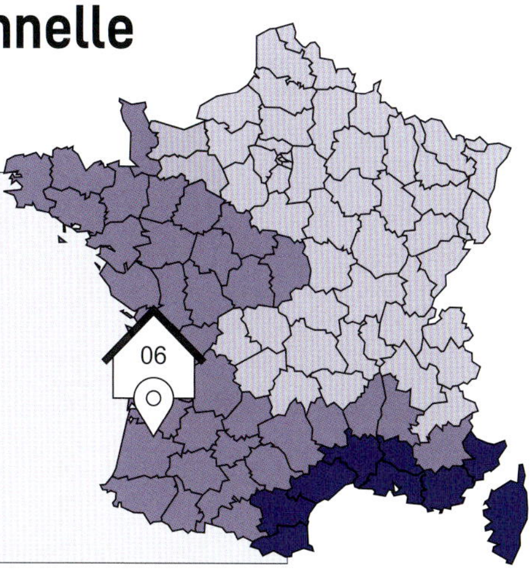

Maître d'ouvrage : privé
Architecte : Aurélien Lhotte
BET thermique : Sandra Ripeau, Carbone 64
Entreprises : charpente couverture : Teixeira Charpente. Maçonnerie : Sarl Bounéou. Menuiserie : Sarl Dupouy Serge. Électricité : Philec Installations. Aérogommage : SLD, Société landaise de Décapage. Façadier : FB2E.

Localisation : Sore, Landes
Altitude : 75 m
Date de construction : XIXe siècle
Date des travaux : 2019-2024
Shab avant/après travaux : 120 m^2/115 m^2
Coût des travaux : 1 565 €/m^2 Shab

Crédit photo : Aurélien Lhotte et Vanessa Gadbillé

Le projet

Les objectifs, le contexte

En 2018, cette maison en mauvais état (fuite dans la toiture, aucun entretien de façade, salpêtre dans les murs...) est acquise par un couple avec trois enfants, le maître d'ouvrage étant lui-même architecte. Elle se situe sur un vaste terrain de 1,3 hectares comprenant aussi une grange, des annexes et de la forêt, offrant de fortes opportunités pour des arbres fruitiers et des potagers.
Cette maison est située à Sore, village d'environ 1 100 habitants au cœur du Parc naturel régional des Landes de Gascogne.

▲ La maison avant travaux : l'entrée au sud-est sur la façade principale (Crédit photo : Aurélien Lhotte et Vanessa Gadbillé)

▲ La mezzanine et l'estandad de la maison avant travaux (Crédit photos : Aurélien Lhotte et Vanessa Gadbillé)

Cette maison traditionnelle landaise ou ostau (oustau) fut construite au XIXe siècle. L'ostau (mot gascon signifiant maison) est une maison à colombages munie d'un toit à trois pans en « *queue de palombe* » entièrement construite par le charpentier qui, pour les poutres les plus longues, utilisait le bois des chênes pédonculés de la forêt. Les murs n'étaient que du remplissage de torchis, mélange de paille et d'argile, tenu par les esparrons et ne contribuaient pas à la solidité de la construction.

À partir du XIXe siècle, le torchis fut remplacé dans certains secteurs par des briques plates ou de la garluche. Ce mode de construction à charpente totalement autoportante est généralement rapproché de la charpenterie de marine. Le côté arrière de la maison, orienté à l'ouest, était exposé au mauvais temps venant de l'océan et il ne présentait généralement ni porte ni fenêtre, au mieux des ouvertures réduites. Le pan arrière du toit descendait très bas pour protéger l'habitat du vent et de la pluie.

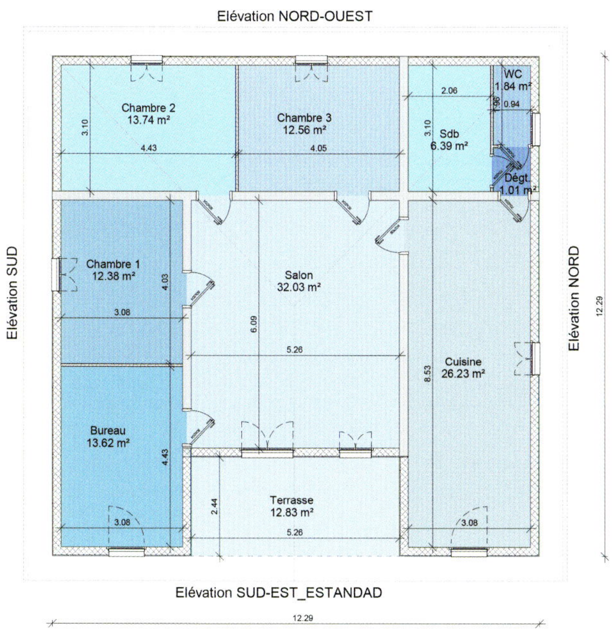

▲ Plan de cette maison traditionnelle (cube avec une toiture trois pentes) avant travaux : toutes les pièces donnent sur le salon central ouvert sur la terrasse abritée (Source : Aurélien Lhotte)

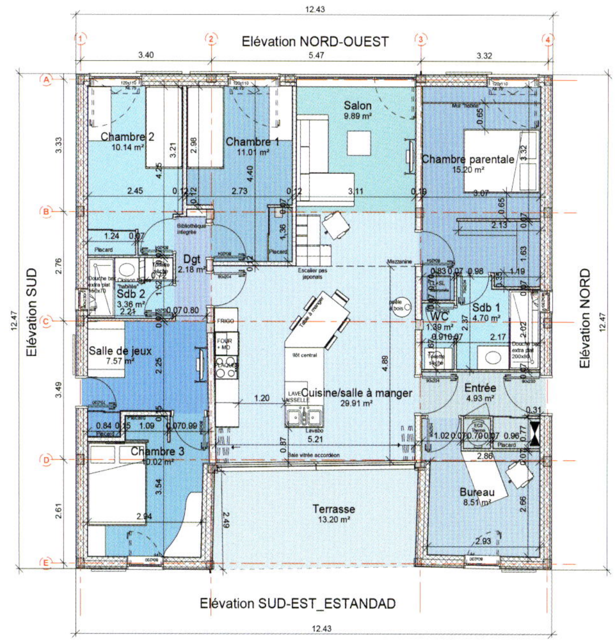

▲ Plan de la maison après travaux : l'entrée est déplacée en façade nord-est pour permettre de libérer l'espace cuisine et l'estandad (Source : Aurélien Lhotte)

▲ Vue de la maison avant les travaux au nord-ouest (3e pan de toiture) (Crédit photo : Aurélien Lhotte et Vanessa Gadbillé)

Autour du bassin d'Arcachon, ce mur aveugle était enduit de goudron, tandis que dans le pays de Born, les maisons présentaient la particularité d'avoir quatre pans.

L'estandad (du gascon *estantat* ou *estandada*) est le nom donné dans les Landes de Gascogne à la pièce de charpente constituant le chevronnage apparent, particulièrement décoratif, des maisons landaises. Par assimilation, ce terme s'emploie pour désigner l'auvent des maisons landaises. Ce mot (*estandat* ou *estandad*) indique que cette structure est supportée par les poteaux (*estants* en gascon) qui encadrent et supportent l'auvent.

Ces maisons à auvent se situaient principalement en Haute Lande, en Albret landais et en Armagnac.

La maison d'habitation étant toujours orientée vers le sud ou majoritairement vers le soleil levant (pour se protéger des fortes chaleurs estivales), il était agréable de paresser, bavarder, recevoir les visiteurs ou faire de menus travaux devant la maison, d'où l'expression gasconne « *har estandada* » qui peut se traduire par rester sous l'auvent, afin de discuter en famille, entre voisins ou contempler le crépuscule en prenant le frais les soirs d'été.

Dans le cas présent, l'estandad est plus exactement orienté sud-est. Conformément à la construction traditionnelle, il permet d'accéder au salon et toutes les autres pièces de la maison s'ouvrent sur ce salon. Celui-ci a une hauteur sous plafond importante mais la maison présente une forte compacité.

Un projet de rénovation visant l'autosuffisance et le respect du patrimoine

La rénovation de la maison s'inscrit dans un projet global de la famille tourné vers un mode de vie autonome : autonomie énergétique et autonomie alimentaire.

La première étape est la rénovation de la maison dont les travaux se sont étalés de décembre 2019 à 2024. Pour viser l'autonomie énergétique, la logique était de **se tourner vers une construction passive, une seconde étape, complémentaire, étant de produire de l'énergie**.

Le principe était de respecter l'architecture traditionnelle landaise en reprenant le plan traditionnel, autrement dit, ce grand espace commun central desservant l'ensemble des autres pièces de vie.

La construction était de plain-pied avec une structure poteau – poutre en bois, des poutres apparentes en toiture dans la pièce principale, un plancher en tommettes et une toiture à trois pans.

Le plan masse répondait aux principes d'une maison bioclimatique avec une orientation sud, sud-est pour la terrasse (l'estandad) mais largement protégée du soleil et une toiture en queue de palombe côté nord, nord-ouest permettant de se protéger des vents dominants.

La plupart des éléments structurels de l'ossature en bois étaient en très mauvais état, nécessitant de voir avec le charpentier ce qui était conservable ou pas. Le remplissage des murs de façade était aussi en mauvais état et ne permettait pas d'atteindre l'objectif du passif.

Les maîtres d'ouvrage décidèrent de démonter puis de remonter la maison pour répondre aux besoins actuels tout en respectant le patrimoine.

La reconstruction de la maison a fait apparaître quelques modifications liées à l'usage actuel d'une maison. Pour conserver et mettre en valeur la qualité architecturale de l'estandad, l'entrée de la maison s'est faite par la façade nord de la maison. La maison a été largement vitrée afin de bénéficier des apports solaires procurés par l'orientation sud-est. Des portes vitrées de part et d'autre de la terrasse ont créé des accès directs dans les espaces plus intimes (chambre et bureau) tout en conservant la symétrie de cette façade.

Les ouvertures sur la façade nord-ouest ont permis à l'espace central d'être traversant. La maison est accessible sur tous les côtés, ce qui correspond au mode de vie local (souvent à l'extérieur) : des terrasses sur chacune des façades peuvent être investies selon les saisons.

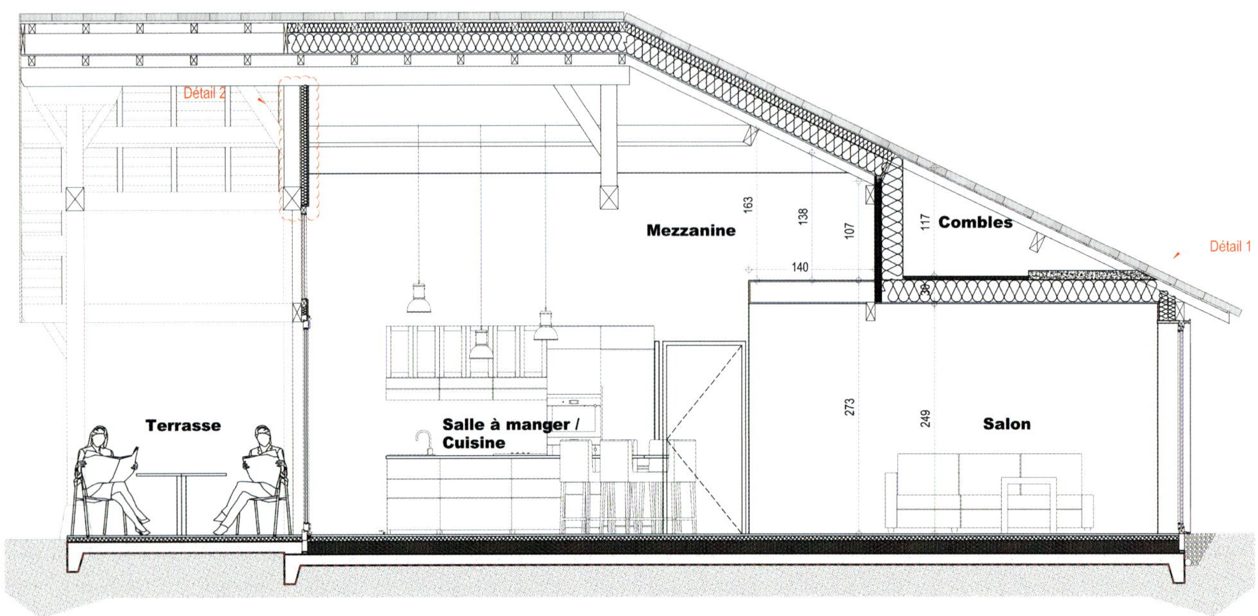

▲ Coupe de la maison devenue traversante (Source : Aurélien Lhotte)

▲ La terrasse principale de la maison est ainsi protégée des fortes chaleurs l'été. La treille en façade est signe traditionnel d'hospitalité (Crédit photos : Aurélien Lhotte et Vanessa Gadbillé)

▲ Les ouvertures créées sur la façade Nord-Ouest pour rendre la maison traversante et améliorer l'éclairage naturel (Crédit photo : Aurélien Lhotte et Vanessa Gadbillé)

▲ La charpente de la maison valorisant les poutres anciennes (Crédit photo : Aurélien Lhotte et Vanessa Gadbillé)

Technique constructive et solutions techniques

La reconstruction de la maison a conservé tous les éléments de structure qu'il a été possible de conserver, le reste de la structure poteaux poutres étant en chêne et pin. Les poteaux de bois de l'ossature reposent sur des socles en pierre de Semond et le soubassement est en béton cellulaire, recouvert d'un enduit hydrofuge.

Les murs de remplissage sont en ossature bois : panneaux OSB intérieur et ossature bois extérieure remplie en laine de bois avec une finition à la chaux. La pose d'un pare-vapeur a été jugé inutile, la paroi étant suffisamment perspirante (respect de la règle du 5 pour 1 pour la gestion de la vapeur d'eau).

La toiture est isolée avec la technique du sarking afin de garder de la hauteur sous-plafond et de profiter au maximum des caractéristiques de la laine de bois. Un pare-vapeur a été nécessaire pour cette zone de toiture.

L'isolation de toute la maison est composée de laine de bois, rigide ou souple, que ce soit pour l'enveloppe ou le cloisonnement.

Seul, le sol est isolé en polyuréthane sous chape pour maintenir la continuité de l'isolant dans l'enveloppe. Au départ, il avait été envisagé un isolant en liège mais les contraintes technique (épaisseur nécessaire) et économique ont écarté ce choix.

L'ensemble permet d'avoir une enveloppe isolée sans discontinuité.

	État initial	État après rénovation (structure rénovée, isolée...)	U (W/(m².K))
Murs extérieurs	Ossature bois en colombage avec un remplissage en tout venant (garluche, briquettes, etc.), enduit à la chaux	Ossature bois rénovée avec remplissage 240 mm de laine de bois, panneaux OSB intérieur avec 40 mm de laine de bois et enduit mince à base de chaux extérieur. Poteaux bois isolés par l'intérieur par 80 mm de fibre de bois, créant un pont thermique, (cf. schéma)	0,147
Toiture	Charpente et voligeage bois + BA13, tuiles ciment	Rampant : charpente bois conservée au maximum et voligeage bois apparent, tuiles de type canal. Isolation par l'extérieur (sarking) avec 200 mm de panneau rigide en fibre de bois Gutex multitherm et 100 mm de panneau semi-rigide en fibre de bois Gutex thermoplex	0,132
		Cloisons donnant sur les combles perdus : ossature bois avec 240 mm de panneau souple en fibre de bois Gutex thermoplex	0,173
		Combles perdus : isolation avec 240 mm de panneau en fibre de bois Gutex thermoplex et 40 mm de panneau rigide en fibre de bois Gutex multitherm	0,146
Plancher bas donnant sur terre-plein	Tomette sur terre-plein	Dalle béton, isolation avec 140 mm polyuréthane et chape, finitions en peinture résine et parquet	0,150
Menuiseries extérieures	Menuiseries en bois peintes. Simple vitrage	Doubles vitrages 4/16/4 avec argon, Uf = 1,35 et 1,80 pour une baie accordéon ; Ug = 1,1 ; facteur solaire g = 63 % Porte d'entrée isolée Ud = 1,0 Pose en applique intérieure (dans l'épaisseur de l'isolation intérieure de la sablière existante)	Uw = 1,35

Occultations	Volets battants en bois	Volets coulissants extérieurs en bois
Chauffage	Chauffage au gaz + cheminée d'époque	Puissance de chauffage nécessaire 2,5 kW Poêle à bois dans le salon ; bouches chauffantes électriques dans les autres pièces sèches ; sèche-serviette dans la salle de bain
Eau chaude sanitaire	Chaudière au gaz	Ballon d'eau chaude thermodynamique situé dans le cellier
Ventilation	Ventilation simple flux	Ventilation double flux autoréglable ComfoAir Q350 de Zehnder (rendement PHI 90 % ; consommation 0,24 Wh/m^3). Les répartiteurs sont situés dans les combles (zone non chauffée) Ventilation nocturne l'été : ouverture manuelle en oscillo des fenêtres

Traitement des ponts thermiques

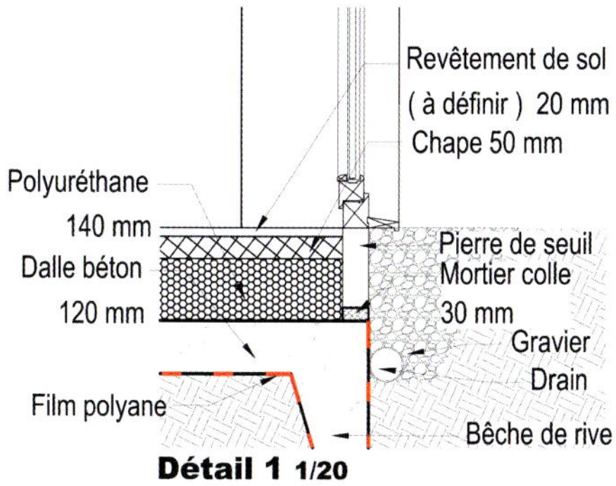

▲ Détail de l'isolation sur dalle de sol en façade nord-ouest (partie vitrée du salon) (Source : Aurélien Lhotte)

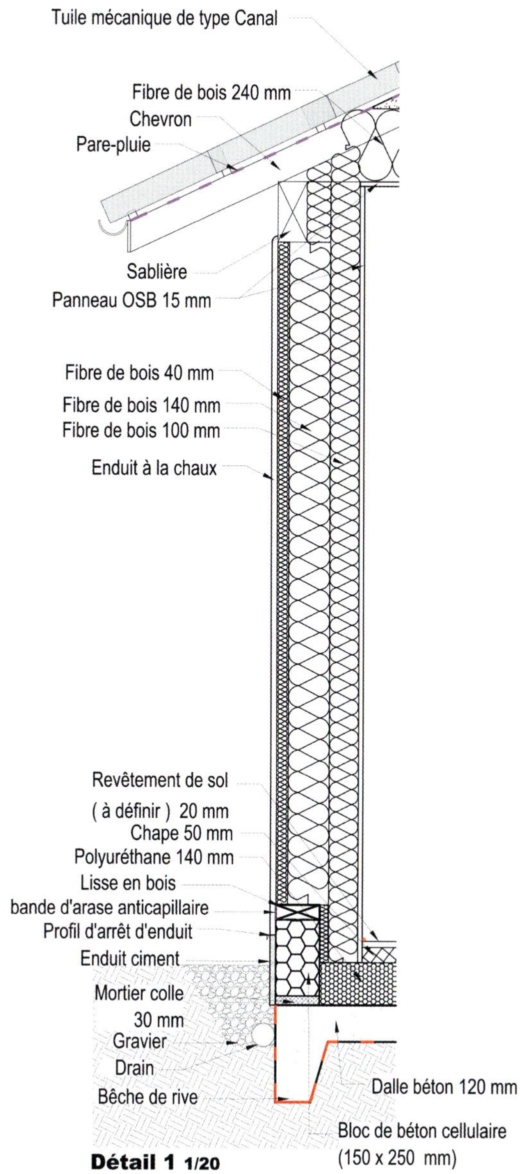

▲ Schéma de détail du mur de la salle de jeux (façade sud-ouest) pour éviter les remontées capillaires et les déperditions à la jonction avec la toiture (Source : Aurélien Lhotte)

▲ Les poteaux en bois de l'ossature reposent sur des socles en pierre de Semond et le soubassement est en béton cellulaire recouvert d'un enduit hydrofuge (Crédit photo : Aurélien Lhotte)

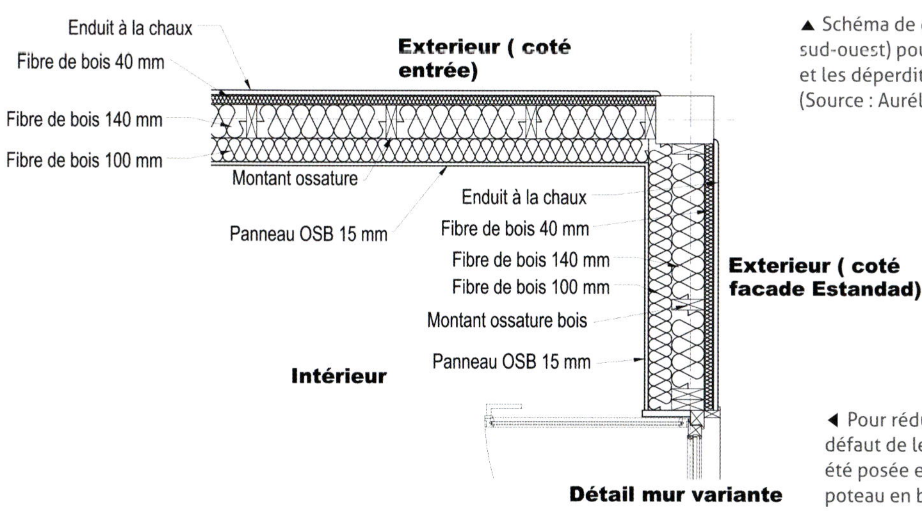

◀ Pour réduire drastiquement ce pont thermique, à défaut de le supprimer totalement, la fibre de bois a été posée en deux couches de 140 mm (épaisseur du poteau en bois) puis 100 mm (Source : Aurélien Lhotte)

Traitement de l'étanchéité à l'air

Les panneaux OSB bouvetés des parois et des plafonds ont été collés entre eux. Les raccords entre les deux ont été gérés par du mastic et du ruban adhésif adaptés. Du ruban adhésif a été utilisé dans les points sensibles (bouches de VMC, contour des menuiseries...). Les raccords mur/sol ont été gérés par du mortier, de l'adhésif ou du mastic.

Unité de mesure	Avant travaux	Après travaux
n50 en volume par heure	Non connu	1,0

Gestion de la vapeur d'eau

La règle du 5 pour 1 est largement respectée afin de permettre le transfert vers l'extérieur de la vapeur d'eau.

Valeur du **coefficient Sd** de l'intérieur vers l'extérieur des façades :

– OSB intérieur = 3,80

– à l'extérieur : isolant fibre de bois (100 + 140 + 40 mm) = 0,60 + enduit mince armé base chaux = 0,10 soit un Sd extérieur de 0,70.

Confort thermique, confort d'été, qualité de l'air intérieur

La lumière naturelle a été privilégiée notamment dans l'espace commun où la façade principale est entièrement vitrée tout en étant protégée par les dispositifs architecturaux existants (Estandad).

Le confort d'été a été constaté lors de la période de canicule de 2023 où la température extérieure culminait à 45 °C alors que la température à l'intérieur de la maison ne dépassait pas 25 °C, sans système de refroidissement.

L'hiver, le poêle à bois n'est nécessaire que lors des périodes de gel.

La qualité de l'air est assurée par la ventilation double-flux. Elle permet de réguler correctement le taux d'hygrométrie, ce qui est d'autant plus intéressant que la maison se situe dans une région très humide.

Gestion de l'eau

La gestion de l'eau était une question très importante. Des toilettes sèches ont été mises en place dans la maison et la pédo-épuration a été utilisée comme système d'assainissement[1].

Le compost des toilettes sèches pourra regagner le potager au bout de 3 ans. Différents composteurs sont mis en place pour tirer profit au maximum des ressources disponibles (déchets verts, cuisine, litières...). Chaque domaine est étudié pour s'inscrire dans une boucle ou la finalité est l'autosuffisance.

La famille consomme l'eau de pluie grâce à un système de récupération et de filtration. Un puits situé à proximité pourrait être utilisé à l'avenir, dans une réflexion globale d'autonomie en eau.

▲ Le système de récupération des eaux de pluie (Crédit photo : Aurélien Lhotte et Vanessa Gadbillé)

« Ce mode de vie qui incarne une forme d'avenir vient puiser dans le mode de vie historique des paysans de cet airial[2] et leur rendre hommage. Ce site a vécu de manière autarcique par nécessité et il a toutes les prédispositions nécessaires pour vivre en autonomie (ressource en eau, orientation de l'habitation et annexes disponibles). Ce projet de vie s'inscrit dans une cohérence culturelle et patrimoniale locale. » (Aurélien Lhotte)

1. La pédo-épuration consiste à construire des tranchées où sont plantés de part et d'autre des arbres fruitiers ou des éléments de potager. Les eaux usées de la maison arrosent ces tranchées. Ce système écologique exige pour la famille qu'elle utilise des produits aussi naturels que possible pour l'entretien et l'hygiène.

2. Terme d'origine gascon utilisé dans les Landes : vaste terrain herbeux ombragé de chênes sur lequel sont disposés les bâtiments des habitations rurales landaises. Dans les Landes, au milieu de la forêt landaise, l'airial constituait la cellule de base de l'exploitation familiale. Plusieurs airiaux constituaient un hameau.

La performance énergétique

Consommation théorique d'énergie après travaux

	Après travaux
Surface de référence (m^2)	115,2
Besoin de chauffage (kWh/m^2)*	26
Confort d'été (fréquence de surchauffe en % d'heures dans l'année supérieures à 25 °C)*	5 %

* Source : PHPP

Consommation réelle sur factures ou comptage

Usages	Avant travaux	Après travaux
Tout usage confondu (kWh/an)	néant	5 400
Ratio de consommation d'énergie finale ($kWh/(m^2.an)$)	–	47

La famille est composée de 5 personnes dont 2 sont en permanence dans la maison. Pour le chauffage, seul le poêle à bois est allumé quand c'est nécessaire. Les sèches-serviettes sont toujours éteints.

Le point de vue du maître d'ouvrage

Le maître d'ouvrage a rencontré plusieurs difficultés de différents ordres :
– La difficulté conjointe de trouver un enduit ayant un avis technique compatible avec la fibre de bois rigide et d'avoir un artisan qui a la garantie décennale pour la pose. Ce problème a fait arrêter le chantier durant plusieurs mois et le maître d'ouvrage a dû trouver un artisan situé à plus d'une centaine de kilomètres du chantier. Le maçon prévu sur le chantier s'était engagé sur la mise en œuvre de l'enduit sur la fibre de bois pour finalement se rétracter au dernier moment. Il s'est rendu compte qu'il fallait un enduit spécifique sur ce type de support dont il n'avait pas la garantie décennale.
– L'impossibilité de trouver un artisan local proposant des fenêtres en bois triple vitrage.
– Le manque de sensibilisation des artisans aux problématiques d'étanchéité à l'air.
Le maître d'ouvrage et sa famille sont très satisfaits de leur maison qui « *remplit toutes ses promesses* » :
« *Le confort d'été répond aux attentes au-delà de toute espérance grâce au déphasage thermique de la laine de bois. Et le chauffage n'est sollicité que très rarement en hiver. L'éclairage naturel a été optimisé, ce qui évite l'éclairage artificiel. L'opération va être réitérée sur la transformation d'une grange en habitation sur la même propriété.*
Je souhaite remercier toutes les entreprises qui ont participé à ce projet ambitieux et surtout remercier certains membres de ma famille, notamment ma compagne Vanessa Gadbillé, qui m'ont suivi dans cette folie et qui ont compris que c'est un projet qui dépasse notre propre existence. »

Remerciements et sources
Aurélien Lhotte, architecte et maître d'ouvrage, A.U.Re Architecte, alhotte@aure.archi ; https://aure.archi
Sandra Ripeau, BET Carbone ; contact@carbone-bet.fr

7. Une maison de mineur

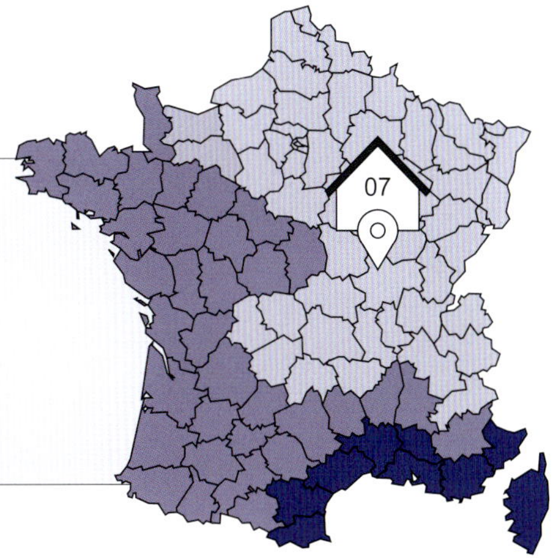

Maître d'ouvrage et maître d'œuvre : Sébastien Gaudissard
Entreprises du projet : Le Bâtiment naturel, B3

Localisation : Montceau-les-Mines, Saône-et-Loire
Altitude : 318 m
Période de construction : 1880-1900
Date des travaux : 2013-2017
Shab avant/après travaux : 110/140 m^2
Coût des travaux : 1 143 €/m^2 + une part en auto-construction

Crédit photo : Sébastien Gaudissard

Façade sud-est

Façades ouest et sud-ouest

▲ La maison avant rénovation (Crédit photos : Sébastien Gaudissard)

Le projet

Les objectifs, le contexte

Le ménage (un couple avec deux enfants) a décidé en 2013 de donner une seconde vie à la maison d'enfance du maître d'ouvrage, héritage de son père (qui lui-même l'avait héritée de ses parents).
Le maître d'ouvrage avait vécu, enfant, dans cette maison sans isolation dont l'efficacité énergétique était très faible. L'objectif était de rénover cette maison en donnant un maximum de confort à ses enfants tout en étant aussi économe que possible.
Le projet était d'ampleur car l'état général de la maison était très dégradé : infiltration, humidité importante, toiture à refaire, sans compter les aménagements intérieurs, d'autant plus que le bâtiment comportait deux logements mitoyens, reliés par un mur en pierre de 50 cm.
La maison avait été construite en pierre de 50 cm d'épaisseur plus ce mur mitoyen qui a été démoli au trois-quarts.

Un projet de rénovation éligible aux aides de l'État conciliant confort et économie d'énergie

Le maître d'ouvrage a commencé par réaliser une étude de faisabilité économique en détaillant les différents postes de dépenses et en recherchant les subventions possibles (Anah, EcoPTZ, crédit d'impôts, Conseil départemental et CUCM), celles-ci pouvant s'élever à plus de 30 000 euros.
Pour bénéficier de ces aides, il était obligatoire d'obtenir un certain niveau de performance énergétique, ce qui a nécessité pour le maître d'ouvrage de se faire accompagner par un opérateur de l'Anah afin de vérifier l'éligibilité du projet au dispositif d'aide. Suite à l'étude énergétique, l'objectif affiché par le maître d'ouvrage a été une réhabilitation énergétique à haute performance : « *le défi était lancé !* ».
Au début, les maîtres d'ouvrage pensaient rénover le bâtiment de façon traditionnelle tout en assurant en priorité une bonne isolation (par l'intérieur).
Dans la phase avant-projet, les maîtres d'ouvrage se sont documentés par le biais de diverses ressources (livres, internet, CAUE) et cela a totalement modifié leur façon de percevoir la rénovation d'un bâti ancien avec toutes ses contraintes (nécessité d'employer des matériaux spécifiques et de les mettre en œuvre de façon adaptée au bâti ancien) mais présentant une forte inertie thermique.
Le maître d'ouvrage a finalement décidé de se lancer dans une démarche bioclimatique et écologique, avec des matériaux sains, écologiques et performants et une étanchéité à l'air optimale.
Sa réflexion s'est ensuite portée vers le traitement des sensations d'inconfort générés par des parois froides, ce qui l'a amené à s'intéresser à la construction passive, avec une isolation renforcée.

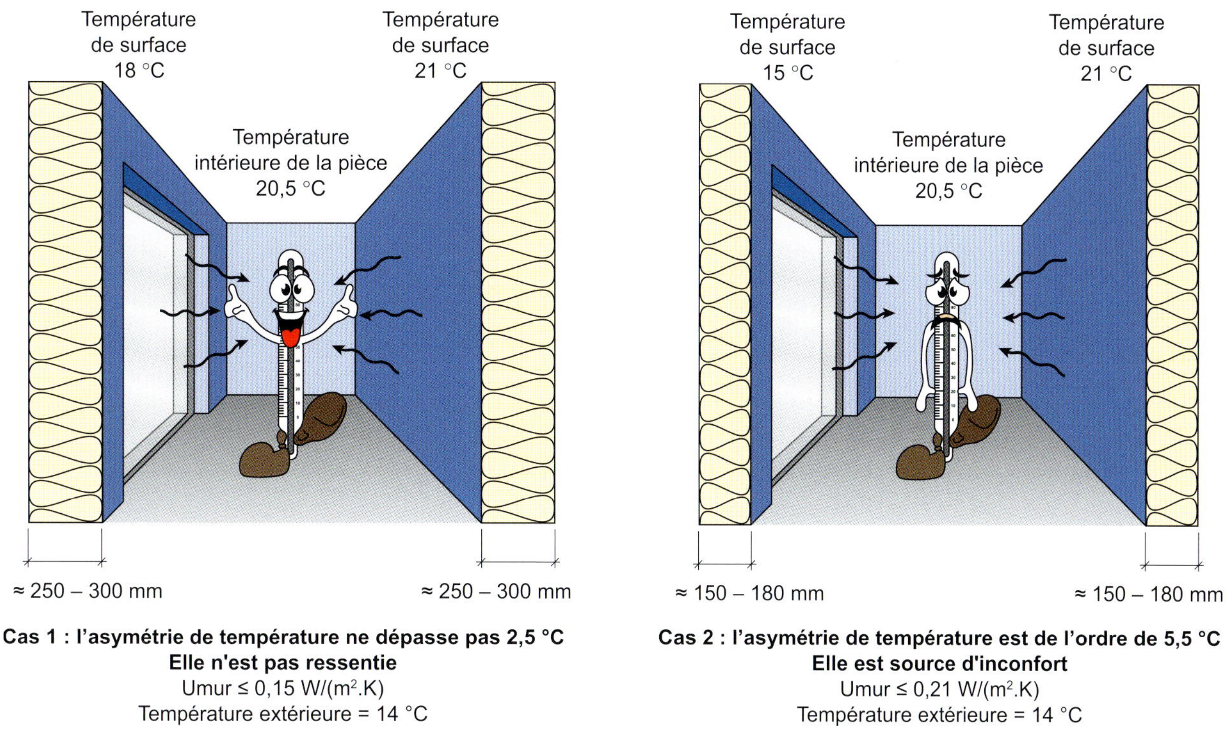

▲ La sensation de paroi froide et l'inconfort des maisons mal isolées qui présentent d'importantes différences de température des murs (Source : Vincent Kempf, KMO, Analyse comparative des référentiels Minergie® et Passivhaus pour la construction neuve, Association Promotelec, 2014)

Technique constructive et solutions techniques

	État initial	**État après rénovation**	**U** (W/(m^2.K))
Murs extérieurs	Mur en pierre de 40 cm	Bardage fibrociment, lame d'air, pare-pluie, 16 à 20 cm de ouate de cellulose dans ossature bois, enduit sur le mur en pierre, enduit intérieur, vide d'air, plaque de Fermacell.	0,24
Toiture	Charpente bois traditionnelle non isolée	De haut en bas : tuiles, lattage, pare pluie, 300 mm de ouate de cellulose sur chevrons de 30 cm, frein-vapeur et placoplâtre.	0,19
Plancher bas donnant sur terre-plein	Tommettes sur sable	Hérisson de cailloux (20 × 40 et 10 × 20), 6 cm de liège, dalle flottante, dalles vinyle.	0,76
Menuiseries extérieures	Simples vitrages	Doubles vitrages avec argon Porte isolée Ud = 0,8	Uw = 1,5

* Calcul du coefficient U réalisé par les auteurs.

Occultations	Volets bois	Volets roulants dans l'ossature bois
Chauffage	–	Poêles à bois de 5 kW de puissance nominale et quatre radiateurs électriques (3 × 1 000 W et 1 × 2 000 W)
Eau chaude sanitaire	–	Chauffe-eau solaire avec appoint électrique
Ventilation	–	Ventilation double flux S&P Unelvent
Énergies renouvelables	–	Chauffe-eau solaire installé en 2021 avec 4 m^2 de capteurs

La réfection de la toiture et l'ajout de débords nécessaires à l'isolation par l'extérieur.

Pose d'un enduit à la chaux sur lequel viendra se fixer l'ossature de l'isolation et agrandissement de la fenêtre du pignon sud.

(Crédit photos : Sébastien Gaudissard)

La première étape de la rénovation a consisté à assainir le bâti en **supprimant l'enduit ciment** qui emprisonnait l'humidité dans les murs. Lorsque l'on rénove une maison ancienne, on doit tenir compte de son mode de construction et utiliser des techniques et des matériaux qui respectent le bâti.

La deuxième étape a porté sur la toiture en très mauvais état qu'il fallait refaire entièrement. Les tuiles ont été enlevées et les cheminées démolies. Des débords de toit ont été ajoutés, ce qui était indispensable pour la création d'une véritable enveloppe thermique performante. Des chevrons de 30 cm ont été mis en place, avec un frein vapeur en partie intérieure et un pare-pluie en partie extérieure afin de créer des caissons dans lesquels l'isolant sera insufflé.

Sur la toiture, des fenêtres de toit ont été ouvertes après la réalisation de la couverture.

Après avoir retiré tout l'enduit ciment, un enduit de propreté à la chaux a été mis en œuvre afin d'assurer à la fois une étanchéité à l'air et une base saine pour accueillir l'ossature bois de l'isolation par l'extérieur. Cet enduit de propreté à la chaux est posé des deux côtés du mur en pierre.

L'enduit posé à l'intérieur de la maison renforce l'étanchéité et assure une meilleure gestion de l'humidité du bâtiment.

Une ouverture a été créée au sud-ouest afin de bénéficier des apports solaires.

L'étape suivante consistait à mettre en œuvre l'ossature bois, à poser les menuiseries et la couverture. Un pare-pluie a ensuite été mis en place, puis l'isolation a été réalisée par insufflation de ouate de cellulose pour isoler les murs et le toit.

L'isolation par l'extérieur, la pose d'enduit à la chaux, les membranes d'étanchéité ont permis de traiter les ponts thermiques, le transfert d'humidité et l'étanchéité à l'air.

Pour la finition extérieure de la façade, il existe une multitude de solutions comme l'enduit, le bardage (bois, terre-cuite, acier, fibrociment) et la vêture.

Le choix s'est porté sur un bardage en fibrociment qui ne nécessite pas d'entretien et qui a une durée de vie très importante. Les plaques de fibrociment sont relativement faciles à poser et restent très accessibles en termes de coût. De plus, ce bardage présentait l'avantage d'avoir un rendu assez moderne souhaité par les maîtres d'ouvrage.

À l'intérieur de la maison, le plancher bas a été décaissé et un hérisson de cailloux a été posé sur lequel repose 6 cm de liège (sur 80 % de la surface). Une dalle flottante de 10 cm puis des dalles en vinyle terminent la rénovation.

La maison rénovée comprend au rez-de-chaussée un salon-séjour, une chambre-bureau, une cuisine et une buanderie. À l'étage, il y a trois chambres et une salle de bain.

▲ La pose des menuiseries en double-vitrage intégrées dans l'isolant et l'insufflation de ouate de cellulose après la pose d'un pare-pluie (Crédit photo : Sébastien Gaudissard)

Confort thermique

Le confort thermique en hiver donne satisfaction aux occupants de la maison. La ventilation double flux permet de répartir la chaleur fournie par le poêle. Le dimensionnement du poêle évite une surchauffe dans la pièce principale de la maison où il est installé.

Confort d'été

En été, le confort thermique est très bien assuré tant au rez-de-chaussée que dans les combles aménagés grâce à l'épaisseur des matériaux et à leur nature (ouate de cellulose). Le déphasage thermique est important (plus de 10 heures), ce qui permet d'éviter une montée rapide de la chaleur en journée. La famille peut occuper les combles tout-à-fait normalement en été, même en période de canicule, avec une bonne gestion des volets solaires et une bonne aération la nuit.

La performance énergétique

Consommation théorique d'énergie après travaux

	Avant travaux	Après travaux
Surface de référence (m^2)	110	140
DPE Énergie (kwh_{EP}/m^2)	–	110
DPE Climat (kg $eqCO_2/m^2$)	–	3
Cep réglementaire (kWh_{EP}/m^2 shon)	–	110

▲ La pose du bardage en fibrociment (Crédit photo : Sébastien Gaudissard)

Consommation réelle sur comptage

Usages	Avant travaux	Après travaux
Chauffage :	Maison inhabitée	
Bois (kWh/an)		6 000 (4 stères de bois)
Électricité (kWh/an)		1 588
ECS : électricité (kWh/an)		1 265
Ratio en énergie finale (chauffage et ECS) ($kWh/m^2.an$))		63

La maison a une consommation de chauffage de 54 kWh par m^2 et par an et une consommation d'énergie primaire chauffage + ECS de 89 $kWh_{EP}/(m^2.an)$.

Le point de vue du maître d'ouvrage

« Lorsque nous nous sommes lancés dans ce projet, nous avions un fil rouge : "L'énergie la moins chère est celle que l'on ne consomme pas."
Les travaux préparatoires à la rénovation ont démarré en juin 2013 (vidage de maison, démolition de certaines cloisons, ouverture des murs porteurs et maçonnerie, piquages des enduits ciments intérieurs et extérieurs, déblayage, suppression du sol humide (tomettes sur sable) pour se terminer en 2017 mais c'est en mai 2015 que nous avons emménagé bien que seul le rez-de-chaussée était habitable.
Cela fait 9 ans que nous habitons dans notre maison et notre projet répond à nos attentes. Elle est économe en énergie et nous y vivons très confortablement avec nos enfants, aussi bien en hiver qu'en été, sans climatisation !
À titre personnel, c'est une grande fierté d'avoir pu rénover une maison très dégradée. Au début, en 2013, il n'y avait pas grand monde qui croyait en notre projet et nous n'étions pas forcément compris dans nos choix (isolation par l'extérieur, ventilation double flux, mode de chauffage...). En effet en 2012/2013, cette approche n'était pas encore bien développée. Aujourd'hui, avec la hausse continue des coûts de l'énergie, nos choix prennent tout leur sens et les sacrifices personnels n'ont pas été vains.
Concernant le déroulement des travaux, nous avons pu constater qu'un projet de cette ampleur nécessite d'être bien informé sur les principes fondamentaux de la rénovation énergétique, notamment pour le bâti ancien, car de mauvais choix peuvent conduire à des désordres importants pour le bâti. Si nous devions refaire ce projet aujourd'hui, du fait des connaissances acquises au cours de dernières années, nous investirions dans des menuiseries plus performantes en triple vitrage car ce poste est un « point faible » de notre maison.
Il nous reste encore quelques points à traiter comme les pieds de murs et l'isolation des plafonds de cave voûtée pour gagner encore un peu en performance. Nous avons prévu de réaliser ces travaux dans les deux prochaines années. »

Un commentaire des auteurs

Cette rénovation déjà ancienne est un bon exemple d'une démarche individuelle ambitieuse reposant sur la formation d'un autodidacte à la performance énergétique. Le maître d'ouvrage venait d'un secteur professionnel différent et l'opportunité de vivre dans cette maison familiale abandonnée l'a incité à se former à la performance énergétique à partir d'ouvrages techniques et de conseils de professionnels. Le résultat est une maison bien isolée mais dont la performance est limitée par le choix économique du double-vitrage (rappelons que les travaux ont été réalisés en 2014 et que le différentiel de coût entre double et triple vitrage était alors très important) et par la difficulté de traiter le sol du rez-de-chaussée (seulement 6 cm de liège sur 80 % de la surface). Or la performance est liée à l'intégration des menuiseries dans l'isolant et, une fois l'isolation par l'extérieur effectuée, le changement des menuiseries n'est plus rentable.
Enfin, après cet engagement sur sa propre maison, le maître d'ouvrage a co-fondé un bureau de maitrise d'œuvre et d'études spécialisé dans la rénovation et la construction passive, persuadé, d'une part, que le passif (ou la volonté de s'en rapprocher) est aujourd'hui la solution obligatoire pour résoudre la problématique énergétique et du changement climatique et, d'autre part, convaincu par sa propre expérience, qu'il est possible de le faire.

Remerciements et sources
Le maître d'ouvrage
Maison Passive 71, www.maisonpassive71.fr ;
contact@maisonpassive71.fr

8. Une maison de pêcheur du XVIIe siècle

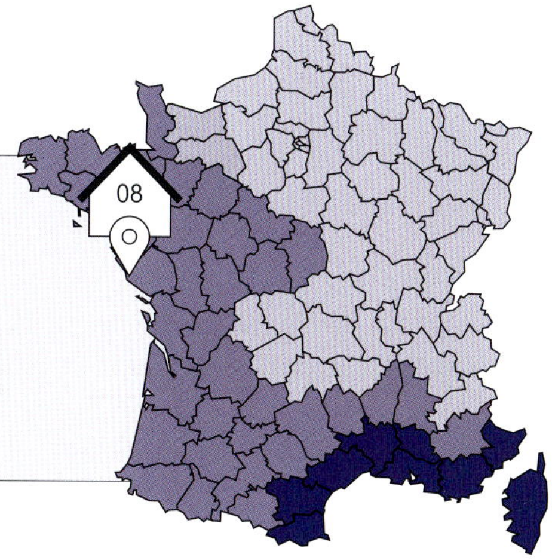

Maître d'ouvrage : privé
Architecte : Armel Joly Architecte
Entreprises du projet :
Olivier Tripoteaud, 85540
Saint-Cyr-en-Talmondais

Localisation : Les Sables d'Olonne, Vendée
Altitude : 10 m
Période de construction : XVIIe siècle
Date des travaux : octobre 2018 - printemps 2019
Shab avant/après travaux : 87 m^{2}
Coût des travaux : 1 600 €/m^{2} dont travaux de renforcement de la structure (345 €/m^{2}).

▲ Façade nord donnant sur rue (Crédit photo : le maître d'ouvrage)

Le projet

Objectifs, le contexte

Cette maison de ville du XVIIe siècle, sur trois niveaux plus une cave, située à proximité de la mer en secteur sauvegardé, a séduit l'acquéreur qui souhaitait acheter dans le quartier et a trouvé cette maison ancienne à un prix très abordable.

Le projet de rénovation : performance énergétique et confort dans un espace contraint

Située dans un secteur protégé, la maison avait été construite dans un appareillage de moellons de petites tailles, sans grand cachet et typique de l'habitat traditionnel vendéen. Seule la façade nord est équipée d'ouvertures. Les autres murs sont mitoyens avec les maisons voisines et ne sont pas déperditifs. La rue est étroite et ne permet pas des apports solaires importants.

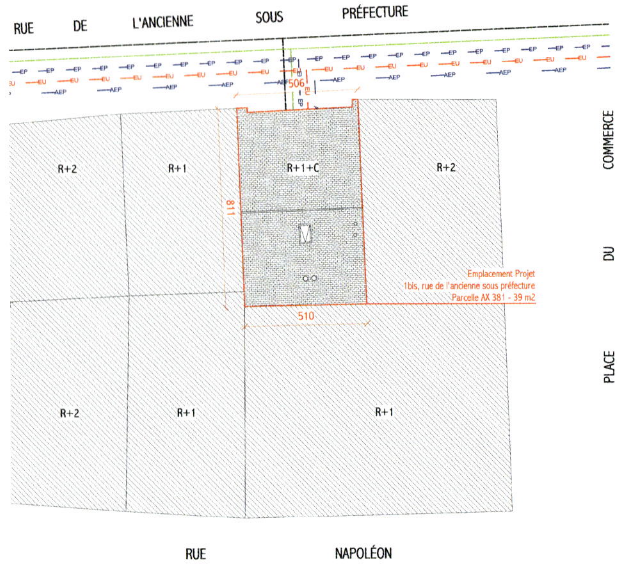

▲ Plan masse de l'opération : une maison de ville avec trois côtés aveugles et la façade nord sur rue (Source : Armel Joly architecte)

▲ La maison avant travaux : la façade sur la rue, l'entrée, la cave, la pièce principale (R+1) (Crédit photos : Armel Joly Architecte)

◀ La fissure et l'état des murs après l'enlèvement des papiers peints (Crédit photos : Armel Joly Architecte)

Un premier diagnostic indiquait que la maison était saine malgré des traces de salpêtre dues à l'absence de chauffage et de ventilation de la maison inhabitée depuis plusieurs années. En outre, cette maison n'avait jamais fait l'objet de réhabilitation qui aurait été la source de pathologies.
Les murs apparents étaient toutefois très abîmés et repris par endroit avec des enduits à la chaux.
Après l'enlèvement des placards et de la petite salle d'eau, la maison présentait une grosse fissure allant de la cave aux combles. Une mission est alors confiée à l'architecte Armel Joly qui a immédiatement priorisé la résorption de cette fissure et contacté un bureau d'études structure pour évaluer la gravité des fissures. Or celles-ci traduisaient le **décrochement progressif de la façade des murs mitoyens**.
En enlevant les papiers peints, les propriétaires ont aussi découvert deux cheminées bouchées qui ont été conservées pour la décoration.
Une reprise de la structure a été opérée en réalisant un ceinturage périphérique en lamellé-collé permettant de chaîner la façade au moyen de tirants métalliques (voir schéma ci-après).

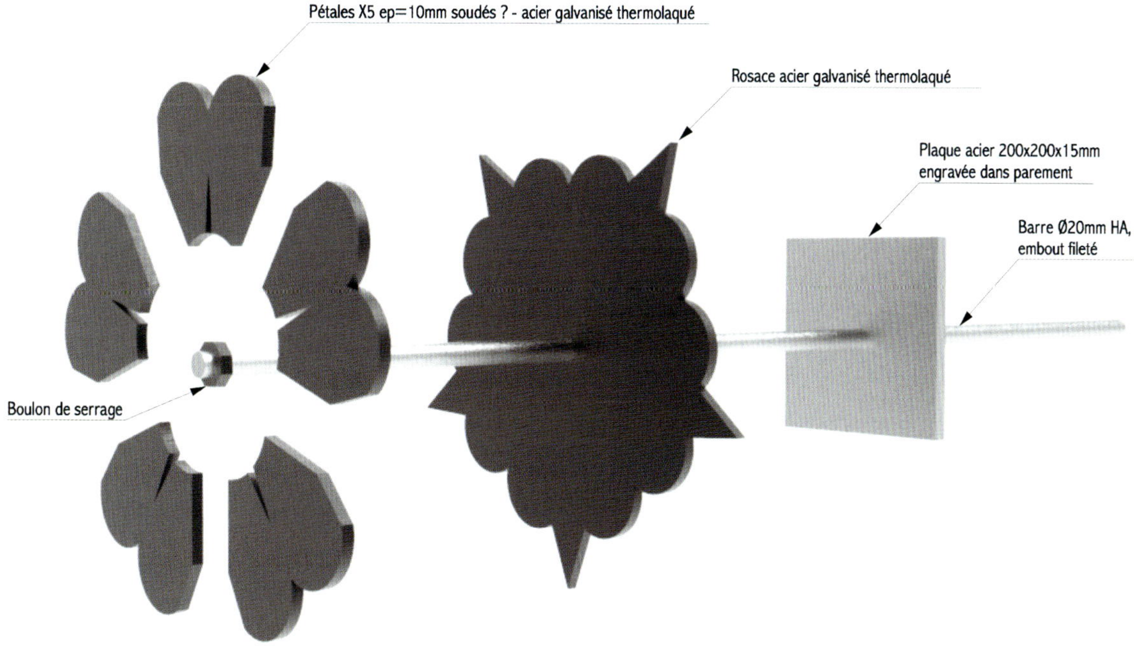

▲ Clés de tirants et clé de tirants décomposée Ces ancrages ont été façonnés par un serrurier local à partir des dessins de l'architecte, rappelant les armoiries de la famille de Hillerin qui reprend les codes de la noblesse britannique. Cette décoration utile a été primée au concours du Geste d'Or 2020.

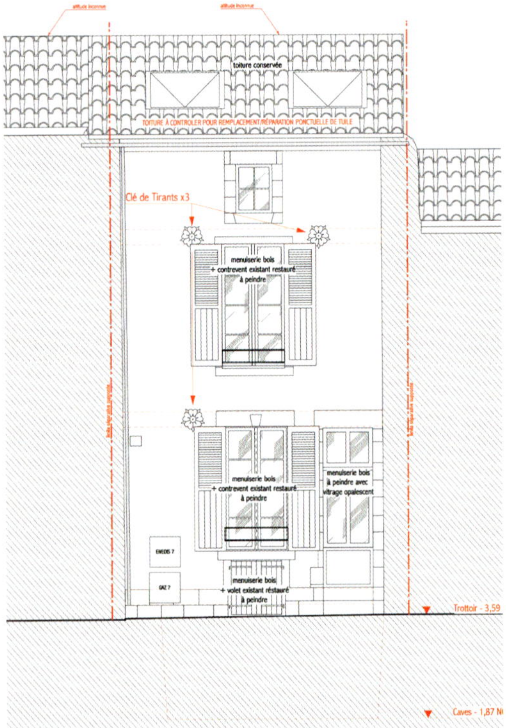

▲ Ces tirants en acier en façade sur rue permettent de solidariser la façade avec le reste de la maison (Source et crédit photo : Armel Joly architecte)

▲ Démontage du plancher et pose d'un nouveau plancher en épicéa massif et de la cage d'escalier (Crédit photos : Armel Joly Architecte)

Cette démarche a été facilitée par le démontage de l'intégralité des solivages et des planchers existants, nécessaire pour gagner de la hauteur habitable. Un nouveau plancher a ensuite été créée avec une structure en épicéa massif et un solivage en mélèze. La sous-face du plancher entre les solives a été laissée brute, tout comme le sol des circulations, pour des raisons d'économie, afin d'amortir le surcoût de la nécessaire reprise structurelle.

L'aménagement de cette maison de ville s'est fait à partir de solutions simples qui évitent de nombreux coûts de finitions et d'habillages, mettant aussi en avant la valeur patrimoniale d'une maison déjà mentionnée dans un cadastre datant de Louis XIII.

Ainsi, la pierre et la brique des murs sont restées apparentes et ont seulement été rejointoyées avec des enduits chaux-sable.

◀ Pose du ceinturage et des poutres en lamellé-collé portant les nouvelles solives. Les planchers en OSB sont conservés nus en sous-face des plafonds pour des raisons économiques (Crédit photo : Armel Joly Architecte)

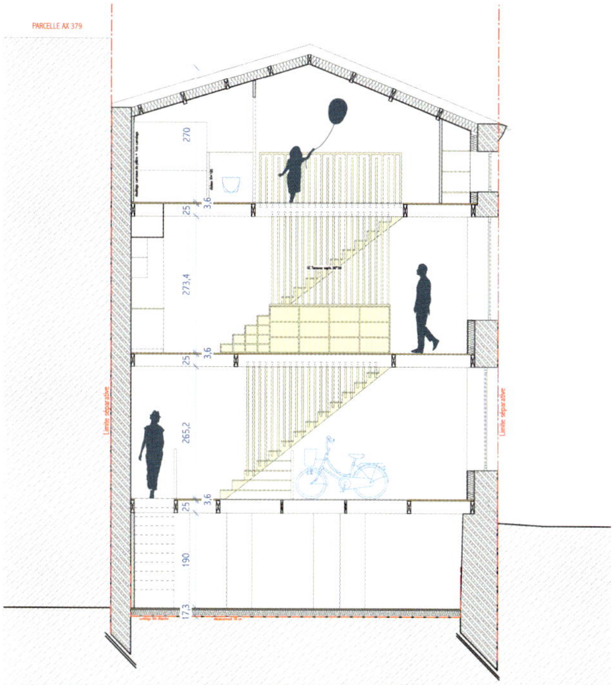

▲ Coupe transversale de la maison avec son escalier ajouré (Source : Armel Joly architecte ; Crédit photo : Armel Joly)

L'escalier reliant les quatre niveaux est un escalier de meunier à double limon central.
Le menuisier a laissé volontairement les fixations apparentes pour faire écho aux sabots métalliques de la charpente, eux-mêmes laissés apparents.
Cet escalier a été conçu sans contremarche pour favoriser la luminosité naturelle issue de la seule façade nord. Pour la même raison le garde-corps en frêne massif est largement ajouré.
Les combles sont transformés en deux chambres pour les enfants avec une salle de jeux et bénéficient de deux fenêtres de toit, suite à une reprise de la charpente.
Une autre fenêtre de toit éclaire la salle de bain.
Une dernière ouverture au-dessus de l'escalier donne de la lumière à toute la maison.

◀ La chambre à nue avant travaux au dernier niveau et la création de fenêtres de toit avec isolation en fibre de bois (320 mm) ainsi que l'agrandissement de la cage d'escalier pour en faire un puits de lumière (Crédit photos : Armel Joly Architecte)

▲ La pièce de vie en R+1 après travaux, desservie par un escalier de meunier à double limon central sans contremarche et avec un garde-corps ajouré en frêne massif pour laisser passer la lumière (Crédit photo : Armel Joly Architecte)

▲ Les deux chambres d'enfant en parquet stratifié aménagées dans les combles (Crédit photo : Armel Joly Architecte)

▲ Façade nord donnant sur rue

▲ La cuisine intégrée au séjour recouvert d'un parquet bois contre-collé (Crédit photo : Armel Joly Architecte)

La cave agrémentée d'un soupirail comprend un espace technique, une chambre d'amis et un salon télé.

Le rez-de-chaussée est réservé à une suite parentale.

Le premier niveau est la pièce de vie avec une cuisine ouverte.

▲ Le puits de lumière dans le séjour (Crédit photos : Armel Joly Architecte)

▼ Surfaces utiles par niveau (Source : Armel Joly Architecte)

Niveau	Surface détaillée par espace ou pièce	Surface utile par niveau (m^2)
Cave	Espace de stockage sous escalier : 6,27 m^2 Espaces technique/buanderie : 8,30 m^2 Salon télé, atelier : 8,29 m^2	22,86
Rez-de-chaussée	Entrée, stockage vélos, poussette : 10,06 m^2 Chambre parents : 9,53 m^2 Salle d'eau, garde-robe et toilettes : 5,21 m^2	24,80
R+1	Séjour/salle à manger : 17,94 m^2 Cuisine : 6,40 m^2	24,34
Combles	Chambres enfant : 9,06 m^2 et 9,00 m^2 Salle de bain : 4,62 m^2 Dégagement : 4,41 m^2	27,09
Total	–	99,09

La luminosité naturelle a été particulièrement recherchée avec les fenêtres de toit, les escaliers sans contremarche et les garde-corps ajourés afin de créer un puits de lumière éclairant la pièce de vie.

Technique constructive et solutions techniques

La maison n'était pas du tout isolée. Les murs mitoyens sont restés en pierres ou briques apparentes sans isolation, notamment pour ne pas perdre de surface habitable. Seule la façade nord a été isolée ainsi que la toiture.
La façade sur rue a été isolée avec 160 mm de fibre de bois rigide. Pour les trois autres murs, ceux-ci étant mitoyens avec des maisons voisines, l'isolation n'était pas nécessaire et ceci a permis de préserver des mètres carrés de surface utile.

	État initial	État après rénovation	U (W/(m^2.K))*
Murs extérieurs	Moellons sans isolation	ITI : 160 mm de fibres de bois semi-rigides sur la façade nord. Enduits à l'extérieur Les autres murs mitoyens ne sont pas isolés	0,29
Toiture	Charpente bois pas isolée ; tuiles tige de botte	Création de deux châssis pour pose de Velux ; isolation avec 32 cm de fibre de bois Steico en deux couches croisées avant pose d'un pare-vapeur	0,18
Plancher bas	–	En sous-sol, plancher bois sur solive bois non isolé Plancher avec parquets en bois contrecollé dans la pièce de vie et stratifié dans les autres niveaux posés sur banque acoustique Phaltex	2,50
Menuiseries extérieures	–	Menuiseries bois doubles vitrages performantes 4/16/4 sur la façade nord Porte d'entrée performante avec double vitrage (de couleur bleue, conforme aux couleurs traditionnelles des pêcheurs, demandée par l'ABF)	Uw = 1,40

*Estimation des coefficients U : les auteurs

Occultations	–	Volets en bois
Chauffage	Pas de chauffage	Chauffage électrique
Eau chaude sanitaire	–	Chauffe-eau électrique
Ventilation	Sans	Ventilation simple flux hygroréglable Aldès
Énergies renouvelables	–	–

Chauffage

Cette maison de ville du XVIIe siècle a été construite sur un puits d'eau de mer qui se vide à marée basse et se déverse dans les canalisations municipales à marée haute. L'idée d'installer une pompe à chaleur sur cette cuve de rétention était tentante (et préconisée dans le DPE) mais ne pouvait pas se réaliser du fait que la cuve est vide à marée basse.
Le maître d'ouvrage a donc opté pour un chauffage électrique (radiateurs) ne demandant que peu de place.
Pour la même raison (place), le système de ventilation est une ventilation simple flux hygroréglable.

La performance énergétique

Consommation théorique d'énergie avant et après travaux

	Avant travaux	Après travaux
Surface de référence (m^2)	87	87
DPE Énergie (kWh$_{EP}$/m^2)	–	134
Ratio en énergie finale (chauffage et ECS) (kWh/(m^2.an))	–	52
DPE Climat (kg eqCO_2/m^2)	–	4

Le point de vue du maître d'ouvrage

« Maison "primo-accédant" nécessitant d'importants travaux, notre projet visait à rénover une maison de pêcheur dans le centre-ville des Sables d'Olonne. En plus de la distribution de l'espace, l'enjeu était d'amener de la lumière et de la chaleur dans une maison exposée au nord.
La mission complète de l'architecte a permis de transformer une maison très dégradée en une maison d'habitation agréable reposant sur des espaces et des volumes généreux et un confort thermique étudié et efficace. »

Récompenses
Geste d'Or[1] pour l'ensemble de l'opération en 2020

Remerciements et sources
Armel Joly, architecte 78150 Le Chesnay ; aj@aj-archi.fr
Le maître d'ouvrage

1. Le Geste d'Or est une association indépendante qui réunit les métiers du bâtiment (maîtres d'ouvrage, maîtres d'œuvre, entreprises, etc.) et récompense savoir-faire, construction et création.

9. Une maison de village proche de la Méditerranée

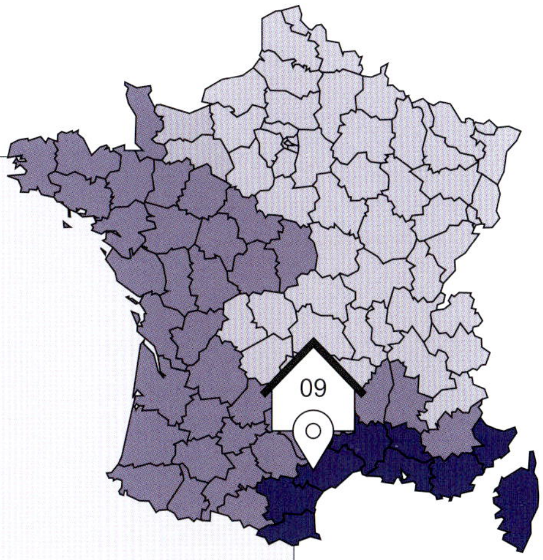

Maître d'ouvrage et maître d'œuvre : Benjamin Cluet et Claire Torres
BET thermique : Antoine Prats, bureau d'études Phroneco, concepteur de bâtiment passif (diplômé CEPH). Devenue en 2022 l'entreprise Loukta Charpente (VMC DF, isolation par l'extérieur et charpente).
Entreprises : Maçonnerie : Tortosa. BE Structure : Pentaxe. Isolation mur et toiture : Amont Énergie. Menuiseries : Menuiseries André. Ventilation : CDS. Test étanchéité à l'air : Kaliverif. Charpentier : Environnement bois. Escaliers intérieurs : AFB. Terrasse. Pergola et escalier extérieur : Le Métallier.

Localisation : Roquebrun, Hérault
Altitude : 100 m.
Date de construction : XIXe siècle
Date des travaux : 2019-2021
Shab avant/après travaux : 240 m^2/320 m^2
Coût des travaux : 750 €/m^2 Shab dont 280 €/m^2 pour la performance énergétique

Crédit photo : Benjamin Cluet

Le projet

Les objectifs, le contexte

Un des amis des maîtres d'ouvrage avait réhabilité sa maison en passif et ils avaient participé aux travaux (voir maison ⓮, Pierre Leriche). Cette rénovation exemplaire donnant pleine et entière satisfaction, ils ont voulu faire de même avec leur maison de famille.

▲ La maison avant travaux, côtés nord sur rue et côté sud en surplomb de l'Orb (Crédit photos : Benjamin Cluet)

▲ La maison avant travaux, bien orientée au sud, vue du pont qui enjambe l'Orb (Crédit photo : Benjamin Cluet)

Le choix d'une rénovation passive correspondait également aux besoins et valeurs des maîtres d'ouvrage : ne pas construire une maison mais rénover de l'ancien, obtenir un certain confort avec l'absence de sensation de froid, baisser l'impact environnemental de l'habitation au vu de la situation climatique mais aussi faire la démonstration qu'une rénovation très performante dans le bâti ancien est possible. Située dans un village remarquable, cette maison mitoyenne sur deux côtés a été construite au XIXe siècle. C'est un parallélépipède de 10 × 13 m, sur quatre niveaux, comprenant un sous-sol donnant sur le jardin surplombant l'Orb, deux niveaux habitables et des combles. Seule une partie de la maison était chauffée avant les travaux de rénovation. Bien orientée et n'ayant pas subi de changement depuis les années 1960, elle présentait des caractéristiques favorables pour une rénovation très performante.

Les travaux ont commencé en 2019. L'emménagement de la famille s'est fait en 2021 mais il reste encore en 2024 certains travaux à terminer (notamment au niveau des combles rendus habitables : pose du placoplâtre, peinture et revêtement de sol).

Le projet de rénovation pour atteindre le passif

La maison est située dans une zone classée en raison de la présence de l'église dans le village. La seule solution qui permettait une rénovation thermique performante, tout en garantissant une intégration du bâtiment conformément aux attentes de l'architecte des bâtiments de France (ABF), était une isolation thermique par l'intérieur (ITI). Cette situation en zone classée interdisait également de modifier les fenêtres et imposait de garder leur encadrement de couleur blanche, caractéristique architecturale régionale. L'ABF a cependant autorisé le percement de fenêtre de toit.

La maison est orientée nord/sud avec des ouvertures uniquement sur ces deux côtés. La maison n'étant que partiellement mitoyenne sur les côtés est et ouest, l'isolation a été réalisée sur les quatre côtés de la maison.

La rénovation met en valeur les trois niveaux (espace chauffé) au-dessus d'un sous-sol de 119 m^2, avec un réaménagement total.

Le salon/cuisine a été créé côté sud sans cloisonnement avec trois portes-fenêtres pour maximiser la luminosité et profiter de la vue. Il en a été de même, pour la pièce de vie (salle de jeux) au niveau de l'étage avec deux portes-fenêtres. Les salles de bain sont positionnées dans les pièces sans fenêtres (la VMC étant très efficace) et la trémie de l'escalier est positionnée au centre comme puits de lumière.

Le rez-de-chaussée comprend, outre un studio indépendant et un bureau accessibles directement de la rue, un grand séjour et la cuisine, le niveau R+1 une grande salle de jeux et quatre chambres. Le niveau R+2 n'est pas encore aménagé.

La trémie d'escalier a été déplacée au centre de la maison pour bénéficier d'un puits de lumière. L'escalier suspendu sans contremarche a été choisi pour son côté esthétique, mais surtout pour la qualité de lumière qu'il offre.

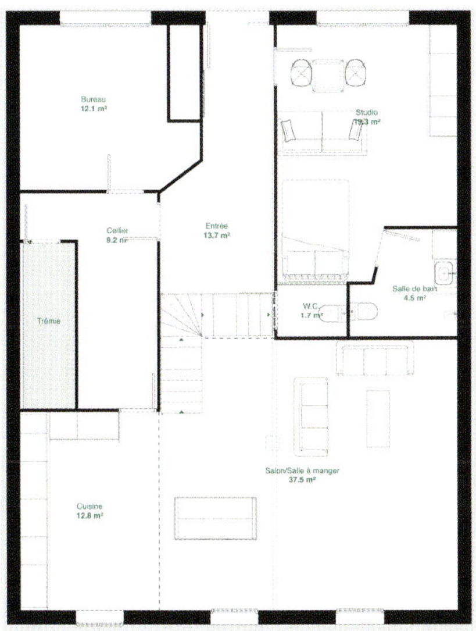

▲ Le rez-de-chaussée accessible de la rue comprend un grand séjour et la cuisine donnant au sud en surplomb de l'Orb (Source et crédit photo : Benjamin Cluet)

▲ L'escalier de la maison avant et après travaux : ouverture de la trémie pour avoir un puits de lumière (Crédit photos : Benjamin Cluet)

▲ Le 1er étage comprend une salle de jeux > 40 m², 4 chambres de 12 à 15 m² dont une avec salle d'eau, une salle d'eau et un WC (Source et crédit photo : Benjamin Cluet)

▲ La maison côté sud (face à l'Orb) après rénovation. Les travaux restent à terminer sur le niveau bas donnant sur le jardin : déposer les vieilles climatisations inutiles, enduit de façade, etc. (Crédit photo : Benjamin Cluet)

Technique constructive et solutions techniques

	État initial	État après rénovation	U (W/(m².K))
Murs extérieurs	Mur en galets environ 500 mm d'épaisseur Papiers peints ou peinture sur enduit (chaux plâtre ou ciment)	Pas de modification de la structure Décroutage des enduits béton Réalisation d'une ossature bois intérieure (montants 120 mm) ; insufflation de 145 mm de ouate de cellulose ; pose d'un frein vapeur ; ajout de 40 mm de laine de bois entre les tasseaux ; plaque de plâtre 13 mm	0,237
Murs intérieurs (entre cellier et descente vers la cave)	Non connu	Parement OSB 15 mm, ossature bois, 145 mm de ouate de cellulose insufflée, frein vapeur, 40 mm laine de bois entre les tasseaux, BA13	0,259
Toiture	Tuile canal Flexoutuile Chevron sur pannes Pas de finitions	De haut en bas : tuiles canal, plaques support de tuiles (Flexoutuile) Chevrons, OSB 9 mm fixée sous chevrons (étanchéité entre OSB et panne *via* PU expansive + scotch) Caissons 350 à 450 mm de ouate de cellulose selon ventre de la toiture ; frein vapeur, rails + BA13	0,113
Plancher bas sur cave	Plancher mixte avec de haut en bas : béton ou tomette, plancher bois, poutre bois + IPN	De haut en bas : carrelage, chape liquide (80 mm), PU (68 mm), dalle béton sur hourdis polystyrène (200 mm)	0,286
Menuiseries extérieures	26,8 m² fenêtres et portes-fenêtres battantes en simple vitrage en bois avec volets battants en bois 19,5 m² fenêtres et portes fenêtres métalliques en simple vitrage	Menuiseries bois-aluminium en triple vitrage (Smartwin des Menuiseries André) à ouvrant caché pour une meilleure performance thermique et un moindre impact visuel. Ug = 0,53	Uw = 0,7 à 0,8
		Fenêtres de toit : Velux triple vitrage	Uw = 1,0
		Porte d'accès à la cave depuis le cellier chauffée Keyor Thechnitherm PEBOS sur huisserie bois	Ud = 1,0

Occultations	Persiennes	Pas d'occultation au nord et au dernier étage côté sud Occultation rétractable au rez-de-chaussée côté sud Occultation amovible au premier étage côté sud Volet roulant extérieur
Chauffage	Cheminée + climatisation réversible	Tour multifonction NILAN compact P XL incluant une ventilation double flux + pompe à chaleur pour le chauffage et le rafraîchissement de l'air ambiant. Ajout d'une résistance électrique de 2 kW sur l'air insufflé (non utilisée depuis son installation)
Eau chaude sanitaire	Chauffe-eau électrique ballon indépendant	La tour multifonction récupère, *via* la PAC, les calories pour chauffer l'eau chaude sanitaire. Récupérateur de chaleur sur les eaux grises de marque EVOLYS shower pipe installé en sous face du plancher bas (dans la cave)
Ventilation	Naturelle	Tour multifonction NILAN

L'ITI était obligatoire pour respecter la nature patrimoniale du bien. Pour améliorer le confort thermique de la maison, il a fallu ajouter de la masse pour faire de l'inertie, ce qui a été fait avec la création d'une dalle liquide au rez-de-chaussée ainsi que la création de poteaux-poutres en béton et l'utilisation de panneaux en Fermacell dans les étages.

Les matériaux

Le projet a été réalisé en grande majorité en matériaux biosourcés (ouate de cellulose, fibre de bois, bois), mais le budget a également joué dans le choix de certains matériaux (isolant sous dalle en mousse polyuréthane et plancher béton avec hourdis en polystyrène).

Un plancher bas très dégradé mais portant les planchers des deux niveaux supérieurs

À l'origine, les planchers reposaient sur un ensemble de poutres en bois renforcées par des poutres en acier (IPN) ainsi que par des poteaux intermédiaires en bois.

Dans la cave, le plancher supérieur reposait sur un poteau en brique central et deux poteaux métalliques. Ces poteaux supportaient des poutres en bois transversales renforcées par des IPN. Ce plancher étant très dégradé, il devait être changé.

Or ce plancher supportait, *via* les cloisons en briquettes, le plancher du niveau 2, puis du niveau 3. Il a donc fallu déconstruire l'ensemble des cloisons en commençant par le niveau 3. C'est une déconstruction totale des planchers qui a été rendue obligatoire du fait du système constructif du complexe plancher/cloison.

La reconstruction des planchers a été faite en s'appuyant sur ces systèmes de poteaux-poutres intermédiaires en béton, chaque niveau comprenant deux poteaux supportant une poutre de refend et ceux du dernier niveau recevant également la ferme de la toiture.

Au niveau des deux étages supérieurs, les poutres en bois des planchers ont été conservées et, compte tenu de leur portée (10 m), il était indispensable de créer une structure de refend.

▲ Reconstruction des planchers bois intermédiaires et du sol du niveau 1 (en bas à droite) (Crédit photos : Benjamin Cluet)

Le traitement de l'enveloppe avec isolation par l'intérieur

L'isolation par l'intérieur a dû tenir compte de l'absence de planéité des murs anciens. C'est pourquoi il a été décidé d'insuffler 145 mm de ouate de cellulose alors que l'ossature bois ne faisait que 120 mm d'épaisseur. Le jour apparent a été comblé par la mise en place, tous les deux caissons, d'une OSB de 9 mm.

Le frein vapeur est fixé sur les caissons en bois en agrafant des bandes d'OSB de 9 mm pour pincer le tissu.

Les bois horizontaux en 45 × 45 mm permettent de maintenir les fibres de bois et sont les supports du placoplâtre. L'espace entre les tasseaux (derrière la fibre de bois) permet de faire passer les gaines électriques et tuyaux d'eau devant le pare-vapeur, ce qui permet de limiter au minimum les traversées du pare-vapeur.

▲ La rénovation du rez-de-chaussée : poutre en béton, faux plafond et ITI (Crédit photo : Benjamin Cluet)

La toiture et l'aménagement des combles habitables

La toiture a été isolée avec des caissons remplis de ouate de cellulose et des fenêtres de toit ont été installées pour assurer le chauffage en période hivernale en complément des apports solaires de la façade sud. Ces fenêtres améliorent aussi la luminosité dans la maison et augmentent le ratio surface de baies vitrées/surface de la maison. L'ajout de ces six fenêtres a fait passer le taux de surface vitrée, qui était seulement de 12 %, à 14 % de la surface habitable. Un système d'occultation par l'extérieur des Velux a été installé afin de supprimer les apports solaires en été.

▲ Pose des plaques de placoplâtre sur les tasseaux qui maintiennent les plaques de laine de bois (Crédit photo : Benjamin Cluet)

▲ Rénovation du premier étage (Crédit photo : Benjamin Cluet)

▲ L'isolation des combles pour les rendre habitables (Crédit photos : Benjamin Cluet)

Les menuiseries

L'ensemble des menuiseries a été remplacé par des menuiseries en triple vitrage.

Pour les ouvertures au nord, aucun système d'occultation extérieur n'a été installé afin de maintenir la qualité esthétique du bâti et de favoriser au maximum les apports de lumière. Pour les menuiseries au sud, des stores extérieurs ont été posés : en rez-de-chaussée, un store rétractable permet d'assurer la protection solaire et la protection de la terrasse, au premier étage, des stores amovibles ont été posés alors que pour le dernier étage, aucune protection n'était nécessaire car le débord de toit est suffisant.

Du fait de l'ITI, l'ensemble des menuiseries a été posé en tunnel dans l'ossature bois afin de limiter le pont thermique et aussi de favoriser les ombrages naturels des vitrages en été.

La ventilation double flux

Les maîtres d'ouvrage ont choisi un système compact 4 en 1 (Tour NILAN) assurant la ventilation, le chauffage, le rafraîchissement et l'eau chaude sanitaire. Ce système est installé au niveau 2 et la cheminée existante a été utilisée pour l'air extrait.

▲ Pose de la double flux compact NILAN au niveau R + 2 et des gaines dans un faux plafond (Crédit photos : Benjamin Cluet)

Gestion du transfert d'humidité dans les murs

C'est la gestion du transfert d'humidité dans les murs qui a déterminé le choix constructif. Plusieurs systèmes ont été étudiés et c'est celui qui obtenait la meilleure performance tout en assurant une bonne migration de la vapeur d'eau dans les murs qui a été retenu : mur existant/ouate de cellulose (145 mm)/frein vapeur/isolant fibre de bois souple (40 mm)/placoplâtre.
Des calculs ont été faits par le fournisseur du frein vapeur, ses calculs validant la solution technique.

Traitement des ponts thermiques des poteaux et poutres

Les poteaux et poutres génèrent des ponts thermiques car ils traversent l'isolation. Des remontées d'isolant ont été posées sur les poteaux, ceux-ci ont été cachés par des tablettes décoratives en bois, très pratiques à l'usage dans le séjour.

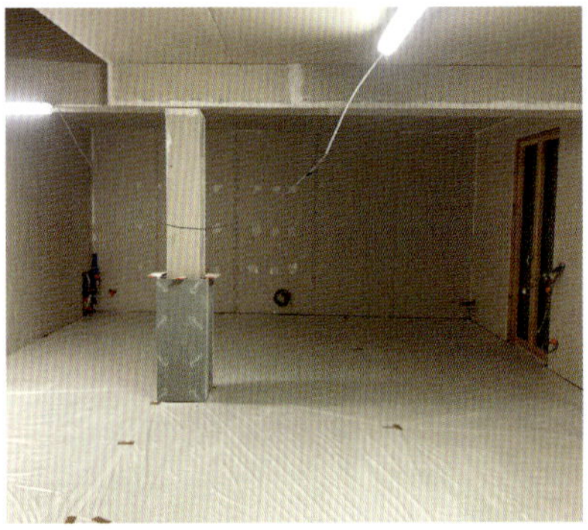

▲ Remontées d'isolant sur les pieds de poteaux (Crédit photos : Benjamin Cluet)

▲ Décroché de l'isolant au niveau de la porte d'entrée pour éviter le pont thermique de la poutre intermédiaire du niveau R + 1 (Crédit photo : Benjamin Cluet)

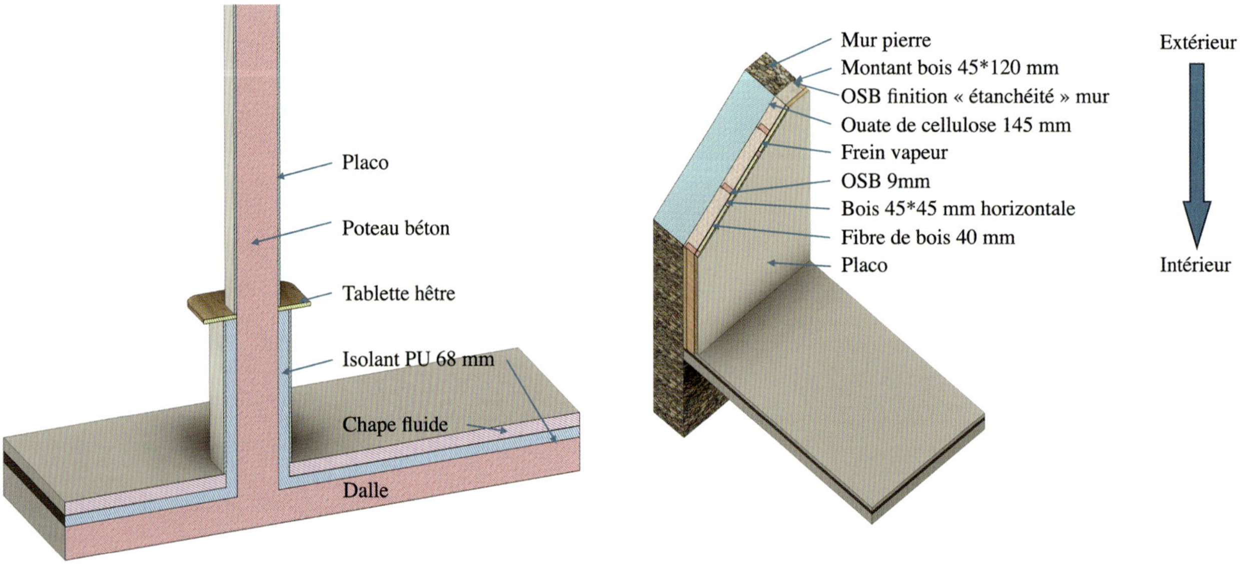

▲ Coupe d'un poteau du séjour montrant les remontées d'isolant pour éviter le pont thermique et coupe de la jonction mur mitoyen-plancher (Source : Benjamin Cluet)

Traitement de l'étanchéité à l'air

Unités de mesure	Avant travaux	Après travaux
Q4 en m^3/(m^2.h)	Non connu	0,09
n50 en volume par heure	–	0,20

L'étanchéité autour des poutres existantes (voir § 3.3.2)
L'accès au sous-sol (trémie de l'escalier) est hors espace chauffé. Aussi, c'est la porte d'accès au sous-sol qui est très étanche à l'air.

▲ Perçage dans les fentes + injection de mastic acrylique pour assurer une parfaite étanchéité à l'air de la liaison frein vapeur/poutre : pas de fuite constatée lors du test d'étanchéité (Crédit photo : Benjamin Cluet)

▲ Passage des gaines électriques et tuyaux d'eau entre le frein vapeur et les tasseaux de bois pour ne pas percer le pare vapeur (passage facilité par les OSB de 9 mm) (Crédit photo : Benjamin Cluet)

▲ L'isolation de l'escalier d'accès au sous-sol non chauffé : pose de la membrane d'étanchéité à l'air maintenue par des bandes d'OSB de 9 mm puis tasseaux de 45 × 45 (Crédit photos : Benjamin Cluet)

Organisation et implication de la maîtrise d'ouvrage

Le chantier a été réalisé en site inoccupé lors de la phase de gros œuvre et de la mise hors d'eau et hors d'air.

Dès que cela fut possible, la famille a créé une zone de vie « studio » qui servait d'habitation (deux adultes et deux bébés).

Le chantier fut fait en très grande partie en auto-construction :

– Participation active aux choix techniques
– Déconstruction
– Reconstruction des planchers des deux niveaux supérieurs
– Ossature bois intérieure
– Pose des menuiseries
– Pose du pare vapeur
– Participation avec l'artisan à l'insufflation de l'isolant
– Réalisation de l'électricité et de la plomberie
– Pose du placoplâtre
– Pose des revêtements de sol (carrelage + parquet massif)
– Réalisation de l'escalier quart tournant vers le sous-sol

Les postes suivants ont été délégués :

– Déconstruction au niveau du rez-de-chaussée puis reconstruction du plancher en béton et hourdis polystyrène
– Construction des poteaux poutres en béton, structure porteuse de tous les planchers et de la toiture
– Création de la nouvelle ferme et pose des fenêtres de toit
– Réalisation des deux escaliers intérieurs
– Reprise de la terrasse, de la pergola et de l'escalier extérieur
– Bande à joint du placoplâtre et peinture

Confort thermique et confort d'été

Lors de la période chaude (supérieure à 40 °C), la température intérieure est toujours restée en dessous ou égale à 26 °C. On remarque aussi le bon comportement thermique de la maison avec un taux de CO_2 généralement inférieur à 600 ppm (valeurs prises dans le salon).

L'hiver, lorsque la température extérieure a atteint 0 °C, la température dans la maison était de 19 °C avec la « tour compact NILAN » comme seul moyen de chauffage.

Le suivi des paramètres de la maison (température/humidité/CO_2) est assuré par une station météo constituée de quatre capteurs (trois à l'intérieur et un à l'extérieur). Ces mesures ont permis de s'assurer que les réglages de la VMC étaient bien optimisés.

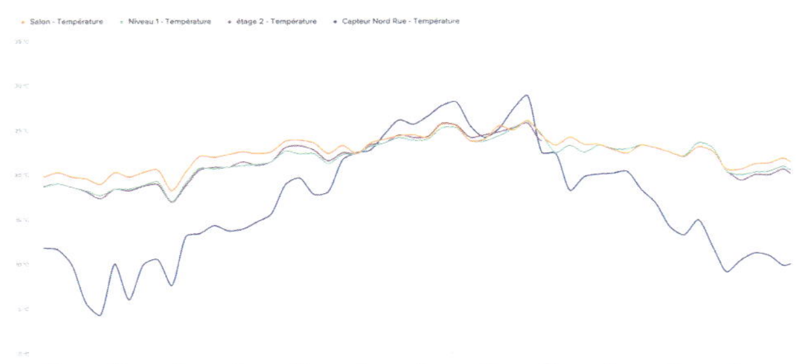

Température annuelle moyenne à chaque niveau de la maison et à l'extérieur au nord en 2023

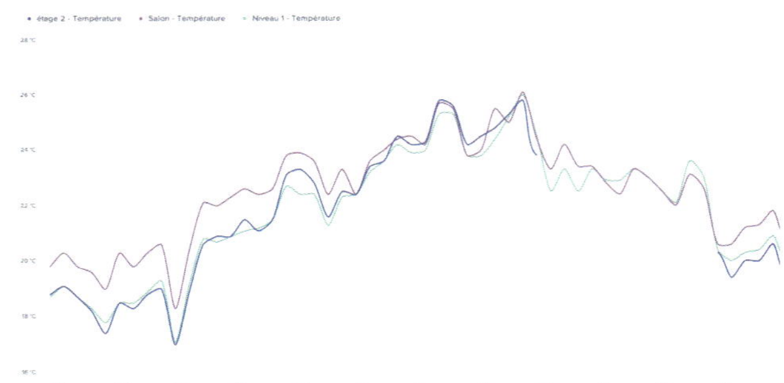

Température des pièces à chaque niveau en 2023

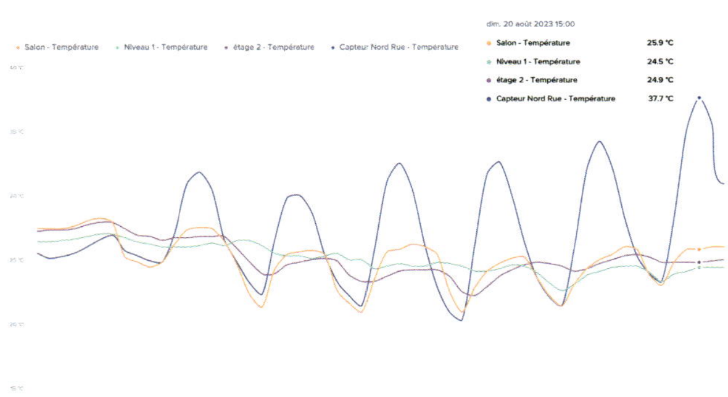

Température des pièces de chaque niveau et dans la rue au nord le 20 août 2023 à 15 heures

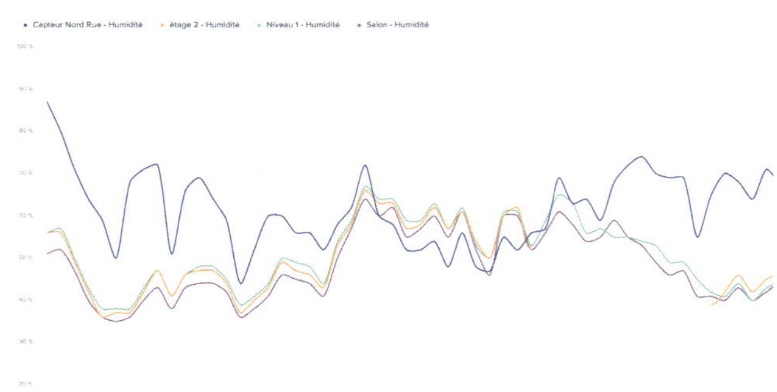

Taux d'humidité dans la maison sur l'année 2023

(Source : Benjamin Cluet)

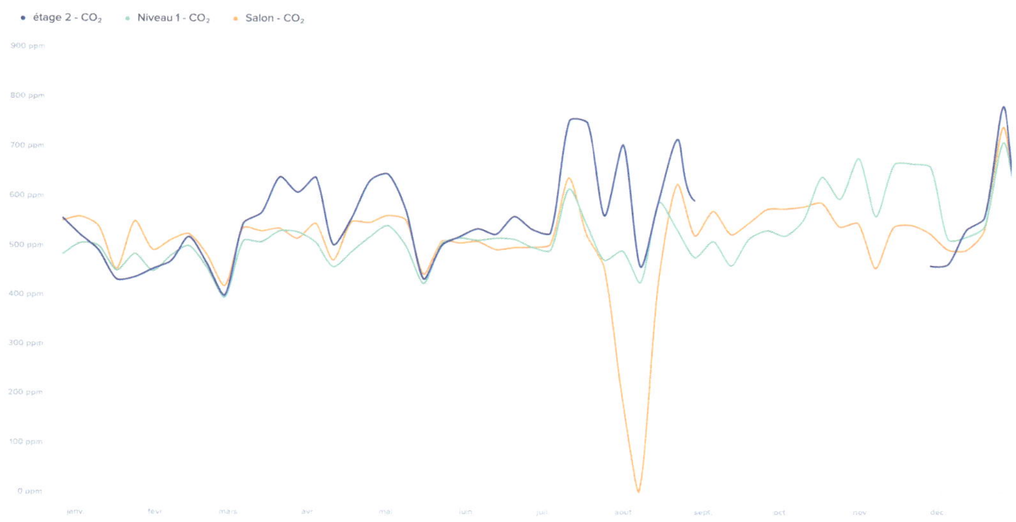

Taux de CO_2 relevé sur l'année 2023*

*En août, le capteur n'a pas fonctionné, sinon le niveau minimal est toujours de 400 ppm. Le taux de CO_2 reste toujours compris entre 400 et 700 ppm, ce qui est le signe d'une très bonne qualité de l'air.

(Source : Benjamin Cluet)

La performance énergétique

Consommation théorique d'énergie

	Avant travaux	Après travaux
Surface de référence (m^2)	373	350
DPE Énergie (kWh_{EP}/m^2)	331	–
DPE Climat (kg $eqCO_2/m^2$)	21	–
Cep réglementaire (kWh_{EP}/m^2)	331	–
Besoin de chauffage (kWh/m^2)*	–	5,5
Consommation en énergie primaire (kWh_{EP}/m^2)*	–	46
Confort d'été (fréquence de surchauffe en % d'heures dans l'année supérieures à 25 °C)*	–	6,8 %

*Source : PHPP

Consommation réelle sur factures ou comptage

Toutes consommations électriques	Avant travaux	Après travaux
Tous usages sur 120 m^2 chauffés	6 500	–
Tous usages en 2023 sur toute la surface habitée	–	4 950
Ratio consommation finale tous usages ($kWh/(m^2.an)$)	54	15,5

Un DPE très éloigné de la réalité tant pour les estimations de consommations que pour l'estimation du coût des travaux !

Le DPE réalisé au moment de l'acquisition du bien prenait en compte la totalité de la surface habitable (estimée à 327 m^2) et un chauffage avec des convecteurs électriques et non des climatiseurs réversibles. Le résultat est une consommation finale d'électricité estimée à 41 972 kWh par an (128 kWh/m^2), très loin de la réalité qui était de 6 500 kWh (54 kWh/m^2, y compris les usages électrodomestiques).

Même en tenant compte de l'effet climatiseur réversible (avec l'hypothèse d'un COP de 2), la consommation estimée par le DPE reste largement supérieure à la consommation réelle (près du double pour les deux postes chauffage et eau chaude sanitaire).
Le DPE proposait ensuite un scénario qui pouvait ramener cette consommation finale d'électricité à 6 100 kWh par an pour le chauffage et l'ECS sur 327 m^2 chauffés pour un investissement estimé à 34 500 € TTC, fournitures et main-d'œuvre comprises, économisant 4 900 € par an, soit un temps de retour de 7 ans.
La réalité économique est plus du double de la somme indiquée dans le DPE pour une économie qu'on peut estimer (au prix de 2024) à 3 368 € (350 m^2 × (54 – 15,5) kWh/m^2 × 0,25 €/kWh).
Le temps de retour est de 21 ans (hors aides).

Coûts des travaux	**Estimation du DPE** (en €)	**Coûts réels** (en €)
Remplacement vitrage par triple-vitrage	11 075	30 543
Isolation de la toiture	4 950	4 900
Isolation du plancher bas	2 857	3 014
Installation panneaux rayonnants	3 271	Tour 4 en 1
Installation ventilation double flux	2 000	14 400
Isolation des murs par l'intérieur	6 965	20 000
Chauffe-eau thermodynamique	3 400	Tour 4 en 1
Total	34 518	Estimés à 70 000 €

▲ Les portes-fenêtres sont posées en tunnel : un store rétractable assure le confort d'été mais la pose ultérieure de volets a été prévue en cas de besoin. De même, la pose de moustiquaires a été anticipée mais celles-ci ne sont pas totalement intégrées dans le bâti (Crédit photo : Benjamin Cluet)

Le point de vue du maître d'ouvrage

Le gain de confort est très apprécié des occupants de la maison, suite aux choix techniques d'isolation, mais aussi grâce à la redistribution des pièces et des accès pour maximiser la luminosité.
« *Nous sommes très satisfaits de nos choix techniques et si c'était à refaire nous referions exactement les mêmes. Cependant :*
– Nous ferions plus attention à l'intégration de moustiquaires. Nous n'avions pas trouvé de solution lors de la conception par manque de temps et nous avons prévu des supports bois dans la fibre de bois rigide sous l'enduit extérieur (cf. photo).
– Nous ferions aussi poser des toilettes sèches (ce que nous allons faire dans un avenir proche). » *(Les maîtres d'ouvrage).*

Remerciements et sources
Les maîtres d'ouvrage et d'œuvre, Benjamin Cluet et Claire Torres, benjitrial@gmail.com

PARTIE 4

Des rénovations exemplaires dans le bâti du XXe siècle (avant 1975)

Le bâti de 1914 à 1974

Ces maisons construites entre 1914 et 1974 (premier choc pétrolier) sont majoritairement des pavillons construits dans les gros bourgs ruraux puis surtout en zone urbaine périphérique.

Dans la période 1914-1948, les constructions sont principalement dans deux catégories :

– la **maison bourgeoise** assez grande sur trois niveaux en pierre meulière ou en briques, continuation des maisons du siècle précédent ;

– le **pavillon de banlieue** plus petit, initié notamment par la loi Loucheur de 1928 qui en a favorisé l'émergence.

La période des **Trente Glorieuses** (1948-1974) est d'abord marquée par les pavillons de la reconstruction qui ont des formes constructives assez simples et reproductibles, ce qui peut constituer aujourd'hui un avantage pour la massification de la rénovation énergétique.

Dans les années **1960-1970**, se sont développées des formes constructives assez semblables avec un espace habitable en rez-de-chaussée posé sur un sous-sol avec garage et au-dessus des combles aménagés (chambres) ou perdus selon les cas. Beaucoup de ces maisons sont construites sur une butte et jouent sur la déclivité du sol pour intégrer le garage.

Le pavillon des années 1920-1940 est généralement en meulière ou en moellons locaux mais il est aussi en briques et moellons, ou en briques ou en béton de mâchefer. La toiture est à deux pans.

Les maisons des années 1960-1970 ont différents types de structure. Sont utilisés les parpaings, les briques pleines ou creuses et les moellons jointoyés au ciment. De nombreux logements sont construits avec un vide d'air et une contre cloison qui peut être une brique plâtrière. Il n'y a en général pas d'isolation thermique. La toiture est à deux pans.

Les fenêtres sont à simples vitrages en bois mais des rénovations ont permis de poser des doubles vitrages (peu performants s'ils sont anciens). Le plancher sur sous-sol est généralement un plancher bois reposant sur des structures métalliques et des entrevous en terre cuite. Les maisons peuvent aussi être directement sur terre-plein.

Le chauffage est assuré par des radiateurs avec une chaudière au fioul ou au gaz qui assure aussi la fourniture d'eau chaude sanitaire. La ventilation est naturelle. L'isolation est généralement absente et l'étanchéité à l'air est mauvaise.

Les combles ont souvent été isolés par les propriétaires successifs, en général avec une dizaine de centimètres de laine minérale en rampants ou sur le plancher haut. Certaines de ces maisons ont fait l'objet d'extension horizontale.

Un grand nombre de maisons a un fort potentiel de rénovation thermique dans la mesure où les formes sont relativement simples. Par contre, elles sont caractérisées par d'importants ponts thermiques que l'on retrouve autour des escaliers et balcons d'entrée dans la maison (rez-de-chaussée au-dessus du sous-sol), des liaisons cave-dalle de l'espace de vie et des liaisons mur-toiture.

Des maisons avec sous-sol

10 Requalification architecturale et extension d'une maison des années 1950
Auray, Morbihan
Rénovation passive

11 Une maison des années 1950
Saint-Vallier, Saône-et-Loire
Rénovation passive en site occupé, maison déjà agrandie en 1965

12 Une maison à colombage de 1951
Sentheim, Haut-Rhin
Rénovation passive (Minergie-P), travaux en site occupé

13 Rénovation par étapes d'une maison des années 1960
Saverne, Bas-Rhin
Rénovation passive en site occupé, maison sur cave à faible hauteur sous plafond

14 Rénovation avec extension en toiture d'une maison des années 1950
Romans-sur-Isère, Drôme,
Rénovation passive

15 Rénovation avec extension d'une maison des années 1950
Nazelles-Négron, Indre-et-Loire
Rénovation passive, travaux réalisés en partie en site occupé, maison sur sous-sol et voutain

16 Une maison de ville transformée en quatre logements passifs
Bruxelles, Belgique
Maison mitoyenne sur deux côtés

18 Une maison semi-enterrée du début des années 1970
Sainte-Consorce, Rhône
Rénovation passive, travaux en site occupé, suppression de la butte et intégration du sous-sol dans la surface habitable

Des maisons sur terre-plein

17 Une maison des années 1960 sur le littoral de la mer du Nord
Ambleteuse, Pas-de-Calais
Rénovation passive

19 Rénovation par étapes d'une maison des années 1970
Le Creusot, Saône-et-Loire
Travaux en site occupé, maison sur sous-sol

10. Requalification architecturale et extension d'une maison des années 1950

Maître d'ouvrage : privé
Architecte : Thomas Bonnin, Quinze Architecture, Rennes (35)
BET thermique : Hinoki, Ingénierie Thermique et Environnement
Suivi de chantier : Nicolas Le Marchand (ex-HEOL, maître d'œuvre)
Entreprises : Terrassement/Maçonnerie/Gros œuvre : Sarl Le Boullec. Charpente : Sarl Guyot. Couverture/Étanchéité : Sarl CEI 56. Menuiseries extérieures : Sarl ML Solutions. Cloisons/Doublages : Sarl Boursicot. Isolation : Sarl Qualiconfort. Carrelage/Faïence : Sarl Noël Carrelage. Agencement : Sarl Menuiserie Hamon. Serrurerie : Steel Métal. Électricité, plomberie et ventilation mécanique : Sarl CLP (Christophe Le Pogam).

Localisation : Auray, Morbihan
Altitude : 37 m
Date de construction : années 1950
Date des travaux : 2021/janvier 2022
Shab avant/après travaux : 149 m²/187 m²
Coût des travaux hors VRD : 1 688 €/m² Shab

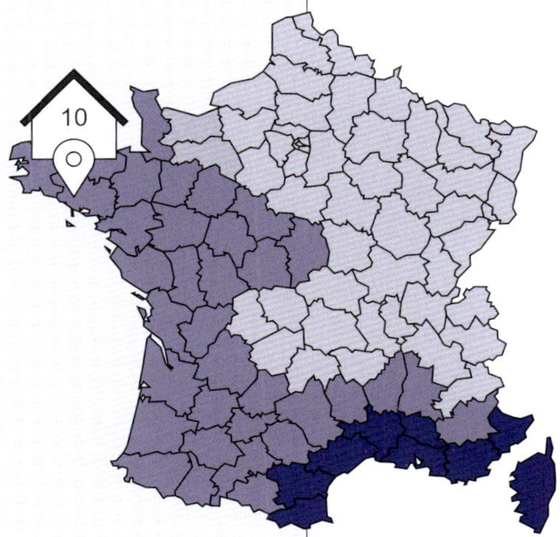

Crédit photo : François Quideau, Interval photos, pour Quinze Architecture

Le projet

Les objectifs, le contexte

Le maître d'ouvrage, connaissant le bureau d'études Hinoki, souhaitait orienter la rénovation sur une performance passive.

La maison est relativement compacte avec un rapport surfaces déperditives/surface habitable de 2,76 (voir maison ㉔, l'échelle de compacité Hinoki). Elle est implantée sur une parcelle profonde, bien orientée au sud et sans masque solaire important. Elle est mitoyenne à l'ouest. Seules la maison voisine et la végétation (situées à l'est) créent un ombrage sur les menuiseries de la façade est. Cette maison de ville (mitoyenne sur un côté) située sur la commune d'Auray dans le Morbihan permet donc d'atteindre l'objectif du maître d'ouvrage. De plus, son extension est possible.

Cette maison est typique des constructions des années 1950 ou 1960. Elle comporte trois niveaux. Le premier niveau, construit en pierre, ne comprend que le garage et la cave, l'espace de vie principal étant dans les étages supérieurs en parpaings et se prolongeant dans les combles en partie habitables.

Le projet de rénovation : une maison passive agrandie et restructurée

Le projet élaboré avec le maître d'ouvrage a consisté en une refonte totale de cette ancienne maison à laquelle vient s'ajouter une extension en ossature bois et matériaux biosourcés.

Il s'est agi de redéfinir les volumes intérieurs et de décloisonner les espaces existants étriqués grâce à des portiques métalliques, mettant aussi en valeur l'esthétique de l'ancien. La pose de poteaux et poutres métalliques a permis d'agrandir les volumes et de faire communiquer l'existant avec l'extension.

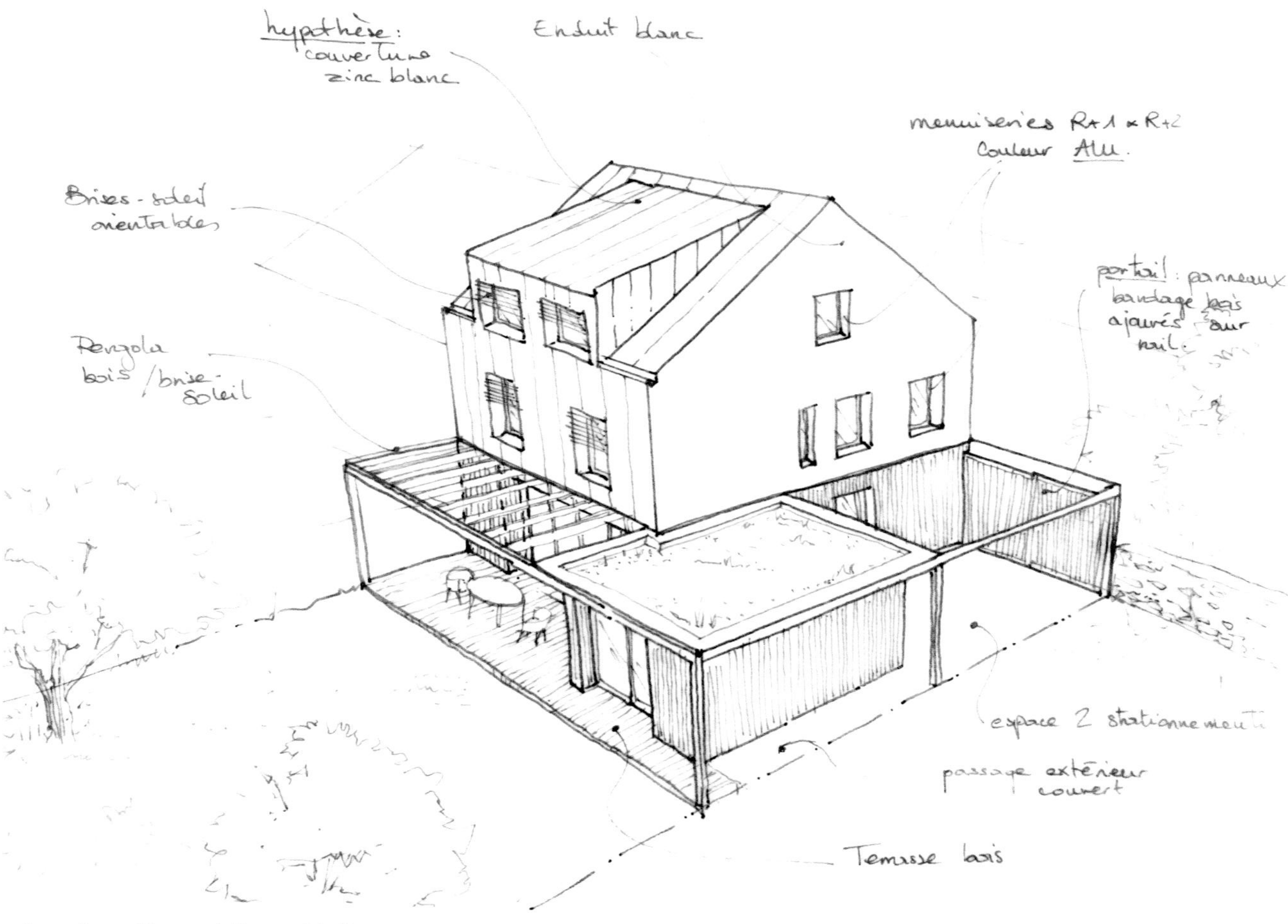

▲ Le projet architectural d'ensemble (Source : Quinze Architecture)

▲ La maison avant travaux (Crédit photos : Quinze Architecture)

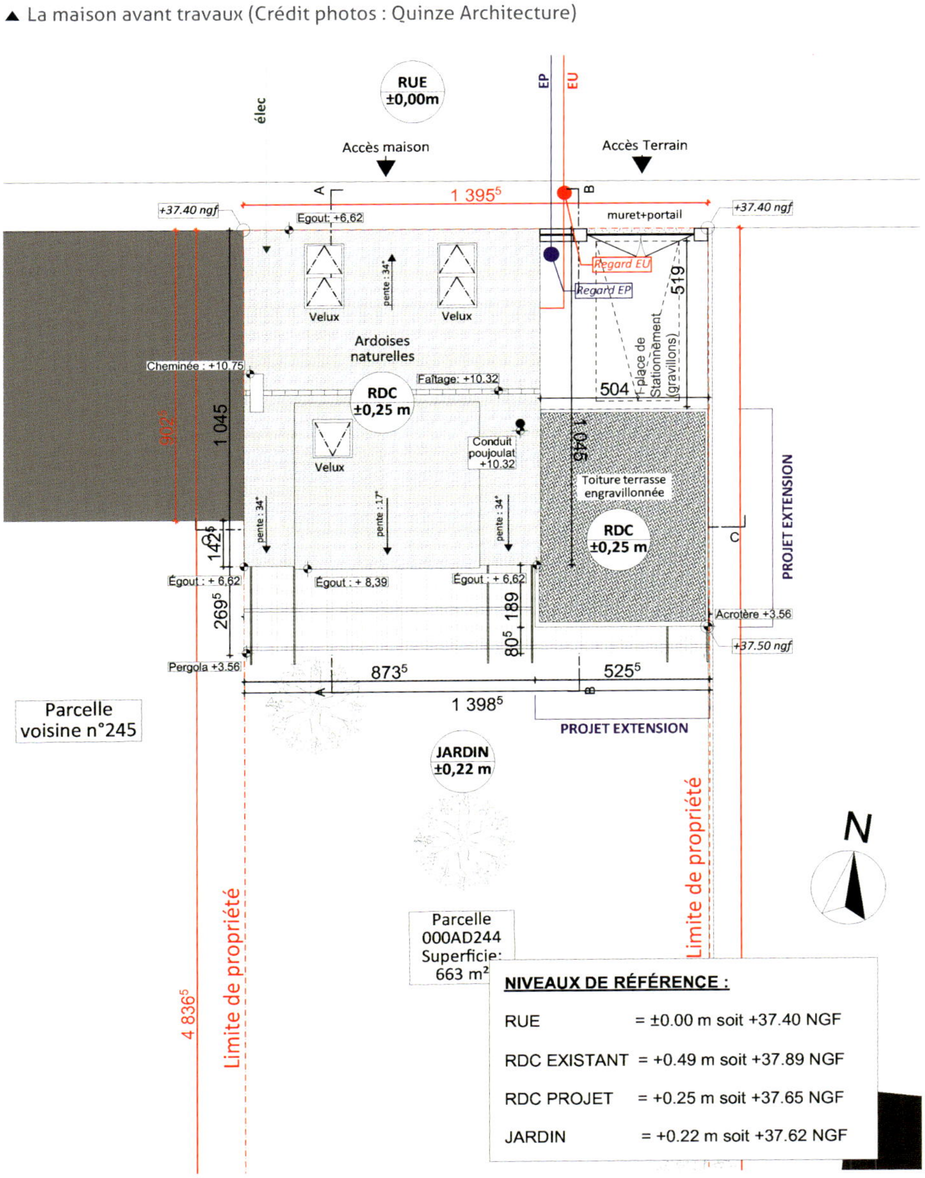

◀ Plan masse de la maison avec son projet d'extension à l'est jusqu'aux limites de propriété (Source : Quinze Architecture)

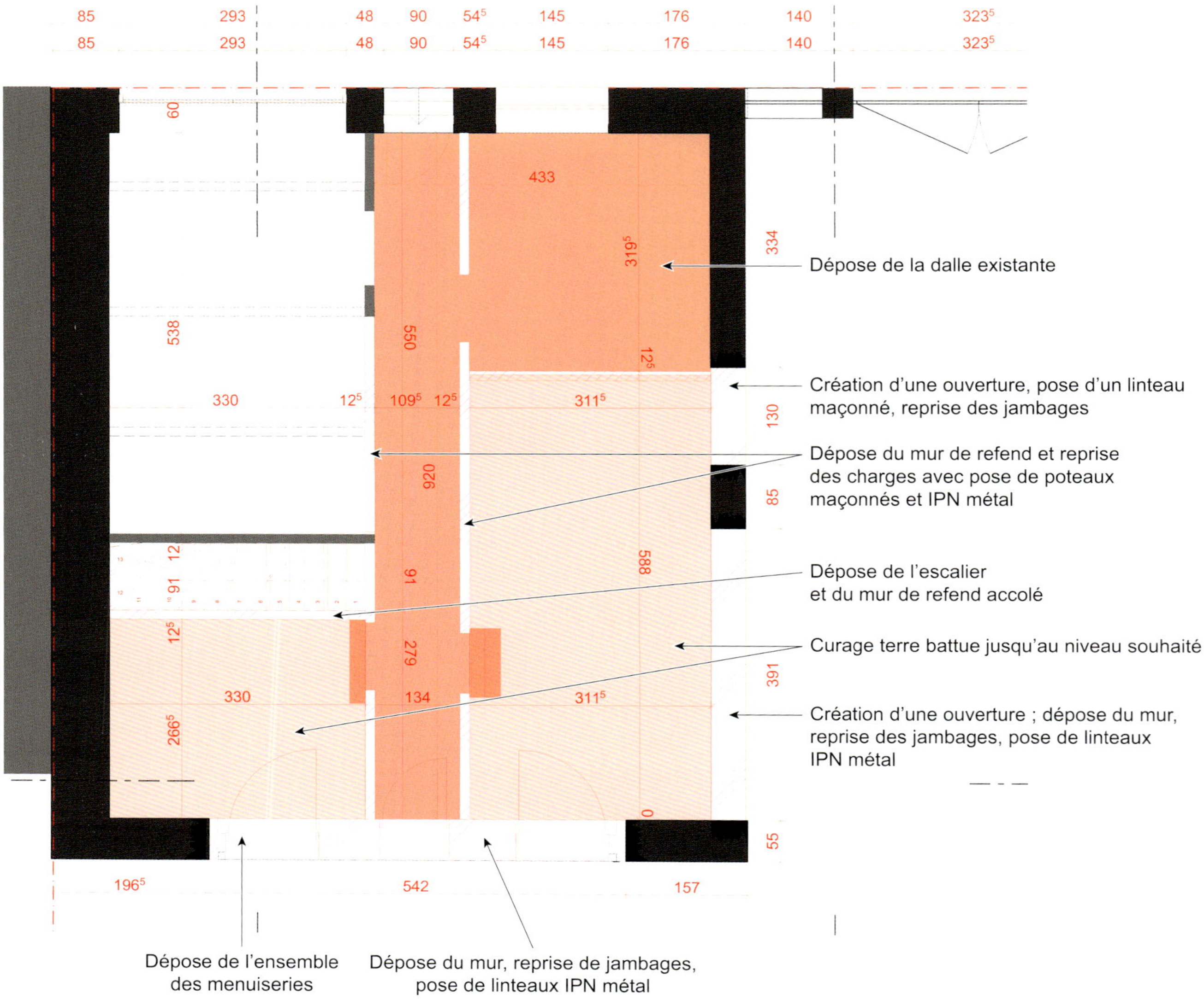

▲ Démolition des aménagements intérieurs du rez-de-chaussée (Source : Quinze Architecture)

La première étape a été de déposer plusieurs murs de refend, les menuiseries, l'escalier et d'ouvrir pour créer la liaison avec l'extension (voir plan ci-dessus).

Le projet architectural a consisté à ouvrir les espaces sur le plan horizontal, et en particulier le rez-de-chaussée vers l'extension et vers le jardin.

Ensuite, la cage d'escalier est totalement ouverte sur les deux niveaux, ce qui crée une grande respiration verticale à l'habitation.

Les éléments structurels sont volontairement laissés bruts et apparents renforçant l'aspect ancien d'origine : le plancher béton de la partie jour est sablé et mis en avant entre deux linteaux IPN métalliques (voir photo ci-après).

Ainsi les espaces de vie, salon, séjour et cuisine, orientés vers le jardin clos, prennent place au rez-de-chaussée, ainsi que les espaces techniques du côté de la rue.

Aux étages supérieurs, les chambres, bureaux et salles de bain sont desservis par une large cage d'escalier qui propose une appropriation différente : une fonction ludique par la pose d'un grand filet. Cet espace est hybride, à la fois récréatif et sécurisé pour les enfants, tout en laissant la lumière et le regard circuler.

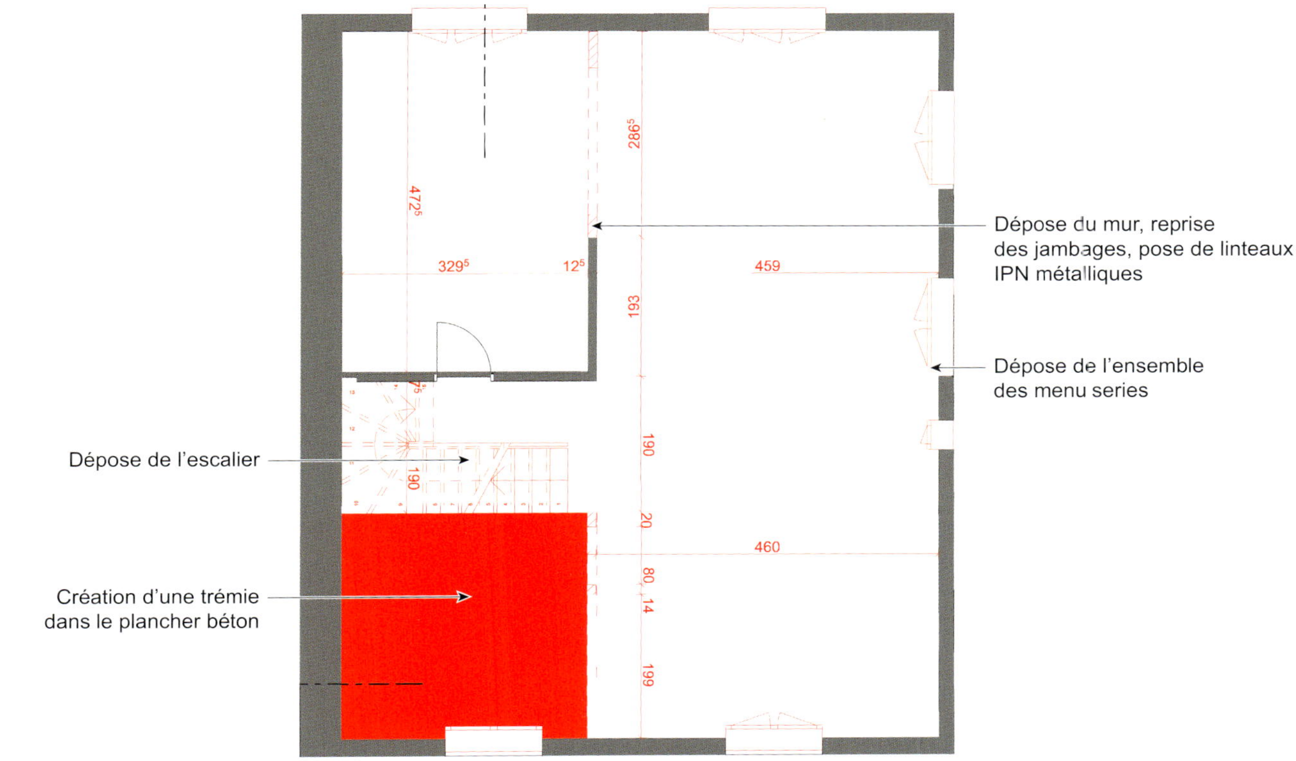

Travaux de démolition au R + 1

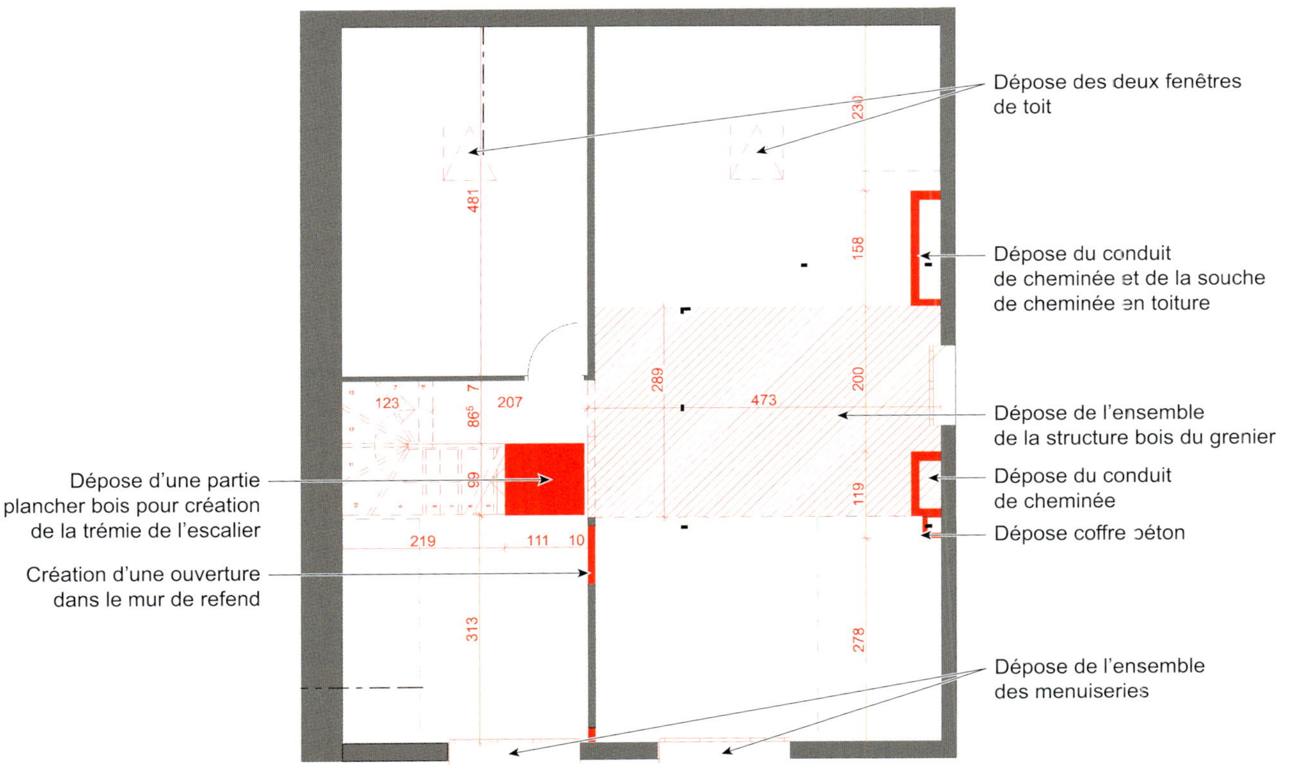

Travaux de démolition au R + 2

▲ Démolition des aménagements intérieurs aux étages R+1 et R+2 (Source : Quinze Architecture)

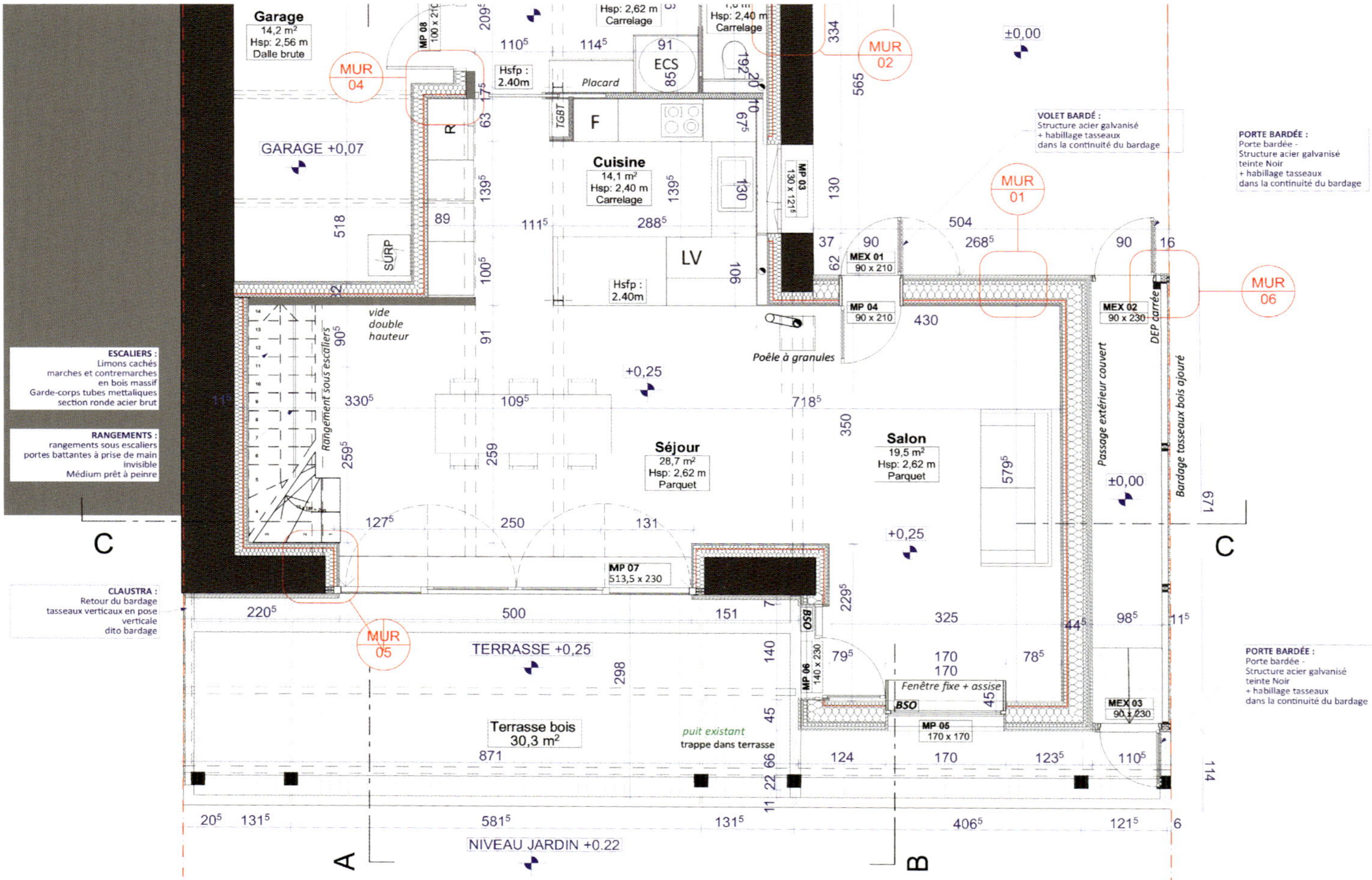

▲ Plan du rez-de-chaussée (partie sud hors entrée au nord) (Source : Quinze Architecture)

▲ Démolition aux étages R+1 et R+2 (Crédit photos : Quinze Architecture)

▲ Ouverture des cages d'escalier, vue sur les linteaux métalliques (Crédit photos : François Quideau, Interval photos, pour Quinze Architecture)

Depuis l'extérieur, l'aspect minimaliste et sobre de la maison originelle est respecté. L'extension prend place dans la dent creuse auparavant utilisée comme stationnement. Le portail en panneaux de bardage bois crée une unité avec le bardage bois de l'extension et le bois de la pergola située au sud de la maison.

L'ensemble de l'enveloppe du bâtiment existant est optimisé par la mise en œuvre d'une isolation performante et d'une étanchéité à l'air maîtrisée, conforme aux objectifs du label EnerPHit. L'extension est constituée d'une ossature bois très bien isolée.

Le projet a atteint ses objectifs de très bonne performance thermique au niveau EnerPHit, grâce à une maîtrise et une vigilance accrue pendant la conception et la phase chantier, notamment sur les jonctions existant/extension.

◀ L'extension en ossature bois (Crédit photo : Quinze Architecture)

▲ (Crédit photos : François Quideau, Interval photos, pour Quinze Architecture)

Technique constructive et solutions techniques

	État initial	État après rénovation	U (W/(m².K))
Murs extérieurs	Pierre en rez-de-chaussée. Parpaings aux niveaux supérieurs avec enduit chaux	Existant RDC : structure de l'existant conservé ITI : 120 mm laine de bois sur les murs en pierre, membrane d'étanchéité, isolant 50 mm métisse, lame d'air et BA13	0,185 en RdC 0,194 en étage
	–	Extension : 60 mm fibres de bois denses, MOB avec 220 mm ouate de cellulose + spano (panneau de 12 mm en fibres de bois perméable à la vapeur d'eau) + 50 mm métisse + lame d'air + plaque de plâtre BA13.	0,128
Murs intérieurs (donnant sur locaux non chauffés)	Parpaings	Murs périphériques : parpaings, 120 mm laine de bois, membrane d'étanchéité à l'air type intello, 50 mm métisse, lame d'air, BA13.	0,178
		Mur garage : OSB + lame d'air + 145 mm laine de bois + pare-vapeur + 50 mm métisse	0,197
Toiture	Charpente bois brut	Existant en rampant : BA13 + rail avec 100 mm métisse + lame d'air + pare-vapeur + 200 mm laine de bois, chevronnage + voliges + ardoises.	0,135
	–	Extension en toiture terrasse : BA13 + 50 mm métisse + vide d'air technique + membrane d'étanchéité à l'air Intello et 25 mm contre-lattage + ossature bois et 220 mm ouate de cellulose insufflée + OSB 18 + pare-vapeur + 100 mm isolant TMS + membrane étanchéité à l'eau + lestage graviers	0,098
Plancher bas	Dalle béton	Existant : 200 mm dalle béton sous face isolée + ossature bois avec 220 mm de laine de bois + OSB 12 mm	0,206
	–	Extension : 200 mm dalle béton, 160 mm panneau PU + 50 mm chape de ragréage + revêtement de sol	0,132
Menuiseries extérieures	–	Triples vitrages Internorm bois/alu HF 310 Ug = 0,53, facteur solaire g = 60 %	Uw = 0,69

Occultations	–	Protections extérieures mobiles de type BSO ; volets coulissants pour la façade sud et volets roulants pour les fenêtres de toit.
Chauffage	–	2 radiateurs sèche serviettes THERMOR RIVA 4 de 500 W, poêle à granulés, 9 bouches chauffantes dans les chambres
Eau chaude sanitaire	–	Ballon d'eau chaude thermodynamique ATLANTIC CALYPSO 270L
Ventilation	–	Centrale double flux ZEHNDER COMFOAIR Q350
Énergies renouvelables	–	Installation de 8 panneaux photovoltaïques en mars 2024

Les ponts thermiques

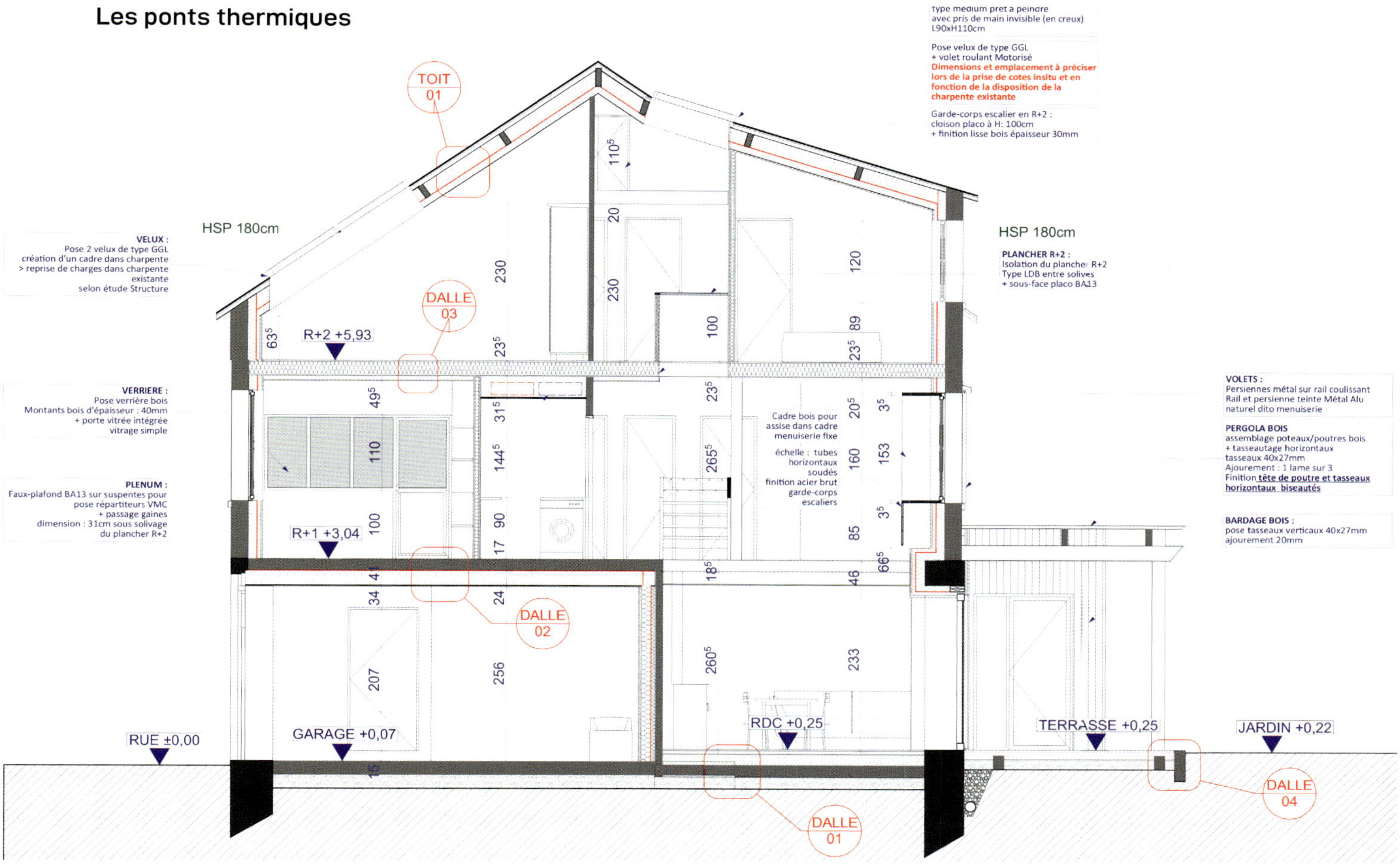

▲ Coupe de la maison identifiant les ponts thermiques (Source : Quinze Architecture)

Gestion de l'humidité

La membrane hygro-régulante est indispensable sur des murs en pierre isolés par l'intérieur pour ne pas détériorer la structure (hygrométrie).

Les parois en pierre et la présence d'isolant biosourcé exigent une attention particulière concernant la gestion de la vapeur d'eau. Le projet de rénovation a fait l'objet d'un calcul de la migration de l'humidité dans la paroi en pierre isolée avec un matériau biosourcé (Proclima).

Étanchéité à l'air

Le test d'étanchéité de cette maison rénovée aboutit à une valeur équivalente à **un bâtiment passif neuf**, avec une étanchéité à l'air cinq fois supérieure à celle d'une maison respectant la RE2020.

Pour imager ce résultat, cette étanchéité à l'air représenterait un trou de 54 cm^2 (7,3 cm × 7,3 cm) dans une boîte totalement étanche de 535 m^2 (surfaces déperditives de la maison).

Méthodes de mesure	Avant travaux	Après travaux
Q4 en m^3/(m^2.h)	Non connu	0,12
n50 en volume par heure	–	0,59

La performance énergétique

Consommation théorique d'énergie après travaux

	Après travaux
Surface de référence (m^2)	193,7
Besoin de chauffage (kWh/m^2)*	17,5
Consommation en énergie primaire (kWh_{EP}/m^2)*	98
Confort d'été (fréquence de surchauffe en % d'heures dans l'année supérieures à 25 °C)*	0 %

Consommation réelle sur factures ou comptage après travaux (2023)

Usages	**Consommation d'énergie finale** (kWh/an)	**Ratio** ($kWh/(m^2.an)$)
Chauffage bois (granulés)	2 204 (450 kg granulés)	31
Électricité (tous usages)	3 616	

La consommation de chauffage s'élève à 2 200 kWh par an soit **12 kWh par an et par m^2 habitable.**

La consommation de toute la maison, y compris les usages électrodomestiques est de 31 kWh par m^2 et par an en énergie finale, correspondant à une consommation d'énergie primaire de 54 kWh_{EP}/m^2, très largement inférieure au standard EnerPHit.

Le point de vue de l'architecte

L'isolation par l'intérieur des murs en pierre nécessite une attention particulière. Deux effets sont particulièrement importants pour éviter les pathologies :

– **La protection à la pluie battante** : il est important d'identifier les pierres qui absorbent la pluie et de les protéger.

– **La perméabilité à la vapeur d'eau** : le facteur de diffusion μ varie de 10 à 10 000 selon la nature de la pierre, ce qui implique un choix différent de la membrane d'étanchéité à l'air, pour respecter le principe de perméabilité croissante. Le choix du frein-vapeur doit être différencié en fonction de leur coefficient Sd.

Remerciements et sources
Thomas Bonnin, Quinze A, contact@15-A.fr, www.quinze.Archi
Thomas Primault, Hinoki, info@hinoki.eu
Le maître d'ouvrage

11. Une maison des années 1950

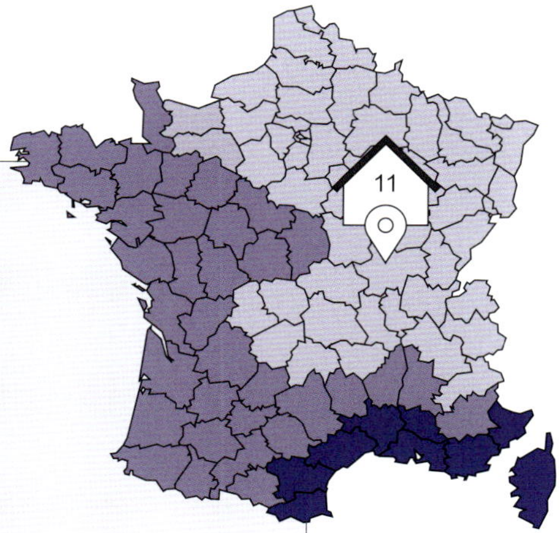

Maître d'ouvrage : privé
Maître d'œuvre : Nicolas Lapray, Maison Passive 71
BET thermique : Maison Passive 71
Entreprises : Menuiseries, volets roulants, VMC double flux : Isolation Durable, Montceau-les-Mines. Isolation sous bassement et drainage périphérique : Sarl Thomasset. Chauffe-eau solaire : Le soleil de Mélissa. Démolition escalier extérieur et modification des ouvertures : Scop les constructeurs. Nouvel escalier et démontage chaudière : Alexandre Sotty. Poêle à bois et conduit fumée : MG Concept. Entourage des fenêtres : PI Rénovation. Diagnostic et test d'étanchéité : Upsilon.

Localisation : Saint-Vallier, Saône-et-Loire
Altitude : 325 m.
Date de construction : 1957 et extension en 1965
Date des travaux : mai 2022/2023
Shab avant/après travaux : 118 m²/118 m²
Coût des travaux (y compris aménagements intérieurs) : 1 610 €/m² Shab (dont 386 €/m² d'aides)

Crédit photo : Maison Passive 71

Le projet

Les objectifs, le contexte

Les maîtres d'ouvrage souhaitaient acheter une maison à bas prix, identifiée comme passoire thermique, afin de rentabiliser de gros travaux de rénovation thermique.

La recherche a donc porté sur une maison pas ou peu isolée, avec des murs massifs en béton et des débords de toiture importants, en prévision d'une isolation thermique par l'extérieur (ITE).

▲ La maison avant travaux côté jardin (Crédit photo : Maison Passive 71)

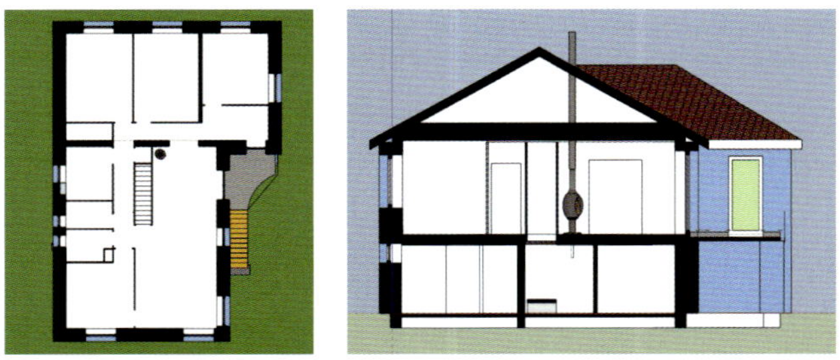

▲ Plan de l'étage principal et coupe de la maison (Source : Maison Passive 71)

Ils ont trouvé une maison répondant à leurs attentes proche de leur travail. Cette maison, construite dans les années 1950, avait fait l'objet de travaux en 1965 avec une extension sur tout le côté jardin de près de 50 m^2.

L'espace de vie est sur un seul niveau, il donne sur un sous-sol. Les combles sont perdus. La maison est relativement bien orientée, l'entrée de la maison est au sud.

L'objectif des maîtres d'ouvrage était évidemment de réduire rapidement leur dépense énergétique pour le chauffage et la fourniture d'eau chaude sanitaire qui s'est élevée, lors de la première année, à plus de 2 000 litres de fioul.

Le projet de rénovation : atteindre le passif

Les travaux de rénovation globale ont été réalisés sans modification architecturale.

Ils ont commencé par la suppression de la chaudière au fioul, des radiateurs et de toute la tuyauterie et par le rebouchage des passages de canalisations ; ces travaux ont été effectués par les maîtres d'ouvrage.

Dans le même temps, la pose d'un chauffe-eau solaire individuel avec 4 m^2 de capteurs solaires en toiture a permis d'avoir de l'eau chaude.

Dans l'attente des travaux d'isolation, le ménage vivant dans la maison, des radiateurs à bain d'huile ont assuré le besoin de chauffage. Le volume chauffé de la maison est l'espace de vie à l'étage, le sous-sol n'étant pas dans l'espace chauffé.

Technique constructive et solutions techniques

	État initial	État après rénovation	U (W/(m^2.K))
Murs extérieurs	Maçonnerie : briques creuses de 25 cm, enduit de plâtre	Isolation par l'extérieur : depuis le mur en briques creuses, ossature bois (épicéa), 300 mm ouate de cellulose insufflée (densité 55 kg/m^3) + pare-pluie (Sd = 0,1), lame d'air ventilée extérieure de 30 mm, panneau de Fermacell Powerpanel H2O de 12,5 mm et enduit extérieur de finition de 5 mm	0,122
Toiture	Charpente traditionnelle, laine de verre dans les combles et pare-vapeur posé à l'envers	Combles perdus avec une isolation de 500 mm ouate de cellulose	0,071
Plancher bas	Dalle béton sur sous-sol non enterré	Dalle béton, 100 mm PSE sous la dalle (épaisseur maximum en fonction de la place disponible)	0,266
Menuiseries extérieures	Doubles vitrages et simples vitrages	Triples vitrages avec argon Internorm KF510 en PVC ; Ug = 0,53 W/(m^2.K) ; facteur solaire g = 60 % Porte d'entrée isolée Ud = 0,80 W/(m^2.K)	Uw = 0,70

Occultations	Persiennes métalliques	Volets roulants extérieurs
Chauffage	Chaudière fioul	Poêle à bois 3 kW (besoin estimé 1,7 kW)
Eau chaude sanitaire	Chaudière fioul	Chauffe-eau solaire individuel 4 m^2 de capteurs (taux de couverture estimé à 72 % des besoins)
Ventilation	–	VMC Double Flux Brink Flair 225
Énergies renouvelables	–	CESI

Le traitement de l'enveloppe, fondations comprises

L'isolation par l'extérieur a été réalisée avec la pose d'une ossature bois sur le mur en briques existant, de 300 mm de ouate de cellulose insufflée, d'un pare-pluie, d'une lame d'air ventilée et fermée avec des panneaux en Fermacell et une finition avec un enduit de 5 mm.

Il a été nécessaire de ventiler la lame d'air laissée entre le pare-pluie et le panneau Fermacell en créant des ouvertures en haut et en bas des façades ainsi que des fenêtres.

L'ITE a été réalisée jusqu'au bas du mur extérieur (sous-sol compris) et le mur périphérique a été traité avec des plaques de polystyrène jusqu'aux fondations.

▲ Pose de l'ossature bois et du pare-pluie (Crédit photos : Maison Passive 71)

▲ Pose des plaques à enduire et de l'enduit bleu (Crédit photos : Maison Passive 71)

La dalle en béton du niveau principal a été isolée avec 10 cm de polystyrène expansé. Par contre, le sous-sol sur terre-plein n'a pas été isolé du fait de la faible hauteur sous plafond (1,90 m). Creuser le terre-plein pour isoler la dalle basse faisait sortir le projet du budget disponible.

Les combles perdus ont été isolés avec 500 mm de ouate de cellulose.

Les menuiseries extérieures ont toutes été remplacées par des menuiseries en triple vitrage intégrées dans le cadre extérieur de l'ITE.

Le traitement des ponts thermiques

Une des difficultés rencontrées a été l'isolation de la cage d'escalier intérieure permettant d'accéder au sous-sol. Celle-ci a une hauteur sous plafond de 2,80 m et est composée de 5 cm de briques. Le logiciel PHPP a permis de calculer l'évolution du besoin de chauffage de la maison sans ou avec une isolation de 3 cm. Ce besoin passe de 27 à 25 kWh/(m^2.an). Le traitement thermique de la cage d'escalier a permis un gain de 8 % de la consommation d'énergie de chauffage !

Enfin, l'escalier extérieur préexistant était la source d'un important pont thermique, la dalle étant solidaire du mur de façade. Il n'a pas été possible budgétairement de casser l'intégralité de cette dalle pour désolidariser tout le balcon du mur. Par contre, la longueur de ce balcon a été réduite et l'escalier lui-même a été démonté et remplacé par un escalier métallique désolidarisé de la maçonnerie.

La VMC double flux a été installée dans le sous-sol dans un local fermé isolé et les gaines ont été passées par les conduits de l'ancienne cheminée.

▲ La pose d'un nouvel escalier désolidarisé de la maçonnerie (Crédit photo : Maison Passive 71)

Étanchéité à l'air

Unité de mesure	Avant travaux	Après travaux
n50 en volume par heure	Non connue	0,75

▲ La maison après travaux, côté jardin (Crédit photo : Maison Passive 71)

La performance énergétique

Consommation théorique d'énergie après travaux

	Après travaux
Surface de référence (m^2)	118
Besoin de chauffage (kWh/m^2)*	25
Consommation en énergie primaire (kWh_{EP}/m^2.an)*	87
Confort d'été (fréquence de surchauffe en % d'heures dans l'année supérieures à 25 °C)*	0,2 %

*Source PHPP

Consommation réelle sur factures ou comptage

Usage	Avant travaux	Après travaux
Chauffage en kWh/an	20 000 kWh	3 000 (2 stères bois/an)
Ratio de consommation de chauffage (kWh/m^2.an)	170	27

La consommation d'énergie est passée de 87 kWh/m^2.an en énergie primaire avec une facture de 2000 litres de fioul à 27 kWh/m^2.an en énergie finale (facturée) : bûches et électricité.

Le point de vue du maître d'ouvrage

« La maison est très confortable, avec cette absence de courant d'air. L'été dernier, la température n'est jamais montée au-dessus de 27 °C. Dans la maison nous utilisons notre sèche-serviette juste le matin et nous allumons notre poêle à bûches le soir en rentrant du travail ; il s'éteint lorsque nous allons nous coucher. L'inertie de la maison maintient la température toute la nuit et, le matin, il fait une bonne température homogène dans toute la maison grâce à la ventilation double flux. En faisant ces travaux de rénovation passive, nous ne pensions pas qu'il faudrait changer les couettes d'hiver de la literie alors qu'il n'y a pas de chauffage en action ! Mais nous avons trop chaud la nuit et il faudra acheter des couettes plus légères ! »

Remerciements et sources
Les maîtres d'ouvrage
Le maître d'œuvre : Nicolas Lapray, Maison Passive 71,
www.maisonpassive71.fr, contact@maisonpassive71.fr

12. Une maison à colombage de 1951

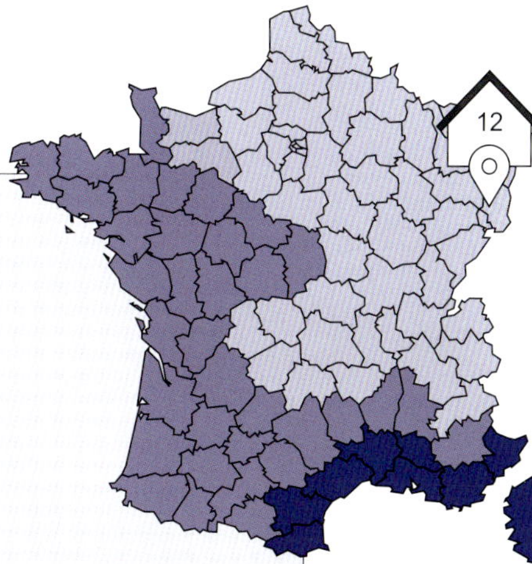

Maître d'ouvrage : privé
Maître d'œuvre et BET fluides : Éric Midelet (licence Air Énergie 88)
BET : Air Énergie Développement, Dominique Rudler
Entreprises : Étanchéité et isolation biosourcée : Air Énergie sarl. Pose des fenêtres Bader : Menuiserie Mura. Crépisseur : Isonergy. Ventiliste : A-THERM. Couvreur : GF Bâtiment.

Localisation : Sentheim, Haut-Rhin
Altitude : 350 m
Date de construction : 1951
Date des travaux : septembre à novembre 2021
Shab avant/après travaux : 165 m^2/175 m^2
Coût des travaux hors VRD : 1 129 €/m^2 dont 200 €/m^2 d'aides

Crédit photo : Jean Hornecker

▲ La maison avant travaux côté rue et côté jardin (façades sud et ouest recouvertes de plaques Eternit) : outre l'absence d'isolation, l'enduit et le bardage s'arrêtent au niveau du plancher du rez-de-chaussée, d'où d'importants ponts thermiques (Crédit photos : Air Énergie Développement)

Le projet

Les objectifs, le contexte

Achetée en 2019, la maison s'est révélée très coûteuse en énergie et finalement peu confortable, les maîtres d'ouvrage se sont donc lancés dans un projet de rénovation.

Cette maison de 175 m^2 a été construite dans les années 1950 en béton pour le sous-sol et en briques pleines sans aucune isolation pour les murs porteurs (enveloppe du bâtiment) : deux murs en briques séparés par un vide d'air. Aucun mur à l'intérieur n'est porteur.

Seul le remplacement des menuiseries simple vitrage par du double vitrage avait été effectué en 2010 par les anciens propriétaires.

La maison comprenait deux niveaux plus des combles non habitables (mais disposant déjà de deux fenêtres) et un sous-sol avec soupiraux sur toute la surface de la maison (sans garage).

Le projet de rénovation pour atteindre le label Minergie

Un contact avec le maître d'œuvre et une étude thermique effectuée par Éric Midelet ont permis au maître d'ouvrage de penser au fonctionnement de la maison ainsi qu'à la nature et à l'ordre des interventions à réaliser.

Après ce diagnostic partagé, une série de préconisations hiérarchisées a été faite par le maître d'œuvre sur l'enveloppe, les besoins de la famille, l'étanchéité à l'air, les ponts thermiques, les équipements…

La rénovation a été globale avec des travaux effectués par l'extérieur permettant le maintien en place des habitants.

Technique constructive et solutions techniques

	État initial	État après rénovation	U (W/(m².K))
Murs extérieurs	Double mur de briques pleines avec vide d'air sans isolation reposant sur des fondations en béton et un plancher (rez-de-chaussée) en parpaings Une dalle de béton coulé pour chaque plancher	ITE : ossature bois en poutres en I Steico, 260 mm ouate de cellulose, pare-pluie rigide, 40 mm panneau de fibre de bois, enduit.	0,19
Toiture	10 cm laine de verre sous charpente traditionnelle	Isolation avec 400 mm ouate de cellulose (55 kg/m³)	0,15
Plancher bas	Dalle béton sans isolation	Isolation avec 200 mm de ouate de cellulose	0,28
Menuiseries extérieures	Doubles Vitrages en PVC posés en 2010	Menuiseries triples vitrages Passiv Bois – Alu 112 Bader certifiées PHI Apport solaire Sw : 0,37	Uw = 0,67

*Estimation des coefficients U de ce tableau par les auteurs (sauf pour les menuiseries)

Occultations	Volets roulants	Volets roulants
Chauffage et ventilation	Chaudière fioul – ventilation naturelle	Machine compacte 3 en 1 avec PAC air/air réversible pour le chauffage, la ventilation et le rafraîchissement P1G Titan de A-Therm, rendement mesuré de 84,2 %. Grâce à des thermostats posés dans chaque pièce, le système régule la température de soufflage.
Eau chaude sanitaire	Chaudière fioul	Chauffe-eau thermodynamique de 200 L

La préparation du chantier par le maître d'ouvrage

Les plaques d'Eternit (bardage cloué sur les briques) des façades sud et ouest ont été enlevées par le maître d'ouvrage lui-même afin d'éviter une dépose très coûteuse (devis entre 20 000 et 35 000 € mise en décharge comprise, cette dernière s'étant élevée à 800 € pour le maître d'ouvrage). La façade ouest a été traitée en une journée avant la pose de l'échafaudage (nécessaire pour la façade sud).

L'isolation de la toiture, l'étanchéité à l'air de l'enveloppe et l'isolation des murs

Le chantier a commencé par la toiture : la couverture a été démontée (isolant en laine de verre compris) et la charpente surélevée de 30 cm pour permettre la pose de l'isolant jusqu'en faîtière. Un allongement des débords de toiture de 20 cm a été réalisé en prévision de l'isolation par l'extérieur des murs.

L'isolation de la toiture a été posée entre les rampants jusqu'en faitière (poutres en I Steico), ce qui a permis de rendre les combles habitables. Un frein-vapeur hygrovariable Intello de Pro Clima a été posé sur les chevrons et les façades, jusqu'aux soupiraux du sous-sol (soit au-delà du plancher bas), afin de créer une barrière d'étanchéité à l'air continue sur toute l'enveloppe de la maison. Cette opération n'a pas nécessité le piquetage du crépi d'origine (façades nord et est).

▲ Pose du frein-vapeur hygrovariable sur les murs en brique et les chevrons de la toiture (laquelle est surélevée de 30 cm et ses débords sont agrandis de 20 cm pour intégrer l'isolation des murs de façade sans ponts thermiques) (Crédit photos : Jean Hornecker)

Le choix de matériaux biosourcés (ouate de cellulose) pour isoler les murs en briques, associé au frein-vapeur, assure la régulation de l'hygrométrie des murs. Du point de vue technique, la membrane a été soigneusement plaquée sur la façade, en s'assurant qu'il n'y avait ni fuite ni vide créant une lame d'air convective.

Le déphasage thermique permis par les matériaux biosourcés a été évalué à 15 heures pour l'isolant de charpente, 14 heures pour l'isolant des murs et 10 heures pour l'isolant du plancher bas.

Pour fixer l'ossature bois rapportée à la façade (madriers calibrés séchés), des vis de scellement chimique (adaptées aux supports creux ou fragiles) ont été posées dans les murs puis des patchs spécifiques furent posés pour supprimer toute fuite d'air là où la membrane est percée.

Des muralières ont été posées à l'horizontale pour servir de fixations aux équerres réglables de l'ossature (voir photo de gauche ci-après). Celle-ci est fermée par un panneau en fibre de bois à travers lequel a été insufflée de la ouate de cellulose. La finition est assurée par un enduit minéral perspirant.

▲ **Toiture** : pose de l'ossature bois sur le pare-vapeur hygrovariable puis d'un pare-pluie avant d'insuffler la ouate de cellulose
Murs de façade : fixation de l'ossature bois puis des panneaux en fibre de bois (40 mm) support d'enduit avant d'insuffler la ouate de cellulose (Crédit photos : Jean Hornecker)

Les menuiseries extérieures en triple vitrage Bader ont été posées en tunnel (au nu extérieur) pour permettre le recouvrement des dormants par l'isolant.
Une fenêtre sur la façade sud donnant sur le jardin a été agrandie (porte-fenêtre) pour rendre le jardin accessible depuis le séjour.
Les coffres de volet roulant existant ont été supprimés et remplacés par des volets extérieurs.
La dalle de plancher est isolée en sous-face avec 200 mm de ouate de cellulose.

Traitement de l'étanchéité à l'air

La pose du frein vapeur hygrovariable du faîte aux soupiraux (sous la dalle de plancher bas) soigneusement plaqué sur la façade, sans fuite ni vide créant une lame d'air pouvant entrer en convection, permet d'assurer une excellente étanchéité à l'air.

Unité de mesure	Avant travaux	Après travaux
Q4 en $m^3/(m^2.h)$	> 5	0,25
n50 en volume par heure	–	0,82

Gestion de la vapeur d'eau

Selon le maître d'œuvre, « *même si les enduits plastifiés sont fermés à la diffusion de la vapeur, il y a toujours des fissures, des zones de porosité, sans compter les zones démontées (appuis de fenêtres, balcons...), les trous de fixation... Ce qu'il faut surtout prendre en compte, c'est la capacité du mur à réguler son hygrométrie pour s'assécher en cas d'humidité et c'est tout l'intérêt des matériaux biosourcés et de l'enduit minéral de finition.*
La capacité d'assèchement totale du complexe isolant et étanchéité à l'air est de plus de 500 g d'eau par m² par semaine. Nous l'avons testé sur des sous-sols auparavant envahis de champignons, une fois isolés par l'extérieur, l'odeur de moisi et les traces de salpêtre ont disparu au bout d'une année, sans pour autant avoir augmenté la ventilation de la zone. »[1] (Dominique Rudler).

Chauffage, ventilation et confort thermique

Avant les travaux, les maîtres d'ouvrage avaient toujours froid, aussi ils avaient pris l'habitude de se coller chacun sur un radiateur pour discuter, tant l'inconfort était sensible même avec 19 °C, voire 20 °C dans la maison. Depuis les travaux, il n'y a plus de radiateurs mais ils n'en ont plus besoin car la sensation de confort est à la fois permanente et présente dans toutes les pièces et tous les endroits de la maison.
Les maîtres d'ouvrage étant fréquemment absents pour des raisons professionnelles, le poêle à bois préconisé par le maître d'œuvre ne semblait pas correspondre à leurs besoins et ils ont opté pour un système compact 3 en 1.
Le système compact 3 en 1 Titan (PAC + VMC double flux) est positionné au sous-sol dans un caisson isolé. Deux gaines de la VMC double flux passent par deux anciennes cheminées (supprimées en toiture) qui vont de la cave au grenier et les trois autres gaines passent par l'extérieur, dans l'isolant du mur sud, afin de limiter les interventions dans la maison et d'éviter toute perte thermique.
Les maîtres d'ouvrage sont entièrement satisfaits du confort de leur maison rénovée.

▲ Machine compacte Titan d'A-Therm (Crédit photo : A-Therm)

1. Cité par *Habitat Naturel*, n° 89, p. 51.

▲ Passage de la VMC double flux à l'extérieur, avant la pose de l'ossature bois pour l'isolant
(Crédit photos : Jean Hornecker)

Confort d'été

Durant la canicule de l'été 2023, la température dans les combles n'a jamais dépassé 25 °C et le rafraîchissement n'a jamais été mis en fonctionnement.

Qualité de l'air intérieur et qualité acoustique

La maître d'ouvrage était très inquiète à propos de la suppression de la chaudière. Ne pas avoir de chauffage l'inquiétait beaucoup. D'autre part, les maîtres d'ouvrage étant tous deux musiciens, elle craignait le bruit de la ventilation, mais celle-ci ne fait aucun bruit. Elle est aujourd'hui tout à fait rassurée et convaincue par l'intérêt de la ventilation double flux.

Des mesures ont été effectuées et il n'y a jamais d'air vicié : il y a toujours 400 microgrammes de CO_2, ce qui est parfait (le maître d'ouvrage a testé sa salle de classe et la concentration est montée à 1 500 microgrammes !).

Protection contre les rayonnements électromagnétiques

L'électricité de la maison a été refaite avec des gaines blindées Sweetohms afin de la protéger des rayonnements électromagnétiques.

Impact environnemental

Les travaux ont privilégié les matériaux biosourcés : bois, ouate de cellulose, métisse.

Les maîtres d'ouvrage ont acheté deux panneaux solaires de 400 W en 2024 et ils vont les poser dans le jardin (la toiture étant mal orientée) avec un accumulateur sur lequel brancher des batteries.

Organisation, implication de la maîtrise d'ouvrage

Le maître d'ouvrage a déposé les plaques d'Eternit du bardage existant (deux façades). Tous les travaux ont été faits par des artisans locaux. Ce sont les menuiseries qui ont l'origine la plus lointaine ; elles sont néanmoins fabriquées en Alsace.

Le maître d'œuvre, Dominique Rudler, très impliqué dans les réhabilitations énergétiques performantes et les matériaux biosourcés, a fortement incité le maître d'ouvrage à faire labelliser la rénovation Minergie-P et il a financé 50 % du coût de la labellisation.

Il n'y a eu aucun problème avec les artisans locaux.

▲ La maison une fois les volets posés (vue du jardin, côté sud) (Crédit photo : Jean Hornecker)

La performance énergétique

Consommation théorique d'énergie avant et après travaux

	Avant travaux	Après travaux
Surface de référence (m^2)	165	175
DPE Énergie (kWh_{EP}/m^2)	448 (Classe G)	39 (Classe A)
DPE Climat (kg $eqCO_2/m^2$)	–	2
Cep réglementaire (kWh_{EP}/m^2 shon)	–	48,75
Besoin de chauffage (kWh/m^2)* (logiciel Minergie)	–	17,3

*Logiciel du label Minergie

Consommation réelle sur factures et comptage

Usages	Avant travaux	Après travaux (année 2023)
Énergie	*Fioul (L)*	*Électricité (kWh/an)*
Consommation totale dont :	6 500	4 730
Chauffage et ECS (kWh/an) dont machine 3 en 1 (yc VMC)		1 650
Bouches chauffantes		2 140
ECS		940
Ratio de consommation (kWh/(m^2.an))	400	27,0
Ratio Chauffage et ECS		9,4
Ratio Bouches chauffantes		12,2
Ratio ECS		5,4

Source : Ecojoko

Avant travaux, la consommation annuelle de fioul était de 6 000 à 7 000 litres pour le chauffage et l'eau chaude sanitaire, soit environ 400 kWh/m^2.

Après travaux, la consommation d'électricité du système 3 en 1 (machine compacte Titan pour le chauffage, le rafraîchissement et la ventilation) est de 1 650 kWh/an et les bouches chauffantes apportent un complément de 2 140 kWh (dont 1 902 kWh pour le rez-de-chaussée).

L'eau chaude sanitaire est assurée par un chauffe-eau thermodynamique dont la consommation annuelle est de 940 kWh.

La consommation finale d'énergie a été divisée par 15 pour les postes chauffage, ECS et ventilation suite aux travaux de rénovation. En 2024, si les travaux n'avaient pas été réalisés, la facture aurait pu atteindre 10 000 €. Elle a été divisée par 9 tout en améliorant largement le confort.

La fonction rafraîchissement du système compact n'a jamais été utilisée durant l'année 2023 et la consommation en énergie primaire de l'ensemble chauffage, eau chaude sanitaire et ventilation a été en 2023 de **62 kWh_{ep}/m^2 habitable**, ce qui est cohérent avec les objectifs des labels passifs.

Le point de vue du maître d'ouvrage

Certes les travaux ont atteint 200 000 € (150 000 € en tenant compte des aides, notamment des CEE : 33 000 €) mais ces travaux ont apporté une réelle plus-value sur le plan économique : non seulement la maison ne coûte quasiment rien en chauffage mais, de plus, elle ne se dégradera pas dans le temps.

D'autre part, les combles sont devenus habitables (10 m^2 loi Carrez).

Enfin, si la ouate de cellulose se tasse, il suffira d'en insuffler à nouveau (sans engager des dépenses importantes).

Si c'était à refaire, le maître d'ouvrage aurait investi 6 000 à 7 000 euros supplémentaires pour traiter aussi la cave (isolation du soubassement). En effet, depuis la suppression de la chaudière au fioul, elle est humide et il a dû y installer des déshumidificateurs.

Il aurait également décalé les travaux pour ne pas les faire l'hiver car vivre dans une maison sans toit ni chauffage fut difficile. De plus, ils ont eu un dégât des eaux dû à la condensation sous les sous-pentes des chambres du premier étage mansardé, en raison de la faible température de la maison car, pour isoler le plancher bas, il n'y avait plus de chauffage et la VMC ne fonctionnait pas encore.

Mais les maîtres d'ouvrage sont globalement très satisfaits de ces travaux qui ont apporté un grand confort au quotidien, y compris durant les périodes de canicule ou de grand froid, des économies d'énergie très importantes ainsi qu'une forte plus-value patrimoniale à long terme.

Récompenses
Label Minergie-P en 2022
Depuis l'inauguration en 2022, des articles sur la rénovation de la maison parus dans *Les Dernières Nouvelles d'Alsace* et *Le Moniteur* (7 janvier 2022 puis 12 juin 2023) ont généré de nombreuses visites.
France 3 a diffusé un reportage sur la maison le 11 mars 2024.

Remerciements et sources
Les maîtres d'ouvrage
Dominique Rudler, Air Énergie Environnement, contact@airenergie.eu
Habitat Naturel, n° 89, mars 2022, pp.48 à 54.

13. Rénovation par étapes d'une maison des années 1960

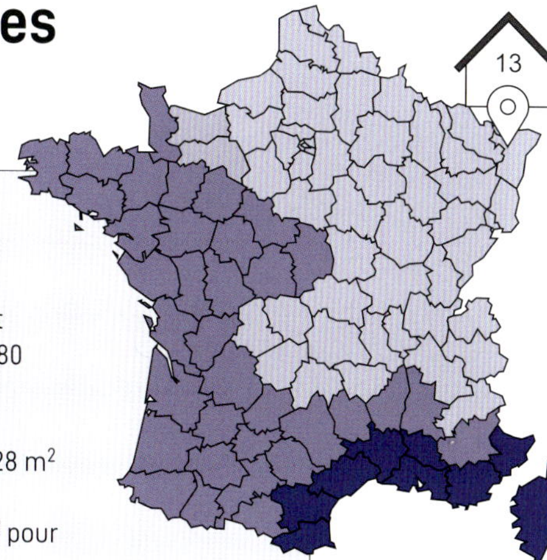

Maître d'ouvrage : privé
Architecte : Philippe Schaer Architecte
BET thermique :
OZE (Objectif Zéro Énergie)
AMO : Oktave, Strasbourg
Entreprises du projet : Cpbat, Crépi Centre, Charpente Kleinclaus, Ideobois, Menuiserie André, Plâtrerie Boini, Peintures Schmitter, Cunelec, Air Tech Elec, Fonselec, Christ VRD.

Localisation : Saverne, Bas-Rhin
Altitude : 221 m.
Date de construction : 1960 et extension dans les années 1980
Date des travaux :
septembre 2022/mars 2023
Shab avant/après travaux : 228 m^2
Coût des travaux :
930 €/m^2 Shab dont 509 €/m^2 pour la performance énergétique

▲ Crédit photo : Philippe Schaer

Le projet

Les objectifs, le contexte

Après avoir emménagé dans cette villa des années 1960 située dans un cadre idyllique, à l'intérieur un brin vieillot mais soigné, et déjà agrandie et rénovée en 1980, les nouveaux propriétaires (un couple avec deux jeunes enfants) souhaitaient réduire leur facture énergétique et améliorer leur confort lors des hivers froids et humides de la région et lors des étés (qui semblent devoir être) de plus en plus chauds. Et *a priori* les travaux devaient se faire en site occupé.

▲ La maison avant travaux vue côtés sud-ouest et nord-est (Crédit photos : Philippe Schaer)

Le projet : une rénovation passive par étapes en site occupé

La première étape fut d'effectuer un diagnostic thermique. L'ouverture des caissons de volets roulants intérieurs a permis d'estimer la composition des murs et d'accéder à la sous-face des dalles qui, à cet endroit, n'est pas masquée par les plafonds en plâtre.
L'orientation était favorable (pièces de vie au sud) mais le diagnostic thermique de la maison existante était sans appel : les parois étaient peu isolées, comme l'ont montré les investigations visuelles et la caméra thermique, mais surtout, l'étanchéité à l'air de l'existant était très mauvaise, ce qu'a révélé le test d'étanchéité à l'air préalable (n50 = 9 vol/h).
L'objectif était de réaliser au minimum 55 % d'économies d'énergie afin de bénéficier des aides spécifiques.
Comme souvent lors de l'acquisition d'une maison relativement ancienne, les plans disponibles n'étaient pas corrects (plan de cave en particulier) et les nouveaux propriétaires ne disposaient pas des factures énergétiques précédentes.
Comme les propriétaires étaient présents pendant les travaux, les clients ont exigé de ne pas modifier les espaces intérieurs à l'étage, et de ne pas toucher aux salles de bain ni à la cave. Seule l'agencement ou la manière d'habiter au rez-de-chaussée a été repensée : la cuisine a été repositionnée plus près du salon et de la terrasse.
Il a cependant été décidé de réaliser toute l'étanchéité à l'air de l'enveloppe et l'isolation par l'extérieur.

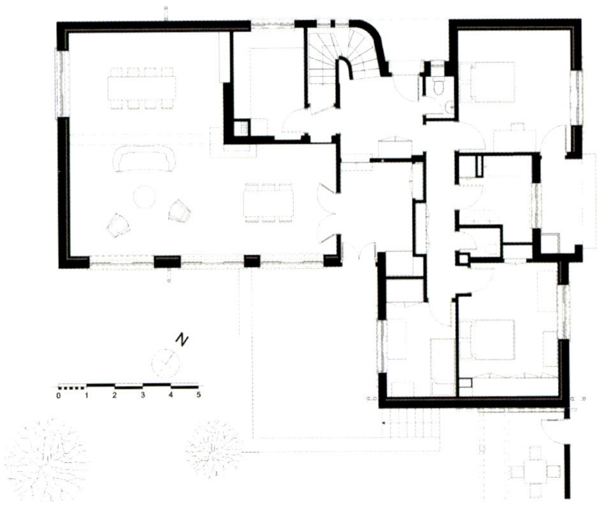

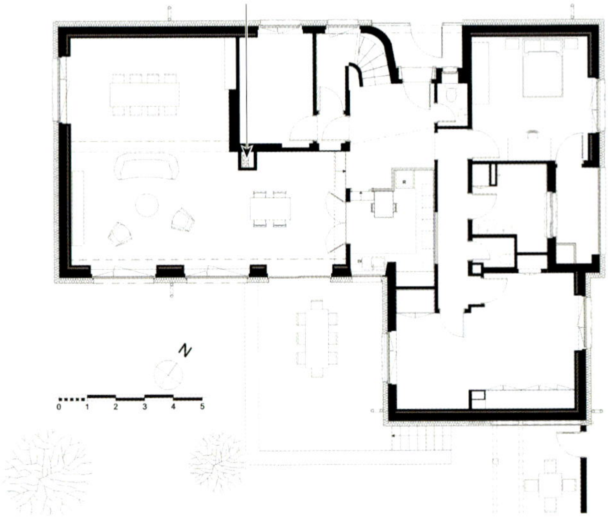

▲ Plan du niveau principal (rez-de-chaussée) avant les travaux (à gauche) et après les travaux (à droite) (Source : Philippe Schaer)

Technique constructive et solutions techniques

	État initial	État après rénovation	U (W/(m².K))
Murs extérieurs	Enduit minéral + brique 25 cm + vide technique 7 cm + briques 8 + enduit plâtre. N.B. : murs périphériques des combles en structure légère, « bricolée »	Isolation thermique par l'extérieur (ITE) : 180 mm polystyrène expansé + enduit minéral allégé Brique 25 cm+ vide technique 7 cm + briques 8 + enduit plâtre	0,18
Toiture	Tuiles, lattes + contrelattes, écran bitume ou localement plastique effritable, volige, 4 cm PU projeté OU 10 cm LDV non jointive entre chevrons, BA13	De haut en bas : tuiles, lattes + contrelattes, écran de sous toiture, panneau en fibre de bois Agepan (percé pour insufflation), 240 mm fibre de bois en vrac entre sur-chevrons en I, frein vapeur, volige ancienne, isolants anciens entre chevrons, BA13 ancien.	0,13 en moyenne
Plancher bas	Carrelage + chape OU moquette sur plancher sur lambourdes/dalle poutrelles hourdis. Sur garage et cave : 8 cm PSE ancien, avec réflexion	De haut en bas : non modifié, sauf là où il a été possible d'ajouter de l'isolant entre lambourdes (séjour) Encoffrement des conduites déperditives en sous-sol	0,80 et ponctuellement 0,30
Menuiseries extérieures	Double vitrage, ponctuellement simple vitrage.	Fenêtres triples vitrages Interform 510 MD en PVC et VEKA Softline 82 MD (sans changer le dormant et sans rupteur de pont thermique)	Uw compris entre 0,61 et 0,90
Occultations	Volets battants, rien sur velux	BSO, volets roulants, y compris sur velux. Rien sur le sas de l'entrée (ombragé par un noyer en été et pouvant être maintenu ouvert)	
Chauffage	Chaudière fioul + radiateurs	Chaudière fioul et appoint avec un poêle à bois ancien Kachelofen	
Eau chaude sanitaire	Chaudière fioul	Non modifié	
Ventilation	Aération naturelle	Ventilation double flux Zehnder ComfoAir Q 450 et puits canadien hydraulique permettant de tempérer l'air entrant par échange thermique Sur-ventilation nocturne l'été	

Dans l'ensemble, de nombreuses interventions ponctuelles, thermiques et pratiques, ont été pensées dans la globalité pour remettre cette maison au confort du jour, tout en cultivant son esprit classique et son goût discret.

Traitement de l'enveloppe

Les murs ont été isolés par 18 cm de PSE qui intègre des coffres de brise-soleil ou de volets roulants, pour permettre d'éviter la surchauffe l'été.

Les fenêtres ont été remplacées par des fenêtres à triple vitrage à fort rendement solaire, pour les gains hivernaux. Une lucarne a été créée au dernier niveau.

Traitement de l'étanchéité à l'air

L'analyse thermique de la maison a révélé de nombreux espaces non chauffés et le peu d'isolation existante ne correspondait pas à la zone chauffée. La ratio surface déperditive/surface habitable était très important ; par exemple, 1 m^2 au sol de couloir à l'étage correspondait à 5 m^2 de surfaces déperditives.

La charpente existante posait beaucoup de problèmes d'étanchéité avec de nombreux points de traversée qui empêchaient la continuité de l'isolation. Le diagnostic faisait aussi apparaître de nombreux vides constructifs sur des murs à double paroi, des caissons de volets, des plénums, des pieds droits, etc. avec la quasi-impossibilité de savoir s'ils communiquent entre eux ponctuellement. La maison disposait aussi d'une cheminée et d'une trappe à compost.

La mesure a confirmé ces problèmes avec 10 000 m^3/heure de fuites dont 70 % à l'étage.

L'étanchéité à l'air de la maison a été améliorée en plusieurs points :

– remplacement des fenêtres en simple vitrage et à fortes déperditions ;

– suppression de la cheminée à foyer ouvert ;

– condamnation d'une ancienne trappe de hotte et d'une trappe type vide-ordure de compost ;
– traitement de l'étanchéité à l'air du grenier, avec fermeture de ses aérations ;
– fermeture des anciens conduits de ventilation naturelle, aussi bien leur débouché en toiture que leur prise d'air dans les caves et garages. Un de ces conduits avait d'ailleurs été négligé dans un premier temps ; en effet, muni d'une trappe type ramonage en partie basse, et ne débouchant pas en toiture, on avait pensé qu'il s'agissait d'un conduit de réserve ne débouchant pas. Pourtant, un courant d'air non résolu était ressenti dans une chambre. Par hasard, les propriétaires ont détapissé cette chambre, et ont été surpris de découvrir que la tapisserie recouvrait un trou béant donnant dans ce conduit.

En toiture, l'étanchéité à l'air a été assurée par la pose d'un frein-vapeur complet.

Deux tests d'étanchéité à l'air intermédiaires ont été réalisés ainsi qu'un test final.

Le résultat est une étanchéité à l'air n50 égale à 1,2 vol/h, de 20 % supérieure au label EnerPHit. Cet écart s'explique par les doubles murs et les doubles plafonds qui n'ont pas pu être curés du fait de la présence des habitants. Dans ces parties non inspectées et diffuses, se trouvent les réseaux électriques qui raccordent les équipements (chaudière et tableau électrique) situés en dehors de l'espace chauffé.

Unité de mesure	Avant travaux	Après travaux
n50 en volume par heure	9,0	1,2

Traitement des ponts thermiques

Le pont thermique des planchers intermédiaires et des murs de refends est traité par l'ITE. Les ponts thermiques de volets roulants sont gérés par l'interposition de 3 cm de polyuréthane à l'arrière des nouveaux coffres posés à l'extérieur.

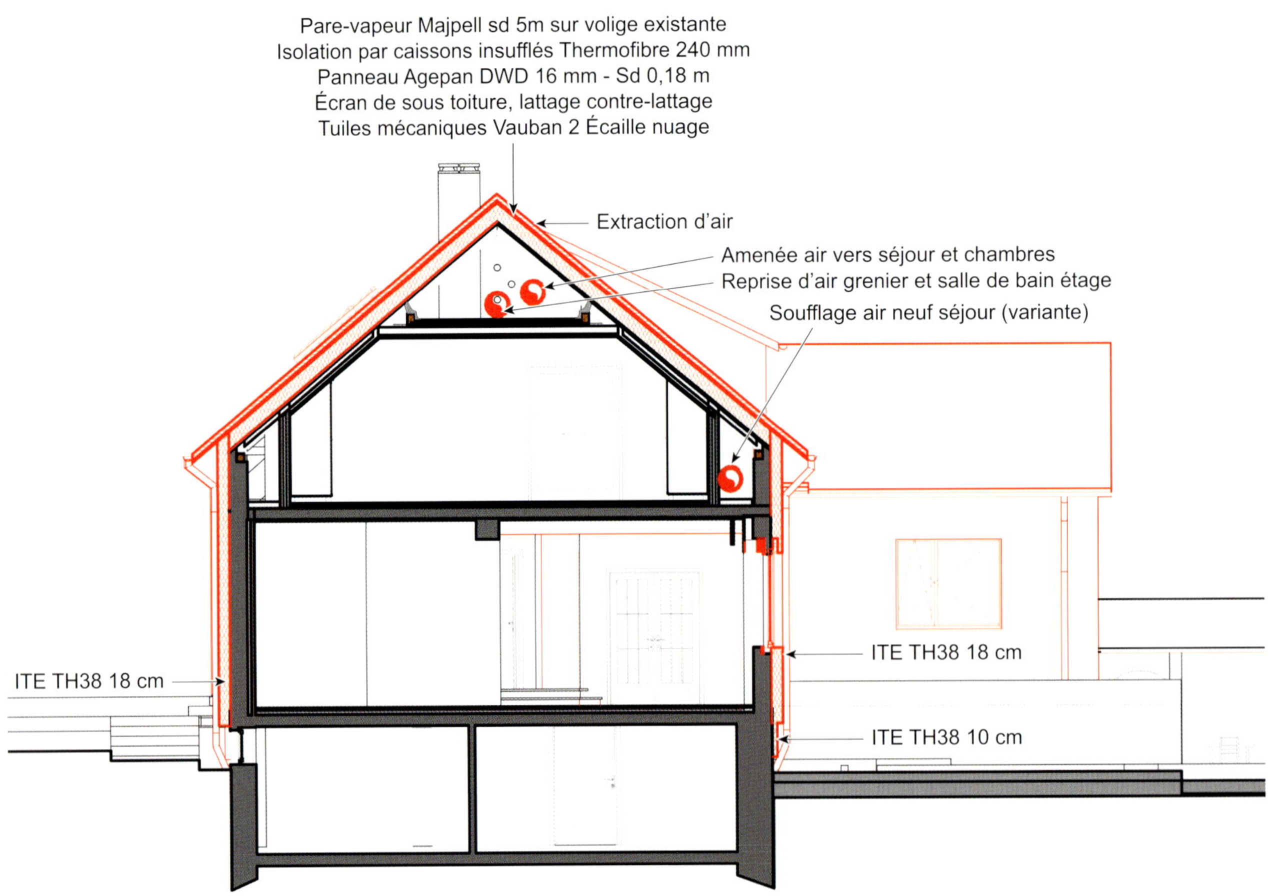

▲ Une isolation périphérique de la maison pour l'étanchéité à l'air : en rouge les éléments ajoutés ou modifiés (Source : Philippe Schaer)

Le remplacement de la couverture était rendu nécessaire du fait de la vétusté des tuiles et des points de pourriture dans la charpente, ce qui a permis de réaliser une isolation en sarking. La couverture vétuste a été remplacée pour installer un pare-vapeur et insuffler 26 cm de fibres de bois dans des caissons créés pour ce faire.

Il n'y a pour ainsi dire pas de pont thermique en jonction rampant/murs, car l'ITE et le sarking se rejoignent, séparés par une simple planche Agepan, peu conductive. Les ponts thermiques ont été étudiés sur FLIXO.

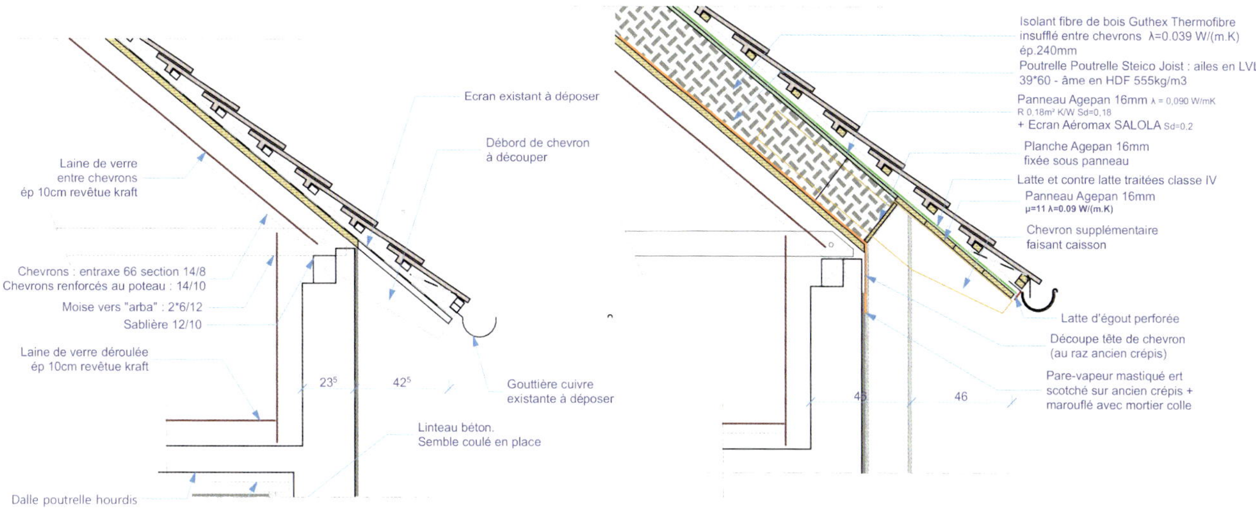

DETAIL RACCORD SABLIERE AU DESSUS DU SEJOUR (Extension) EXISTANT

DETAIL RACCORD SABLIERE AU DESSUS DU SEJOUR (Extension) PROJET

▲ Schéma de détail des interfaces murs-toiture avant et après rénovation (Source : Philippe Schaer)

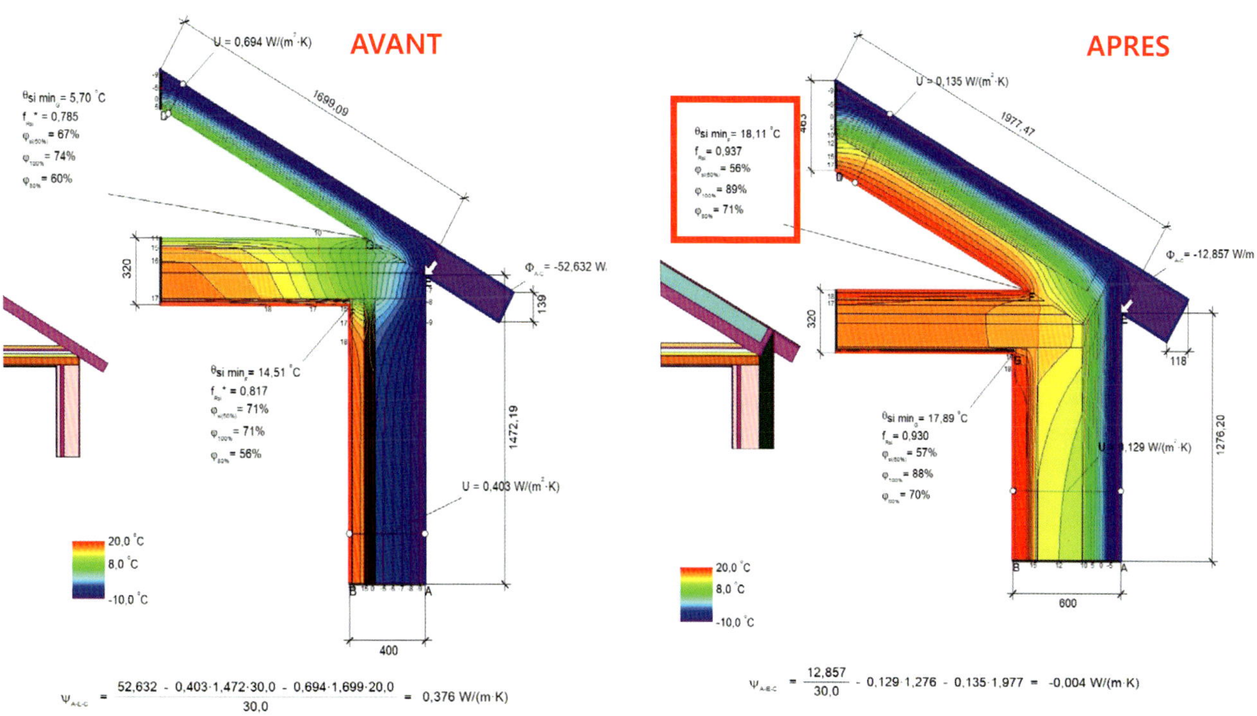

▲ Calcul des ponts thermiques (Source : Philippe Schaer)

Gestion de la vapeur d'eau

La vapeur d'eau dans l'air ambiant est avant tout gérée par la ventilation double flux.

Au niveau des murs, l'isolant en polystyrène a été choisi pour des raisons économiques. Les murs en brique, avec une double paroi, ne sont pas particulièrement sensibles à la condensation.

Au niveau de la toiture, la mise en place d'un frein-vapeur sous l'isolant (Sd = 5 m.) et la nature ouverte de l'isolant (fibre de bois) et du pare-pluie (écran de sous-toiture et Agepan, Sd = 0,18 m) ainsi que la lame d'air obtenue par lattage et contre-lattage sous les tuiles permettent d'évacuer l'excédent de vapeur d'eau vers l'extérieur.

Traitement du confort d'été

La mise en place d'un puit canadien hydraulique combiné à la VMC double flux permet de rafraîchir l'air entrant en été. Il permet aussi de le tempérer en hiver, ce qui évite d'installer une batterie de préchauffage. La fibre de bois de 24 cm d'épaisseur apporte de l'inertie et du déphasage thermique.

Organisation, implication de la maîtrise d'ouvrage

Le chantier a eu lieu en site occupé et, dès la phase des études, les propriétaires ont été informés des contraintes que cela pouvait représenter pour eux.

Le choix des isolations par l'extérieur était pour cela acceptable : les travaux sur la toiture ont commencé presque sans incidence sur l'intérieur.

Des travaux ont quand même eu lieu dans la maison, certains liés à la rénovation thermique (passage des gaines de ventilation double flux) mais la plupart étaient liés à la redistribution des pièces (déplacement de la cuisine, du séjour).

Pour le remplacement des fenêtres, les maîtres d'ouvrage ont fait le choix d'une rénovation plus impactante mais de meilleure qualité : le déplacement de l'emplacement des fenêtres au nu extérieur de la maçonnerie a permis de capter un maximum de rayonnement solaire et de résoudre la question de la bonne isolation et de l'étanchéité à l'air des caissons de volets roulants et des BSO et de leur intégration. Les propriétaires ont réalisé eux-mêmes un certain nombre de travaux à l'intérieur de la maison (sol du séjour, détapissage et peinture d'une pièce, etc.).

Qualité de l'air intérieur

La qualité de l'air initiale était « bonne » car il y avait tant de courants d'air que la famille « *vivat à l'extérieur dans leurs murs* ». Une fois ces courants d'air divisés par 7, la ventilation double flux a pu apporter une bonne qualité d'air intérieur tout en récupérant la chaleur de l'air extrait.

La performance énergétique

Consommation théorique d'énergie avant et après travaux

	Avant travaux	**Après travaux**
Surface de référence (m^2)*	234	265
Cep réglementaire (kWh_{EP}/m^2)	342	105
Besoin de chauffage (kWh/m^2)**	241	49
Consommation en énergie primaire (kWh_{EP}/m^2)**	381	143
Confort d'été (fréquence de surchauffe en % d'heures dans l'année supérieures à 25 °C)**	0 %	0 %

*La surface de référence comprend des espaces non chauffés comme espaces tampons dans le volume « chauffé-étanche à l'air » : greniers, sas, « jardin d'hiver ».
**Source : PHPP

Consommation réelle sur factures ou comptage

Usages : chauffage et ECS	**Avant travaux**	**Après travaux**
Consommation d'énergie (kWh/an)	58 400	19 600
Ratio de consommation d'énergie finale ($kWh/(m^2.an)$)	256	86

Maintenant que l'enveloppe est davantage étanche, il est possible d'améliorer le système de chauffage (par une chaudière bois du fait de la dimension des radiateurs).

▲ La maison après travaux (coté nord-est) et le poêle à bois Kachelofen placé au milieu du séjour (Crédit photos : Philippe Schaer (à gauche), le maître d'ouvrage (à droite))

Le point de vue des auteurs et de l'architecte

Cette maison est représentative d'un grand nombre de maisons des années 1960. Mettre une pompe à chaleur dans ces maisons sans avoir réhabilité de façon importante l'enveloppe de la maison serait voué à l'échec (coût énergétique élevé l'hiver, notamment pour les zones climatiques comme l'Alsace où l'hiver est rigoureux).

Un des problèmes récurrents est la difficile isolation de la cave avec une question de hauteur sous plafond restant disponible après l'isolation. Une solution aurait été de poser un plancher chauffant au rez-de-chaussée et de sortir la cave de l'espace chauffé.

L'architecte estime que l'isolation des murs aurait pu être réalisée en insufflant de la fibre de bois plutôt que de poser des panneaux de polystyrène, ce qui aurait encore amélioré le bilan carbone de l'opération.

« *Les clients m'ont fait confiance et je les en remercie. Je remercie aussi la Fédération de la construction passive pour la mise en réseau avec des entreprises compétentes.*

Pour faire mieux ou aller plus loin, j'aurais peut-être envie de m'appuyer un peu plus sur le concept ancien de « toiture tampon ventilée » pour le confort d'été. Je chercherais à automatiser une sur-ventilation nocturne du comble pour se prémunir d'étés éventuellement plus chauds.

Les propriétaires envisagent aussi d'installer des panneaux solaires thermiques sur la partie du toit bien exposée. Ils disposent maintenant de nombreux espaces tempérés où le stockage d'eau chaude pourra s'installer à proximité de ces panneaux, pour un rendement optimal. » (Philippe Schaer)

Récompenses, label, certifications

Certification niveau Fédépassif réno de la Fédération Française de la Construction Passive (2024)

Le projet a été réalisé dans le cadre du dispositif d'aides à la rénovation thermique OSCAR, mis en place par le Pays de Saverne Plaine et Plateau, lequel complète les aides CEE et MaPrim'Rénov.

Remerciements et sources

Le maître d'ouvrage

Philippe Schaer, architecte, contact@ps-architecte.fr

Stéphanie Delsart, OZE, stephanie@passivhaus.fr

14. Rénovation avec extension en toiture d'une maison des années 1950

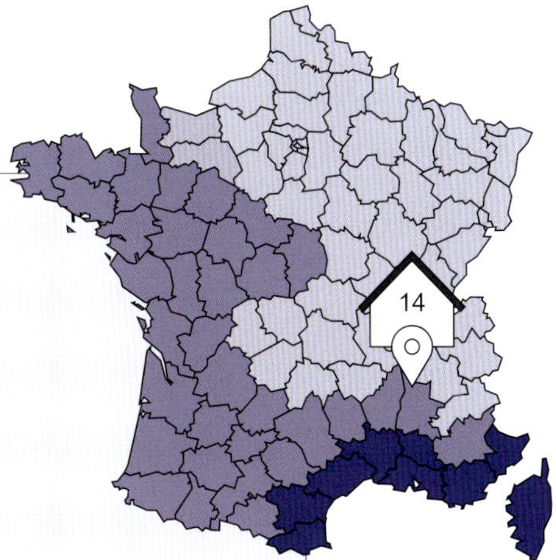

Maître d'ouvrage et maître d'œuvre : Pierre Leriche
BET thermique : Antoine Prats, concepteur de bâtiment passif (diplômé CEPH), bureau d'études Phroneco devenu en 2022 entreprise LOUKTA Charpente (VMC DF, isolation par l'extérieur et charpente)
Entreprises : Charpente + ITE : Osebois. Terrasse extérieure et escalier extérieur : Les Arts des Bois et 2V métal. Plomberie et photovoltaïque : Espace éco habitat. Projection polyuréthane : ISOL Drôme Ardèche. Maçonnerie : ING Bâtiment. Chauffage + VMC : Alixan Plomberie. Menuiseries André.

Localisation : Romans-sur-Isère, Drôme
Altitude : 122 m
Date de construction : années 1950
Date des travaux : 2018
Shab après travaux : 149 m^2
Coût des travaux hors VRD : 1 395 €/m^2 Shab dont 1 000 €/m^2 pour la performance énergétique

Crédit photo : Pierre Leriche

Le projet

Les objectifs, le contexte

Le maître d'ouvrage occupait un appartement construit en 2006 exposé est/ouest dans lequel il faisait très chaud l'été malgré la fermeture des volets (30 °C dans les chambres situées à l'ouest). Son choix s'est porté rapidement sur le passif en construction ou en rénovation et ce, pour plusieurs raisons : « *D'une part, une volonté écologique d'avoir une habitation économe en énergie, au vu des enjeux climatiques et des problèmes liés aux ressources naturelles. Et, d'autre part, la recherche du confort d'une maison bien isolée et sans pont thermique : fini les courants d'air froid dans les prises électriques, les sensations de froid lorsque l'on s'assied près d'une fenêtre, les pièces que l'on a du mal à chauffer et les surchauffes fréquentes l'été ...* »

La famille a trouvé une maison qui correspondait à leur attente : située en ville à moins d'1 km de la gare et bien orientée au sud, n'ayant pas fait l'objet d'une rénovation thermique légère (qui aurait réduit l'intérêt économique de la rénover pleinement), et offrant la possibilité d'une isolation thermique par l'extérieur ; de plus, la forme de la maison quasi-cubique (très compacte) limitait ses surfaces déperditive. Une majorité de fenêtres au sud et un accès au soleil permettraient de bons apports solaires et de lumière. Enfin, le rez-de-chaussée étant occupé par le garage, il serait possible de stocker les vélos et les remorques de vélos mais surtout de traiter le pont thermique au raccord des murs et du plancher en faisant déborder l'isolant de ce raccord.

▲ La maison avant travaux : façades nord-ouest sur rue et ouest sur jardin (Crédit photos : Pierre Leriche)

Le projet de rénovation : une maison passive avec extension

La maison a fait l'objet d'une rénovation globale avec une extension en toiture afin de rendre les combles habitables. Pour favoriser la performance de l'isolation par l'extérieur, supprimer les ponts thermiques et pour des raisons pratiques de superficie, l'escalier extérieur et le balcon ont été démolis.
Les combles ont été modifiés pour recevoir des chambres, une salle de bain et aussi pour accueillir des surfaces vitrées au sud et à l'ouest.

▲ La maison après travaux (Crédit photo : Pierre Leriche)

▲ Démolition de la toiture existante et surélévation partielle (photos du haut) Création d'un espace en R+2 (photos du bas) (Crédit photos : Pierre Leriche)

Technique constructive et solutions techniques

	État initial	État après rénovation	U (W/(m².K))
Murs extérieurs	Béton (37 cm d'épaisseur) et parpaings	Existant réhabilité : murs en béton de 37 cm d'épaisseur et parpaings isolés par l'extérieur avec 250 mm de polystyrène graphité, commençant 1 m sous le plancher bas. Enduit de finition. Isolation par l'intérieur avec 100 mm de PU projeté sur 50 cm de haut à partir du plancher bas.	0,12
Murs intérieurs (donnant sur locaux non chauffés)	–	Cage d'escalier remontant du garage non chauffé (sur mur béton de 17 cm côté enveloppe extérieure) en bois recouverte de 20 cm de mousse de PU projetée puis pare-vapeur et plaque de plâtre de 13 cm (voir § 3.1.2)	–
Toiture	Papiers journaux étalés au sol	OSB de 12 mm, lame d'air 60 mm, 400 mm de ouate de cellulose insufflée, panneau de MDF, bac acier	0,13
Plancher bas	Dalle de béton 20 cm	Parquet collé 14 mm, chape 50 mm, 210 mm de mousse de PU projetée au sol et 100 mm en remontée sur les murs jusqu'à 50 cm de hauteur, dalle de béton 20 cm	0,13
Menuiseries extérieures	Menuiseries bois simple vitrage	Menuiseries bois-aluminium en triple-vitrage (Smartwin des Menuiseries André) à ouvrant caché pour une meilleure performance thermique et un moindre impact visuel. Ug = 0,53	Uw = 0,65
	–	Fenêtres de toit : Velux passif type GGU 8230 (triple vitrage côté extérieur et double vitrage côté intérieur soit 5 vitrages)	–
	Porte d'entrée non isolée	Nouvelle entrée par le garage sur rue et porte d'entrée remplacée par une porte-fenêtre donnant sur la terrasse : Keyor Thechnitherm PEBOS sur huisserie bois. Ud = 1,0	0,55

Occultations	Volets battants en bois	Des volets coulissants en bois brulé auto-construits
Chauffage	Chaudière gaz, année 2000	1 batterie électrique de réchauffage de 2 kW en sortie de la VMC double flux, équipée d'un simple thermostat
Eau chaude sanitaire		Chauffe-eau solaire individuel auto-vidangeable avec un appoint électrique fournissant 45 % de l'ECS (estimation) et récupération de chaleur sur les eaux usées des douches (vertical sur 2 m de hauteur). L'eau froide passe de 12 °C à 27 °C lorsque l'eau de la douche coule à 37 °C (mesures effectuées au niveau de la douche du 2e étage)
Ventilation	Naturelle	VMC double-flux centralisée Paul (Novus 300, 93 % de rendement selon le PHI) équipée d'un by-pass automatique
Énergies renouvelables	–	2,5 m² de panneaux solaires sur le toit et 9,5 m² de panneaux photovoltaïques (autoconsommation et vente du surplus)

À l'intérieur de la maison, la distribution des volumes a été repensée pour pouvoir loger la VMC, un escalier distribuant l'étage a été créé et une arche porteuse imposante a été remplacée par une poutre en acier (H.E.A.). Enfin, la cage d'escalier montant du garage a été isolée sur toutes ses faces car elle créait un point froid important (voir § 3.1.2).

Le traitement de l'enveloppe pour réduire les ponts thermiques

Le traitement des soubassements et l'isolation par l'intérieur du plancher bas

L'isolation s'arrête au niveau du bas de la fenêtre du garage. Celui-ci ne fait pas partie de l'enveloppe chauffée mais l'isolation extérieure descend à environ 1 m sous le plancher du rez-de-chaussée pour limiter le pont thermique à l'étage.

Il en est de même dans la cage d'escalier permettant d'accéder au garage où l'isolant descend sur 1 m afin d'éviter les déperditions thermiques (voir § 3.1.2).

L'isolation du plancher bas a été réalisée par l'intérieur avec 200 mm de mousse de polyuréthane projetée au sol et 100 mm en remontée sur les murs sur 50 cm de haut pour casser le pont thermique de la dalle.

▲ Isolation par l'extérieur avec des panneaux de 25 cm de polystyrène graphité fixés avec des chevilles Sto-ecotwist supprimant le pont thermique de montage (Crédit photos : Pierre Leriche)

Première passe de 10 cm de mousse PU projetée au sol

(Crédit photos : Pierre Leriche)

Préparation de la chape R+1

Départ des poutres en I sur le lamellé-collé en toiture

Poutres en I sur les anciens chevrons pour créer un espace de 40 cm pour la ouate de cellulose

(Crédit photos : Pierre Leriche)

La toiture

La toiture a été reprise pour rendre les combles en partie habitables. Sa structure est composée de poutres en I permettant l'insertion de 40 cm de ouate de cellulose.
Une couverture en bac acier de couleur gris clair a été retenue pour limiter l'échauffement des villes.

La pose des menuiseries

Les menuiseries en triple vitrage sont posées, pour la plupart d'entre elles, au nu extérieur et intégrées dans l'isolant. La porte d'entrée a été remplacée par une porte fenêtre donnant sur la nouvelle terrasse, l'accès au logement se faisant par la porte du garage (au nord) et un escalier intérieur existant.
Les deux petites fenêtres au nord ont été réunies en une seule ouverture (seule ouverture au nord). Deux fenêtres de toit ont été créées pour apporter de la lumière et permettre le rafraîchissement nocturne en été par tirage thermique.
Pour les fenêtres créées au sud en R+2, l'occultation solaire a été réalisée par une casquette composée de panneaux photovoltaïques, cette solution étant moins onéreuse qu'un débord de toiture ou que la mise en place de brise-soleil orientables (BSO). Les volets roulants étant écartés d'office pour leur faible performance thermique.

**Pose des menuiseries bois-aluminium en triple vitrage au nu extérieur pour une mise en œuvre sans pont thermique.
L'isolation extérieure viendra recouvrir la menuiserie**

Bande pré-comprimée périphérique assurant l'étanchéité à l'air entre la menuiserie et la maçonnerie

(Crédit photos : Pierre Leriche)

Continuité de l'étanchéité à l'air avec le compribande des menuiseries, l'ossature bois, les pare-vapeur et les enduits terre et plâtre

Création d'un appui en béton cellulaire pour la pose des portes-fenêtres au futur niveau du sol fini (pour traiter le pont thermique)

(Crédit photos : Pierre Leriche)

▲ Les fenêtres créées au sud avec six panneaux photovoltaïques (9,5 m²) en casquette (Crédit photos : Pierre Leriche)

Enfin, des volets coulissants auto-construits en bois brûlé sont posés sur les fenêtres de la façade ouest et sur celles de la façade sud au niveau principal.

▲ Des volets coulissants en bois brûlé posés en fin de chantier (Crédit photo : Pierre Leriche)

La ventilation double flux

La VMC double-flux centralisée Paul (Novus 300, de 93 % de rendement selon les tests effectués par le PHI) est située au nord avec un réseau donnant vers l'extérieur, au plus court.

▲ Réseaux de VMC et de plomberie sous la dalle des combles (Crédit photo : Pierre Leriche)

▲ Le conduit de rejet d'air de la VMC en toiture est au plus court, passant en bas de pente de toiture (Crédit photos : Pierre Leriche)

La VMC, équipée d'un by-pass automatique, ne nécessite aucun réglage. Il suffit de nettoyer l'échangeur tous les 2 ans et de nettoyer les filtres tous les 6 à 12 mois.

Traitement de la cage d'escalier

La cage d'escalier montant du garage à l'étage créait un point froid dans le volume chauffé. Il a fallu l'entourer d'isolant malgré la présence d'un mur de refend contre la cage (voir § 3.1.2).

Traitement de l'étanchéité à l'air

Le test d'étanchéité à l'air a donné un résultat probant dès le premier essai : 0,5 vol/h sous 50 Pa. L'essentiel des fuites était situé au niveau des velux, des portes thermiques intérieures et de la toiture.

	Avant travaux	Après travaux
n50 en volume par heure	Aucune étanchéité	0,5 vol/h

La mousse PU englobe bien chaque gaine pour une étanchéité à l'air parfaite

Le pare-vapeur intérieur sur la surélévation bois et sous la toiture

(Crédit photos : Pierre Leriche)

Santé et confort

« *Afin d'aider à réguler l'humidité dans la maison, de nombreux murs ont été réalisés en enduit terre. La ventilation double flux en maison passive doit renouveler 30 m^3/h par occupant, ce qui nous amène à aspirer 70 m^3/h dans la cuisine, ce qui est bien au-delà des constructions classiques, et permet d'avoir un air sain et filtré dans la maison. L'humidité se situait entre 45 et 60 % HR entre août 2018 et novembre 2018.*

Le confort thermique en maison passive permet de ne pas avoir de différence de température entre les surfaces (murs, planchers, fenêtres) et l'air, ce qui donne une sensation de bien-être immédiatement perceptible.

Une maison étanche à l'air a également une performance acoustique qui a été remarquée lors des portes ouvertes des maisons passives. Les visiteurs ont été surpris de n'entendre aucun bruit de fond de la ville, ni bruit lié à la ventilation. » (Pierre Leriche)

La performance énergétique

Consommation théorique d'énergie avant et après travaux

	Avant travaux	Après travaux
Surface de référence (m^2)*	–	180
DPE Énergie (kWh$_{EP}$/m^2)	> 330	–
Besoin de chauffage (kWh/m^2)*	–	13
Consommation en énergie primaire (kWh$_{EP}$/m^2)*	–	83

*Source PHPP

Consommation réelle sur comptage

Usages	Avant travaux	Après travaux moyenne 2019 à 2024
Énergie	Gaz de réseau	Électricité
Chauffage (kWh/an)	Pas de données	1 066
Eau chaude électrosolaire (kWh/an)		408
Sauna électrique (kWh/an)	–	270
Ratio de consommation d'énergie finale*	–	11,7

*Pour le chauffage, l'ECS et le sauna

Les données proviennent de deux sous-compteurs au tableau électrique sur les disjoncteurs dédiés à la batterie chaude et au chauffe-eau solaire.

La consommation d'énergie pour le chauffage, la ventilation et la fourniture d'eau chaude sanitaire est en moyenne sur les cinq années 2019 à 2024 de seulement **10 kWh par an et par m^2, soit une dépense, au prix de 2024, inférieure à 370 € par an (2,50 €/m^2.an).**

Le point de vue du maître d'ouvrage

« C'est une maison très agréable à vivre. Pendant les périodes de canicule en 2023, la température sous les combles n'a pas dépassé 26 ou 27 °C et la température a toujours été en dessous de ce niveau dans le reste de la maison. Certainement qu'une heure de climatisation par jour permettrait d'assurer un confort à moins de 25 °C dans toute la maison pendant les périodes de canicule mais ce n'est vraiment pas vécu comme un manque de confort.
Beaucoup de simulations ont été effectuées avec le PHPP lors de la conception du projet. Ingénieurs de formation, nous avons été très intéressés par les calculs d'optimisation énergétique et financière. Par exemple, jusqu'où descendre l'isolation sur les murs ou la cage d'escalier du garage pour réduire les déperditions énergétiques ? Quel rapport coût-efficacité retenir pour la ventilation double flux ?
Si c'était à refaire, le choix se serait porté sur une ventilation double flux qui permet aussi le rafraîchissement grâce à la pompe à chaleur intégrée (système 4 en 1).
Le chauffe-eau solaire est très performant et notre installation photovoltaïque est utilisée en autoconsommation avec une revente du surplus. Mais ces panneaux servent aussi de casquette de protection solaire.
Un dernier mot pour dire que notre maison a eu un effet rebond mais dans le bon sens : deux familles d'amis ont décidé de rénover une maison plutôt que de faire construire en passif. »[1]

Récompenses
Label « Bâtiment Passif Classique » en 2018
Remerciements et sources
Leriche Pierre, maître d'ouvrage et maître d'œuvre, Romans-sur-Isère, pierre.leriche.1@gmail.com
Antoine Prats, Phroneco
C. Charlot-Valdieu et Ph. Outrequin, *Maisons individuelles passives*, Éd. du Moniteur, 2019 (pp. 383-392).

1. L'une des deux est la maison ❾.

15. Rénovation avec extension d'une maison des années 1950

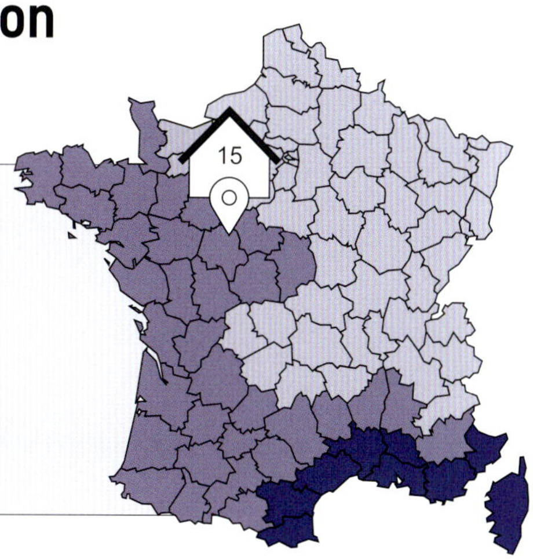

Maître d'ouvrage : Nicolas Delbarre
Architecte : Olivier Goupil
BET thermique : Éric Talpin, Enerya
Entreprises : Raphael Derré, Maisons & Matériaux écologiques (A2ME), Amboise.

Localisation : Nazelles-Négron, Indre-et-Loire
Altitude : 60 m
Date de construction : 1952
Date des travaux : 2009-2015
Shab avant/après travaux : 80 m²/130 m² + 110 m² au niveau bas
Coût des travaux : 770 €/m² Shab (95 % du temps de chantier en auto-construction) dont 690 €/m² pour la performance énergétique

Crédit photo : Nicolas Delbarre

Le projet

Les objectifs, le contexte

Professionnel de la construction écologique[1], le maître d'ouvrage a souhaité répondre au défi de transformer une passoire énergétique (maison de classe G) en maison exemplaire sur le plan énergétique et avec des matériaux biosourcés.

La maison se trouve en centre bourg d'une commune de 3 500 habitants au pied d'un château du XVIIe siècle, donc en secteur sauvegardé.

La volonté du maître d'ouvrage était de faire un maximum de travaux en auto-construction. Il estime en avoir effectué 95 % avec des personnes de sa famille et des amis.

1. Nicolas Delbarre, maître d'ouvrage, a créé en 2007 un commerce de matériaux biosourcés situé à Nazelles-Négron, avec un espace de vente de 1 000 m² : Amboise Maisons & Matériaux Écologiques (A2ME).

▲ La maison avant travaux (côtés est et sud sur rue avec les deux garages et côté ouest avec l'entrée) (Crédit photos : Nicolas Delbarre)

Le maître d'ouvrage voulait également augmenter la surface habitable de 50 m^2.

Une des difficultés a été le transport, depuis l'entrée de la maison à l'arrière de celle-ci, des poutres en bois lamellé collé BLC de 800 kg (13,5 m × 21,5 cm × 60 cm) pour créer la fondation de l'extension. Ceci a mobilisé pas moins de 26 personnes !

L'objectif était ensuite de faire valider la démarche par une certification qui s'est finalement avérée double (labels Minergie-P® et Minergie-ECO®) et extrêmement contraignante.

Cette rénovation est le seul projet réalisé en France avec cette double certification.

Le projet de rénovation : une maison passive et biosourcée

Le bâtiment initial a la forme d'un cube avec une toiture à 4 pans et des combles perdus non aménageables.

La difficulté réside dans le fait que la rénovation doit se faire en site occupé avec deux adultes et cinq jeunes enfants, ce qui a nécessité d'organiser les travaux tout en permettant la vie de la famille.

Les principales actions ont été :

– **L'intégration dans le volume chauffé de l'escalier extérieur** en béton destiné à l'accès à la maison, éliminant ainsi le pont thermique de l'escalier et de la terrasse.

▲ Intégration de l'escalier extérieur dans l'espace chauffé (porte à gauche de la maison) et transformation du garage en chambre (Crédit photos : Nicolas Delbarre)

▲ Dépose du toit existant et construction du nouveau toit à faible pente (on note aussi la condamnation de la porte existante) (Crédit photos : Nicolas Delbarre)

– **La suppression du toit existant pour le remplacer par une toiture plate à faible pente**, réduisant ainsi la hauteur de la maison (identique à celle de la maison existante : contrainte du PLU) pour ne pas altérer l'apport solaire et la vue de la maison au-dessus. Ceci a permis à la nouvelle partie construite de capter le soleil au sud, les rayons passant par-dessus le bâtiment existant. Ce plan est apparu dès l'esquisse et a été accepté par l'architecte des bâtiments de France. La dépose de la toiture existante et la pose de la nouvelle toiture avec isolation a dû se faire en évitant la pluie : aussi, les poutres en I ont été construites en amont des travaux pour pouvoir les installer le plus rapidement possible.

– **Une extension à l'avant de la maison côté sud** pour ajouter une chambre initialement prévue en garage – celle-ci n'est cependant pas dans le volume chauffé actuellement. Au sud, la fenêtre existante a été transformée en porte-fenêtre, donnant sur une terrasse supportée par l'extension, permettant de créer une pièce supplémentaire en rez-de-chaussée et un couloir pour avoir une entrée en rez-de-jardin.

▲ Esquisse du projet d'extension au sud (Source : Nicolas Delbarre)

– **Une extension à l'arrière de la maison, côté nord**. L'extension a été réalisée en lamellé-collé sur tout l'arrière de la maison. Le mur banché (à droite, sur la photo ci-après) assure la tenue de la terre descendant du côteau. Du liège a été collé sur le mur pour l'isoler pendant les travaux. Ce mur a ensuite été enduit à la chaux et intégré dans le volume chauffé).

▲ Extension à l'arrière de la maison : pose des poutres en I et transformation de la fenêtre en porte-fenêtre (Crédit photos : Nicolas Delbarre)

Les menuiseries triples vitrages ont été posées au nu extérieur afin de gagner un peu de place.

La finition minérale de couleur crème (comme l'existant) proposée initialement pour les façades fut refusée par l'architecte des bâtiments de France qui a imposé une finition plus sombre et plus discrète pour un tel changement architectural.

▲ Pose de l'ossature bois de l'extension sud contre le mur en béton banché (Crédit photos : Nicolas Delbarre)

Technique constructive et solutions techniques

	État initial	État après rénovation	U (W/(m².K))
Murs extérieurs	Maisons sur sous-sol en béton et élévation en briques de 30 cm	ITE : De l'intérieur vers l'extérieur : 260 mm brique creuse (1 400 kg/m³), 300 mm Ouate de cellulose Climacell, 60 mm panneau laine de bois STEICO spécial servant de pare-pluie, 30 mm lame d'air ventilée, 12 mm panneau VIROC (bois ciment comprimé)	0,12
		Mur périphérique : ITE enterrée avec 240 mm de panneaux de liège expansé	0,17
Toiture	Charpente bois, toiture en ardoise	De l'intérieur vers l'extérieur : 40 mm brique creuse (1 400 kg/m³), membrane d'étanchéité pro clima INTELLO, 200 mm ouate de cellulose Climacell, 16 mm panneau en fibre de bois AGEPAN DWD Protect, 500 mm ouate de cellulose Climacell, 16 mm panneau AGEPAN DWD Protect, 45 mm lame d'air ventilée, 18 mm OSB, Firestone RubberGard EPDM (membrane d'étanchéité monocouche en caoutchouc synthétique)	0,07
Plancher bas	Dalles béton sur voutain, terre cuite sur sous-sol	140 mm liège	0,27
Menuiseries extérieures	Simples vitrages et 6 m² de doubles vitrages	36 m² de menuiseries triple vitrage (TV) de chez Bieber posées au nu extérieur et au facteur solaire élevé.	TV : Uw = 0,825
		6 m² doubles vitrages (DV) déjà existants	DV : Uw = 1,30

Occultations	Volets métalliques	BSO ou store Markilux
Chauffage	Radiateurs, chaudière eau électrique	Poêle à granulés 4 kW situé dans la pièce de vie
Eau chaude sanitaire	–	Chauffe-eau solaire avec 15 m² de panneaux
Ventilation	–	VMC double flux Zehnder/enthalpique assurant le rafraîchissement de l'air introduit en été par free-cooling.
Énergies renouvelables	–	Solaire et granulés de bois

Le choix de matériaux biosourcés

Le maître d'ouvrage ne voulait utiliser que des matériaux écologiques pour l'isolation ainsi que pour les structures rapportées pour la construction.

L'obtention du label Minergie-ECO® exclut l'utilisation de solutions issues de la chimie organique, que ce soit le polystyrène ou la mousse de polyuréthane.

Le principe constructif est toujours le même, avec des poutres en I verticales ou horizontales entre lesquelles est insufflée la ouate, un panneau en fibre de bois venant fermer l'ensemble et éviter tout pont thermique.

Les parties enterrées de la maison existante (plancher bas et mur périphérique) ont été isolées avec des panneaux de liège expansé. Seules les fondations de l'extension au sud ont été isolées avec du Misapor.

Le maître d'ouvrage souhaitait utiliser comme isolant de la ouate de cellulose (celle-ci ayant l'énergie grise la plus faible). Cet isolant a été utilisé en toiture et pour les murs (ITE), à la fois pour le bâtiment existant et pour l'extension (murs, toit et plancher).

▲ Soufflage de la ouate de cellulose (Crédit photo : Nicolas Delbarre)

À l'intérieur, les cloisons de la partie rénovée sont en terre crue de 12 cm afin d'apporter de l'inertie et une régulation hygrométrique.

La salle de bain n'a pas de carrelage. Le maître d'ouvrage estime paradoxal de mettre un carrelage, froid par nature, dans une salle d'eau où les usagers ont besoin de chaleur. Aussi, le sol de la salle de bain est en bois massif (Robinier), les murs en terre et liège et la douche en tadelakt (enduit à base de chaux et de poudre de marbre), soit des matériaux à faible effusivité qui permettent de ressentir un confort thermique, voire même de se passer d'un chauffage d'appoint.

▲ Mur en terre crue avec plusieurs couleurs d'enduit dans le salon (Crédit photo : Nicolas Delbarre)

Traitement de l'étanchéité à l'air

Toute l'étanchéité à l'air a été faite avec les membranes Intello de Proclima pour les murs et les toitures, et avec des rubans de raccords type Contega SL de Proclima et fixés avec la colle Orcon Classic.

L'utilisation de membranes pour la gestion de l'étanchéité à l'air au niveau des menuiseries extérieures a été obligatoire pour atteindre les objectifs du passif alors que les compribandes imposées dans le DTU 36.5 servent juste de fond de joint mais sont insuffisantes pour le standard passif.

Le test d'étanchéité a été très correct, permettant à la maison de respecter l'objectif du label passif en rénovation.

Unité de mesure	Avant travaux	Après travaux
Q4 en $m^3/(m^2.h)$	Non connue	0,19
n50 en volume par heure	Non connue	0,96

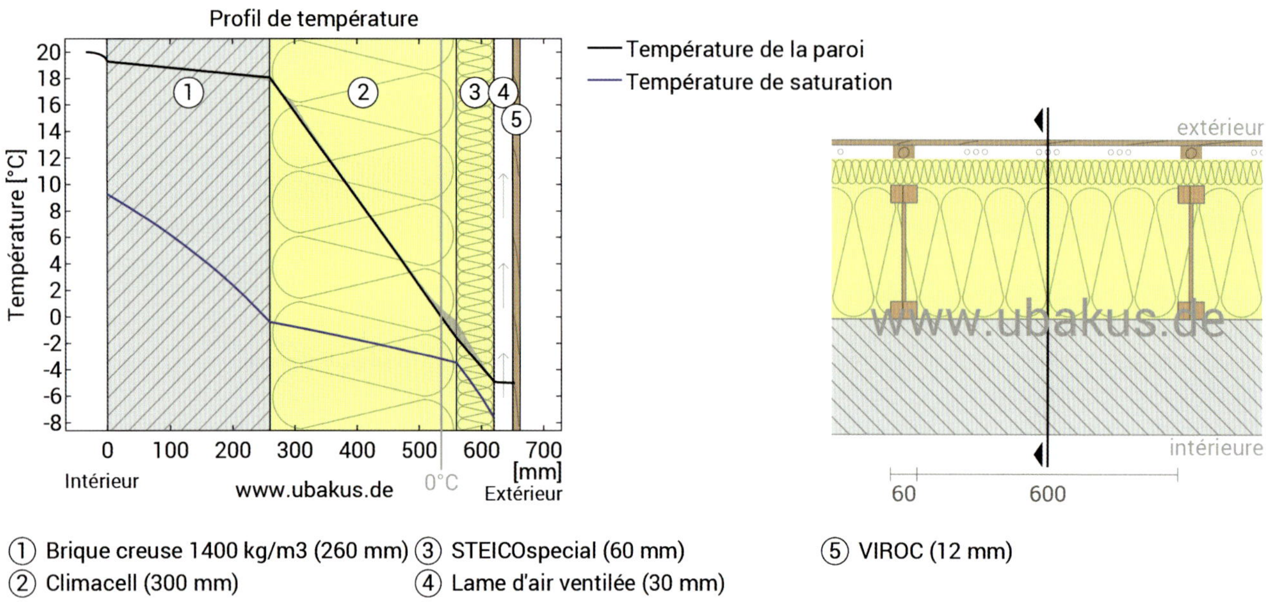

▲ Profil de température de la paroi verticale pour une température extérieure de 20 °C et une température extérieure de – 4 °C. La courbe bleue indique la température à laquelle la vapeur d'eau se condensera en eau liquide (point de rosée). La courbe verte indique la température à l'intérieur du mur. Cette température est toujours au-dessus de la température du point de rosée ; il n'y a pas de risque de condensation[2]. Valeur du coefficient Sd : 9,15 m en hiver et 2,94 m en été. Pour les murs, la valeur Sd est de 1,90 m.
(Source : Nicolas Delbarre et Ubakus)

Gestion de la vapeur d'eau

Le profil de température ci-dessus concerne la toiture (voir schéma Glaser pour les murs dans le § 3.3.4) pour une température intérieure de 20 °C et extérieure de – 4 °C.

Traitement du confort d'été

Le déphasage thermique calculé pour la toiture en rénovation est supérieur à 40 heures avec une capacité de stockage thermique de 183 kJ/(m^2.K).

Pour les murs, cette valeur atteint une capacité de 441 kJ/(m^2.K).

Qualité de l'air intérieur et qualité de vie

Le choix des matériaux écologiques permet d'avoir une qualité d'air maximale en limitant les sources de pollutions de l'air intérieur. Ces matériaux concernent les aménagements et finitions intérieures : les peintures Keim sont des peintures minérales qui n'émettent pas de COV, les revêtements de sols stratifiés Meister sont reconnus pour leur absence de relargage de COV ; les sols en parquet bois et les murs en liège ont été finis avec des huiles de protection Rubio qui ne dégagent pas de COV. Toutes les portes intérieures sont en bois massif pour éviter les colles et permettent de stocker toujours plus de CO_2.

Enfin, les câbles électriques sont blindés afin d'éviter les rayonnements électromagnétiques et l'Internet est filaire pour la même raison.

Ventilation, ECS et sanitaires

La ventilation est assurée par une VMC double flux à enthalpie.

L'eau chaude sanitaire est assurée à 100 % pendant 7 mois de l'année pour une famille de 7 personnes avec 15 m^2 de panneaux solaires qui font office de casquette solaire.

Enfin, des toilettes sèches à séparation (Wostman) viennent limiter la consommation d'eau (62 m^3 par an pour 7 personnes).

2. Courbe de la température et du point de rosée. Le point de rosée indique la température à laquelle la vapeur d'eau condensera. Si la température de la composition est au-dessus de température de condensation, il n'apparaît pas d'eau liquide. Si les deux courbes viennent à se toucher, il se forme en ce point de la condensation.

Performance énergétique

Consommation théorique d'énergie avant et après travaux

	Avant travaux	Après travaux
Surface de référence (m^2)	80	130
DPE Énergie (kWh_{EP}/m^2)	879 (classe G)	–
DPE Climat (kg $eqCO_2/m^2$)	30 (classe D)	–
Besoins de chaleur pour le chauffage (kWh/m^2)*	–	17

*Source Logiciel Lesosaï, Minergie

Consommation réelle d'énergie sur factures ou comptage

Usages	Avant travaux	Après travaux
Consommation tous usages (kWh/m^2.an)	1 050	27
Chauffage (kWh/m^2.an) ECS et autres usages électrodomestiques	–	10 17

La consommation d'énergie de la maison a été divisée par près de 40 avec une consommation finale tous usages énergétiques de 27 kWh par m^2 et par an, soit 3 500 kWh par an pour toute la maison.

Le point de vue du maître d'ouvrage

Selon le maître d'ouvrage, la maison est confortable toute l'année. En été, lors de périodes caniculaires, la maison se comporte bien mais exige une certaine discipline de la part des occupants pour la gestion des occultations, avec le *free-cooling* la nuit et en limitant les entrées-sorties des enfants dans la maison.

Par ailleurs, la famille utilise des moyens de cuisson solaire pour éviter d'apporter trop de calories lors de ces moments.

Le confort de la maison est aussi phonique car le triple vitrage associé à l'isolation réduit largement les bruits extérieurs.

Enfin, la faible amplitude de température est très confortable au quotidien et la parfaite étanchéité à l'air permet de passer confortablement les épisodes venteux.

Les connaissances acquises par le maître d'ouvrage feraient qu'aujourd'hui il supprimerait les plafonds existants au moment de la rénovation ; ceci aurait permis de faire une isolation et une étanchéité à l'air beaucoup plus facilement que par la toiture, tout en habitant la maison.

Enfin, le maître d'ouvrage regrette que les règles d'urbanisme (PLU) ne lui aient pas permis de surélever sa maison, l'obligeant à réaliser une extension en prolongement de la maison existante, ce qui a finalement augmenté l'emprise foncière et réduit le bénéfice environnemental.

Récompenses
Lauréat du concours « *Ma maison éco* » de la Région Centre-Val-de-Loire
Labels Minergie-P® et Minergie-ECO® en 2014

Remerciements et sources
Nicolas Delbarre, maître d'ouvrage et matériaux biosourcés, nicolas@delbarre.win.

16. Une maison de ville transformée en quatre logements passifs

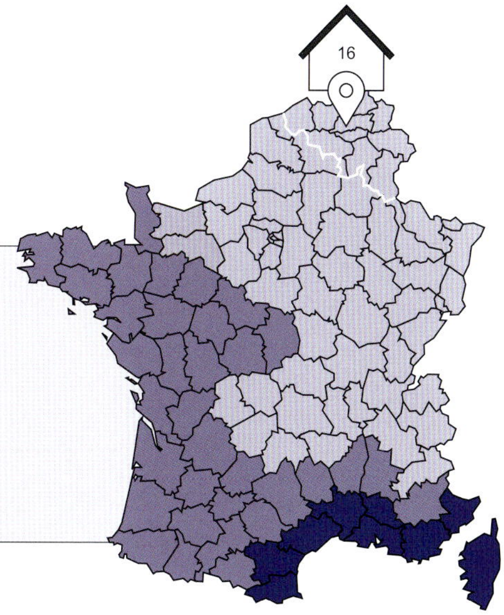

Maîtres d'ouvrage : A. Weber & J. Kessler
Architecte : UP ! architects
BET thermique : UP ! architects

Localisation : Rue Luther à Bruxelles (Belgique)
Altitude : 240 m
Date de construction : début du XXe siècle
Date des travaux : conception en 2013, réception des travaux en 2015.
Shab avant/après travaux : 410 m^2/420 m^2
Surface chauffée avant/après travaux : 420 m^2
Coût des travaux hors VRD : 1 230 € HT/m^2

Crédit photo : Sven Everaert

▲ Le bâtiment avant travaux: façade sur cour et salle de bain (crédit photos: Julien Kessler)

Le projet

Les objectifs, le contexte

Le maître d'ouvrage souhaitait rester en ville mais profiter d'un jardin sans avoir de charges mensuelles importantes, et donc une maison très bien isolée ou ayant un fort potentiel pour une rénovation performante, voire passive. Il a trouvé une maison de maître délabrée qui répondait à ses objectifs car elle n'avait jamais été rénovée. Sa transformation en bâtiment passif était donc non seulement techniquement possible mais de plus économiquement rentable.
Le maître d'ouvrage a décidé de se réserver le souplex (rez-de-chaussée donnant sur le jardin et sous-sol avec les chambres) et de destiner les étages à la location.

Un projet de rénovation passive

Situé à proximité du quartier européen, le bâtiment est implanté dans une rue présentant une grande homogénéité de gabarit et de style. Pour ne pas rompre cet équilibre, les propriétaires ont décidé de conserver la façade sur rue en l'isolant par l'intérieur. La façade arrière a été, quant à elle, isolée par l'extérieur.

▲ La façade sur rue (crédit photo: Julien Kessler)

▲ Coupe du bâtiment (Source: UP! architects)

Pour rendre le sous-sol habitable, il a fallu le creuser un peu plus pour en faire un étage à part entière. « *À la place d'une petite porte donnant sur un mur, notre chambre est pourvue d'une grande baie vitrée sur toute la largeur. Nous avons vue sur un jardin en terrasse, entièrement décoré de plantes locales. Et nous avons un accès direct au jardin. Quoi de plus merveilleux ?* » (Julien Kessler).

Les caves (94 m^2) sont devenues partiellement habitables : 75 m^2 pour l'appartement (chambre, salle de bain, dressing, buanderie), le souplex totalisant 115 m^2 avec le rez-de-chaussée. Le reste est utilisé pour les compteurs, la pompe de la citerne d'eau de pluie, etc.

Enfin, la création de la fenêtre de toit a permis de gagner 10 m^2, la surface initiale du bâtiment étant de 410 m^2.

Les appartements mis en location (en R+1 et R+2) font entre 55 et 65 m^2.

▲ Aménagement des combles pour gagner 10 m² supplémentaires (crédit photo: Julien Kessler)

▲ La parcelle avec les plans du sous-sol et du rez-de-chaussée (souplex) (Source: UP ! architects)

Techniques constructives et solutions techniques

	État initial	État après rénovation	U (W/(m².K))
Murs extérieurs : façade sur rue	Mur en maçonnerie de 480 mm d'épaisseur	Enduit minéral extérieur Isolation par l'intérieur : panneau mousse résolique (Kingspan K12) 120 mm, frein-vapeur Intello, contrecloison, montant bois, fibre bois 40 mm, plaque de fibro-plâtre Fermacell 12,5 mm	0,132
Murs extérieurs : façade sur jardin	Mur en maçonnerie de 390 mm d'épaisseur	Isolation par l'extérieur : enduit, panneaux de 300 mm polystyrène graphité, plâtre 15 mm	0,101
Toiture en pente	Tuiles et chevrons bois	Tuiles existantes, lattage/contre-lattage/pare-pluie, panneau PIR 140 mm, chevrons bois existants remplis de 80 mm fibre bois, frein-vapeur Intello, faux-plafond avec plaques de Fermacell 12,5 mm	0,129
Toiture plate	–	Etanchéité EPDM, panneau PIR 2 x 120 mm, pare-vapeur, panneau OSB 22 mm, gites en bois avec 180 mm fibre bois, faux-plafond avec plaques de Fermacell 12,5 mm	0,069
Plancher bas (dalle de cave)	Plancher semi-massif ou carrelage (20 mm) sur chape armée de 150 mm	Isolation avec 2 panneaux PIR de 120 mm et sable damé	0,090
Menuiseries extérieures	–	Menuiseries bois (labellisé PEFC) - aluminium en triple vitrage, Ug = 0,60	Uw = 0,83

Occultations	–	–
Chauffage	Chaudière gaz vétuste	Chaudière gaz à condensation collective de 23 kW, chauffage surfacique basse température
Eau chaude sanitaire	Chaudière gaz vétuste	Chaudière gaz à condensation collective Récupérateur de chaleur sur les douches du souplex
Ventilation	–	VMC double flux individuelles Helios
Énergies renouvelables	–	2,6 kWc (8 panneaux photovoltaïques)

Source : UP ! architects

L'étanchéité à l'air

La principale difficulté fut d'optimiser l'étanchéité à l'air du bâtiment, un aspect qui pose souvent problème dans la rénovation : « *La pose d'un nouvel entre-porte a partiellement réglé le problème : une grande partie de la chaleur s'échappait en effet par l'ancienne porte d'entrée. En effet, il est difficile d'aller placer les membranes d'étanchéité à l'air à des endroits qui ne sont pas accessibles (escalier, plancher, toiture, etc.). Lors d'une construction neuve, tout est possible, alors qu'en rénovation, il faut faire avec le bâtiment et ses défauts. De plus, les tests d'étanchéité à l'air ne font pas la différence entre une in/ex-filtration vers l'extérieur ou vers le bâtiment voisin… ; il est donc nécessaire de résoudre toutes les imperfections sur les murs mitoyens alors que le bâtiment voisin est chauffé à la même température que celui-ci.* » (Julien Kessler).

Unité de mesure	Après travaux
n50 (volume par heure)	0,60

L'isolation de l'enveloppe

Le choix s'est porté sur une ITE de la façade sur cour et d'une ITI pour la façade sur rue pour ne pas perturber l'alignement des bâtiments sur rue ni empiéter sur le trottoir.

◀ Une forte isolation de l'enveloppe et des menuiseries triple vitrage : la façade sur rue (crédit photo : Julien Kessler)

▲ Un soin particulier est apporté à la pose des menuiseries extérieures, sources de nombreux ponts thermiques (crédit photos : Julien Kessler)

▲ Le traitement de l'étanchéité des murs de façade et du plancher bas au sous-sol (crédit photos : Julien Kessler)

Le choix des matériaux

Limiter l'impact du chantier sur l'environnement était une des priorités du maître d'ouvrage. Le projet a été réfléchi selon les principes suivant :

– Quels éléments est-il possible de conserver en l'état ?

– Parmi les éléments démontés, est-il possible d'en réutiliser sur place ?

– Si non, sont-ils re-valorisables dans d'autres filières (revente en l'état, par exemple) ?

– Si non, il s'agit d'effectuer leur tri.

La structure existante du bâtiment principal (à savoir les murs, les planchers et la charpente) a été conservée, de même que l'escalier, certains carrelages, les moulures (certains éléments ayant été parfois réparés). Les menuiseries ont été démontées et soit réutilisées *in situ* (portes), soit proposées dans diverses filières de revalorisation et d'échange. Les déchets subsistants ont alors été triés.

Les matériaux ont été choisis pour leurs caractéristiques écologiques. Une attention particulière a été portée à l'écobilan des nouveaux matériaux mis en œuvre :

– fibre de bois pour l'isolation acoustique des planchers et des cloisons ainsi que l'isolation thermique de la façade sur rue ;

– bois labélisés (FSC) pour les ossatures de cloisons, les châssis, les revêtements de terrasses et les éléments structurels (pannes, gîtes...) ;

– des matériaux à faibles émissions pour les peintures ;

– plus globalement, une préférence a été donnée aux matériaux labélisés et recyclables.

« *Les planches de la terrasse sont en chêne : un des seuls bois européens suffisamment résistant pour un sol extérieur. Je ne voulais surtout pas de terrasse en bois tropical.* » La thématique des matériaux écologiques et du réemploi des matériaux n'était pas du tout aussi évoluée qu'aujourd'hui. Lors du développement du projet, en 2013, beaucoup de temps a été nécessaire pour la collecte d'informations et l'identification des fabricants ou distributeurs de matériaux. Les filières de recyclage et de réemploi de matériaux ont commencé à émergé depuis lors, ce qui rend cette tâche plus facile et moins chronophage.

Le choix de tels matériaux n'est pas dénué de conséquence : il faut assurer la performance tout en limitant l'épaisseur de l'isolant, notamment pour l'ITI.

Les équipements thermiques

La chaudière en place était en fin de vie et dès l'acquisition de la maison il a fallu la remplacer.

Une seule chaudière gaz condensation (d'une puissance de 23 kW) pour l'ensemble du bâtiment a permis de maximiser l'espace dans les logements et de réduire les frais d'installation et de maintenance. La maison est si bien isolée qu'il n'est pratiquement pas nécessaire de la chauffer.

Le besoin de chauffage étant très faible, il a été possible d'opter pour un chauffage surfacique à basse température (comme un chauffage par le sol) : entre les châssis de la façade avant et arrière au rez-de-chaussée (voir photo) et au sol de la salle de bain. Un sèche-serviette dans la salle de bain fonctionne également à basse température.

▲ Un chauffage surfacique à basse température sur les murs de façade entre les fenêtres (crédit photo : Julien Kessler)

La chaudière a été dimensionnée en fonction des besoins en eau chaude sanitaire et non pas en fonction des besoins de chauffage dans la mesure où ceux-ci sont insignifiants dans cette maison passive ! L'installation de chauffage a été dimensionnée de manière à permettre de prendre quatre douches en même temps.

« *Notre lave-linge et notre lave-vaisselle sont également branchés sur le circuit. Sinon, il aurait fallu chauffer l'eau séparément, à l'électricité, ce qui coûte plus cher et est moins intéressant pour l'impact environnemental.* » (Julien Kessler)

La ventilation est, en revanche, gérée individuellement, offrant une régulation par logement et évitant tout risque d'inconfort acoustique lié à la ventilation acoustique (bruit qui pourrait passer par les conduites communes, entre deux logements alimentés par le même groupe de ventilation). L'investissement est plus important, mais chaque logement ayant son propre groupe de ventilation, il n'y a aucun inconfort. De plus, cela permet également que chacun récupère ses calories et ventile selon ses besoins réels... ; en effet, la ventilation est équipée de récupérateur de chaleur (rendement de 89 %) et adapte automatiquement le débit selon des capteurs de CO_2 (selon le nombre de personnes présentes dans le séjour) et des capteurs d'humidité dans les salles de bain.

Le choix s'est porté sur un modèle de la marque Helios qui a un autre avantage : il adapte automatiquement la vitesse selon les pertes de charges (encrassement des filtres, etc.) afin de toujours respecter les débits de ventilation souhaités. Un système de récupérateur de chaleur a également été placé sur la douche du souplex : l'eau froide est préchauffée en récupérant des calories de l'eau usée de la douche (rendement de récupération de chaleur de 40 %).
Pour faire passer les conduites de ventilation, il a fallu trouver des astuces : celles-ci passent sous les volées d'escalier et par les locaux techniques. Pour la ventilation du rez-de-chaussée, il n'était pas possible de passer par le plafond car les moulures sont tout simplement magnifiques ! Il a donc été décidé de passer par le plafond du sous-sol et de placer les bouches de ventilation au sol ou dans le mobilier.
Enfin les équipements *via* By pass et permettent le rafraîchissement nocturne (*nigth cooling*) lors des journées les plus chaudes de l'été.

▲ Le doublement de la porte d'entrée avec la création d'un sas (crédit photo :Julien Kessler)

▲ Le passage des gaines de ventilation (Crédit photo : Julien Kessler)

La performance énergétique

Consommation théorique d'énergie avant et après travaux

	Avant travaux	Après travaux
Surface de référence (m^2)	410	420
Besoin de chauffage (kWh/m^2)*	287	14,8
Besoin en énergie primaire (chauffage, ECS et auxiliaires de chauffage) (kWh_{EP}/m^2)*	409	31,4
Confort d'été (fréquence de surchauffe en % d'heures dans l'année supérieures à 25 °C)*	0,4 %	2 %

*Source : PHPP, UP ! architects

Consommation réelle sur factures ou comptage

Usages	Consommation annuelle après rénovation (kWh/an)	Ratio de consommation (kWh/(m².an))
Consommation d'électricité (éclairage, ventilation, auxiliaires de chauffage)	1 824	4,3
Consommation de gaz (chauffage et ECS)	18 550	44,2

Un monitoring (relevé régulier des consommations) est effectué afin de pouvoir les analyser.

La consommation réelle en énergie primaire (EP) est supérieure de 24 % aux estimations. Cela s'explique par le fait que certains logements ont moins d'apport que le calcul théorique du PHPP :

– le logiciel tient compte du fait qu'il y a 3,3 occupants dans le souplex alors qu'ils ne sont que 2 dans la réalité : les apports internes sont donc moins importants ;

– certains locataires chauffent plus que la théorie (20 °C).

Toutefois, le gain par rapport à la situation avant rénovation reste similaire aux estimations (Voir schéma).

Montant total des charges

Charges d'électricité (éclairage des parties communes, ventilation, chaudière) : 1 824 kWh/an, soit 408 €/an.

Consommation gaz (chauffage d'appoint et ECS pour les quatre logements) : 1 855 m³/an soit +/- 1 100 €/an ou 1,10 €/m² pour les locataires (les appartements mis en location font entre 55 et 65 m² habitable, le souplex occupé par le propriétaire fait 115 m²).

La consommation d'eau n'est pas intégrée dans les charges car elle dépend du nombre de personnes et du comportement de chacun (douche ou bain, et nombre de douches par jour).

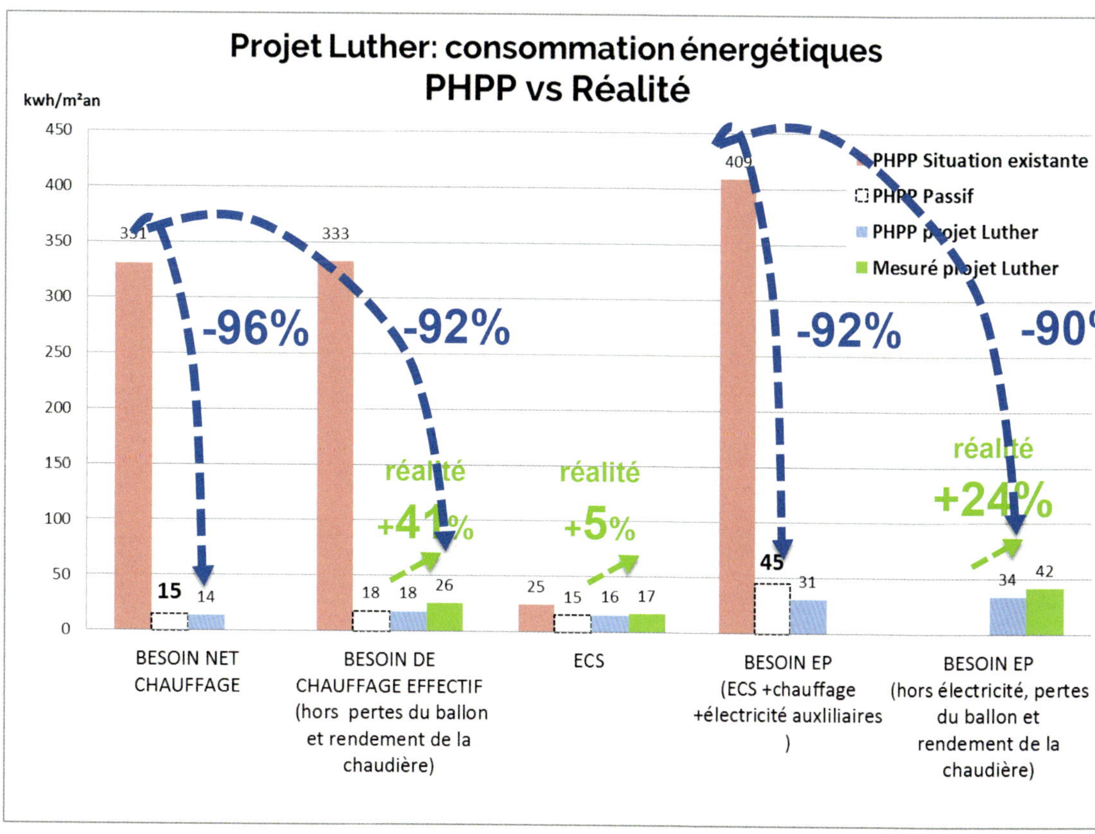

▲ Comparatif des consommations énergétiques : calcul théorique du bâtiment avant rénovation (PHPP situation existante), exigence du label passif (PHPP Passif), calcul théorique du bâtiment après rénovation (PHPP projet Luther) et consommation réelle mesurée (Source : UP ! architects et Julien Kessler)

La qualité environnementale

Tri des déchets

Afin d'imposer un tri des déchets, diverses clauses, comme l'obligation de commander la juste quantité et de minimiser les chutes, l'obligation de respecter la réglementation et d'en apporter les preuves... ont été intégrées dans le cahier des charges. Ces mesures ont été pénalisées/valorisées par une évaluation du nombre de containers à charge de l'entrepreneur. Si le nombre final était inférieur (grâce à un tri correct ou une consommation limitée), 80 % de la somme restante était laissé à l'entrepreneur.

Récupération des eaux de pluie

La récupération des eaux pluviales permet d'alimenter les WC, la buanderie et d'arroser le jardin (citerne de 3 m^3). Une partie de la citerne a été transformée en bassin d'orage, afin de limiter l'engorgement du réseau d'égout lors des fortes pluies. Les toitures plates jouent également le rôle de tampon.

Toiture végétalisée

18 m^2 de la toiture sont végétalisés (végétalisation intensive avec des fleurs indigènes qui attirent les insectes). Leur impact visuel est fortement apprécié par les occupants (cf. photo). Enfin les toitures végétalisées ont été réalisées par une entreprise employant des personnes handicapées.

Local à vélo

Un local à vélos devait être situé au sous-sol mais finalement le choix s'est porté sur un système de poulies permettant de suspendre les vélos dans le hall d'entrée (voir photo précédente).

▲ Une des toitures végétalisées et vue sur le jardin et ses terrasses plantées d'espèces locales et aromatiques (crédit photos : à gauche, Sven Everaert ; à droite, Julien Kessler)

La qualité d'usage et le confort

Les logements sont particulièrement confortables : lumineux (grandes baies vitrées sur le jardin, chaleur constante, confort d'été, pas de courant d'air, qualité de l'air, acoustique...).

▲ Cuisine et salle à manger ont de larges baies vitrées donnant sur le jardin (crédit photo : Sven Everaert)

▲ Le séjour de l'appartement du premier étage (crédit photo : Julien Kessler)

▲ L'espace bureau sur le palier et un séjour lumineux (crédit photos : à gauche, Julien Kessler ; à droite, Sven Everaert)

Le coût des travaux

Coût total des travaux hors subvention 490 000 € HT
Subventions, primes, prix (concours) : 115 000 € dont 99 000 € du programme Batex.
Certains travaux ont permis une déduction fiscale : isolation du toit, sécurité (porte blindée) de 2 500 €.
Un emprunt a été contracté pour la totalité des travaux. Le crédit initial sur 20 ans avait un taux de 3,3 % ; celui-ci a été renégocié après 2 ans à 13 ans (+ 2 années déjà effectuées) à un taux de 1,6 %.

Un grand succès médiatique

Cette opération a fait l'objet de nombreuses présentations dans les médias et de nombreuses visites. Ce bâtiment se trouvant à proximité des bâtiments de la Commission européenne, il sert régulièrement d'exemple (visite) dans le cadre de séminaires/formations sur la rénovation énergétique du patrimoine européen.

- **Médias** :
  - Journal télévisé & Radio de la RTBF du 12/11/2017.
  - Journal télévisé de BX1 (TV Bruxelles) du 08/11/2015.
- **Publications** :
  - Plate-forme Ecobuild : vidéo (novembre 2016)
  - Présentation du projet dans le cadre de la formation « Rénovation à hautes performances énergétiques » de l'IBGE : 2015-2018.
  - Magazine Ecobatisseur, 2016.
  - Divers magazines
- **Visites** :
  - Journées portes ouvertes Écobatisseurs : 2014-2017.
  - Visites organisées pour la Commission européenne (en collaboration avec le CERAA) : 2015-2017.

Le point de vue du maître d'ouvrage et des auteurs

Le maître d'ouvrage (qui fut aussi le maître d'œuvre) a transformé une maison de maître délabrée, mal isolée et difficile à chauffer en une habitation ouverte et bien pensée, qui laisse entrer l'air et la lumière à profusion. Son projet aboutit à un bâtiment qui consomme 90 % d'énergie en moins que la maison d'origine, ce qui lui vaut d'être sélectionnée par le jury des « Bâtiments exemplaires » (Batex) et donc d'avoir droit à une subvention : « *Au total, nous avons obtenu plusieurs dizaines de milliers d'euros de primes et de récompenses, soit 20 % de nos frais de rénovation.* » (Julien Kessler)
Cette rénovation est représentative d'un grand nombre de maisons de maître en centre-ville en France. Alors qu'il y a plusieurs logements, le choix s'est porté sur une seule chaudière pour l'ensemble du bâtiment sans crainte du vol de calories dans la mesure où les besoins de chauffage sont très faibles. Ce choix raisonné à l'échelle du bâtiment pour l'ensemble des occupants, locataires comme propriétaires, facilite par ailleurs la recherche de locataires, lesquels sont de plus en plus sensibles à l'absence de charges ou à des charges nettement plus faibles que sur le marché, surtout dans les bâtiments existants – Rappelons que la Région Bruxelles Capitale a fait le choix du passif comme standard réglementaire depuis le 1er janvier 2015 et donc que les charges sont très faibles dans les logements neufs.

Récompenses
Lauréat du Programme Batex (N°216)[1]
Label Plateforme Maison Passive en 2016
Nominé au Prix belge de L'Energie et de l'Environnement 2016 (EEaward2016)
Remerciements et sources
Julien Kessler, architecte et propriétaire du bâtiment
Eco-bâtisseurs, portes ouvertes, numéro de novembre 2015
Fiche Batex n° 216

1. Ce qui a permis l'octroi d'une subvention de 29 800 €.

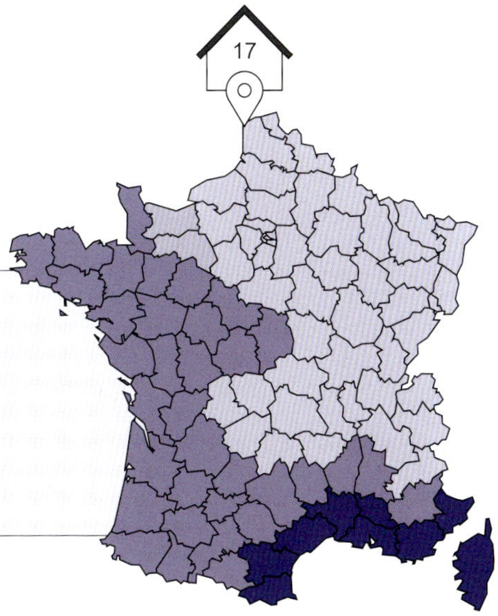

17. Une maison des années 1960 sur le littoral de la mer du Nord

Maître d'ouvrage : Clément Castel et Mélanie Calcoen
Maîtrise d'œuvre : Energelio, Lille
BET thermique : Energelio, Lille
Entreprises : Façades : entreprise Floret Frères, certifiée CEPH-A ; Menuiseries MC France

Localisation : Ambleteuse, Pas-de-Calais
Altitude : 10 m
Date de construction : 1963
Date des travaux : 2019
Shab avant/après travaux : 128,2 m²/128,2 m²

Crédit photo : Clément Castel

Le projet

Les objectifs, le contexte

La maison, située sur le littoral de la Côte d'Opale et orientée principalement au sud-ouest, date des années 1960. Elle exige une rénovation lourde à l'intérieur et un travail important sur l'enveloppe.

Le projet de rénovation : une maison passive

Ingénieur thermicien travaillant dans la construction passive depuis de nombreuses années, l'objectif du maître d'ouvrage était d'atteindre le label EnerPHit par éléments, sachant dès le départ qu'avec cette maison, il serait très difficile d'atteindre l'objectif EnerPHit pour le besoin de chaleur. L'agencement de cette maison ne correspondant plus aux critères actuels, le projet a comporté une reconfiguration complète des pièces avec la démolition des cloisons existantes.

▲ La maison avant travaux (Crédit photo : Clément Castel)

▲ L'intérieur de la maison après travaux avec la création non seulement de grands espaces mais aussi de grandes fenêtres pour le confort visuel (Crédit photos : Clément Castel)

Technique constructive et solutions techniques

	État initial	État après rénovation	U (W/(m².K))
Murs extérieurs	Murs en parpaings, enduit ciment	Murs en parpaings avec mise en place d'une isolation par l'extérieur avec 240 mm de fibres de bois et un enduit extérieur à la chaux.	0,154
Toiture	Toiture béton sur le corps principal et toiture légère sur la petite partie	Mise en place de 360 mm d'un isolant naturel (toile de jute) en combles perdus	0,102
Plancher bas	Dalle béton, parquet	Réalisation d'une isolation périmétrique enterrée jusqu'à la fondation avec 200 mm de PSE graphité et un revêtement cimenté. Pas d'isolation possible de la dalle béton	0,571
Menuiseries extérieures	Simples vitrages en majorité	Triples vitrages 4/20/4/20/4 MC France MéO MuwsT, espaceur Swisspacer Ultimate ; Ug = 0,53, Uf = 1,10 ; facteur solaire g = 60 %	0,86

Occultations	–	Volets roulants
Chauffage	–	Mise en place d'un système 4-en-1 de type PKOM4 de chez Pichler pour assurer les fonctions de chauffage, ventilation, ECS et rafraîchissement
Eau chaude sanitaire	–	Système 4-en-1
Ventilation	Naturelle	Système 4-en-1
Énergies renouvelables	–	Dans le futur, mise en place de panneaux photovoltaïques en autoconsommation (horizon 2025).

Traitement de l'enveloppe

La première étape, avant le démarrage des travaux, a consisté à assainir et à ouvrir les espaces.
Le travail sur l'enveloppe a commencé en creusant le long des murs périphériques jusqu'aux fondations sur 60 à 80 cm pour réaliser une isolation périphérique. Celle-ci a été réalisée avec 200 mm de polystyrène graphité moins cher que les matériaux biosourcés au moment des travaux. Toutefois, le maître d'ouvrage a fait remarquer que le liège aurait été une bonne solution.
Le travail sur la façade a démarré par le sciage des appuis béton et des jardinières afin de casser les éléments de modénature susceptibles de faire obstacle à l'isolation thermique. Le choix de l'isolant s'est porté sur la fibre de bois (240 mm d'Isonat 042) qui a une densité relativement élevée (140 kg/m³).
En décapant les murs, une allège a été découverte et démolie pour ouvrir le futur salon vers l'extérieur.

▲ Isolation périphérique jusqu'aux fondations (Crédit photo : Clément Castel)

▲ Découverte d'une allège pouvant être démolie pour ouvrir le salon (Crédit photo : Clément Castel)

▲ Pose des menuiseries en applique extérieure et intégrées dans l'isolant (Crédit photos : Clément Castel)

Le choix des menuiseries s'est porté sur des vitrages très clairs (facteur solaire de 60 %), avec des profils étroits et une performance énergétique élevée (Ug = 0,53). Les ponts thermiques de bord de vitrage ont été fortement réduits grâce à des espaceurs Swisspacer Ultimate.

Selon Clément Castel, « *la performance thermique des châssis MéO combinée à la finesse des profils des menuiseries au clair de vitrage optimisé a également été une caractéristique recherchée pour plus d'apports solaires* ».

Les fenêtres ont été posées en applique extérieure, technique permettant de cacher les coffres de volets roulants. Les 17 fenêtres sont en triples vitrages bois/aluminium avec un précadre en Purenit (matériau à haute densité composé de polyuréthane, fibre de verre et aluminium). Les anciennes fenêtres n'ont été démontées qu'après la pose des nouvelles menuiseries.

La pose de 240 mm de fibre de bois Isonat sur le mur extérieur a alors été effectuée.

L'enduit extérieur à la chaux a permis d'assurer l'étanchéité à l'air. Un badigeon final a été réalisé en finition.

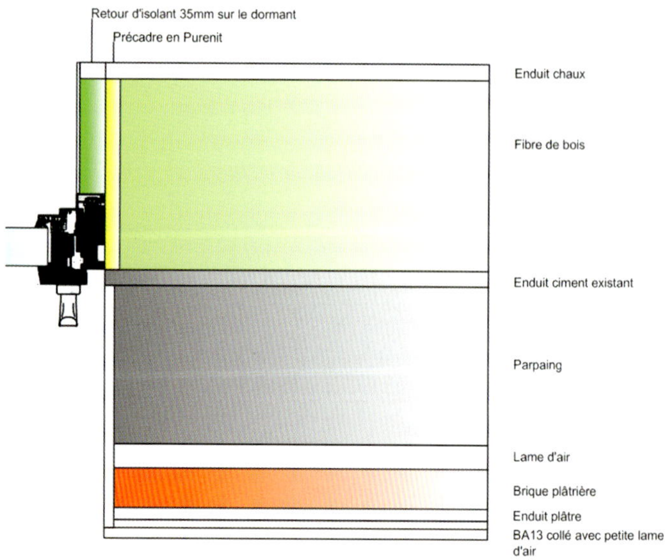

▲ Schéma de détail de la menuiserie avec le retour de l'isolant (vue de dessus) (Source : Energelio)

▲ Pose de la fibre de bois en recouvrement des menuiseries (Crédit photos : Clément Castel)

Isolation des combles

Les combles perdus sont isolés avec 360 mm de Thermojute (isolant en toile de jute naturelle).

▲ Isolation des combles perdus : pose de l'isolant (Crédit photo : Clément Castel)

Les équipements techniques

L'étape clé est la pose des réseaux de ventilation et de la machine 4-en-1 qui assure le chauffage, la fourniture d'eau chaude, la ventilation et le rafraîchissement.

▲ Pose des réseaux de ventilation (Crédit photo : Clément Castel)

Étanchéité à l'air

La maison a fait l'objet d'un test d'étanchéité à l'air qui s'est avéré concluant : sous 50 Pa, la perte d'étanchéité ne dépasse pas la valeur de 1 volume par heure.

Unité de mesure	Avant travaux	Après travaux
n50 en volume par heure	Non connue	1,0

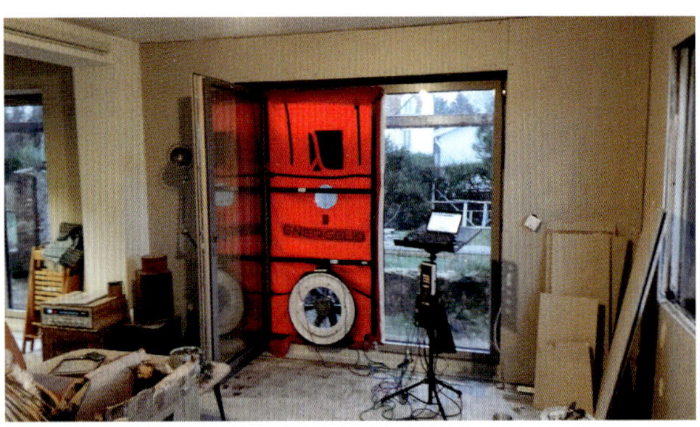

▲ Réalisation du test d'étanchéité à l'air (Crédit photo : Clément Castel)

Confort thermique et confort d'été

Une maison passive assure évidemment le besoin de confort thermique avec de faibles consommations de chauffage mais aussi le confort d'été.

Lors d'un épisode de forte chaleur, avec une température de 34,9 °C (air entrant), la température de l'air pulsé mesurée dans le logement avec la machine 4-en-1 était de 26 °C et la température de l'air extrait (air vicié) était de 24,5 °C. Ceci démontre la performance de la machine 4-en-1 et de l'isolation de l'enveloppe.

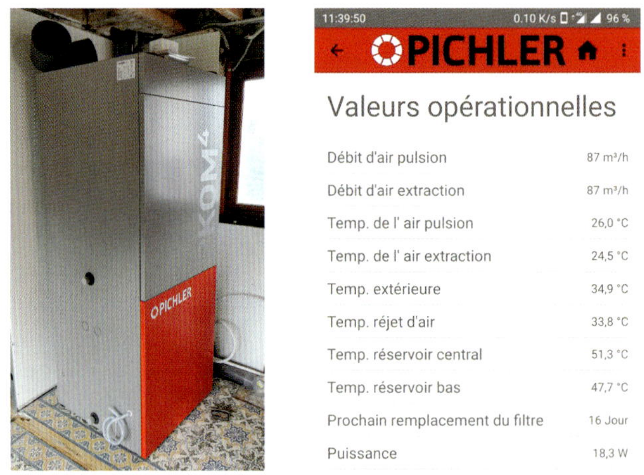

▲ Les valeurs affichées par la machine compacte 4 en 1 (Source : Clément Castel)

La performance énergétique

Consommation théorique d'énergie avant et après travaux

	Avant travaux	Après travaux
Surface de référence (m^2)	128,2	128,2
Besoin de chauffage (kWh/m^2)*	330	33
Consommation en énergie primaire (kWh_{EP}/m^2)*	–	108
Confort d'été (fréquence de surchauffe en % d'heures dans l'année supérieures à 25 °C)*	–	5 %

*Source : PHPP

Consommation réelle sur factures après rénovation

Usages	Année 2019	Année 2020
Chauffage, ECS, ventilation et refroidissement (KWh/an)	2 150	1 610
Recharge véhicule électrique (Zoé) (kWh/an)	675	1 066
Autres usages électrodomestiques et éclairage (kWh/an)	1 667	2 166
Total en énergie finale (kWh/an)	4 492	4 842
Ratio de consommation en énergie finale ($kWh/m^2.an$)	35	38
Ratio de consommation en énergie primaire ($kWh_{EP}/m^2.an$)	77	76

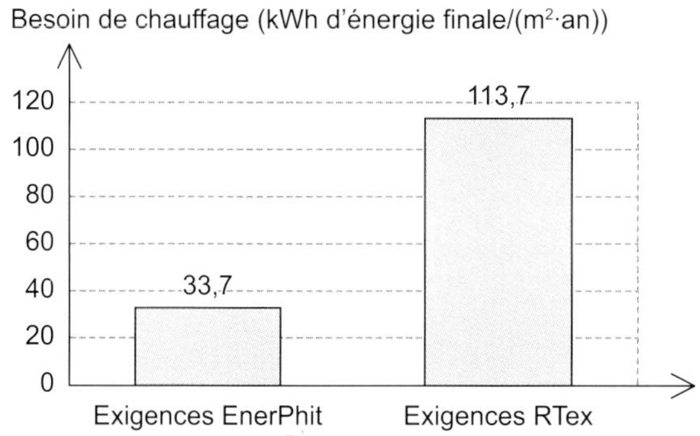

▲ Comparaison de l'impact des exigences EnerPhit et RTex sur le besoin de chauffage (Source : Clément Castel)

Le retour de deux années de consommation d'énergie indique une consommation d'énergie électrique de 36,4 kWh par m^2 pour l'ensemble des usages de la maison et par an et seulement de 30 kWh par m^2 et par an si l'on ne prend pas en compte la recharge du véhicule électrique. Cela correspond à une **dépense inférieure à 6 € par an et par m^2** (760 € par an).

Le modèle de calcul PHPP prédisait une consommation en énergie primaire de 108 $kWh_{EP}/(m^2.an)$ qui finalement n'a été que de 68 kWh_{EP}/m^2, hors recharge du véhicule électrique, montrant concrètement que l'on peut faire une rénovation passive par éléments très performante.

La comparaison avec les exigences de la réglementation thermique pour les bâtiments existants (RTex) en vigueur jusqu'en 2024 montre l'intérêt de la rénovation passive par éléments. Pour cette maison, l'exigence de la RTex est d'atteindre un besoin de chaleur utile pour le chauffage de 113,7 kWh/m^2 contre 33,7 kWh/m^2 avec EnerPHit par éléments.

Récompenses, labels...
EnerPHit par éléments

Remerciements et sources
Clément Castel, ingénieur associé Energelio, contact@energelio.fr

18. Une maison semi-enterrée du début des années 1970

Maître d'ouvrage : privé
Architecte : Sarl d'architecture Bak'Erige, Thierry Nonn
Contractant général et BET thermique : BE&CO, Clément Daval, L'arbresle (69210)
Entreprises : Terrassement : Claude Coquard. Maçonnerie : Structure & Performances. ITE : OPH. Chape et isolation : Tech'Sols. Menuiseries, volets roulants/BSO et parquet : Roy Création Bois. Chauffage, plomberie et VMC : Chauffage 2000. Électricité : IELEC. Métallerie : ASMT. Isolation des combles : Optimum Isolation. Carrelage : Debard. Plâtrerie et peinture : Giraud. Couverture et terrasse : Bati&Bois.

Localisation : Sainte-Consorce, Rhône
Altitude : 400 m
Date de construction : 1971
Date des travaux : 2019-2021
Shab avant/après travaux : 138 m^2/228 m^2
Coût des travaux hors VRD : 1 623 €/m^2 Shab (dont 7,3 % d'aides publiques) dont 551 €/m^2 pour la performance énergétique[1]

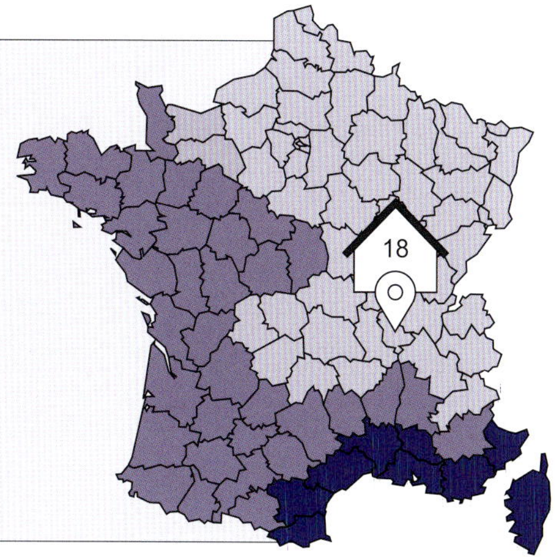

Crédit photo : Jean-Philippe Coignet

1. 125 700 € répartis sur les postes suivants : isolation des murs (50 000 €), isolation du plancher bas (6 700 €), isolation des combles (6 200 €), menuiseries extérieures (33 000 €) chauffage et plancher chauffant (19 300 €) et ventilation (10 500 €). (Source : le maître d'ouvrage)

▲ La maison sur sa butte avant les travaux (entrée de la maison et talus au sud-ouest) (Crédit photos : Agence d'Architecture Bak'erige)

Le projet

Les objectifs, le contexte

Arrivés dans la région lyonnaise en 2015, les maîtres d'ouvrage se sont provisoirement installés en location, le temps de trouver une maison (de préférence à réhabiliter) sur un grand terrain. Ce logement s'est avéré être une passoire thermique (3 000 L de fioul par an).

Or, l'idée des maîtres d'ouvrage était d'avoir un mode de vie qui vise à réduire les besoins notamment en matière énergétique. Moins consommer plutôt que consommer toujours autant avec des moyens alternatifs.

Après avoir trouvé le terrain et la maison répondant à leur objectif, la réflexion sur la nature du projet à réaliser a été très longue (deux années), les trois premiers architectes consultés ne proposant pas au maître d'ouvrage de solution qu'il jugeait acceptable à la fois du point de l'esthétique, du coût et des performances énergétiques.

Cette maison est typique de celles construites dans les années 1970, constituée d'un parallélépipède rectangle de deux niveaux de 138 m^2 chacun, une partie habitable à l'étage et un sous-sol complet semi-enterré avec devant une butte rapportée.

Ce n'est que **le quatrième architecte consulté, Thierry Nonn de l'agence d'architecture Bak'Erige**, qui a proposé la solution finalement retenue par le maître d'ouvrage : enlever la butte rapportée et aménager le sous-sol afin d'augmenter la surface habitable de 90 m^2. Les espaces de vie donnent donc sur le jardin, profitant complètement du terrain, et la cohérence architecturale est ainsi préservée.

Ayant vécu durant les deux ans précédents la rénovation dans une passoire thermique, les maîtres d'ouvrage se sont intéressés aux bâtiments très performants. Grâce à l'Espace Info Énergie, ils ont pu visiter un chantier du bureau d'études BE&CO qui leur a finalement proposé une prestation de contractant général et s'est engagé sur la performance en proposant de labelliser le projet.

C'est ainsi que le projet s'est orienté vers **une maison passive** et **l'obtention du label EnerPHit**.

Le projet de rénovation passive

Il s'agit d'une rénovation globale avec une importante augmentation de la surface habitable (90 m^2).

Le projet architectural a consisté à supprimer la butte et à ouvrir le sous-sol pour y mettre les pièces de vie, celles-ci donnant directement sur le jardin

En premier lieu, la suppression de la butte a fait l'objet de vérifications quant à l'état des murs enterrés. Puis des ouvertures ont été créées dans ce nouveau rez-de-chaussée (121 m^2) dans lequel se retrouvent maintenant un salon-séjour de 39,2 m^2, une cuisine américaine de 18,8 m^2 ainsi qu'une cave, un cellier et le garage qui a été conservé.

Au 1er étage, quatre chambres ont été créées (trois chambres de 17,7 m^2 et une de 11,8 m^2) ainsi qu'un bureau (11,2 m^2), une buanderie (14,1 m^2) et deux salles de bain (5,9 et 5,3 m^2).

▲ Suppression de la butte et de la terrasse en béton puis création d'ouverture au rez-de-chaussée (Crédit photos : Jean-Philippe Coignet)

Technique constructive et solutions techniques

	État initial	État après rénovation	U (W/(m^2.K))
Murs extérieurs	Mur en béton de 21 cm	Béton et ITE avec 180 mm Polystyrène expansé graphité Swisspor ; à l'intérieur pose de BA15.	0,163
Toiture	Tuiles sur fermettes	Combles perdus isolés avec 400 mm de ouate de cellulose soufflée, 150 mm dalle béton, 50 mm vide d'air, finition du plafond avec 13 mm plaques de plâtre.	0,096
Plancher bas	Dalle béton sur terre-plein	15 mm carrelage, 40 mm chape anhydrite, 150 mm mousse polyuréthane pulvérisée, 13 mm plaques de plâtre.	0,16
Menuiseries extérieures	Simple vitrage	Triples vitrages Bildau et Bussman France, en pin. Vitrages SGG, Ug = 0,60	0,85
Occultations	Volets bois	Volets roulants	
Chauffage	Chaudière fioul	PAC air/eau Daikin Altherma 4 kW haute performance (SCOP 4,5) avec plancher chauffant « classique » au RDC et plancher chauffant sec mince avec seulement 2 cm d'épaisseur au 1er étage avec pose directe du parquet.	
Eau chaude sanitaire	Chaudière fioul	PAC air/eau Daikin 4 kW haute performance (COP pour l'eau chaude 3,1) Récupération de chaleur sur les eaux grises (rendement 60 %) Recoh Vert de Gaïa Green	
Ventilation	Naturelle	VMC Double Flux Brink flair 325, rendement 91 %.	

Choix des matériaux

Le choix du polystyrène expansé comme isolant de l'ITE a été fait pour deux raisons :

– Une raison économique car moins cher que la fibre de bois qui aurait eu la préférence du maître d'ouvrage.

– Une raison technique : le débord de toit limitait l'épaisseur de l'isolant à 18 cm, ce qui a contraint à choisir un isolant très performant (λ = 0,031 W/m.K) pour atteindre l'objectif du passif.

Traitement des ponts thermiques

Pour la rénovation énergétique, le balcon, l'escalier extérieur et tous les débords des fenêtres ont été démolis pour retrouver une façade lisse, facile à isoler par l'extérieur.

Par ailleurs, en intégrant le sous-sol dans l'espace chauffé, le pont thermique de l'escalier d'accès à l'étage est, de fait, supprimé.

Pour réduire le pont thermique entre la dalle basse et le mur périphérique, un décaissement a été réalisé permettant à l'isolation par l'extérieur des murs de descendre en dessous de la dalle.

La rénovation a bénéficié de conditions favorables avec un sous-sol dont la hauteur sous plafond était de 3 m., ce qui a permis de faire passer facilement tous les réseaux et les gaines de la ventilation double flux, d'une part, et d'isoler la dalle basse du sous-sol, d'autre part.

▲ La maison face à la vue au sud (Crédit photos : Jean-Philippe Coignet)

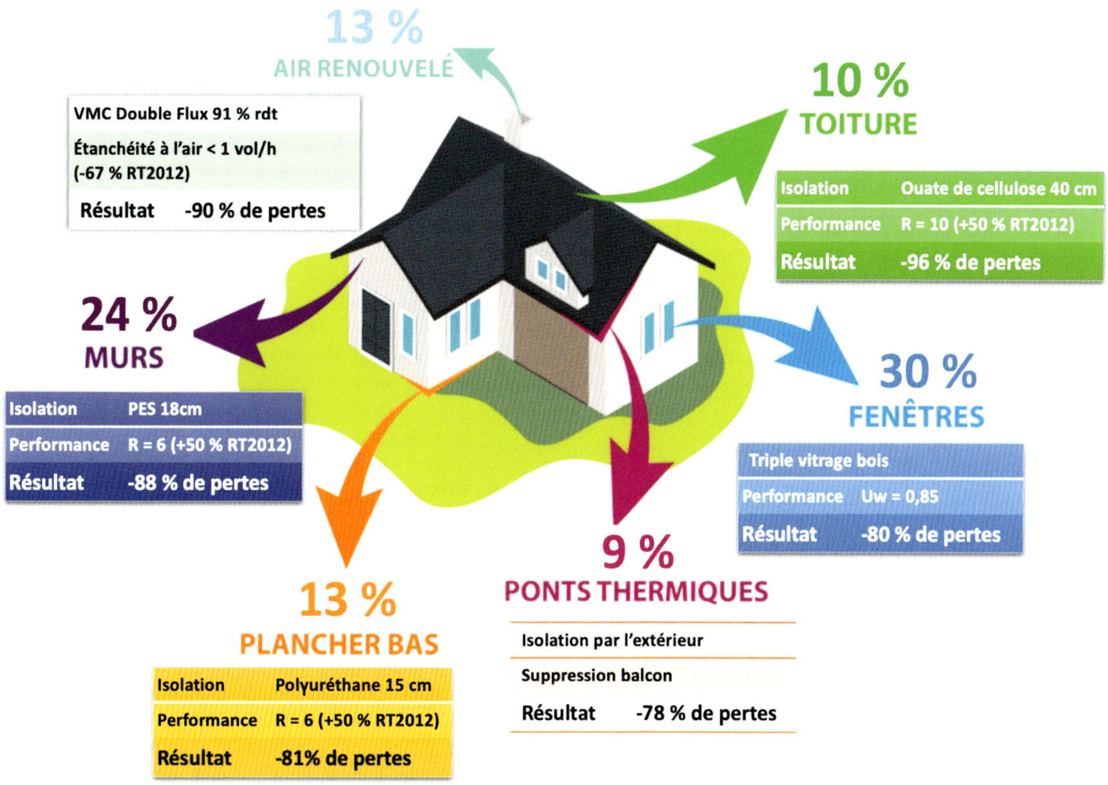

▲ Évaluation des déperditions thermiques de la maison (Source : Bak'Erige)

Traitement de l'étanchéité à l'air

Une des difficultés rencontrées a été le manque d'étanchéité à l'air des murs, ceux-ci n'étant pas jointifs. Toutes les jonctions des murs ont été reprises par l'extérieur.

Des fuites provenaient aussi d'anciennes gaines électriques noyées dans les cloisons et dans la pose de certaines fenêtres.

Après un premier test d'étanchéité très mauvais, tous ces points ont été traités, ce qui a permis d'atteindre une étanchéité à l'air très satisfaisante (n50 = 0,86 vol/heure).

Unité de mesure	Avant travaux	Après travaux
n50 en volume par heure	–	0,863

Eau chaude sanitaire

Un système de récupération de la chaleur sur les eaux grises de la douche permet d'économiser jusqu'à 70 % de la chaleur de la douche.

Confort thermique

Le besoin de chauffage a été estimé avec le PHPP à 20 kWh/m^2. Ce besoin très faible pourrait être couvert par un poêle à bois et deux sèche-serviettes.

▲ Le chauffage par le sol (Crédit photo : Jean-Philippe Coignet)

Cependant, les maîtres d'ouvrage ont opté pour une pompe à chaleur alimentant un plancher chauffant. Plusieurs raisons à cela, le poêle à bois n'aurait sans doute pas suffi pour chauffer de façon très confortable toute la maison qui est très grande et notamment les chambres à l'étage, ce qui aurait demandé l'ajout de radiateurs électriques. Ensuite, le poêle à bois demande une intervention fréquente, ce qui n'est pas le cas de la pompe à chaleur.

En installant une pompe à chaleur raccordé à un plancher chauffant, les maîtres d'ouvrage ont opté pour une technique plus autonome qui se gère directement avec la VMC double flux pour assurer la température souhaitée. De plus, cette pompe à chaleur contribue au rafraîchissement l'été.
Les estimations des maîtres d'ouvrage sont une consommation de chauffage de 1 200 kWh l'hiver et une consommation l'été de 200 kWh pour assurer une température intérieure inférieure ou égale à 25 °C. Ce comportement correspond aux prévisions du PHPP : « *Au moindre rayon de soleil, la maison monte à 23 °C et de façon homogène, sans sensation de courant d'air* ».
La maison a conservé des ouvertures au nord à la demande de la famille, pour des raisons de confort et de qualité visuelle, même si cela a pénalisé le bilan thermique.

Confort d'été

Les arbres existants en dehors de la butte sont suffisamment denses pour apporter une protection efficace aux rayons du soleil avec l'ombre portée et le microclimat engendré.
Cependant, les châssis fixes à l'est et à l'ouest n'ont pas de BSO et contribuent un peu à la surchauffe de la maison en été.

Impact environnemental

La maison a un système de récupération des eaux de pluie avec une cuve de 10 m^3 utilisés pour les toilettes et le lave-linge.
Le maître d'ouvrage a aussi opté pour un système de phyto-épuration (www.aquatiris.fr) afin de résoudre de façon écologique les problématiques d'assainissement.

La performance énergétique

Consommation théorique d'énergie avant et après travaux

	Avant travaux	Après travaux
Surface de référence (m^2)	138	228
DPE (Chauffage et ECS) (kWh$_{EP}$/m^2)	377	26
Besoin de chauffage (kWh/m^2)*	–	20
Consommation en énergie primaire (kWh$_{EP}$/m^2)*	–	61
Confort d'été (fréquence de surchauffe en % d'heures dans l'année supérieures à 25 °C)*	–	3 %

*Source : PHPP

Consommation réelle sur factures ou comptage

Usages	Avant travaux (moyenne 2017-2019)	Après travaux (moyenne 2021-2923)
Énergie de chauffage	Fioul	Électricité
Chauffage (kWh/(m^2.an))	30 000	1 333
Eau chaude sanitaire (kWh/(m^2.an))		844
Ratio de consommation d'énergie finale (kWh/(m^2.an))	217	9,6

La consommation finale d'énergie est passée de 217 kWh/(m^2.an) à 9,6 kWh/(m^2.an).
Les émissions de CO_2 se sont élevées à 9,6 tonnes par an pendant les deux d'années d'occupation de la maison avant les travaux. Après travaux, elles s'élèvent à 172 kg par an, soit un rapport de 1 à 56. En deux ans avant les travaux, la famille a émis autant de gaz à effet de serre que pendant les 112 ans à venir !

le point de vue du maître d'ouvrage

« *L'idée géniale de Thierry Nonn, de supprimer la butte, a permis de créer un espace de vie supplémentaire à un coût abordable, sans consommer d'espace et en préservant l'architecture générale de la maison. Le maître d'ouvrage observe que, lors de ses premières investigations, il a rencontré de nombreux artisans et professionnels dont les propositions techniques étaient uniquement faites au regard des aides existantes. À la question posée par le maître d'ouvrage, comment aller plus loin dans la réduction des besoins énergétiques, il n'y avait pas de réponse satisfaisante… jusqu'à ce que Clément Daval propose une rénovation passive globale avec un engagement de résultat pour atteindre le label EnerPHit.* »

Récompenses
Label EnerPHit par ProPassif
Remerciements et sources
Les maîtres d'ouvrage
Thierry Nonn, agence d'architecture Bak'erige, bak.erige@wanadoo.fr
Clément Daval, BE&CO +, clement.daval@be-co.fr
Habitat Naturel, n° 90, 2022 (pp. 56-60).

19. Rénovation par étapes d'une maison des années 1970

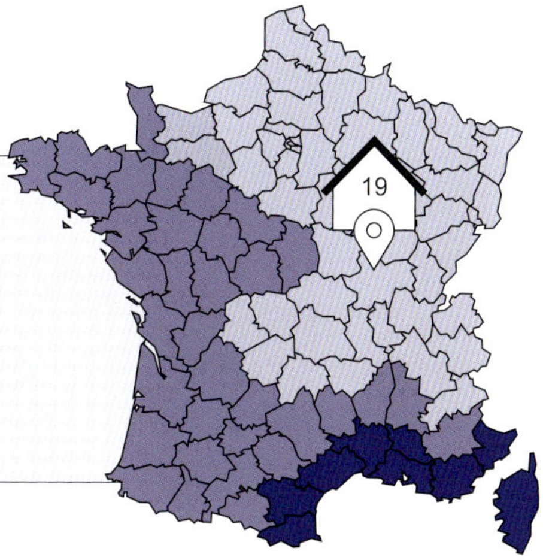

Maître d'ouvrage : privé
Maître d'œuvre : Nicolas Lapray, Maison Passive 71, Blanzy (71450)
BET thermique : Maison Passive 71
Entreprises : ITE Isolation Durable ; Menuiseries Internorm.

Localisation : Le Creusot, Saône-et-Loire
Altitude : 343 m
Date de construction : 1971
Date des travaux : 2021-2023
Shab avant/après travaux : 205 m^2 (dont 80 m^2 non chauffé) /205 m^2
Coût des travaux hors VRD : 780 €/m^2 Shab (étape 1) dont 98 €/m^2 d'aides

Crédit photo : la Maison Passive 71

Le projet

Les objectifs, le contexte

La maison construite en 1971 est habitée depuis plusieurs années par les maîtres d'ouvrage mais ceux-ci ont souhaité vivre dans une maison plus écologique et plus économe au plan énergétique. Réfléchissant à l'acquisition d'une nouvelle maison, ils ont rencontré Maison Passive 71 qui leur a démontré le potentiel de leur maison, certes pas très bien orientée, mais d'une bonne compacité et de modénature simple.

▲ La maison avant travaux (Crédit photo : Maison Passive 71)

Des travaux sont alors envisagés par étapes pour essayer d'atteindre le niveau passif (EnerPHit), avec la contrainte que le ménage continue de vivre dans la maison pendant la durée des travaux.

Cette maison comporte deux niveaux en partie sur cave et sous-sol et en partie sur terre-plein. La toiture est en pente à deux pans avec des combles perdus. Le garage est attenant. Elle est orientée nord-ouest côté rue et sud-est côté jardin.

Le projet de rénovation en 5 étapes vers un passif par éléments

Le projet est envisagé en cinq étapes, la première étant de loin la plus importante et touchant à la fois l'enveloppe et la ventilation :

– **Étape 1** : en 2021, la première étape a consisté à traiter les façades avec une isolation par l'extérieur. Les menuiseries ont été changées, la toiture a été isolée et une ventilation double flux a été installée.

– **Étape 2** : en 2023, le plancher bas est isolé avec de la mousse de PU sous la chape sèche sur la partie terre-plein de la maison. Le besoin de chauffage s'est réduit de 10 % et est passé à 36,6 kWh/(m^2.an).

– **Étapes 3 et 4** : les étapes suivantes seront l'isolation de la façade mitoyenne au garage, le gain attendu étant de 4,6 kWh/(m^2.an) puis l'isolation en ITE de la façade sud avec un gain attendu supplémentaire de 4 kWh/(m^2.an), pour atteindre finalement un besoin de chauffage de 27 à 28 kWh/(m^2.an), très proche de l'objectif EnerPHit (25 kWh/m^2).

– **Étape 5** : la maison a conservé jusqu'à présent la chaudière fioul qui fonctionne bien. À terme, les propriétaires utiliseront la pompe à chaleur air/eau qui sera dimensionnée et installée à la dernière étape de la rénovation (étape 5/5 de la rénovation).

Technique constructive et solutions techniques

	État initial	**État après rénovation**	**U** (W/(m².K))
Murs extérieurs	Maçonnerie : agglomérés et 50 mm de PSE d'une précédente ITE	ITE : ossature bois + 230 mm de ouate de cellulose ; façade ventilée en bois et métal, agglomérés Intérieur : plâtre, brique, espace d'air, agglomérés, PSE 5 cm	0,135
Toiture	Charpente traditionnelle	Sarking : 120 mm et 150 mm de ouate de cellulose insufflée dans des caissons	0,117
Plancher bas	Cave et vide sanitaire et terre-plein	Cave et vide sanitaire : carrelage, chape, dalle et 200 mm PSE. Plancher sur terre-plein : isolation XPS et mousse PU sous la chape sèche	0,127
Menuiseries extérieures	Doubles vitrages alu	Triples vitrages Internorm PVC – Alu Vitrages 4/18/4/18/4 Ug = 0,53 W/(m²K) Facteur solaire g = 60 % Porte d'entrée Internorm KF410 Ud = 0,8 W/m²K	0,70

Occultations	–	Volets roulants extérieurs
Chauffage	Chaudière fioul et radiateurs	2023 : chaudière fioul et radiateurs À venir (étape finale de la rénovation) : PAC air/eau
Eau chaude sanitaire	Chaudière fioul	2023 : chaudière fioul. À venir (étape finale de la rénovation) : chauffe-eau solaire individuel
Ventilation	–	VMC Double Flux Zehnder ComfoAir 350
Énergies renouvelables	–	Étape 5 ultérieure : Chauffe-eau solaire individuel (CESI) et système PV de 3 kWc

Étape 1 : isolation de l'enveloppe par l'extérieur et pose d'une VMC double flux

La façade située au sud, déjà un peu isolée (50 mm PSE), et le mur donnant sur le garage à l'ouest n'ont pas été traités, pour des raisons économiques.

La façade nord, côté rue, et la façade est ont été isolées avec 230 mm de ouate de cellulose, la façade sur rue étant terminée avec un bardage métallique en prolongement des huisseries et un bardage bois ailleurs, pour des raisons d'esthétique.

La façade sud possède de larges baies vitrées avec des doubles vitrages en aluminium de première génération ; celles-ci ont été remplacées par des menuiseries en triples vitrages PVC-alu.

Le besoin de chauffage est passé de 195 kWh/(m².an) à 40 kWh/(m².an) suite à la première phase de travaux : isolation par l'extérieur d'une partie des murs, isolation de la toiture, changement de baies vitrées et installation d'une VMC double flux à haut rendement.

La maison avait alors atteint le niveau rénovation BBC (cette maison est labellisée Effilogis).

▲ La pose de l'ossature du bardage (bois et métal au-dessus des menuiseries) en façades est et nord (Crédit photo : Maison Passive 71)

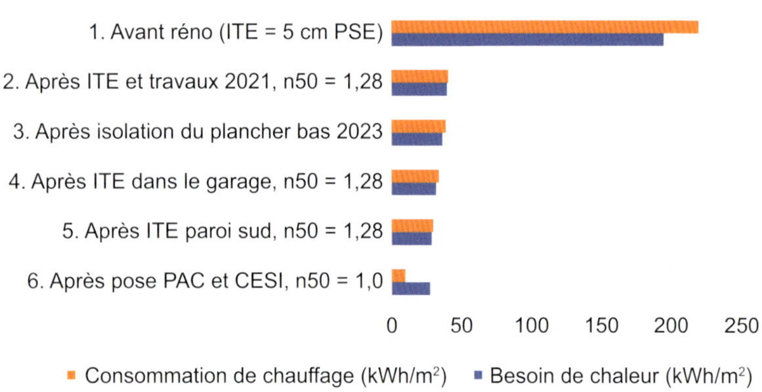

▲ Consommation d'énergie et besoin de chaleur en fonction des étapes de rénovation (Source : Maison Passive 71)

▲ La VMC double flux posée dans le grenier accessible (Crédit photo : Maison Passive 71)

Étanchéité à l'air

À la suite des deux premières étapes de rénovation, le test d'étanchéité à l'air a donné un n50 de 1,28 vol/h.
L'isolation du garage et de la façade sud exigera des reprises d'étanchéité qui devraient permettre d'atteindre le niveau EnerPHit pour l'étanchéité, soit un n50 de 1 vol/h.

	Avant travaux	Après 2/5 étapes de travaux	À la fin du projet de rénovation
n50 en volume par heure	Non connu	1,28	Objectif : 1

La performance énergétique

Consommation théorique d'énergie avant et après travaux

	Avant travaux	Après travaux
Surface de référence (m²)	125 (+ 80 non chauffé)	205
Besoin de chauffage (kWh/m²)*	195	37 (étape 2/5)
Consommation en énergie primaire (kWh_{EP}/m²)*	-	104
Confort d'été (fréquence de surchauffe en % d'heures dans l'année supérieures à 25 °C)*	-	1 %

*Source : PHPP

Consommation d'énergie attendue (modélisation des différentes étapes)

Usages	Avant travaux	État actuel (2024) après 2/5 des travaux	Estimation à la fin du projet de rénovation
Chauffage (kWh/(m².an))	220	40	8
Eau chaude sanitaire (kWh/(m².an))	13	13	4,5

La consommation d'énergie pour le chauffage suit l'évolution de la rénovation par étapes. La consommation de fioul était estimée à 220 kWh/(m².an) avant travaux et est passée à 40 kWh/(m².an) après deux phases de travaux.
À l'issue des cinq phases de travaux, avec l'utilisation de la pompe à chaleur air/eau, la consommation de chauffage pourrait être réduite à environ 8 kWh/(m².an).

Consommation d'énergie réelle (comptage)

Usages	Avant travaux (2019/2020 et 2020/2021)	Saison 2021/ 2022	Saison 2022/ 2023
Chauffage et eau chaude sanitaire (kWh/an)	18 000	7 100	5 500
Ratio de consommation (kWh/(m².an))	144	34,6	26,8

Les consommations réelles de chauffage et de fourniture d'eau chaude sanitaire sont inférieures aux prévisions du PHPP, notamment pour l'année 2022/2023 dont l'hiver a été particulièrement doux (1 974 DJU contre 2 162 DJU en moyenne des dix années précédentes). La consommation de chauffage et d'ECS pour les deux années après rénovation est divisée par 5 par rapport aux années avant rénovation à surface chauffée équivalente.
La dépense énergétique aura évolué de façon drastique grâce aux travaux d'isolation thermique réalisés :
– Dépense énergétique sans travaux : 2 160 €/an pour 125 m² chauffés, soit 17,3 €/(m².an) au prix du fioul fin 2024 à 12 c€/kWh ou 1,20 €/litre.
– Dépense énergétique après les deux premières phases de travaux : 852 €/an soit 4,16 €/(m².an).
– Dépense énergétique après quatre phases de travaux (isolation garage et façade sud) : 660 €/an soit 3,22 €/(m².an).
– Dépense énergétique finale avec PAC : 460 €/an soit 2,24 €/(m².an) au prix de l'électricité de 0,25 €/kWh et un COP de 3 pour la pompe à chaleur).

Remerciements et sources
Les maîtres d'ouvrage
Le maître d'œuvre Nicolas Lapray, Maison Passive 71.
www.maisonpassive71.fr ; contact@maisonpassive71.fr

PARTIE 5

Des rénovations exemplaires dans le bâti postérieur au premier choc pétrolier

Le bâti postérieur au premier choc pétrolier

Ces maisons construites **entre 1975** (premier choc pétrolier à partir duquel les maisons sont isolées thermiquement) et **2000** sont majoritairement de forme rectangulaire avec quatre murs porteurs périphériques généralement en parpaings, parfois en briques creuses ou en béton cellulaire, isolés par l'intérieur avec 4 à 10 cm d'isolant (PSE), avec une lame d'air entre l'isolant et le parpaing. Des maisons en béton banché apparaissent dans les années 1980.
Les maisons sont souvent en R+1 + combles avec un sous-sol qui n'est pas chauffé. Si les combles sont aménagés, ils rentrent dans l'espace chauffé. Ces combles comportent des fenêtres en toiture de type Velux ou lucarne de type chien assis.
Les toitures sont à deux ou quatre pans, avec des pignons à hauteur du faîtage. On observe des débords de toiture en façade et en pignon.
Les fenêtres sont plutôt en doubles vitrages de type 4/6/4 ou 4/16/4 en bois majoritairement (autrement en alu ou en PVC). L'éclairement est généralement insuffisant. Les finitions intérieures sont en plaques de plâtre.
Le plancher bas est constitué d'une dalle béton isolée avec quelques cm de polystyrène, sur terre-plein (butte) ou sur sous-sol ou sur vide sanitaire. Le garage est en sous-sol ou bien accolé au pignon.
C'est à partir de cette époque que le chauffage électrique direct par effet Joule (convecteurs) et les ballons électriques (pour l'eau chaude sanitaire) se développent, en parallèle avec le programme nucléaire, et que le chauffage au fioul commence à reculer. Les ventilations simple flux commencent à être installées.
Le marché des éléments préfabriqués (plaques de doublage, fermettes industrielles) se développe également.
L'étanchéité à l'air des maisons reste mauvaise et l'on trouve de nombreux ponts thermiques au niveau de la liaison plancher haut-fermette, du plancher intermédiaire et des prises électriques.
Enfin, de nombreuses maisons sont vendues sur catalogue.

Des maisons avec sous-sol

20 Un pavillon typique des années 1980 rénové en passif dès 2010
Magny-les-Hameaux, Yvelines
Travaux en site occupé

22 Une maison sur butte des années 1980
Saint-Eusèbe, Saône-et-Loire
Rénovation passive globale en site occupé, maison sur sous-sol semi-enterré

21 Une maison de 1985 avec une modénature complexe
Tournon-sur-Rhône, Ardèche
Rénovation passive par étapes en site occupé

23 Une maison des années 1990
Saint-Eusèbe, Saône-et-Loire
Rénovation passive globale en site occupé, maison sur sous-sol semi enterré

Des maisons sur terre-plein

24 Une maison bretonne des années 1970 avec extension
Montgermont, Ille-et-Vilaine
Rénovation passive

26 Une maison des années 1980 avec extension
Thoiry, Ain
Rénovation passive, travaux en site occupé

25 Un pavillon innovant de la première réglementation thermique (1974)
Saint-Cyr-au-Mont-d'Or, Rhône
Rénovation passive, intégration d'une partie du sous-sol dans la surface habitable

27 La standardisation de la rénovation de logements sociaux
Ossé Châteaugiron, Ille-et-Vilaine
Travaux uniquement énergétiques en site occupé

20. Un pavillon typique des années 1980 rénové en passif dès 2010

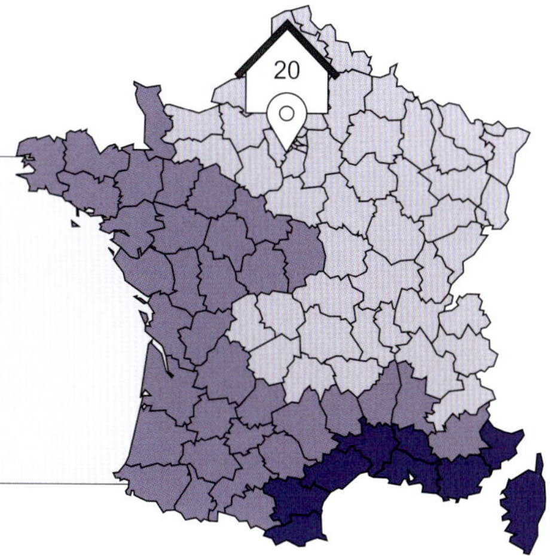

Maître d'ouvrage : privé
Architecte : Agence Karawitz
BET thermique : Solares Bauen
Entreprises du projet par lot : SACET Charpente ; Menuiserie André

Localisation : Magny-les-Hameaux, Yvelines
Altitude : 150 m
Date de construction : 1982
Date des travaux : 2010-2011
Shab avant/après travaux : 150 m^2/153 m^2
Surface chauffée avant/après travaux : 150 m^2/153 m^2
Coût des travaux hors VRD : 1 307 €/ m^2 Shab

Crédit photo : Agence Karawitz

Le projet

Les objectifs, le contexte

Le projet initial de réhabilitation de ce pavillon typique des années 1980 visait à le rendre passif. Il finit par aller plus loin en lui offrant, en plus, une nouvelle architecture, presque une seconde vie.

À Magny-les-Hameaux, dans les Yvelines, la maison s'inscrivait sans faire de vague dans une rue composée d'habitations toutes identiques : des maisons en enduit clair aux toitures à deux pans en tuiles rouges, alignées le long de leurs clôtures.

Pour donner du caractère à cette maison dans cet univers si uniforme, le projet a dérogé par petites touches aux règles du PLU pour passer d'une architecture standardisée à un modèle singulier, cette mise à jour lui donnant une identité unique[1].

1. Le PLU n'autorisait pas à l'époque le dépassement des limites séparatives pour l'isolation par l'extérieur de la maison. Le permis de construire a été jugé « non-conforme » par la DDT, toutefois le maire l'a signé, puis a modifié quelques mois plus tard le PLU afin que d'autres opérations similaires puissent faire de même.

▲ La maison avant travaux (côté nord et côté sud) (Crédit photos : Agence Karawitz)

Le projet de rénovation passive

Une différenciation plus nette entre le nord et le sud a reconnecté la maison à son environnement :

– côté rue : la greffe d'un auvent sur la façade principale abrite à présent l'entrée des habitants,

– côté jardin : une généreuse ouverture de la toiture offre aux chambres une vue panoramique sur le terrain.

Afin de donner un caractère plus moderne à la maison, les traditionnels balcons au sud et au nord ont été déposés, permettant du même coup d'éliminer des ponts thermiques.

Pour optimiser les apports solaires, les surfaces de baies vitrées ont été réduites au nord et augmentées au sud. La façade ouest est aveugle et la façade est possède de petites ouvertures.

Le vocabulaire habituel de l'habitat pavillonnaire a disparu au profit d'un style très contemporain. Les fioritures comme les stores extérieurs à rayures et les volets battants en bois sont abandonnés au profit de façades lisses dans les tons blanc et anthracite, tandis que les haies bien taillées ont cédé la place à une palissade en bois. La toiture a abandonné également ses tuiles pour du zinc, et les deux chiens-assis ont été épurés.

▲ Nouvelle entrée au nord
(Crédit photo : Schnepp*Renou pour l'Agence Karawitz)

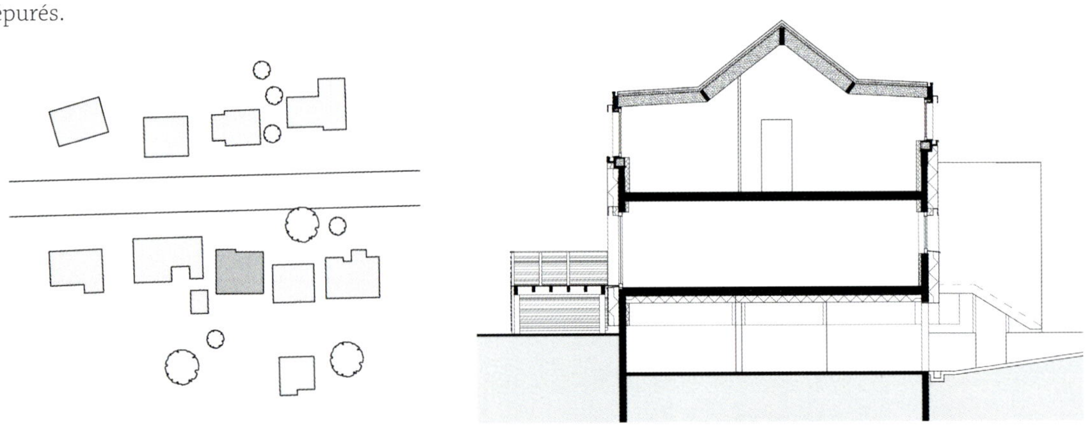

▲ Plan masse et coupe transversale de la maison (Source : Agence Karawitz)

▲ Nouvelle façade au sud avec sa terrasse en bois en rupture avec l'architecture riveraine (Crédit photo : Schnepp*Renou pour l'Agence Karawitz)

▲ Les nouveaux accès sur les côtés nord et sud de la maison (Crédit photo : Schnepp*Renou pour l'Agence Karawitz)

L'organisation intérieure est restée inchangée, hormis une légère redistribution des quatre chambres à l'étage. Dans une approche *lowtech* et pour un « *effet doudoune* », le pavillon s'est couvert d'une nouvelle isolation extérieure qui, couplée à un fonctionnement bioclimatique, l'a rendu thermiquement très performant. Expérience pilote sur ce sujet, la maison a obtenu en 2011 **la première certification « Passivhaus » en France** pour la rénovation d'un pavillon individuel.

Cette rénovation architecturale et passive peut servir d'exemple pour faire évoluer le pavillon de banlieue vers un modèle d'habitat à la fois plus contemporain et écologique.

Organisation, implication de la maîtrise d'ouvrage

L'enchainement des tâches est primordial pour la réussite du projet. Celui-ci a bénéficié de la très grande implication du maître d'ouvrage qui a réalisé lui-même les travaux pour les parties électricité, plomberie et pose des panneaux de placoplâtre.

Technique constructive et solutions techniques

	État initial	**État après rénovation**	**U** (W/(m^2.K))
Murs extérieurs	Parpaing 20 cm, enduit ciment à l'extérieur et ITI avec BA13 à l'intérieur	Parpaing 20 cm ITE avec 300 mm de PSE graphité et finition enduit ITI avec BA13 existant à l'intérieur	0,085
Toiture	Charpente, tuiles	De haut en bas : zinc, ouate de cellulose entre montants bois, pare-vapeur, doublage BA13 fibre de bois	0,101
Plancher bas	Carrelage, chape ciment, PSE 20 mm, dalle poutrelles-hourdis	De haut en bas : carrelage, chape ciment, PSE 20 mm, dalle poutrelles-hourdis et isolation avec 200 mm polyuréthane projeté	0,112
Menuiseries extérieures	Fenêtres bois double-vitrage avec petits-bois	Fenêtres bois-alu triple vitrage	0,98

Occultations	Volets bois partiellement	BSO sur l'ensemble des ouvertures
Chauffage	Radiateurs électriques, Cheminée ouverte	Un radiateur électrique amovible + 2 sèches-serviettes électriques
Eau chaude sanitaire	Ballon électrique	Ballon ECS solaire thermique
Ventilation	–	VMC double flux
Énergies renouvelables	–	2 panneaux solaires thermiques et 2 panneaux photovoltaïques

Le système constructif a été conservé : mur en parpaings et charpente pour la toiture. La charpente a toutefois dû être complètement remplacée pour supporter le nouveau poids de l'isolant et assurer une excellente étanchéité à l'air.

▲ La nouvelle charpente permettant une isolation en ouate de cellulose de la toiture (Crédit photo : Agence Karawitz)

▲ Le raccord soigné de la charpente avec la maçonnerie existante (Crédit photo : Agence Karawitz)

Le choix des matériaux

Les matériaux biosourcés ont été privilégiés pour la nouvelle toiture.

▲ Remplissage de la charpente avec de la ouate de cellulose (Crédit photo : Agence Karawitz)

Traitement des ponts thermiques

Afin de réduire les ponts thermiques, une isolation par l'extérieur a été réalisée sur la totalité de la maison, le sous-sol a été séparé du rez-de-chaussée (et du volume chauffé) et de la mousse de polyuréthane a été projetée en plancher haut du sous-sol ainsi que sur une descente sur 70 cm sur les murs périphériques et les murs de refend.

Les balcons, sources de ponts thermiques, ont été déposés et la nouvelle terrasse est désolidarisée de la maison.

▲ Création d'une nouvelle terrasse désolidarisée de la maison pour éviter les ponts thermiques (Crédit photo : Agence Karawitz)

Traitement de l'étanchéité à l'air

	Avant travaux	Après travaux
n50 en volume par heure	–	0,14 vol/h

Pour assurer une excellente étanchéité à l'air, un test intermédiaire supplémentaire avait été prévu dès le départ. En fait, l'enduit ciment de l'existant a bien joué son rôle d'étanchéité à l'air.

Le principal problème a été posé par le câblage électrique. Il y avait la nécessité de laisser le tableau électrique en dehors de l'enveloppe chauffée et par conséquent le besoin de traiter non pas un mais une multitude de passages de câbles. L'étanchéité a été faite avec une résine en poudre.

À noter aussi l'obligation d'une jonction très soigneuse entre le pare-vapeur et la maçonnerie (voir photo ci-après).

▲ Jonctions impeccables du faîtage et de la traversée de la toiture pour assurer l'étanchéité à l'air (Crédit photo : Agence Karawitz)

Traitement du confort d'été

Le confort d'été a été pensé avec la pose de brise-soleil orientables (BSO) et une ventilation traversante naturelle la nuit mais celle-ci a rarement été nécessaire.

Le REX indique zéro surchauffe[2]. Les calculs PHPP indiquaient 4 % de surchauffe, signifiant que pendant 4 % de l'année, la température intérieure serait supérieure à 25 °C. Or, les relevés de température réalisés au fil des années ne font apparaître quasiment aucun dépassement de la valeur cible de 25 °C, alors que les dispositifs de ventilation nocturne et de protections solaires ne sont pas toujours utilisés de façon optimale[3].

La performance énergétique

Consommation théorique d'énergie avant et après travaux

	Après travaux
Surface de référence (m^2)	153
Besoin de chauffage (kWh/m^2)*	12
Consommation en énergie primaire (kWh_{EP}/m^2)*	97
Confort d'été (fréquence de surchauffe en % d'heures dans l'année supérieures à 25 °C)*	4 %

* Source : PHPP

2. Voir le dispositif REX Bâtiments performants de l'AQC en partenariat avec EnvirobatBDM : *Confort d'été et réduction des surchauffes 12 enseignements à connaître*.
3. Voir renopassive.com

Consommation réelle sur comptage

	Avant travaux	Après travaux
Surface de référence (m^2)	150	153
Confort d'été (fréquence de surchauffe en % d'heures dans l'année supérieures à 25 °C)*	–	0 %
Consommation d'énergie finale tous usages (kWh/an)	30 000	6 000
Ratio de consommation d'énergie finale ($kWh/(m^2.an)$)	200	40

La consommation d'énergie de la maison, tous usages confondus, a été **divisée par cinq** suite à la rénovation.

Le point de vue du maître d'ouvrage et de l'architecte

Après la rénovation le maître d'ouvrage a indiqué que sa maison s'était « agrandie », car il utilise maintenant une partie de sa maison qu'il n'utilisait pas auparavant, comme un couloir invisible devant les baies vitrées ou quelques mètres carrés devant la cheminée ouverte. Il a ainsi pris conscience de la notion de « surface confortable », toute surface habitable n'étant pas forcément confortable.

L'architecte remercie le maître d'ouvrage pour son engagement, sa persévérance et sa pédagogie auprès des acteurs institutionnels puis des particuliers, la commune de Magny-les-Hameaux pour avoir autorisé ce projet et s'être ensuite engagée pour modifier le PLU en faveur de la rénovation énergétique ; il remercie également le PNR de Chevreuse et l'agence locale de l'énergie et du climat de Saint-Quentin en Yvelines (ALEC SQY) pour leur implication dans le projet et leur pédagogie vis-à-vis des communes ; enfin, il remercie l'entreprise Sacet et les Menuiseries André pour leur travail de grande qualité.

Récompenses
Lauréat du programme PREBAT (20 000 €) en 2010
Lauréat du Fonds éco-départemental environnement et innovation (FEDEI) du Conseil départemental 78 en 2010 (20 000 €)
Lauréat du concours « La Maison économe » (organisé par les agences locales de l'énergie) en 2011
Trophée Passi'Bat en 2020

Remerciements et sources
Milena Karaneshava, Agence Karawitz

21. Une maison de 1985 avec une modénature complexe

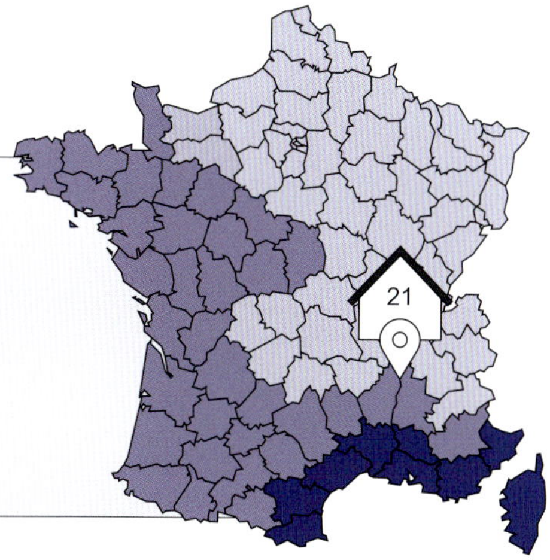

Maître d'ouvrage et d'œuvre : Jean-Louis André
BET thermique : Heliasol
Entreprises : Charpente, couverture et zinguerie : Atelier Dubois (Julien Serry) à Hauterives. Isolation thermique et enduits : Maçonnerie Lang. Menuiseries : Menuiseries André à Chavannes (26)

Localisation : Tournon-sur-Rhône, Ardèche
Altitude : 121 m
Date de construction : 1985
Date des travaux : 2018 à 2020
Shab avant/après travaux : 178 m²/178 m²
Coût des travaux hors VRD : 843 €/m² Shab, y compris études (hors auto-construction)

(Crédit photo : Catherine Charlot-Valdieu)

Le projet

Les objectifs, le contexte

Le maître d'ouvrage a acquis la parcelle au début des années 1980 et a construit sa maison en partie en auto-construction. Cette construction de près de 180 m² a été réalisée en tenant compte de la déclivité du terrain et après avoir réalisé un large décaissement d'une terre très argileuse.

La maison a été construite sur un sous-sol de 15 m sur 15 m en parpaings sur laquelle repose la surface habitable et une terrasse. Le rez-de-chaussée comprend le salon, la salle à manger, la cuisine, une buanderie, une douche ainsi qu'une mezzanine. Un demi-étage au sud de la maison s'ouvre sur trois chambres et l'étage de la mezzanine comprend une chambre, une salle de bains et des WC.

La maison a longtemps donné toute satisfaction à la famille. Pourtant, au bout d'une trentaine d'années, des travaux étaient nécessaires pour la rendre plus confortable, plus lumineuse et mieux adaptée au contexte actuel.

▲ La maison avant travaux (Crédit photo : Jean-Louis André)

Le diagnostic de la maison réalisé par Franck Janin (Heliasol) a montré que de nombreux obstacles existaient pour la rendre très performante : une architecture complexe avec 32 morceaux de façades différents, une orientation principalement au nord, le sud étant masqué par une colline boisée ; l'intérieur était sombre, surtout en hiver, et l'étanchéité à l'air mauvaise.

La maison était constituée de parpaings et de briques avec une isolation intérieure des murs (60 mm de polystyrène extrudé), une isolation de la toiture (120 mm de polystyrène extrudé pour la partie au-dessus du séjour et 120 mm de laine minérale pour les combles perdus). Les menuiseries étaient en double vitrage.

Le chauffage était principalement assuré par une cheminée à foyer fermé utilisant le bois de chauffage du jardin. La maison disposait aussi d'un plancher chauffant électrique.

Même si le confort relatif était acceptable, la maison souffrait de nombreux courants d'air.

Le projet de rénovation : une rénovation passive par étapes en site occupé

Le maître d'ouvrage, engagé professionnellement en faveur de la construction passive depuis de nombreuses années, a lancé de nombreuses études et simulations pour identifier l'ensemble des problèmes et élaborer une stratégie de rénovation complète par étapes, visant la performance Enerphit.

Les principaux points à traiter concernaient la jonction entre le sous-sol et l'espace chauffé, l'isolation des plafonds des caves, l'étanchéité à l'air de l'enveloppe, la gestion des ponts thermiques périphériques et de structure, la vétusté des menuiseries et enfin l'isolation thermique par l'extérieur de toute l'enveloppe.

Les travaux ont commencé en octobre 2018 pour s'achever en mai 2020, toujours en site occupé :

- 2018 : isolation des caves et VMC double flux (combles)
- Octobre 2018 – février 2019 : réfection de la toiture
- À partir d'avril 2019 : remplacement des menuiseries et ITE

▲ La maison après travaux (Crédit photo : Catherine Charlot-Valdieu)

Technique constructive et solutions techniques

	État initial	État après rénovation	U (W/(m².K))
Murs extérieurs	Parpaings 20 cm avec ITI 60 mm de polystyrène extrudé 035 et doublage avec 40 mm de carreaux de terre cuite de grande dimension	ITI conservée (pas de migration d'humidité observée) ITE par polystyrène graphité de 220 mm plus enduit hydrofuge Isolation en mousse PU sur les murs en refends et les murs périphériques	0,11
Toiture : 1/3 en toiture cathédrale dans la partie séjour	Sarking de 120 mm de polystyrène extrudé dans la partie séjour avec plafond « cathédrale »	Idem	0,10
Toiture : 2/3 en combles perdus	Charpente traditionnelle avec isolation de 200 mm de laine de verre dans les combles perdus.	Enlèvement de la laine de verre (mise en déchèterie) ITE sur la volige existante : 40 mm fibre de bois souple + création d'une sur-toiture avec 360 mm paille dans des caissons (poutre en I) + 80 mm fibre de bois dense, pare-pluie + nouvelles tuiles et zinguerie	
Plancher bas	Au-dessus du sous-sol, plancher chauffant électrique sur isolation dans la partie jour, sinon chape classique sur dalle plus plancher dans les chambres. Les planchers intermédiaires sont en bois.	Dalle sur sous-sol : 150 mm mousse PU projetée en sous-face (plafond des caves et du garage) y compris retombée de 600 mm sur les refends et les murs périphériques	0,12
Menuiseries extérieures	Doubles vitrages	Menuiserie triples vitrages de marque Smartwin des Menuiseries ANDRE. Triple vitrage de chez Glastroesch 4/18/4/18/4 ; Ug = 0,53 ; facteur solaire g = 53 % (sur toutes les façades) Porte d'entrée étanche	Uw = 0,78 Ud = 0,80

Occultations	Volets	Récupération des volets existants
Chauffage	Convecteurs électriques dans les chambres et plancher chauffant à accumulation dans la partie jour + cheminée avec foyer fermé	Deux radiateurs électriques de 1 000 W et un radiateur soufflant de 300 W dans la salle de bain
Eau chaude sanitaire	–	Chauffe-eau solaire individuel auto vidangeable Duval Vaillant (Helio Set 250) et un chauffe-eau électrique de 150 L d'appoint l'hiver
Ventilation	VMC double flux hors service	VMC Double Flux Zehnder ComfoAir Q350 (caisson de répartition et tuyauteries dans les combles perdus situés dans l'espace chauffé)

Étape 1 : traitement des caves et soubassements (2018)

Le sous-sol

Le sous-sol ne fait pas partie du volume chauffé. De ce fait, un important pont thermique existait dans la cage d'escalier qui a été intégrée dans l'espace chauffé et isolée.
Le plancher du palier d'accès au sous-sol a été isolé par deux panneaux en mousse rigide de polyuréthane (TMS Efisol). Puis, par en-dessous, le plafond de la cave a reçu 150 mm de mousse polyuréthane expansé projetée en sous-face (Icynène), comprenant aussi les retombées sur 60 cm de profondeur de tous les murs de refends afin de couper les ponts thermiques.
De plus, pour gérer le pont thermique en pied de mur de ce niveau, le premier rang de parpaings creux a été rempli de mousse polyuréthane.

▲ Remplissage des parpaings creux avec de la mousse PU pour éviter les remontées d'humidité (Crédit photo : Jean-Louis André)

Tous les départs du tableau électrique étant en sous-sol, le BET thermique a proposé de l'enfermer dans un coffrage en bois étanchéifié, ce qui permettait d'éviter d'avoir à étancher toutes les sorties.

▲ Coffrage enfermant l'ensemble des départs du tableau électrique (Crédit photo : Jean-Louis André)

Enfin, les murs de la cage d'escalier du sous-sol sont enduits pour garantir l'étanchéité à l'air et la porte du palier est remplacée par une porte étanche.

Isolation de soubassements extérieurs

Tout autour de la maison, une tranchée de 1,2 m de profondeur est pratiquée le long des murets de fondation, afin de les isoler avec des blocs de 200 mm d'épaisseur de polystyrène haute densité (Jackodur).
Les descentes d'eau pluviale et les bouches d'isolation des caves sont adaptées pour permettre une isolation continue tout autour de la maison. Une nappe de protection (ou membrane alvéolée en polyéthylène) DeltaMS est alors posée en fond de drain et collée sur l'isolant. Enfin le drain est rempli par les tuiles de toit non récupérées, avant la pose de gravillons décoratifs.

▲ Adaptation des descentes d'eau pluviale et des bouches d'isolation des caves pour permettre l'isolation des soubassements (Crédit photo : Jean-Louis André)

▲ Isolation des soubassements : excavation de la terre sur 1,20 m x 0,60 m, adaptation des regards des eaux de pluie et de la ventilation des caves, déplacement du collecteur pour permettre une isolation continue du mur périphérique (Crédit photos : Jean-Louis André)

▲ Pose des blocs de polystyrène haute densité le long des murs périphériques (Crédit photos : Jean-Louis André)

▲ Pose de la feuille de protection pour le drainage et remplissage avec les tuiles de toit non récupérées (Crédit photos : Jean-Louis André)

▲ La maison après travaux (Crédit photo : Catherine Charlot-Valdieu)

Étape 2 : création d'une sur-toiture isolée en bottes de paille (octobre 2018 – février 2019)

Les tuiles sont déposées et les anciens débords de toit démontés pour permettre leur extension en tenant compte de la future isolation par l'extérieur (ITE). La laine de verre est enlevée des combles perdus.

Au-dessus de la volige existante, un pare-vapeur est installé sur toute la surface de toit pour assurer l'étanchéité. Il dépasse d'environ 60 cm le long des murs où son collage sur l'enduit existant assure la continuité de la barrière d'étanchéité à l'air. Dessus, des caissons sont ménagés en poutre en I, posés sur des panneaux de 40 mm de fibre de bois souple. Les caissons sont alors remplis de bottes de paille, insérées en force, puis recouverts de 80 mm de fibre de bois dense avant la pose du pare-pluie. Des tuiles neuves sont alors posées sur les liteaux.

▲ Fabrication des caissons pour l'isolation paille et pose des bottes de paille pour la sur-toiture (Crédit photos : Jean-Louis André)

▲ Pose de la toiture : fibre de bois en complément + pare pluie + zinguerie et nouvelles tuiles (Crédit photos : Jean-Louis André)

Étape 3 : remplacement des menuiseries, isolation par l'extérieur et ventilation (avril 2019)

Une ouverture a été condamnée côté ouest (elle n'était jamais ouverte et restait volets fermés) et une nouvelle ouverture a été créée au sud (arrière de la maison) pour éclairer la mezzanine.

Tous les nez d'appuis en béton ont été cassés pour permettre la planéité nécessaire à la pose de l'ITE. De nouvelles menuiseries Smartwin, bois-alu en triple vitrage ont alors été posées en applique extérieure grâce à un élargisseur, isolé par un joint compressible type « Compriband ». L'ébrasement intérieur des menuiseries est fabriqué en Fermacell pour tenir compte de l'épaisseur du mur et faciliter l'étanchéité à l'air finale. Les tableaux bois extérieurs ont été isolés pour rattraper l'épaisseur de la future ITE, les gonds ont été refixés pour la repose des volets d'origine (toujours en bon état), une nouvelle bavette en aluminium termine l'assemblage. Enfin, l'enduit existant jouant le rôle de barrière d'étanchéité de l'enveloppe, tous les encadrements maçonnés ont été soigneusement ragréés.

▲ Ébrasement intérieur en « Fermacell » monté sur la menuiserie. L'étanchéité à l'air entre enduit et menuiserie est assurée par un joint compressible (Crédit photos : Jean-Louis André)

Les menuiseries sont toutes en triple vitrage y compris au sud car la maison se trouve sur une colline qui fait beaucoup d'ombre l'hiver et les apports solaires sont faibles.

Ces nouvelles menuiseries, d'un seul vantail, apportent non seulement un meilleur confort thermique mais également plus de luminosité naturelle et d'apports solaires passifs avec un facteur solaire de 53 %.

La porte d'entrée a également été remplacée par une porte certifiée étanche.

Enfin, la pose de volets battants permet l'occultation des menuiseries (photos page suivante).

Remarque

Les études sur les bâtiments passifs montrent que les triples vitrages sont aujourd'hui pertinents dans toute la France sauf sur le littoral méditerranéen. Même si les fenêtres en triple vitrage ont été développées initialement pour les régions froides afin de conserver la chaleur à l'intérieur des maisons pendant l'hiver, elles fonctionnent aussi dans les deux sens : les fenêtres passives en triples vitrages empêchent aussi la chaleur d'entrer pendant la saison chaude. Le critère d'évaluation est le facteur solaire qui est la proportion du flux énergétique solaire que le vitrage laisse passer. Il s'exprime en pourcentage du rayonnement reçu. Un facteur solaire bas contribue à lutter contre les épisodes de surchauffe alors qu'un facteur solaire élevé augmente la capacité de réchauffement du bâtiment en hiver ou pendant l'intersaison. Les doubles-vitrages ont un facteur solaire de 0,6 à 0,65 alors que les triples-vitrages ont des facteurs solaires allant de 0,5 à 0,55.

▲ Pose en applique extérieure *via* un élargisseur posé sur le dormant vertical de la fenêtre ; suppression des nez d'appuis béton et ragréage des encadrements maçonnés (Crédit photos : Jean-Louis André)

Pose d'un cadre extérieur fixé sur la fenêtre sur lequel les gonds ont été posés. Ce cadre est isolé et enduit.

Des volets battants permettent l'occultation

(Crédit photos : Jean-Louis André)

Pose de l'isolation par l'extérieur

Après s'être assuré de la continuité de l'étanchéité à l'air de l'enduit extérieur et avoir rebouché les trous de fixation des auvents démontés, l'isolation par l'extérieur a été réalisée avec des blocs de 220 mm de polystyrène graphité collés sur la façade. La finition extérieure est constituée par un enduit écrasé (G20 de Parexlanko).

▲ Les menuiseries se trouvent encastrées dans les blocs de polystyrène graphité mis en ITE et recouverts d'un enduit
(Crédit photos : Jean-Louis André)

Ventilation

Du fait de la bonne étanchéité de l'enveloppe, le maître d'ouvrage a pu installer une ventilation double flux dont la performance est assurée. Le choix s'est porté sur une Zehnder ComfoAir Q 350.

La machine est placée dans un placard isolé près de la chambre et ne crée aucune nuisance sonore. Les caissons de répartition sont placés dans les combles perdus, désormais dans le volume chauffé et les gaines sont noyées dans des billes de liège.

▲ Gaines de ventilation dans les combles perdues isolées et noyées dans des billes de liège (Crédit photos : Jean-Louis André)

Étanchéité à l'air

	Avant travaux	Après travaux
n50 en volume par heure	6,0	0,72

La performance énergétique

Consommation théorique d'énergie avant et après travaux

	Avant travaux	Après travaux
Surface de référence (m^2)	178	178
Besoin de chauffage (kWh/m^2)*	137	13
Puissance de chauffe (W/m^2)*	62	10

* Source : PHPP

Consommation réelle d'énergie

	Année 2019	Années 2022
Consommation finale en électricité (kWh/an)	14 950	5 700
Ratio de consommation finale (kWh/m^2)	84	32

Source : factures EDF

Entre 2019 (année de réalisation des travaux) et 2022, la consommation réelle a diminué de 62 % et dans le même temps, le prix HT de l'électricité a augmenté de 76 %.

En 2019, la dépense HT était de 1 360 €. Sans travaux, la dépense HT en 2022 se serait élevée à 2 400 € mais, grâce aux travaux, elle n'a été que de 900 €.

Le point de vue du maître d'ouvrage

L'amélioration du confort est flagrante avec désormais une température homogène dans toute la maison, plus de courant d'air et plus de sensations de parois froides aux abords des ouvertures. « *Nous avons désormais un confort constant de 19 à 20 °C dans toutes les pièces et en période de canicule, la maison ne dépasse pas les 25 °C. L'appoint est assuré par deux radiateurs électriques de 1 000 W qui suffisent largement* », précise Jean-Louis André.

La rénovation énergétique complète de la maison est réussie, même si elle s'est étalée sur plusieurs années, grâce à une bonne planification des étapes et un très bon suivi de chantier.

▲ La maison après travaux (Crédit photos : Catherine Charlot-Valdieu)

« Il est clair que l'économie faite sur l'ancienne consommation électrique ne couvrira jamais le coût de l'investissement. En revanche, dans 20 ans la valeur patrimoniale de la maison sera largement supérieure à celle qu'elle aurait eue si nous n'avions fait aucuns travaux, car dans 20 ans et dans tous les cas, il aurait fallu changer la zinguerie, les tuiles, les menuiseries... ce qui réduirait d'autant la valeur vénale du bâtiment.
L'architecture semble inchangée et a conservé tout son charme avec ses bois de charpente extérieurs repeints et rénovés, mais elle a gagné un sacré coup de jeune ! À l'intérieur aussi, puisque les travaux ont permis de rafraîchir toutes les pièces. » (Jean-Louis André).

Récompenses, labels
Label Rénovation passive EnerPHit
Remerciements et sources
Jean-Louis André, maître d'ouvrage

22. Une maison sur butte des années 1980

Maître d'ouvrage : privé
Maître d'œuvre : Nicolas Lapray, Maison Passive 71
BET thermique : Maison Passive 71
Entreprises du projet : B Cube, Isolation Durable

Localisation : Saint-Eusèbe, Saône-et-Loire
Altitude : 335 m
Date de construction : 1985
Date des travaux : 2021
Shab avant/après travaux : 179 m²/179 m²
Coût des travaux hors VRD : 749 €/m² shab dont 117 €/m² d'aides

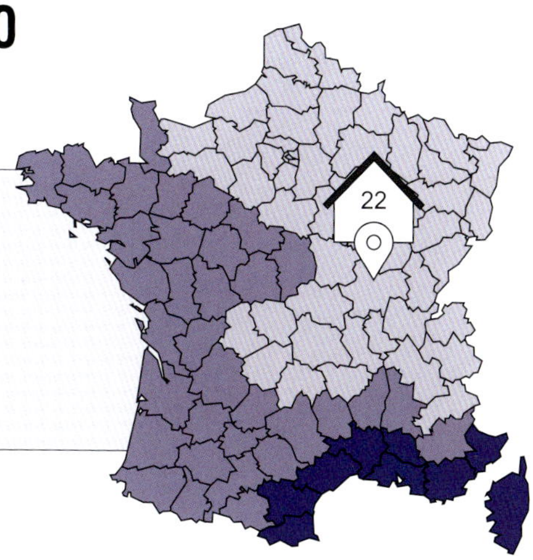

Crédit photo : Maison Passive 71

Le projet

Les objectifs, le contexte

Le projet initial du maître d'ouvrage (famille de quatre personnes) était de faire construire une maison neuve avec un budget de l'ordre de 300 000 €. Maison Passive 71 a su le convaincre d'acheter et de rénover une maison avec un bon potentiel de rénovation énergétique. En effet, dans les zones détendues où le foncier est peu coûteux (en Saône-et-Loire, il est de 20 à 40 €/m²), la rénovation passive peut être beaucoup plus intéressante que la construction neuve qui a un prix relativement indépendant de la zone (2 000 €/m² habitable).

▲ La maison avant travaux (Crédit photo : Maison Passive 71)

Cette maison construite en 1985 a pu être acquise pour 203 000 €, soit 1 134 €/m^2 habitable, et les travaux de rénovation ont coûté 113 000 € nets de subvention. Elle est construite sur une butte comme beaucoup de maisons individuelles de cette époque et comprend un niveau principal, des combles habitables (chambres) et un sous-sol enterré. La réhabilitation a été effectuée en site occupé, les propriétaires ont pu habiter sur place dès l'acte d'achat signé.

Le projet : une rénovation énergétique globale très performante en site occupé

Le projet a consisté à traiter les six types de travaux d'une rénovation globale et performante sans modification architecturale en dehors de la réécriture de la façade avec un revêtement en fibrociment : isolation par l'extérieur, isolation de la toiture et du plancher bas, changement des menuiseries extérieures et installation de la VMC double-flux.

Technique constructive et solutions techniques

	État initial	**État après rénovation**	**U** (W/(m^2.K))
Murs extérieurs	Maçonnerie : agglomérés avec ITI 100 mm de laine de verre	ITI existante + ITE Plâtre, 50 mm parements en briques, 100 mm laine de verre, 200 mm agglomérés ; isolation par l'extérieur avec 220 mm de ouate de cellulose, façade ventilée en clins ciment	0,124
Toiture	Charpente fermettes	Rampants conservés avec isolation en laine de verre Isolation des combles perdus avec 500 mm ouate de cellulose	0,076
Plancher bas	Dalle béton sur sous-sol demi enterré	Carrelage, chape, dalle béton, isolation partielle avec 200 mm PSE	0,180
Menuiseries extérieures	Doubles vitrages	Triples vitrages Internorm ; Ug = 0,53 W/(m^2.K) ; facteur solaire g = 60 % Porte d'entrée Internorm Ud = 0,90 W/(m^2.K)	Uw = 0,80

Occultations	Volets bois	Volets roulants extérieurs
Chauffage	Chaudière fioul + PAC air/eau	PAC air/eau
Eau chaude sanitaire	Chauffe-eau électrique	Chauffe-eau électrique individuel (les propriétaires prévoient de la remplacer par un chauffe-eau solaire)
Ventilation	Simple flux	VMC Double Flux Zehnder ComfoAir 350

Pour les façades, les parois intérieures n'ont pas été modifiées. L'isolation par l'extérieur comprend aussi le sous-sol afin d'éviter tout pont thermique à l'étage principal.
Le plancher bas étant partiellement sur terre-plein, seule la partie sur sous-sol (cave) a été isolée avec des panneaux de polystyrène expansé.

Les combles perdus ont été isolés avec 500 mm de ouate de cellulose. Seuls les rampants ont conservé leur isolation initiale.
La chaudière fioul a été supprimée. Une PAC air/eau installée par les propriétaires précédents suffit maintenant largement à chauffer toute la maison, même par grand froid.

▲ Pose de l'ossature bois pour l'ITE et des menuiseries extérieures (Crédit photos : Maison Passive 71)

Étanchéité à l'air

La maison rénovée est parfaitement étanche, trois fois plus étanche qu'une maison neuve RE2020.

Unité de mesure	Avant travaux	Après travaux
Q4 en $m^3/(m^2.h)$	Non connu	0,19
n50 en volume par heure	Non connue	0,75

▲ Une nouvelle porte étanche à l'air et test d'étanchéité dit de la porte soufflante (Crédit photo: Maison Passive 71)

La performance énergétique

Consommation théorique d'énergie après travaux

	Après travaux
Surface de référence (m^2)	179
Besoin de chauffage (kWh/m^2)*	29
Consommation en énergie primaire ($kWh_{EP}/m^2.an$)*	132
Confort d'été (fréquence de surchauffe en % d'heures dans l'année supérieures à 25 °C)*	0 %

* Source : PHPP

Consommation réelle sur factures

Usages*	Avant travaux	Après travaux
Consommation d'énergie finale (kWh)	12 500	6 500
Ratio d'énergie finale ($kWh/m^2.an$)	70**	36,3
Ratio en énergie primaire ($kWh_{EP}/m^2.an$)	161	84

* Chauffage, ECS, ventilation, éclairage, électrodomestiques)
**avec la PAC air/eau

La consommation d'énergie de la maison, tous usages confondus, n'est que de 6 500 kWh par an pour une maison de 179 m^2. La consommation d'énergie primaire respecte parfaitement l'objectif du label EnerPHit.

Le point de vue du maître d'ouvrage et du maître d'œuvre

Point de vue du maître d'ouvrage

« Nous sommes satisfaits du confort actuel de notre maison et de son efficience énergétique (notre consommation d'électricité pour le chauffage est pratiquement divisée par 4), mais la période de rénovation de la maison fut une épreuve très stressante pour nous.
En effet, suite à divers reports puis à la défaillance d'un artisan devant intervenir parmi les premiers sur le chantier, nos travaux se sont étalés sur un an et demi et il a fallu recaler les plannings de tous les artisans. Puis, il a fallu attendre 7 mois supplémentaires (et autant de stress) avant d'obtenir le paiement des aides (il nous manquait certains documents du fait de l'arrêt de chantier de l'artisan en question et il n'était donc pas garanti que nous puissions obtenir les aides).
Sans compter parfois les surprises en rentrant du travail... même si tout s'est finalement bien terminé !
Mais nous sommes conscients que, dans le cas d'une construction neuve, nous aurions risqué les mêmes désagréments sans l'avantage de pouvoir immédiatement occuper le logement. »

Quelques mots du maître d'œuvre

« Ce projet restera une très belle expérience pour nous malgré le dépôt de bilan de l'entreprise du lot menuiserie en plein chantier. Cette mésaventure a causé des retards et nous a demandé beaucoup plus de travail en coordination de chantier et administrativement pour arriver à récupérer toutes les aides à la rénovation prévues. Tout se termine finalement bien, et ce chantier nous a permis de progresser dans le choix de nos partenaires de confiance... »

Remerciements et sources
Les maîtres d'ouvrage
Maison Passive 71. www.maisonpassive71.fr,
contact@maisonpassive71.fr

23. Une maison des années 1990

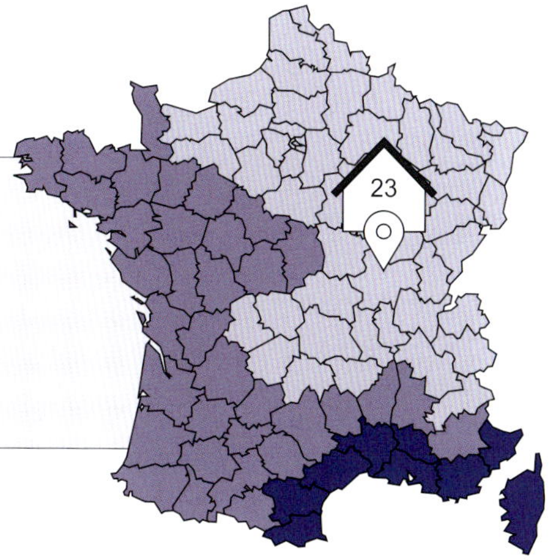

Maître d'ouvrage : privé
Maître d'œuvre : Nicolas Lapray, Maison Passive 71
BET thermique : Maison Passive 71
Entreprises du projet : Isolation Durable, Montceau-les-Mines (71)

Localisation : Saint-Eusèbe, Saône-et-Loire
Altitude : 339 m
Date de construction : 1993
Date des travaux : 2023
Shab avant/après travaux : 107 m^2/107 m^2
Coût des travaux hors VRD : 1 393 €/m^2 Shab, dont 234 €/m^2 d'aides publiques

Crédit photo : Maison Passive 71

Le projet

Les objectifs, le contexte

Un des objectifs du maître d'ouvrage était de réduire ses dépenses énergétiques pour atteindre le niveau EnerPHit. La garantie de résultat offerte par la démarche passive l'a séduit. Il ne s'agissait pas de passer un contrat de garantie formalisé mais plutôt de s'assurer que la démarche suivie par le maître d'œuvre puis par les entreprises allait amener la maison à un niveau de performance très élevé, équivalent ou très proche du niveau EnerPHit.

▲ La maison avant travaux (Crédit photo : Maison Passive 71)

La rénovation a permis de réduire le besoin de chauffage et la consommation d'énergie primaire, respectant parfaitement les objectifs du label. Seule l'étanchéité à l'air n'a pas atteint l'objectif du fait de la construction existante. En effet, de nombreuses pertes d'étanchéité à l'air n'ont pas pu être supprimées à cause des traversées de l'enveloppe de la partie chauffée par les anciens réseaux électriques, le tableau électrique étant situé dans l'espace non chauffé, ainsi que par le réseau de chauffage et le réseau de plomberie. Des fuites non traitables (sauf de casser et refaire) apparaissaient également derrière la douche et la baignoire. En d'autres termes, la maison n'avait pas un bon potentiel pour atteindre l'objectif d'étanchéité à l'air attendu pour le label EnerPHit. Mais une très haute performance énergétique était atteignable (plus performante qu'une construction RE2020).

Le projet : une rénovation globale passive à faible impact environnemental

Le projet a consisté à traiter les six types de travaux d'une rénovation globale et performante sans modification architecturale en dehors de la réécriture de la façade avec un revêtement en fibrociment : isolation par l'extérieur, isolation de la toiture et du plancher bas, changement des menuiseries extérieures et installation d'une VMC double flux et de panneaux photovoltaïques.

L'espace chauffé a été circonscrit au rez-de-chaussée, le sous-sol étant en dehors de l'espace chauffé même s'il a bénéficié d'une isolation par l'extérieur tout comme les façades de l'étage principal.

La rénovation a été effectuée en site occupé.

Technique constructive et solutions techniques

	État initial	État après rénovation	U (W/(m².K))
Murs extérieurs	Maçonnerie : agglomérés + ITI (100 mm laine de verre)	Ossature bois 300 mm ouate de cellulose insufflée + façade ventilée en clins ciment (lame de bardage en ciment composite)	0,131
Toiture	Charpente fermettes, laine de verre entre solives	Combles perdus : plâtre, briques, laine de verre entre solives, revêtement, 500 mm ouate de cellulose. Suppression de la cheminée + traitement de l'étanchéité à l'air	0,062
Plancher bas	Dalle béton isolée en PSE sur sous-sol demi-enterré	Carrelage, chape, PSE, dalle béton, 120 mm laine de bois, sous-dalle, plaque de plâtre	0,235
Menuiseries extérieures	Doubles vitrages	Triples vitrages Internorm bois-alu avec argon ; Ug = 0,53 W/(m^2.K) ; facteur solaire g = 60 % Porte d'entrée Cypass Ud = 1,1 W/(m^2.K)	Uw = 0,69

Occultations	Volets	Volets roulants extérieurs intégrés à la façade
Chauffage	Chaudière gaz	PAC air/eau Puissance 8 kW, COP = 5
Eau chaude sanitaire	Chaudière gaz	Chauffe-eau solaire individuel 4 m^2 capteurs
Ventilation	–	VMC Double Flux Brink Flair 225 posée dans la cage d'escalier
Énergies renouvelables	–	CESI et système PV de 3 kWc pour autoconsommation et revente

▲ La pose de l'ossature bois pour fixer le bardage (Crédit photo : Maison Passive 71)

▲ Préparation de la façade sud (Crédit photo : Maison Passive 71)

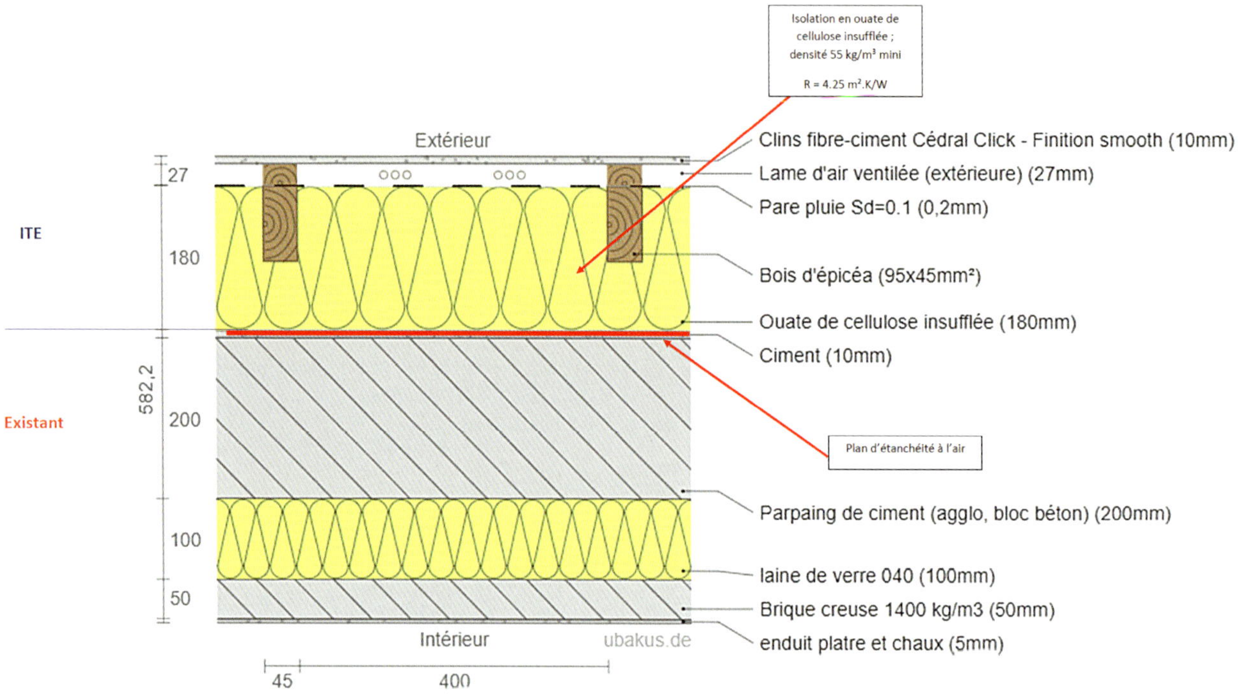

▲ Composition des murs en parpaings à l'étage. Réalisation d'une ITE en ossature bois + façade ventilée. Il a été nécessaire de ventiler la lame d'air en créant des ouvertures en haut et en bas des façades ainsi que des fenêtres. (Source : Maison Passive 71)

◄ Menuiseries avant et après : de l'applique au nu intérieur à la menuiserie intégrée dans l'isolant (Crédit photo : Maison Passive 71)

▲ Le bardage façade sud et façade nord (bicolore) (Crédit photo : Maison Passive 71)

Étanchéité à l'air

Unité de mesure	Avant travaux	Après travaux
n50 en volume par heure	Non connue	1,3

▲ Test d'étanchéité à l'air (porte soufflante)
(Crédit photo : Maison Passive 71)

La performance énergétique

Consommation théorique d'énergie avant et après travaux

	Avant travaux	Après travaux
Surface de référence (m^2)	106,6	106,6
Besoin de chauffage (kWh/m^2)*	140	24
Consommation en énergie primaire ($kWh_{EP}/m^2.an$)*	–	98
Confort d'été (fréquence de surchauffe en % d'heures dans l'année supérieures à 25 °C)*	–	0 %

* Source : PHPP

Consommation réelle sur factures

Usages	Avant travaux	Après travaux
Gaz de réseau (kWh)* Électricité (kWh)* Total en énergie finale (kWh)	8 500 3 500 12 000	0 1 550** 1 550
Ratio d'énergie finale ($kWh/m^2.an$)	113	14,5
Usages électrodomestiques (kWh)	Non connu	2 450
Total tous usages en énergie finale (kWh)	–	4 000
Ratio d'énergie finale (kWh/m^2)	–	38
Autoconsommation PV	0	1 000
Ratio en énergie primaire ($kWh_{EP}/m^2.an$)	155	74

* Chauffage et eau chaude sanitaire (ECS)
** PAC 1 100 kWh + ECS 450 kWh

La consommation d'électricité de la maison pour le chauffage et la fourniture d'eau chaude sanitaire s'est élevée à 14,5 kWh par m^2 pour l'année 2023 et la consommation totale d'énergie primaire, tous usages confondus, a été de 74 kWh_{EP}/m^2, ce qui est extrêmement performant. Avec l'autoconsommation grâce aux panneaux photovoltaïques, l'achat d'électricité au réseau n'a été que de 3 000 kWh pour une année et une maison de 107 m^2.
Sans travaux, le poste « chauffage et ECS » aurait coûté 1 810 € par an (au prix actuel de l'énergie, mars 2024) et la dépense réelle n'a été de 390 €.

▲ VMC double flux Brink
(Crédit photo : Maison Passive 71)

Le point de vue du maître d'ouvrage

« Notre démarche dans le projet n'a pas été de rechercher les économies financières car le budget des travaux et des équipements ne peut s'amortir qu'à long terme.
Nous avons réellement souhaité réduire l'impact environnemental de la maison en éliminant complètement le besoin en énergie fossile pour le chauffage et l'eau chaude sanitaire.
Cela a pu se faire en respectant les points suivants :
– utilisation d'un chauffe-eau solaire soit aucune énergie électrique nécessaire de fin mai à mi-octobre (1 kWh/mois pour la pompe du caloporteur),
– adjonction de panneaux photovoltaïques pour une puissance de 3 KWc permettant d'économiser 1 000 kWh d'électricité répartis sur la période printemps-été-automne,
– utilisation d'une pompe à chaleur pour le chauffage et isolation du bâti,
– traque de toute consommation fantôme grâce à des outils de diagnostic en temps réel,
– aucun changement des habitudes de chauffage afin d'éviter tout effet rebond (consigne max en hiver de 18-19 °C).
En conclusion : le bilan carbone de la maison passe ainsi de 2 100 kg à 150 kg de CO_2 par an, soit une réduction d'un facteur 14 sur les émissions de CO_2. »

Remerciements et sources
Les maîtres d'ouvrage
Maison Passive 71, www.maisonpassive71.fr,
contact@maisonpassive71.fr

24. Une maison bretonne des années 1970 avec extension

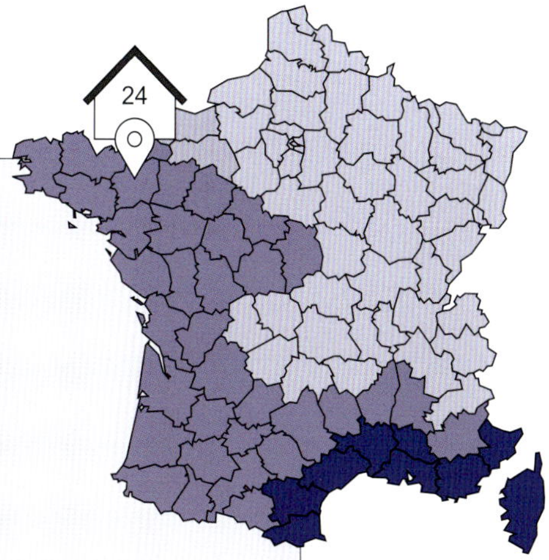

Maître d'ouvrage : privé
Architecte : Quinze Architecture, Rennes
BET thermique : Hinoki
Entreprises du projet par lot : Gros œuvre : Entreprise Moulin. Charpente et bardage bois : Format Bois. Couverture : Entreprise Burlot. Menuiseries extérieures Alu/bois : Isoconstruction. Verrière et serrurerie : Prismalu. Isolation, doublages, menuiseries intérieures : Entreprise Clément Aménagement. Aménagements intérieurs bois : Entreprise Girot. Revêtements de sols, chape isolation : Hervé Sols. Béton ciré : La maison des ocres. Peinture : Flo déco. Chauffage ECS électricité, plomberie, domotique : Entreprise Huet. Terrasses extérieures bois : Germain Brault.

Localisation : Montgermont, Ille-et-Vilaine
Altitude : 34 m
Période de construction : années 1970
Date des travaux : 2016-2017
Shab avant/après travaux : 130 m^2/179 m^2
Surface chauffée avant/après travaux : 130 m^2/179 m^2
Coût des travaux hors VRD : 1 552 €/m^2 Shab pour la partie réhabilitée et 2 192 €/m^2 Shab pour l'extension

(Crédit photo : Joan Casanelles pour Quinze Architecture)

▲ La maison traditionnelle bretonne des années 1970 avant travaux (Crédit photo : Joan Casanelles pour Quinze Architecture)

Le projet

Les objectifs, le contexte

Les maîtres d'ouvrage avaient acheté un pavillon en parpaings + enduit des années 1970 principalement pour sa localisation – à 15 minutes (en voiture) de Rennes –, avec environ 1 500 m^2 de terrain. Leur volonté était de transformer la maison existante (inconfortable et énergivore) en une habitation d'architecture contemporaine, et surtout confortable et à performances énergétiques visant le label Passivhaus. Le maître d'ouvrage ayant une forte sensibilité écologique souhaitait aussi utiliser des matériaux biosourcés. Ces deux souhaits l'ont orienté vers l'agence Quinze Architecture[1] spécialisée dans ces domaines.

Le projet : une rénovation passive avec transformation et extension d'une maison bretonne

Pour répondre aux besoins de la famille, une extension était à prévoir. Le PLU de la commune ne permettait pas de faire une extension à une autre implantation que celle existante. Le maître d'œuvre a décidé d'utiliser cette contrainte comme génératrice de la forme de l'extension, celle-ci étant la duplication de la forme originelle, mais en plus petit.

1. *Quinze Architecture* comme 15 kWh/an/m^2 qui est le besoin maximum de chaleur pour le chauffage des bâtiments passifs ou Passivhaus.

▲ La maison après travaux avec son extension en ossature bois (Crédit photo : Joan Casanelles pour Quinze Architecture)

▲ La maison côté nord avec peu d'ouvertures (Crédit photo : Joan Casanelles pour Quinze Architecture)

Technique constructive et solutions techniques

	État initial	État après rénovation	U (W/(m².K))
Murs extérieurs	Parpaings	Mur en pierre + fibres de bois 22 mm + caissons bois pour ITE avec 220 mm ouate de cellulose + parpaings existants + frein vapeur + lame d'air + plaque de plâtre	0,167
Murs cave	Béton	Béton + 100 mm PSE graphité	0,286
Toiture	–	Ouate de cellulose 250 mm dans poutres I + 60 mm fibres de bois + frein vapeur + 60 mm lame d'air chevrons + plaque de plâtre	0,143
Plancher bas	Dalle béton + 100 mm polystyrène	Sur dalle existante RDC en béton : revêtement de sol + OSB + 40 mm + 100 mm de PU (panneau rigide TMS) + béton existant + polystyrène (existant)	0,209
Menuiseries extérieures	–	Triple vitrage Internorm (g = 60 %) ; Ug = 0,60 Porte isolante Ud = 0,90	Uw = 0,81
Occultations	–	BSO au sud et à l'ouest + pergola au sud pour le confort d'été	
Chauffage	–	Chauffage d'appoint : PAC alimentant un plancher chauffant GIACOMINI avec une inertie la plus faible possible qui comprend une nourrice avec une boucle par pièce avec tête thermostatique manuelle sur chaque départ. Régulée en totalité par la sonde de température intérieure, elle se mettra en route uniquement en cas de besoin de chauffage. Le circulateur devra être coupé si les besoins de chauffage sont nuls. Bouches chauffantes Helios Eco3t 400 W pour les chambres à l'étage	
Eau chaude sanitaire	–	PAC air eau (modèle TEC Control Aqua C02 max de chez SANDEN)	
Ventilation		Ventilation double flux avec récupération d'énergie : Modèle Paul Novus 450 (dimensionnement de 270 m³/h).	

Source : Hinoki

La compacité du bâtiment

La partie existante et l'extension sont reliées par un joint creux en verre dans lequel se positionne l'entrée principale. Ceci a cependant un impact sur la compacité du bâtiment, celle-ci n'étant pas optimale (niveau C selon l'indicateur créé par Hinoki) : les surfaces déperditives PHPP sont de 615 m^2 alors que la surface habitable n'est que de 167 m^2 (du fait notamment de l'épaisseur des murs et du vide dans le séjour).

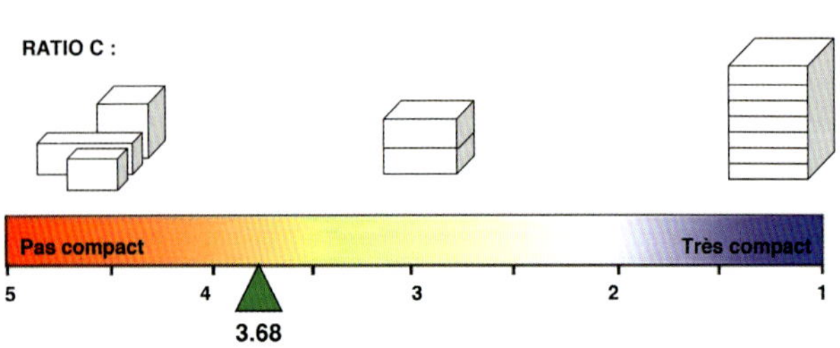

▲ Positionnement de la maison sur l'échelle de compacité créée par Hinoki (Source : Hinoki)

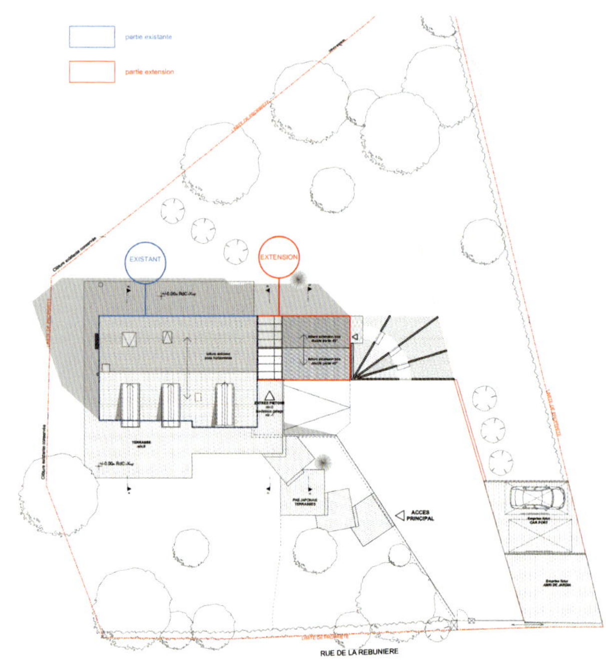

Source : Quinze Architecture

La continuité de l'enveloppe et les ponts thermiques

Une des caractéristiques du projet a consisté à transformer les combles en un espace habitable, en utilisant la technique du sarking pour l'isolation de la toiture (associée à une surélévation de la charpente). Cette technique est apparue particulièrement bien adaptée à ce projet, en assurant une haute performance acoustique et thermique et en permettant d'intégrer toutes les gaines techniques au sein des combles.

Les menuiseries

Ce travail sur la toiture a permis la création de lucarnes largement agrandies et mises en valeur par rapport aux fenêtres existantes, avec un bardage bois qui répond visuellement à l'extension.

▲ Mise en valeur des lucarnes (Crédit photos : Joan Casanelles pour Quinze Architecture)

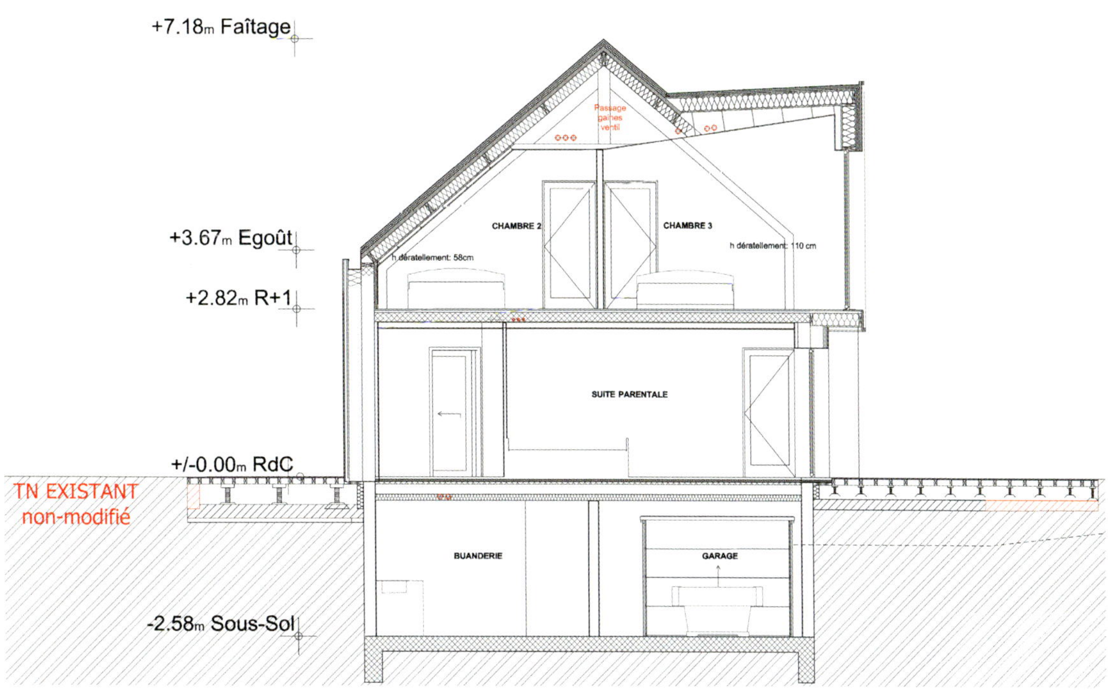

▲ Coupe de la maison avec la création des lucarnes (Source : Quinze Architecture)

▲ De grandes menuiseries bois-aluminium coulissantes ont été installées dans le séjour afin d'optimiser l'éclairage naturel. (Crédit photo : Joan Casanelles pour Quinze Architecture)

▲ La pose du frein vapeur pour assurer l'étanchéité à l'air sur les rampants et les murs (Crédit photo : Quinze Architecture)

Étanchéité à l'air

L'étanchéité à l'air de la maison est particulièrement bonne.

	Avant travaux	Après travaux
n50 en volume par heure	Non mesurée	0,81

Un des points à traiter est l'étanchéité à l'air sur les rampants et les murs. Pour cela, un frein-vapeur Proclima INTELLO + a été posé. Il est relativement ouvert à la vapeur d'eau et hygrovariable, ce qui permet l'évacuation de l'humidité du mur. La valeur Sd[2] allant de 0,25 à 25 m, cette membrane est parfaitement étanche et posée avec les adhésifs adaptés. Les raccords avec la partie murs et planchers non pourvus de frein vapeur devront se faire avec les produits adaptés (bandes spécifiques à enduire). Sur ces parois, ce sont les enduits qui assurent l'étanchéité à l'air. Ils doivent donc être parfaitement continus et homogènes pour ne pas laisser passer d'air.

La performance énergétique

Consommation théorique d'énergie après travaux

	Après travaux
Surface de référence (m^2)	170
Besoin de chauffage (kWh/m^2)*	17,7
Consommation en énergie primaire (kWh_{EP}/m^2)*	93
Confort d'été (fréquence de surchauffe en % d'heures dans l'année supérieures à 25 °C)*	0 %

* Source : PHPP

Récompenses
Labellisée Passivhaus EnerPHIT en 2016.
Lauréate du prix national construction bois 2018.

Remerciements et sources
Thomas Bonnin, architecte DPLG - agence QA ([Q]uinze - [A]rchitecture) www.quinze-a.fr, contact@quinze-a.fr
Thomas Primault, Hinoki, info@hinoki.eu
Maisons Individuelles Passives, C. Charlot-Valdieu et P. Outrequin, Éditions du Moniteur, 2019 (pp. 37 à 42).

2. Cette valeur Sd mesure la résistance d'un produit à la diffusion de la vapeur d'eau. Voir *Annexes*, §1

25. Un pavillon innovant de la première réglementation thermique (1974)

Maître d'ouvrage : privé
Architecte : Atelier de Montrottier, Loïc Parmentier et associés
BET thermique : Gérard Pollet Ingénierie
Entreprises du projet : Maçonnerie : Thierry Chaverot, Montrottier. Menuiseries André, Chavannes. Pose des menuiseries et bois : Journet Bois, Montrottier. ITE : Prez, Tarare. Électricité : Arsac Elec

Localisation : Saint-Cyr-au-Mont-d'Or, Rhône
Altitude : 320 m
Date de construction : 1974
Date des travaux : 2014-2015
Shab avant/après travaux : 164 m²/319,8 m²
Coût des travaux hors VRD : 736 €/m² Shab

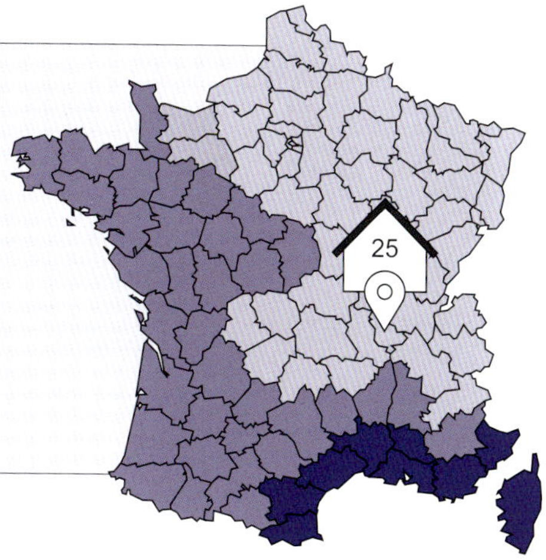

▲ Crédit photo : Catherine Charlot-Valdieu

Le projet

Les objectifs, le contexte

Le maître d'ouvrage, travaillant dans le domaine des énergies renouvelables, était conscient que les prix de l'énergie allaient augmenter fortement. C'est pourquoi, connaissant lui-même le standard passif et connaissant un professionnel formé au passif (CEPH), il souhaitait faire construire une maison passive ou trouver une maison à réhabiliter en passif (label EnerPHit). Enfin, ayant loué plusieurs maisons à Saint-Cyr, il souhaitait rester sur cette commune.

La recherche fut longue et le choix s'est porté sur cette maison dont l'emplacement et le volume (taille et compacité) correspondaient parfaitement à son objectif.

▲ La maison avant travaux, côté ouest (entrée) et nord (garage) (Crédit photos : Atelier de Montrottier Loïc Parmentier et associés)

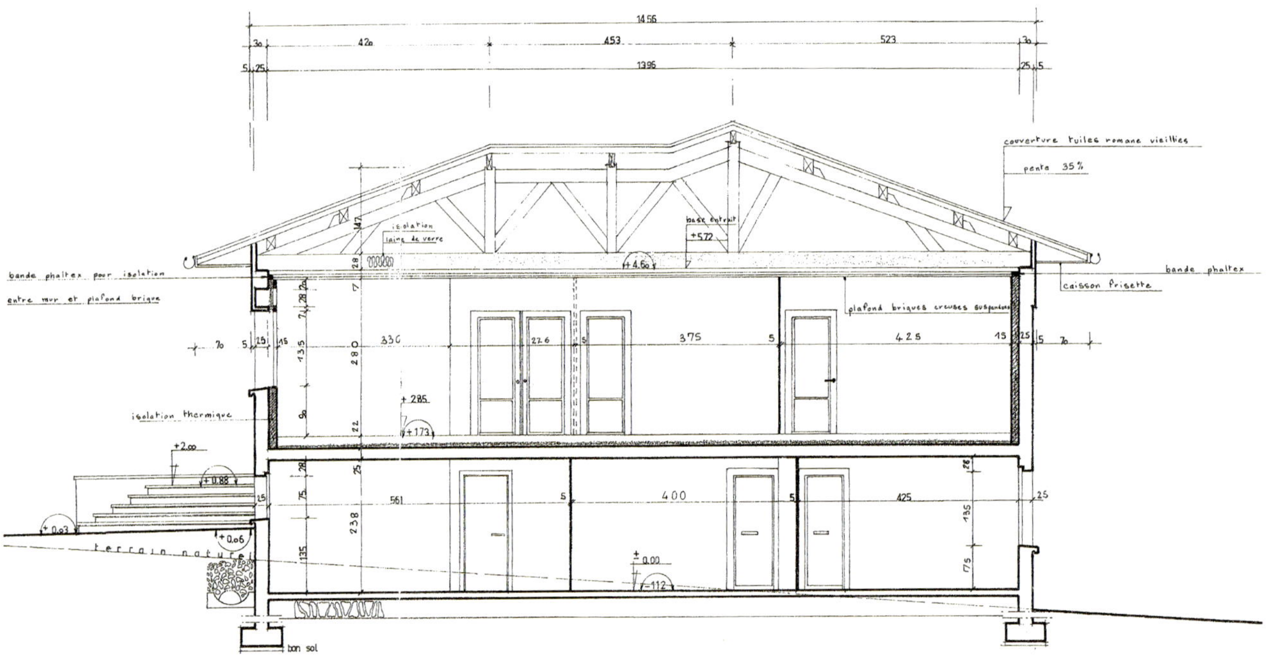

▲ Coupe avant travaux (vue de la façade sud) (Source : Atelier de Montrottier Loïc Parmentier et associés)

De plus, la maison comportait déjà des techniques innovantes de chauffage, était relativement isolée et la possibilité d'augmenter de façon importante la surface habitable rentabilisait son investissement.

La maison en béton armé banché était en effet sur deux niveaux, avec un plan presque carré et une circulation verticale se pratiquant au milieu de la maison, le niveau inférieur pouvant être rendu habitable en totalité ou quasi-totalité.

Le niveau principal d'une surface de 164 m^2 comprenait un salon-salle à manger (42,2 m^2), une cuisine (10,6 m^2), un bureau (32 m^2), deux chambres (13,8 et 12,2 m^2) et une salle de bain. Le sous-sol comprenait un local de stockage et un garage. Classiquement à cette époque, une butte remonte le terrain au niveau haut (au sud) alors qu'il reste au niveau bas pour entrer dans le garage et le sous-sol (au nord) qui offre 164 m^2 de surface de plancher comme à l'étage.

La toiture était en tuiles à quatre pans avec une isolation à renforcer alors que la dalle basse du sous-sol était relativement bien isolée avec 6 cm de polystyrène extrudé.

Enfin, la hauteur sous-plafond à l'étage et au sous-sol (environ 3 m) permettait le passage des gaines de ventilation.

La maison se situe dans un environnement arboré de qualité (cèdres classés dans le PLU), créant au sud un masque limitant les apports solaires.

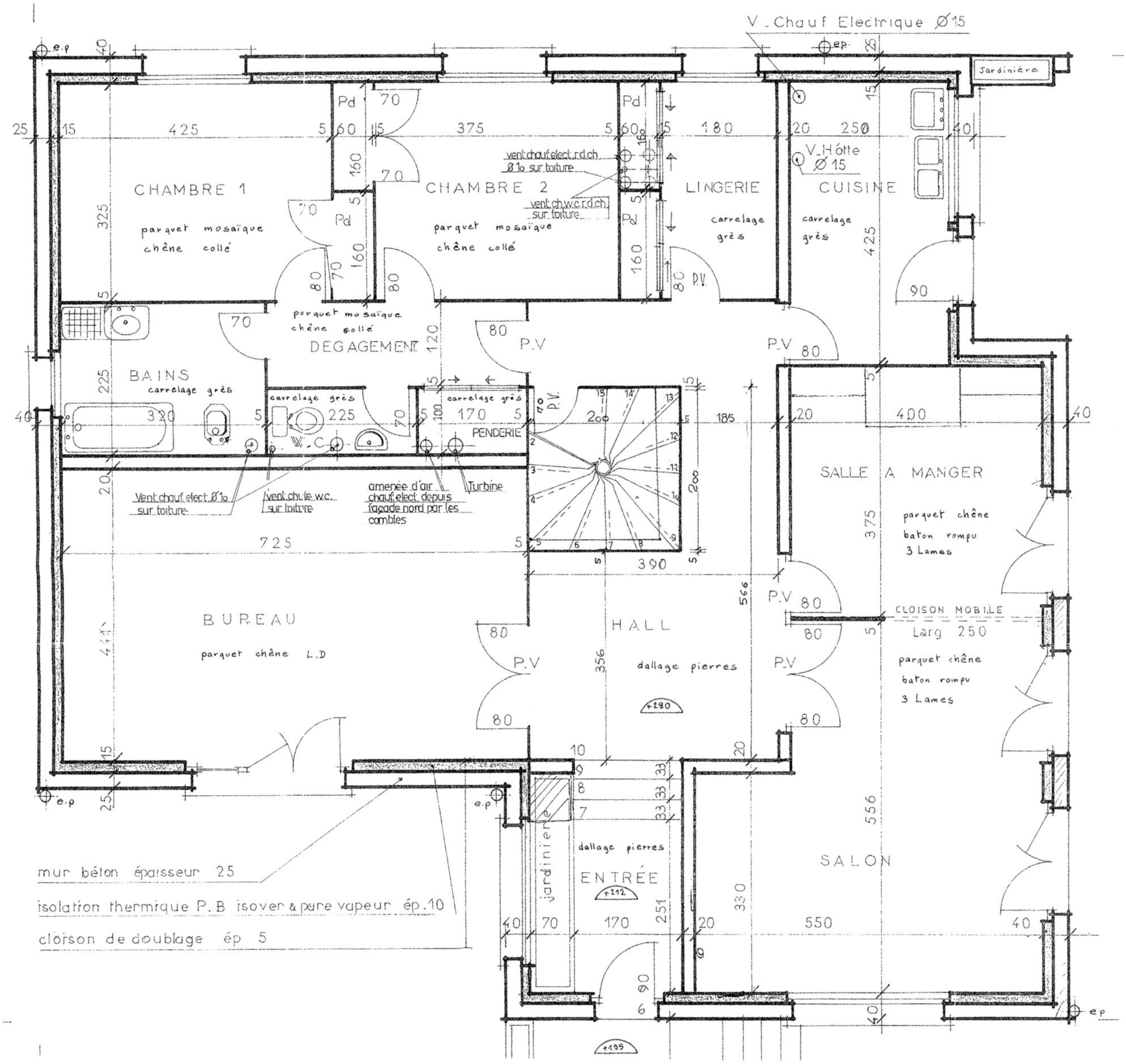

▲ Plan d'étage avant travaux (seul niveau habitable) : des volumes généreux et de nombreuses portes délimitant les espaces (Source : Atelier de Montrottier Loïc Parmentier et associés)

Le projet de rénovation passive avec l'intégration d'une partie du sous-sol dans la surface habitable

Le maître d'ouvrage connaissait un thermicien ayant une expérience en passif et certifié CEPH (Gérard Pollet) et ce dernier l'a mis en relation avec un jeune architecte intéressé par le passif mais sans expérience du passif (diplômé en 2010 de l'école d'architecture de Clermont-Ferrand).

Pour agrandir la surface habitable comme le voulait le maître d'ouvrage, l'architecte a proposé d'utiliser le sous-sol pour créer des chambres (confort thermique naturel avec des chambres plus fraîches), ce qui nécessitait d'isoler la totalité de l'enveloppe. Pour ce faire, l'architecte a proposé de supprimer la butte de terre et d'isoler les fondations avec du polystyrène expansé, ce que les entreprises n'avaient encore jamais vu. Il restait cependant un important pont thermique au niveau de la porte du garage, ce dernier a donc été sorti de l'espace chauffé, les portes intérieures d'accès au garage étant isolées et la pièce attenante transformée en espace tampon de stockage.

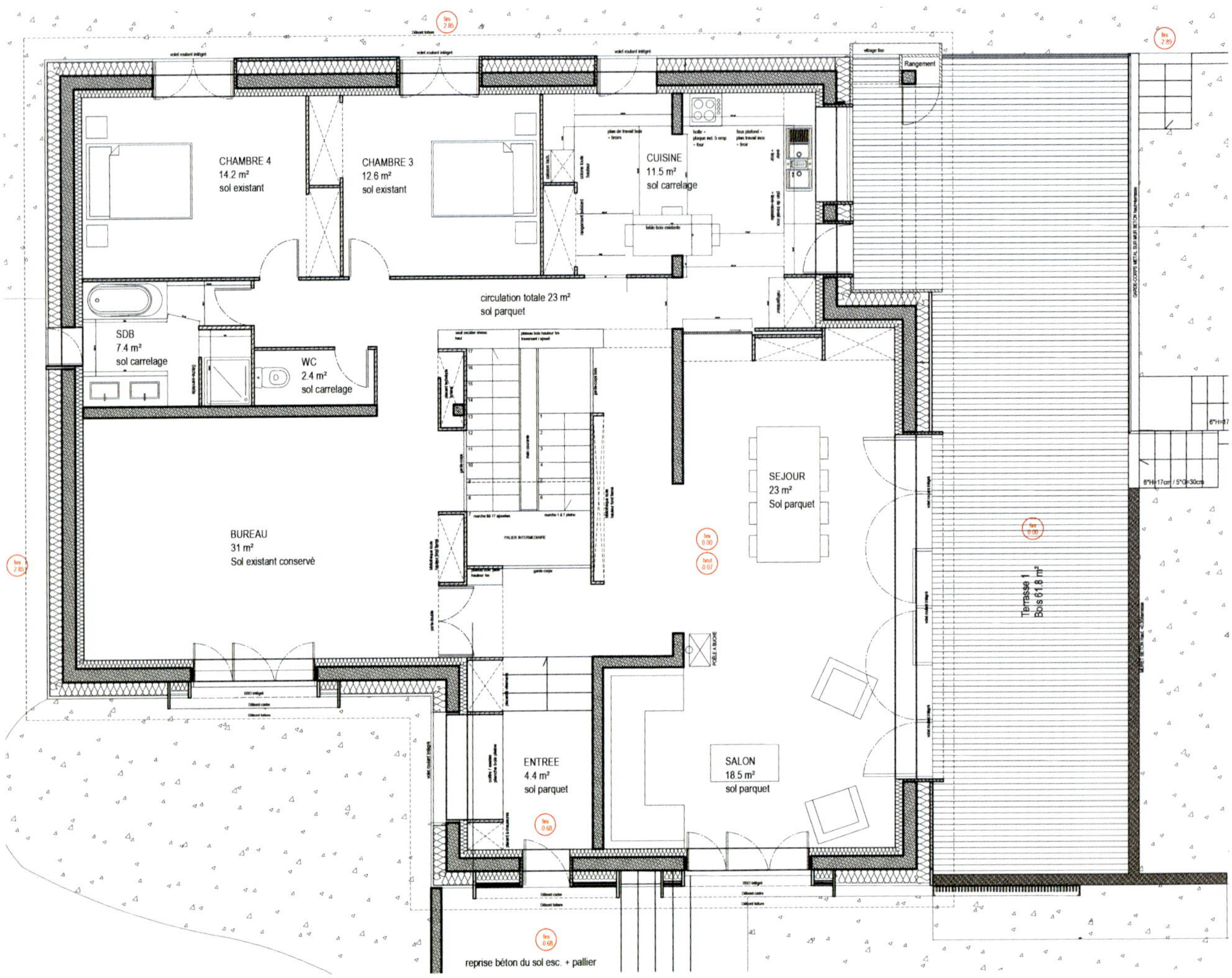

▲ Plan de l'étage principal après travaux (Source : Atelier de Montrottier Loïc Parmentier et associés)

L'architecte a proposé également de valoriser l'escalier intérieur (initialement sombre, étroit et encloisonné) pour connecter le rez-de-chaussée avec l'étage principal. Deux chambres ont été créées au rez-de-chaussée ainsi qu'une grande buanderie pouvant faire office de chambre.

Des portes-fenêtres ont été créées dans ces pièces pour améliorer leur luminosité.

Les ouvertures vitrées côté sud ont été augmentées afin d'améliorer les apports solaires et des systèmes de protection solaire ont été mis en place pour le confort d'été.

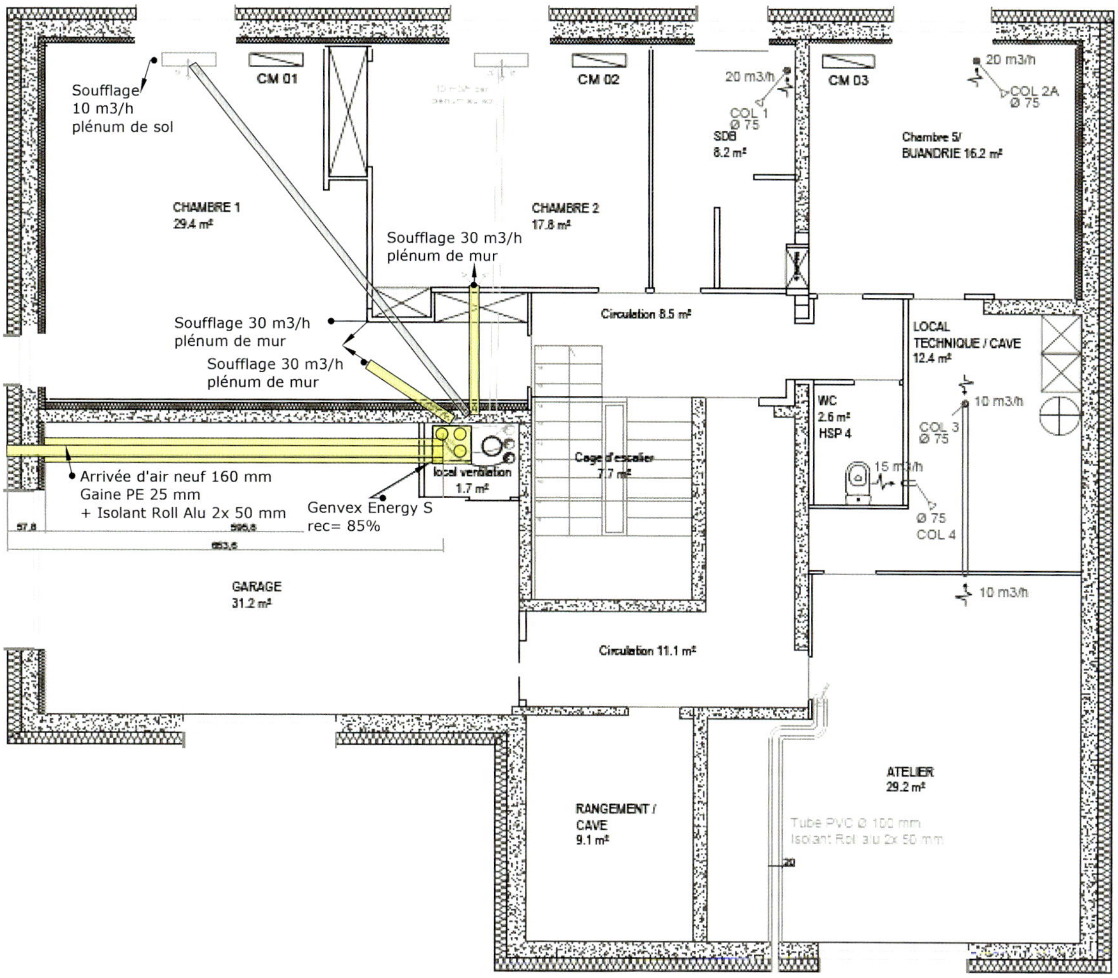

▲ Plan du rez-de-chaussée (ex sous-sol) et de la ventilation double flux après travaux : seules les trois pièces à l'est sont dans l'espace chauffé, trois autres pièces (buanderie, atelier et cellier) sont en zone tempérée et la ventilation double flux utilise les gaines de soufflage préexistantes encastrées dans le sol (Source : Atelier de Montrottier Loïc Parmentier et associés)

Technique constructive et solutions techniques

	État initial	État après rénovation	U (W/(m².K))
Murs extérieurs	Béton banché 25 cm + doublage brique avec 100 mm laine de verre en isolation par l'intérieur : 0,49 W/(m².K)	Le doublage brique a été conservé avec ITE et ITI : Enduit Crepitex clair, 200 mm PSE, 25 cm béton banché, 100 mm laine de verre, 50 mm brique plâtrière, BA 13. Isolation des fondations avec 160 mm XPS	0,121
Toiture	Tuiles sur charpente, combles perdus, 200 mm laine de verre entre solives	Combles perdus : 150 mm ouate de cellulose soufflée, 100 mm laine de roche, 200 mm laine de verre entre solives bois, briques plâtrières, lame d'air ventilée, BA 13.	0,092
Plancher bas	Parquet bois, carrelage céramique, chape, 60 mm polystyrène extrudé (XPS), 150 mm dalle béton	Idem	0,532
Menuiseries extérieures	U = 2,48 Ug = 0,77	Menuiseries André en aluminium gris anthracite posées sur un cadre en bois ; triples vitrages smartwin ; facteur solaire g = 55 % (Ug = 0,55)	Uw = 0,87

Occultations	–	Volets roulants (gris) inclus dans la partie isolation et au-dessus du pré-cadre en bois des menuiseries
Chauffage	Panneaux électriques radiants et air pulsé par le sol (grilles soufflantes) Climatisation dans le séjour	Panneaux électriques et grilles soufflantes conservés (intégrés dans le double flux), ajout d'un poêle à bois pour l'agrément dans le séjour et un convecteur dans la buanderie (rez-de-chaussée)
Eau chaude sanitaire	Ballon électrique 200 L, 2 200 W	Conservation du ballon électrique et installation d'un cumulus solaire de 150 litres (type à accumulation électrique avec thermoplongeurs électriques de 2 KW raccordés directement à un champ PV placé en toiture)[1]
Ventilation	–	Ventilation double flux GENVEX (3 en 1), rendement 79 %.
Énergies renouvelables	–	Panneaux solaires photovoltaïques en toiture côté sud

Le choix des matériaux

Si l'isolant périphérique est en polystyrène, l'isolation de la toiture est en ouate de cellulose et la maison comporte beaucoup de bois : entrée et son auvent, fenêtres et portes-fenêtres, terrasse, claustra et casquette solaire, charpente de la toiture et parquet sur toute la surface habitable (sauf salles d'eau et cuisine).

Le doublage brique de l'enveloppe béton a été conservé au maximum sauf aux endroits où il ne tenait plus et aux liaisons avec la toiture car la charpente était directement prise dans la partie haute de la maçonnerie. Ce doublage permet une bonne hygrométrie de la maison. Par ailleurs, cette maison présentait peu d'éléments générant des ponts thermiques (1 seul escalier intérieur).

La porte d'entrée vitrée et une fenêtre latérale apportent la lumière naturelle à l'entrée qui donne sur l'escalier central en bois qui dessert le rez-de-chaussée. Tout l'étage est en parquet bois. De grandes ouvertures et le claustra en bois côté sud permettent d'éclairer la cage d'escalier sur ses quatre côtés.

1. L'installation comprend de la tuyauterie et de la robinetterie permettant de raccorder les deux ballons en série et de bipasser au besoin l'un d'entre eux, avec attentes entrée et sortie sur vanne d'arrêt à boisseau sphérique pour le ballon solaire. Pour réduire le volume inerte en tuyauterie sur une grande longueur et les risques de développement de légionnelles, une boucle de recyclage a été créée depuis le local technique en plafond du garage jusqu'à proximité de la salle de bain de l'étage.

▲ L'entrée habillée de bois et couverte d'un auvent en bois recouvert de zinc côté rue à l'ouest (Crédit photo : Catherine Charlot-Valdieu)

▲ La porte vitrée de l'entrée et l'escalier intérieur en bois (Crédit photos : Catherine Charlot-Valdieu)

◀ Excavation et suppression de la terrasse côté sud puis pose de l'isolant jusqu'aux fondations (et remplissage de la tranchée périphérique avec du gravier) Création de portes-fenêtres bois-alu en triple vitrage posées au nu extérieur et intégrées dans l'isolant (Crédit photos : Atelier de Montrottier Loïc Parmentier et associés)

Le traitement de l'enveloppe pour éviter les ponts thermiques

Toutes les maçonneries qui s'appuyaient contre l'édifice (escalier extérieur d'accès et terrasse au sud notamment) ont été déposées afin de permettre la continuité de l'isolation par l'extérieur. Les murs de soutènement côté sud et au niveau de l'entrée de l'habitation ont été reconstruits afin de mieux isoler la maison avec la création d'une grande terrasse.

À l'intérieur, l'isolation a été conservée et son épaisseur avec le doublage intérieur a permis le passage des fluides. Une bonne inertie thermique intérieure a été obtenue grâce à la maçonnerie.

Une partie du dallage au sol du niveau bas possédait déjà une isolation minimale (6 cm de XPS), ce qui a permis de réduire les déperditions.

Par contre, l'isolation en toiture a été considérablement renforcée et de nouvelles menuiseries bois fabriquées localement et certifiées passives (Smartwin) ont été posées. Un double plafond au niveau haut a permis de traiter l'étanchéité à l'air, en assurant sa pérennité et le passage des fluides en dessous (ce qui permet de limiter considérablement le nombre de traversées de l'étanchéité par les fluides). L'ensemble des cloisons en briques plâtrières existantes a été découpé en partie haute afin de les décrocher du plancher des combles. Cela a permis de réaliser une étanchéité continue et efficace en partie haute. De nombreuses reprises en plâtrerie ont ensuite été nécessaires (ajout de plaque de plâtre, ratissage sur mur existant, raccord cloison brique plâtrière et cloison sèche plaque de plâtre...).

▲ Façade est avant travaux (fenêtres, climatisation et murs de soutènement de la terrasse) (Crédit photo : Atelier de Montrottier Loïc Parmentier et associés)

▲ Façades est et nord après travaux : création de portes-fenêtres et suppression du mur de soutènement et de la climatisation (Crédit photo : Catherine Charlot-Valdieu)

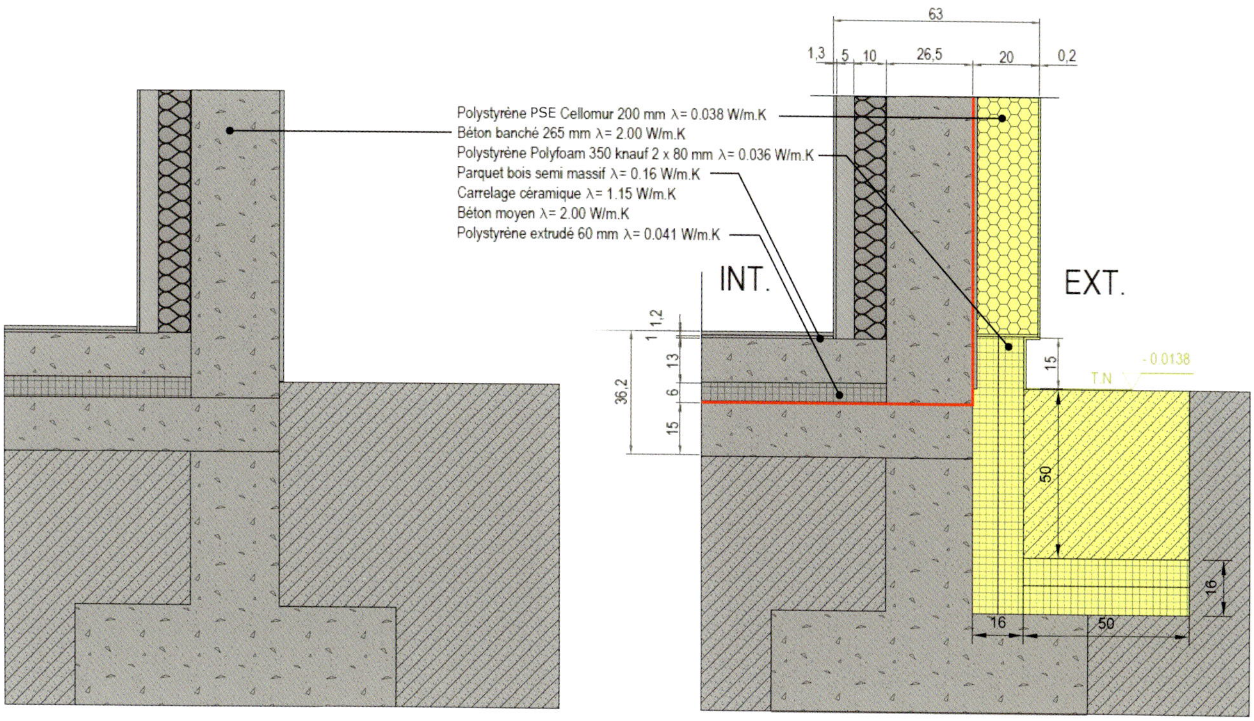

▲ Liaison de la dalle sur terre-plein avec le mur extérieur (Source : Pollet Ingénierie)

Liaison dalle basse - mur extérieur

« *On perçoit bien sur ce détail la nécessité de faire descendre l'isolant jusqu'aux fondations de l'édifice afin de couper le pont thermique de la liaison mur-dalle au niveau bas. Le retour horizontal de l'isolant permet également de limiter la descente dans le sol du froid ou du chaud qui contournerait les fondations pour atteindre le plancher bas.* » (Loïc Parmentier)

La valeur du pont thermique linéique est passée de 0,20 W/(m.K) à 0.

L'isolation enterrée permet d'assurer des températures chaudes au sol, évitant ainsi un point froid au coin du mur où la condensation risque de favoriser l'apparition de moisissures (bande de température jaune sur la thermographie du mur existant).

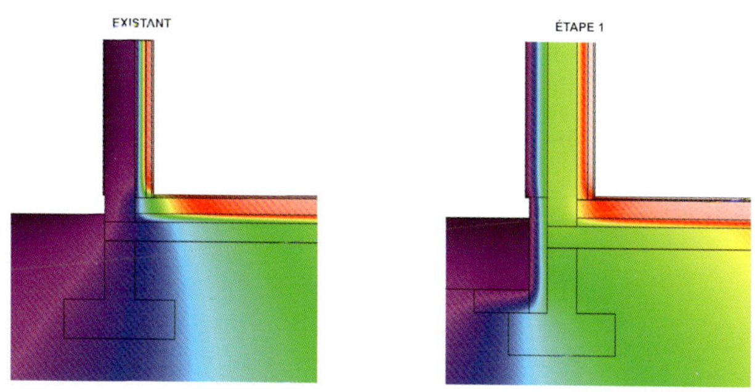

▲ Thermographie de la liaison dalle basse avec le mur extérieur (Source : Pollet Ingénierie)

Liaison terrasse - mur extérieur

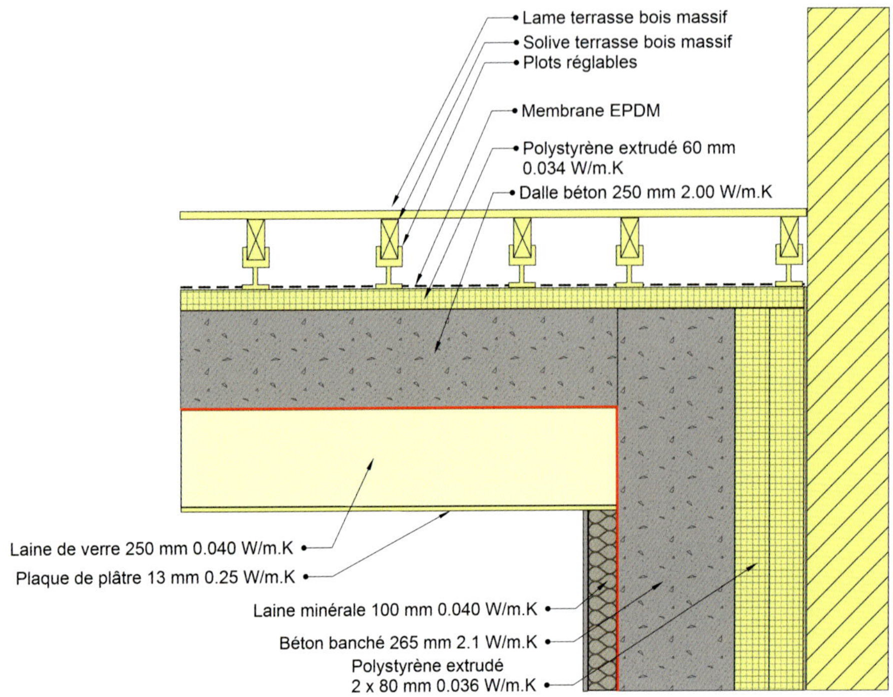

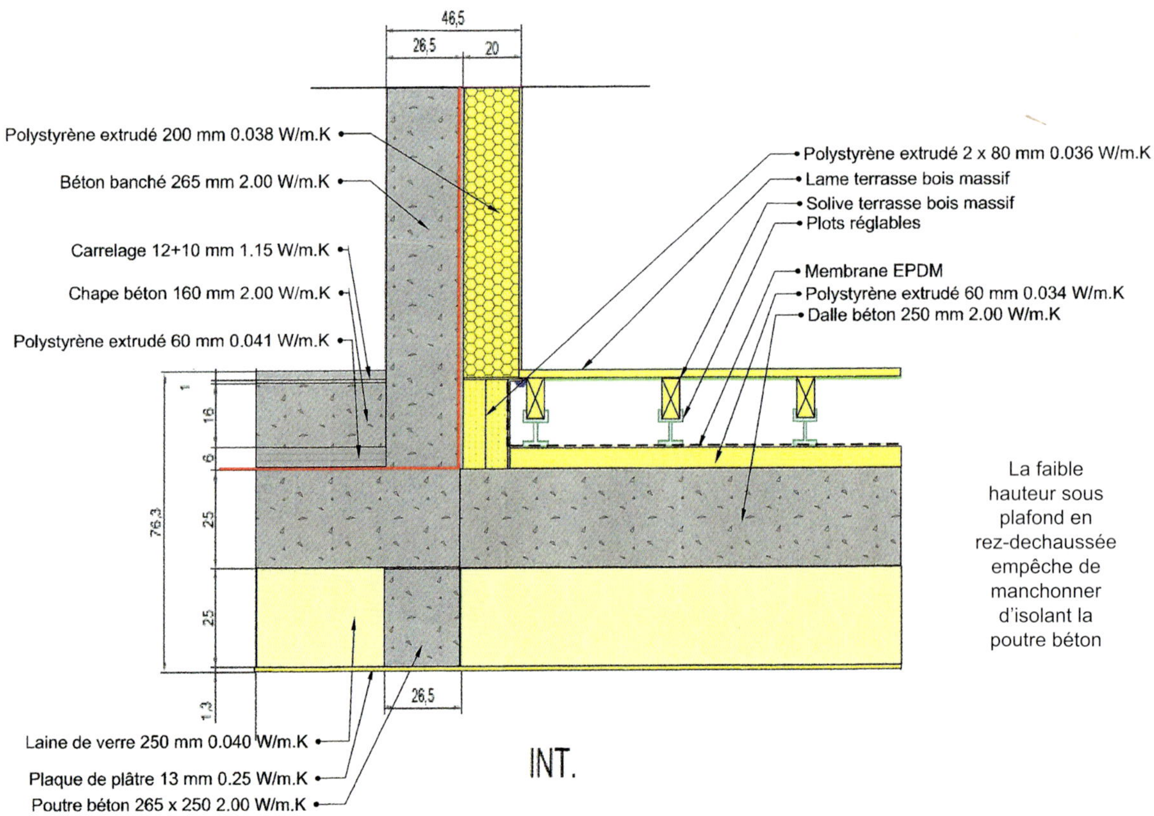

▲ Détails de la liaison terrasse-mur extérieur (en haut) et terrasse-façade sud (en bas) : des plots adhésifs sont soudés à la membrane EPDM (Source : Pollet Ingénierie)

▲ La nouvelle terrasse créée au sud (désolidarisée des murs de façade) (Crédit photo : Catherine Charlot-Valdieu)

La pose des menuiseries

Le linteau des fenêtres de la partie haute de la maison est marqué par une lisse en bois continu qui lie toutes les ouvertures de la partie vie de l'habitation. Une grande poutre métallique a été ajoutée dans le séjour pour poser la baie vitrée.

Le caisson de volet roulant des menuiseries existantes créait un pont thermique important. « *Les menuiseries extérieures ont été installées partiellement en tunnel au nu extérieur de la maçonnerie existante sur un retour d'isolant en linteau qui permet d'intégrer les volets roulants dans l'épaisseur de l'isolant sans pour autant pénaliser la performance de cette isolation ou de l'étanchéité à l'air.* » (Loïc Parmentier).

▲ Création d'une grande baie vitrée au sud
(Crédit photo : Atelier de Montrottier Loïc Parmentier et associés)

▲ La grande baie vitrée donnant sur la terrasse habillée de bois au sud (avec les bouches d'air au sol)
(Crédit photo : Catherine Charlot-Valdieu)

▲ La baie vitrée (posée au nu extérieur et intégrée dans l'isolant) dans le bureau-salon TV côté ouest (en retrait de l'entrée) (Crédit photo : Catherine Charlot-Valdieu)

▲ La cuisine avec ses deux fenêtres et une hotte autonome (Crédit photo : Catherine Charlot-Valdieu)

Les fenêtres de la grande baie vitrée au sud sont équipées de volets roulants et les deux fenêtres du séjour à l'ouest sont équipées de volets roulants à lames orientables (acceptées par les assureurs contrairement aux BSO).

La VMC double flux

Les voisins (comme les précédents propriétaires) ont fait poser des unités de climatisation mais ce besoin n'existe plus. La climatisation a été complètement désinstallée.

La VMC double flux, une machine GENVEX 3 en 1, est installée dans le garage. Elle réutilise les canalisations d'air pulsé existantes et les placards dédiés à l'air pulsé existants et seuls de nouveaux conduits d'air de sortie ont été créés (voir le plan du rez-de-chaussée présenté précédemment).

La propriétaire était très dubitative à propos de la ventilation double flux ; elle craignait le bruit de la ventilation et de ne plus pouvoir ouvrir les fenêtres alors qu'elle avait l'habitude de dormir la fenêtre ouverte. Elle est désormais totalement convaincue car elle peut ouvrir les fenêtres et les laisser fermer la nuit pour éviter les moustiques et les nuisances sonores des fêtes de voisinage l'été. Elle apprécie tout particulièrement la température uniforme et constante dans la maison ainsi que le bypass.

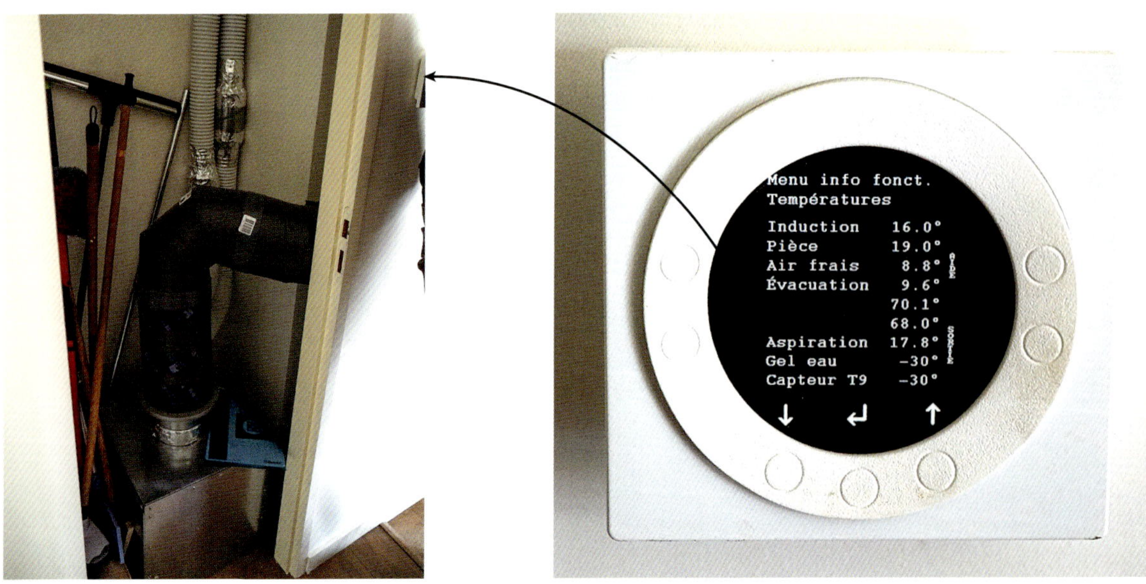

▲ En R+1, les conduits de la VMC sont intégrés dans un placard et l'écran de contrôle est sur le palier (Crédit photos : Catherine Charlot-Valdieu)

▲ Film posé en sous-face de la charpente pour assurer l'étanchéité à l'air (Crédit photos : Atelier de Montrottier, Loïc Parmentier et associés)

L'étanchéité à l'air

L'étanchéité des murs est assurée en partie courante par le béton banché des murs en élévation ; son efficacité et sa pérennité sont assurées par la connexion en sous-face de la charpente et un film installé en double plafond ; la dissociation entre l'étanchéité à l'air et l'isolant se situe uniquement au niveau de l'espace garage au niveau bas. Cela permet de garantir l'étanchéité à l'air du sous-sol en écartant le problème récurrent dans ce type de situation où la porte de garage n'est pas étanche à l'air.

Trois tests d'étanchéité à l'air ont été effectués : deux pendant les travaux (surpression/dépression) et un en fin de travaux qui s'est révélé très satisfaisant (n50 = 0,8 vol/h).

Unité de mesure	Avant travaux	Après travaux
n50 en volume par heure	5,0	0,8

Organisation du chantier et implication des entreprises

Aucune des entreprises n'avait d'expérience en passif et ceci a nécessité un suivi de chantier mais toutes se sont montrées intéressées et quasiment toutes se sont mobilisées pour obtenir les performances souhaitées.

Le plombier a eu du mal à comprendre qu'il ne fallait pas perforer l'isolation… De même « *de grandes difficultés ont été rencontrées avec le plâtrier peintre en charge de l'installation des membranes d'étanchéité à l'air. De nombreuses reprises ont dû être réalisées pour parvenir à une prestation qualitative et efficace, ceci étant une nouvelle compétence ou activité pour ce métier.* » (Loïc Parmentier).

Qualité de l'air intérieur

Le maître d'ouvrage était très préoccupé par la qualité de l'air intérieur et des mesures de CO_2 ont été effectuées dans toutes les chambres peu après son installation dans la maison. Ces mesures ont donné toute satisfaction et conforté les maîtres d'ouvrage sur le choix d'une ventilation double flux dont ils ne sauraient plus aujourd'hui se passer.

L'environnement extérieur n'étant pas très pollué, le maître d'ouvrage ne change les filtres de la VMC que deux fois par an.

Confort d'été

L'attention portée aux protections solaires estivales (casquettes, brise-soleil orientables) permet d'assurer un bon confort d'été. Aucune chambre n'est au sud (ni même à l'ouest) et le fait d'avoir installé les chambres au niveau bas permet d'avoir des chambres fraîches l'été, notamment la grande chambre située au nord. Dans les chambres du rez-de-chaussée, la température n'a jamais dépassé 23 °C durant la canicule de l'été 2023.

Tout est parfait selon les maîtres d'ouvrage, excepté la casquette solaire de la façade sud qui aurait dû être prolongée d'un mètre (ou d'une trame) vers l'ouest afin d'être efficace en fin de journée (et d'éviter la descente des volets roulants).

▲ La casquette solaire donne sur la terrasse en bois au sud, un claustra en bois préservant l'intimité côté rue (à l'ouest) (Crédit photo : Atelier de Montrottier Loïc Parmentier et associés)

La performance énergétique

Consommation théorique d'énergie avant et après travaux

	Avant travaux	Après travaux
Surface de référence (m^2)	164	295
Besoin de chauffage (kWh/m^2)*	106	24
Consommation en énergie primaire (kWh_{EP}/m^2)*	318	87
Confort d'été (fréquence de surchauffe en % d'heures dans l'année supérieures à 25 °C)*	0 %	4 %

* Source : PHPP

Consommation réelle sur factures ou comptage

Usages	Moyenne années 2021-2022-2023 (kWh/an)	Ratio ($kWh/(m^2.an)$)
Électricité (chauffage)	4 077	13,8
Électricité (autres usages)	3 543	12,0
Poêle bois (2 à 3 stères en bûches)	3 750	12,7
Total en énergie finale	11 370	38,5
Total en énergie primaire	–	89 $kWh_{EP}/(m^2.an)$

Conception EnerPHit

Photo ou dessin

Projet:	Rénovation EnerPhit - Maison Mr et Mme [illegible]
Adresse:	[illegible]
Code postal / localité:	[illegible]
Pays:	France
Type de bâtiment:	Maison unifamiliale individuelle
Climat:	[FR] - Lyon — Altitude de l'emplacement du bâtiment (m au-dessus NZ): 293
Maître(s) de l'ouvrage:	Mr et Mme [illegible]
Adresse:	
Code postal / localité:	
Architecte:	Atelier d'architecture Simon Teyssou
Adresse:	48 avenue du 15 septembre
Code postal / localité:	15290 Le Rouget
Bureau d'étu. fluides:	Pollet Ingénierie
Adresse:	
Code postal / localité:	

Année de construction:	1973	Température intérieure en hiver:	20,0	°C	Vol. ext. du bâtiment V_e:	1435,0
Nombre de logements:	1	Température intérieure en été:	25,0	°C	Refroidissement mécanique:	
Nombre d'occupants:	9,1	Apports de chaleur internes en hiver:	2,1	W/m²		
Capacité therm. surf.:	132	Wh/K / m² surface habitable — idem été:	2,3	W/m²		

Caractéristiques du bâtiment par rapport à la surface de référence de l'énergie et de l'année

				Critères	Respectés?*
	Surface de référence énergétique:	319,8	m²		
Chauffer	Besoin de chaleur de chauffage	**25,49**	**kWh/(m²a)**	25 kWh/(m²a)	**oui**
	Puissance de chauffage	**13,21**	**W/m²**	-	**-**
Refroidir	Demande totale de refroidissement		**kWh/(m²a)**	-	**-**
	Puissance de refroidissement		**W/m²**	-	**-**
	Fréquence de surchauffe (> 25 °C)	0,0	%	-	-
Energie primaire	Chauffer, refroidir, électricité auxiliaire, Déhumidification, ECS, éclairage, électricité domestique	**123**	**kWh/(m²a)**	133 kWh/(m²a)	**oui**
	ECS, chauffage et électricité auxiliaire	89	kWh/(m²a)	-	-
	Réduction énergie prim. par la prod. d'élec. solaire		kWh/(m²a)	-	-
Etanchéité à l'air	Test d'infiltrométrie n_{50}	**0,8**	**1/h**	1 1/h	**oui**

* cellule vide: données manquantes; '-': aucune exigence

Rénovation EnerPHit (suivant besoin de chauffage)? **oui**

Le soussigné déclare que les résultats ci-dessus ont été fournis et calculés suivant la méthode de calcul PHPP sur base des caractéristiques du bâtiment. La note de calcul avec le PHPP est fournie en annexe.

Prénom: | **PHPP Version 8.5**

Nom: | **Fait le:**

Entreprise: | **Signature:**

▲ Résultat de l'analyse avec le PHPP (Source : Gérard Pollet)

Bien que l'espace chauffé et habitable de la maison ait presque doublé de surface (+ 80 %), la consommation finale d'énergie a été diminuée par deux.
La consommation de chauffage est de 26,5 kWh par m^2 et par an.
La consommation totale d'énergie est de 89 kWh par m^2 et par an en énergie primaire, répondant bien à l'objectif d'EnerPHit.
Le compteur électrique de la maison avait une puissance de 24 kW, aujourd'hui deux fois 800 W suffisent.

Le point de vue de l'architecte et du maître d'ouvrage

Une pièce du rez-de-chaussée était mal ventilée lors de l'installation et a nécessité un réglage de la ventilation mais le problème a été facilement traité par l'ingénieur thermicien, Gérard Pollet.
Le maître d'ouvrage souhaitait une trappe pour le chat mais y a renoncé à cause du pont thermique.
Pour éviter les ponts thermiques, l'accès aux combles perdues s'effectue par l'extérieur sur le toit en déposant quelques tuiles. Mais cet accès n'est nécessaire que pour vérifier l'état de la charpente ou de l'isolant (ce qui n'est nécessaire que tous les 3 ou 5 ans).
Si c'était à refaire l'architecte préconiserait de sortir le garage du volume chauffé en construisant le garage dans le jardin (carport) mais le maître d'ouvrage n'a pas besoin d'autant d'espace, il n'a jamais rentré la voiture dans le garage et la solution retenue lui convient car il pense que le garage dans la maison facilitera sa revente. Cependant utilisant quotidiennement le garage pour rentrer moto et vélos, il envisage de doubler la porte du garage (coulissante vers le haut) sur l'extérieur par une porte vitrée à frappe avec un faible ressaut afin de limiter les déperditions thermiques.
Ces maisons construites dans les années 1970 sont globalement très consommatrices d'énergie, même si elles ont été soumises à la première réglementation thermique de 1974. Souvent construites en béton ou en parpaings, leur rénovation énergétique est assez aisée à condition de supprimer au préalable les éléments de décoration, d'agrément et de soutènement, sources de ponts thermiques. Le traitement de ces maisons est aussi l'occasion de les rapprocher des normes contemporaines avec davantage de lumière, d'ouverture entre les espaces ou encore un meilleur rapport au terrain. Enfin l'intégration du rez-de-chaussée/sous-sol dans le volume habitable est souvent possible et permet un agrandissement notable de la surface habitable, ce qui améliore la rentabilité des travaux (lors de la revente).

Récompenses
Label Bâtiment Passif 2015
Remerciements et sources
Les maîtres d'ouvrage
Loïc Parmentier, Atelier de Montrottier Loïc Parmentier & associés, www.atelierdemontrottier.archi
Gérard Pollet, gerard.pollet69770@free.fr
Réhabilitation énergétique des logements, 2e éd., Éditions du Moniteur, 2018 (pp. 189 à 197).

26. Une maison des années 1980 avec extension

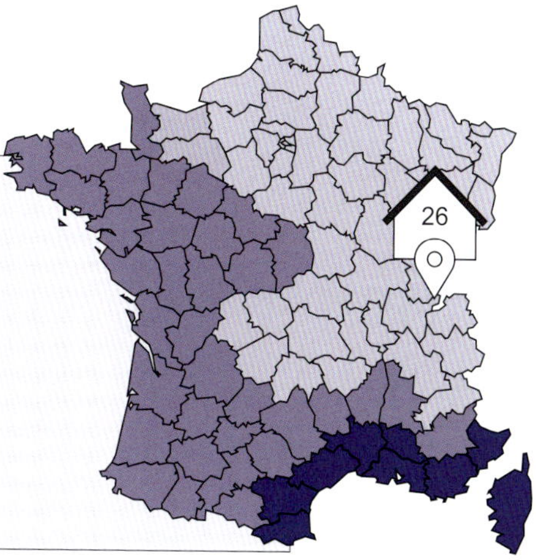

Maître d'ouvrage : privé
Maître d'œuvre : Création et Construction Loïc Prost
BET thermique : Enercobat, Sylvain Chatz et Sylvain Coudurier
Entreprises du projet par lot : ITE : Lacharme ; Charpente-couverture : Cuzin ; Chauffage-VMC : Art Elec ; PAC : Germain ; Plâtrerie-peinture-parquet : Vanneri.

Localisation : Thoiry, Ain
Altitude : 400 m
Date de construction : 1984
Date des travaux : juin 2024 - mars 2025
Shab avant/après travaux : 151 m^2/239 m^2
Surface chauffée avant/après travaux : 151 m^2/239 m^2
Coût des travaux : 2 100 €/m^2 Shab dont 40 % pour la rénovation énergétique

▲ Le projet (Source : Création & Construction)

Le projet

Les objectifs, le contexte

Plusieurs années après avoir fait l'acquisition de cette maison et après y avoir vécu, les maîtres d'ouvrage ont souhaité se lancer dans des travaux d'agrandissement et de rénovation énergétique d'envergure afin de gagner en confort de vie.

La famille a vécu dans un appartement de location pendant les travaux. L'objectif était d'en limiter la durée.

Photos de la façade sud-est

Façade sud-ouest côté véranda qui sera remplacée par l'extension et façade nord-ouest

▲ La maison avant travaux (Crédit photos : Enercobat par concession du propriétaire)

Le projet : une rénovation passive avec une extension pour améliorer le confort et la qualité environnementale

Le projet a consisté à réaliser une extension de 88 m^2 et une rénovation thermique ambitieuse de cette maison construite en 1984 qui permettait de se rapprocher autant que possible d'une maison passive.

Soucieuse de faire les choses de manière efficace, et en vue de réduire au maximum l'impact environnemental de leur maison, tant du point de vue énergétique que de l'empreinte carbone, les maîtres d'ouvrage se sont faits accompagner par le bureau d'études Enercobat spécialisé dans la performance énergétique et plus particulièrement dans la conception passive.

Les objectifs énergétiques ont été fixés dès le début de la collaboration avec, en ligne de mire, l'atteinte des critères du label EnerPHit, en privilégiant également le recours aux matériaux biosourcés partout où ceux-ci semblaient les plus pertinents.

L'extension de la maison a pour objectif d'agrandir les chambres qui étaient très petites, améliorant le confort pour une famille de cinq personnes. L'agrandissement du séjour, sur la véranda existante, a aussi permis d'améliorer le confort de l'espace de vie commun tout en gardant un espace très ouvert sur le jardin.

Technique constructive et solutions techniques

	État initial	État après rénovation	U (W/(m².K))
Murs extérieurs	Blocs de maçonnerie isolés par l'intérieur (ITI) avec 100 mm de laine de roche	Existant : ITI conservée, bloc de maçonnerie creux, ITE 160 mm fibre de bois dense Extension ossature bois : ITE 60 mm fibre de bois dense + isolation avec 160 mm fibre de bois semi rigide entre les montants de l'ossature bois Doublage intérieur 50 mm type Biofib Trio	0,157 0,148
Murs intérieurs (donnant sur locaux non chauffés)	–	Isolation côté garage avec 160 mm de fibre de bois dense	0,203
Toiture	Rampant charpente traditionnelle avec isolation 180 mm laine de roche entre chevrons	Existant : isolation entre chevrons conservée + sarking avec 275 mm fibre de bois dense Extension en rampants : sarking avec 315 mm fibre de bois dense + 140 mm fibre de bois semi rigide entre chevrons Terrasse : ITE 100 mm PUR + 200 mm isolant fibre de bois entre solivage	0,108 0,104 0,107
Plancher bas	Dallage sur terre-plein avec isolation sous dallage de 40 mm polystyrène extrudé (XPS)	Existant : ajout de 30 mm PUR TMS sous chape et panneaux PCBT REHAU Extension : PUR projeté sous chape de 180 mm	0,417 0,138
Menuiseries extérieures	Doubles vitrages bois d'origine	Baies triple vitrage (certifiées PHI ou de la gamme Meo Must) sur toute la maison, remplacement de trois châssis en toiture par des châssis certifiés	Uw moyen = 0,81

Occultations	–	BSO sur la majorité des baies et volets roulants
Chauffage	Tout électrique + cheminée d'agrément	PAC aérothermique Air/Eau Émission par plancher chauffant
Eau chaude sanitaire	Chauffe-eau électrique	PAC HT (idem chauffage)
Ventilation	–	VMC Double Flux Brink Flair
Énergies renouvelables	–	Panneaux photovoltaïques à l'étude

La rénovation de la partie existante a consisté en :

– la réalisation d'une isolation thermique par l'extérieur en fibre de bois dense. Le choix de ce matériau est notamment basé sur ses apports en termes de confort d'été et sur son impact réduit en termes de bilan carbone ;

– la surisolation de la toiture avec la mise en place d'une isolation sur les chevrons, également en fibre de bois dense (technique du sarking) ;

– le remplacement de la totalité des menuiseries existantes par des baies triple vitrage haute performance certifiées par le Passivhaus Institut. Ces dernières ont été positionnées en tunnel extérieur de la maçonnerie existante, afin de favoriser les gains solaires et de diminuer les ponts thermiques. Les embrasures intérieures ont été traitées en vue d'assurer un retour d'isolant sur les cadres et une continuité de l'étanchéité à l'air vis-à-vis de l'enduit plâtre existant ;

– la mise en place en rez-de-chaussée d'un isolant sous chape de type polyuréthane. Ce choix s'est imposé du fait de son excellent bilan performance thermique/épaisseur, la hauteur sous plafond étant limitée ;

– la pose d'un plancher chauffant hydraulique pour l'émission de la chaleur.

Pour le chauffage, le premier choix souhaité par les maîtres d'ouvrage était l'installation d'une PAC géothermique. Mais, du fait du coût élevé des sondes verticales, ils ont finalement opté pour une PAC aérothermique (air/eau).

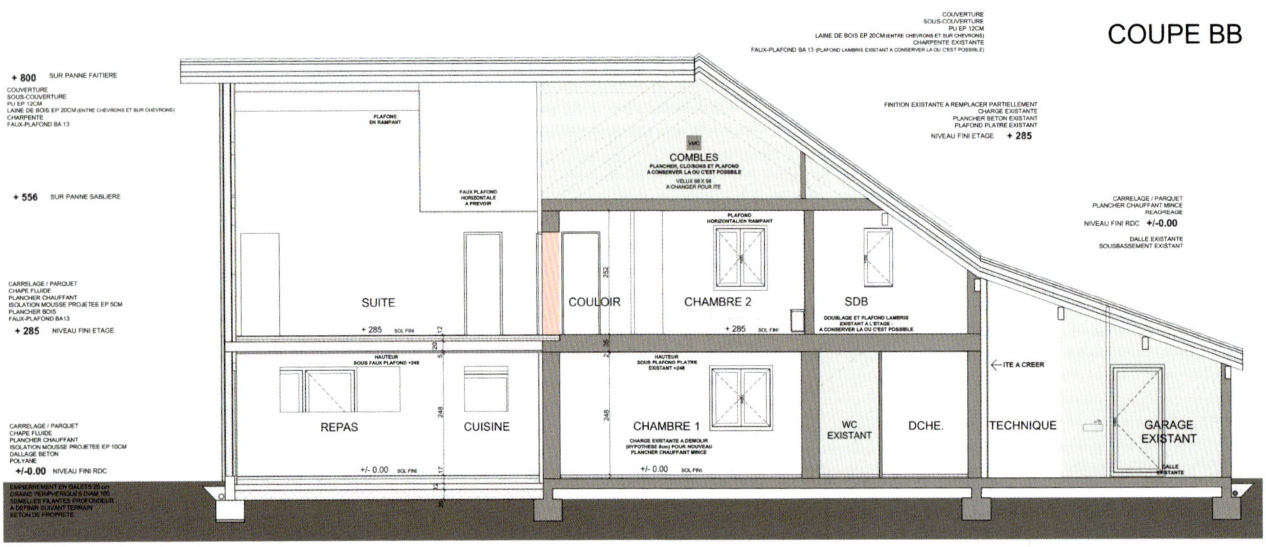

▲ Coupe de la maison montrant l'extension (Source : Création & Construction)

Le projet d'**extension** a consisté en la création de près de 90 m^2 de surface habitable répartis sur deux niveaux d'habitation sur la face sud-ouest, venant remplacer l'actuelle véranda.

Cette extension a été réalisée en structure légère de type ossature bois et est composée d'un isolant extérieur en fibre de bois dense de 60 mm, d'une isolation entre les montants d'ossature de 160 mm en fibre de bois semi-rigide, d'un frein vapeur hygrovariable et d'un doublage intérieur comportant 50 mm d'isolant biosourcé de type Biofib Trio (coton/lin/chanvre). Elle repose sur un dallage sur terre-plein isolé sous chape avec 180 mm de polyuréthane.

Le projet architectural de l'extension a permis la création d'une toiture terrasse accessible depuis la chambre parentale. Cette dernière a été traitée avec 100 mm de polyuréthane sur le plancher et 200 mm d'isolant de fibre de bois entre les solives. La membrane d'étanchéité pare-vapeur a été positionnée en sous-face des solives.

Enfin, la toiture a été isolée avec un mixte de fibre de bois semi rigide entre les chevrons et de fibre de bois dense sur les chevrons.

Concernant l'isolation de la dalle basse existante, l'approche retenue est la dépose du revêtement de sol existant et la démolition de la chape existante afin de gagner un maximum d'épaisseur permettant la mise en place d'un isolant sous chape performant (PUR) ainsi qu'un complexe de plancher chauffant hydraulique mince de type Réhau incorporant en plus un isolant à plot.

La VMC double flux est installée dans les combles du volume existant au-dessus d'une des chambres. La prise d'air se trouve dans le pignon nord-est et le rejet se fait en toiture (grille double service). Des silencieux sont placés entre la centrale et les caissons de reprise soufflage. Les réseaux de distribution sont de type pieuvre.

Les gaines de ventilation cheminent sur le plancher des combles pour alimenter les pièces du R+1/R+2 ou bien redescendent sur les niveaux habités *via* des gaines techniques en transitant majoritairement à travers les dégagements. Ces derniers sont rabaissés afin de permettre l'intégration en faux plafond de gaine circulaires de 90 mm de diamètre ou de gaines plate semi-circulaire.

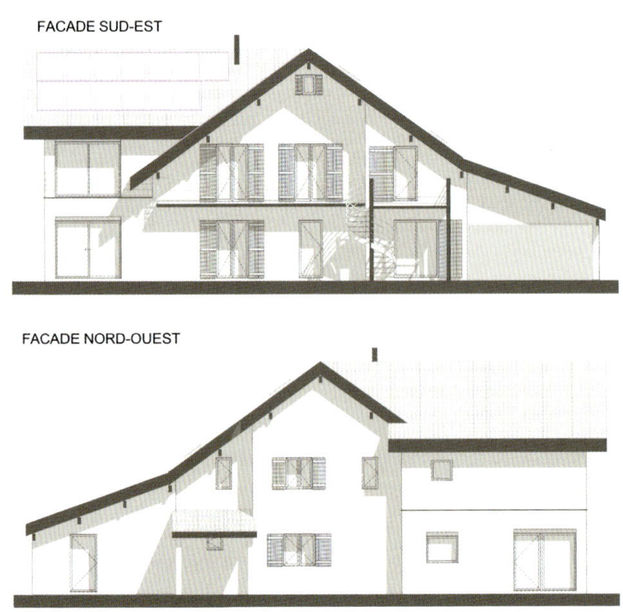

▲ Les nouvelles façades avec extension (Source : Création & Construction)

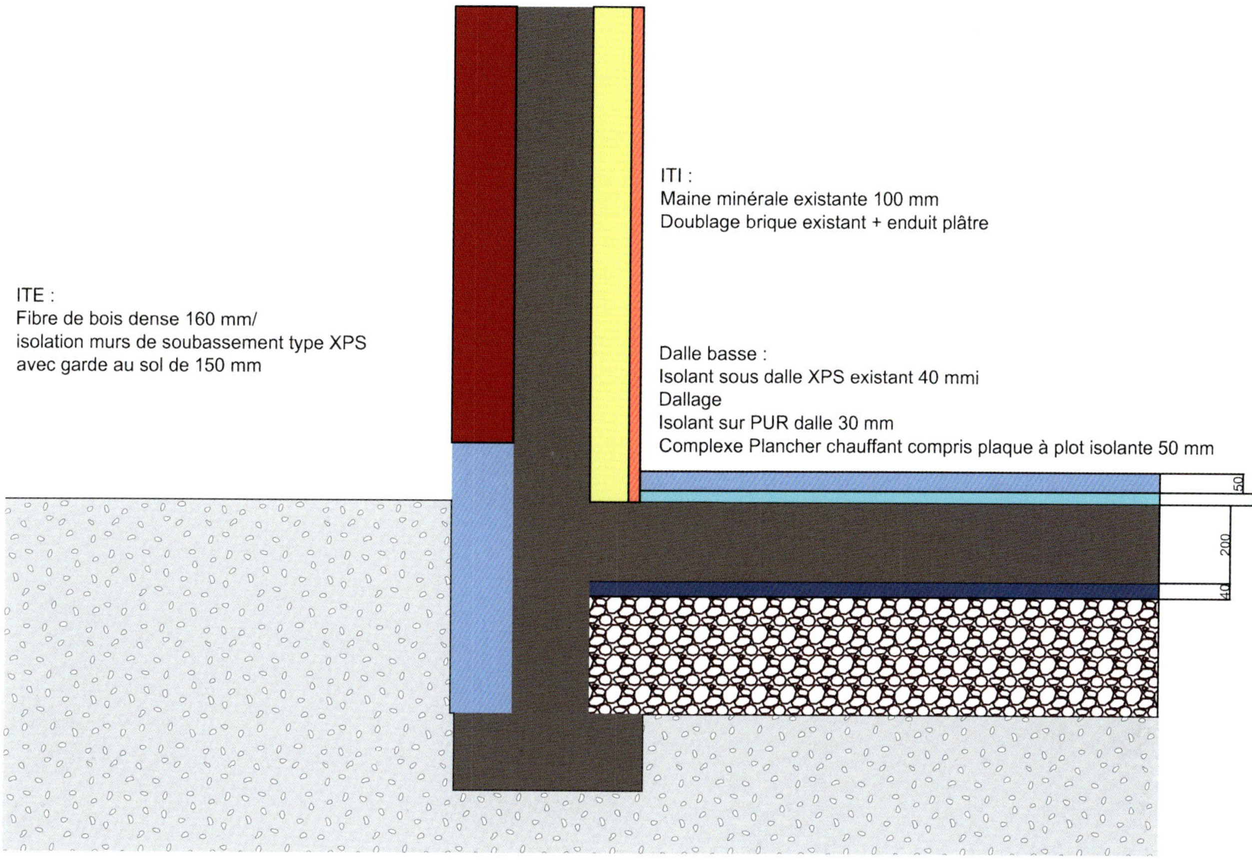

▲ L'isolation des soubassements des murs extérieurs de la maison (Source : ENERCOBAT)

Le soufflage dans les pièces de vie est majoritairement traité avec des bouches longues portées afin d'éviter au maximum le recours à des faux plafonds supplémentaire ou à des soffites.

Traitement des ponts thermiques

Le traitement des ponts thermiques a principalement concerné :

– la descente de l'isolation extérieure le long des murs de soubassement ;

– le contact isolant entre l'isolant sous chape et le complément intérieur ;

– la pose des menuiseries en tunnel extérieur avec le recouvrement des cadres par l'ITE ;

– le traitement de l'acrotère de la toiture terrasse et sa réalisation en structure bois.

Isolation périphérique des soubassements

Le traitement des pieds de murs extérieurs du bâti existant a permis de diviser par deux la valeur du pont thermique en descendant un isolant extérieur le long des soubassements.

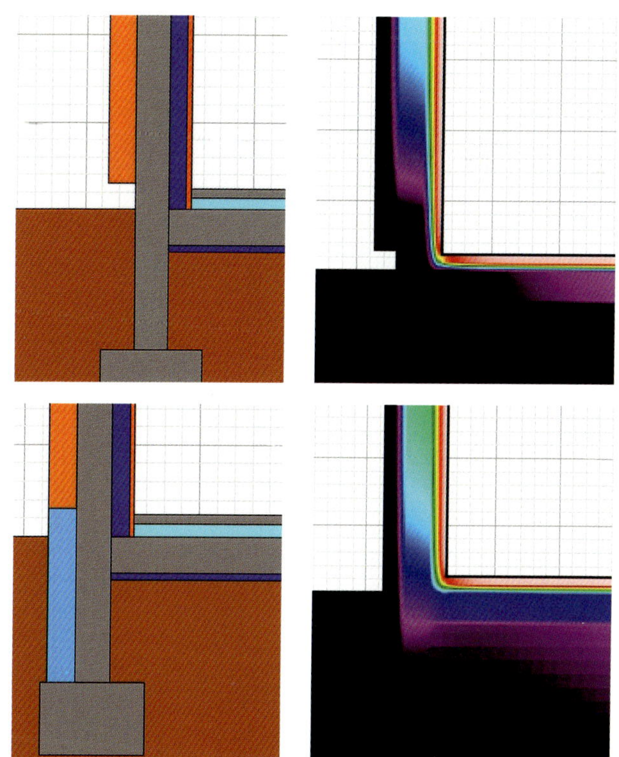

▲ Les ponts thermiques avant et après travaux d'isolation des soubassements (Source : ENERCOBAT)

Étanchéité à l'air

Le traitement de l'étanchéité à l'air a concerné :
– sur le bâti existant : la pose de l'enduit plâtre sur les briques plâtrières ;
– sur l'extension : la pose de la membrane frein vapeur hygrovariable de type Siga Majrex.
La cheminée existante est supprimée et remplacée par un poêle d'agrément de petite puissance afin de conserver un fonctionnement silencieux et le plaisir de la flamme. Ce nouveau poêle est de type étanche et bénéficie de sa propre arrivée d'air comburant isolée et transitant par les placards d'une chambre.

Unité de mesure	Avant travaux	Après travaux
n50 en volume par heure	2 (estimation)	1 (par défaut)*

* Les travaux ne sont pas encore terminés.

La performance énergétique

Consommation théorique d'énergie avant et après travaux

	Avant travaux	Après travaux
Surface de référence (m^2)	151,3	239,1
Besoin de chauffage (kWh/m^2)*	166	22
Consommation totale en énergie primaire (kWh_{EP}/m^2)*	527	61
Confort d'été (fréquence de surchauffe en % d'heures dans l'année supérieures à 25 °C)	1 %	2 %

* Calculs réalisés avec PHPP Conducteo Uparoi

Le besoin de chauffage calculé avec le PHPP est réduit de 87 % et la consommation d'énergie finale tous usages confondus devrait passer de 230 kWh/(m^2.an) à 27 kWh/(m^2.an).

Le point de vue du maître d'ouvrage

Pendant les travaux, la famille constituée de 5 personnes a quitté la maison. Louer un logement ailleurs a eu des implications financières importantes. Cependant, ce point n'a pas pesé sur la nature des travaux de rénovation à réaliser mais plutôt sur l'organisation et l'exécution du chantier pour réduire le temps nécessitant ce déménagement (estimé de 9 mois).

Remerciements et sources
Les maîtres d'ouvrage
Sylvain Chatz et Sylvain Coudurier, ENERCOBAT,
http ://www.enercobat.com

27. La standardisation de la rénovation énergétique de logements sociaux

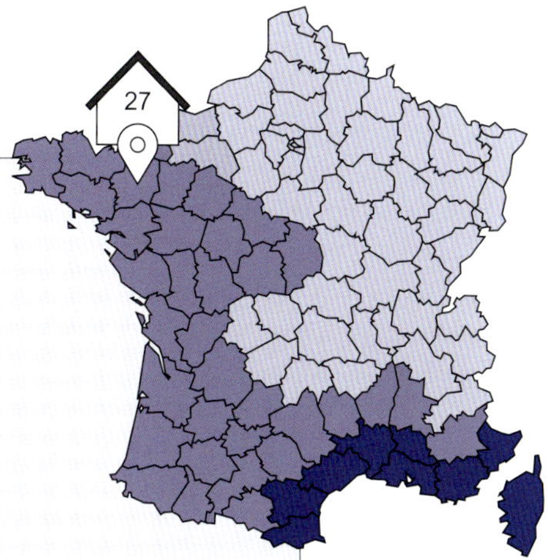

Maître d'ouvrage : NEOTOA, Rennes
Architecte : Thomas Bonnin, Quinze Architecture, Rennes
BET thermique : Hinoki
BET structure : Forces et Appuis
Entreprises du projet par lot :
Entreprise générale : SOGEA Bretagne. Études STD : Elogia.
Production PV : Sylvestre Énergies.
Responsable de la maintenance : Euro énergie.

Localisation : Ossé Châteaugiron, Ille-et-Vilaine
Altitude : 50 m.
Date de construction : 1993
Date des travaux : janvier à mi-mars 2019 (5 semaines par maison)
Shab avant/après travaux : 1 T2 de 49 m² et 3 T3 de 65 m², soit une Shab totale de 244 m²
Surface chauffée avant/après travaux : 244 m²/ 244 m²
Coût des travaux : 2 065 €/m² Shab dont 1 250 €/m² environ pour la performance énergétique

Crédit photo : NEOTOA

Le projet

Les objectifs, le contexte

Ce projet de rénovation concerne quatre logements sociaux mitoyens gérés par le bailleur social NEOTOA, construits en 1993 et situés dans un quartier pavillonnaire de centre-bourg à Châteaugiron (35).

Gérer un parc social implique des travaux d'entretien, d'amélioration et de rénovation constants afin de proposer des logements confortables, performants et avec des charges maîtrisées. Dans cette optique, NEOTOA cherche à faire évoluer ses pratiques et teste régulièrement de nouvelles solutions techniques. C'est cette volonté de s'inscrire dans des démarches innovantes qui a conduit NEOTOA à intégrer un consortium de six bailleurs sociaux pour **expérimenter le modèle Energiesprong**, un modèle qui vise à démocratiser les rénovations à zéro énergie garantie à travers l'industrialisation de la rénovation des bâtiments. L'objectif de ce projet était d'expérimenter ce nouveau modèle.

Le projet de rénovation énergétique

Ce projet concerne quatre logements (1 T2 et 3 T3) de plain-pied, accolés par les garages et chauffés préalablement avec des convecteurs électriques.

La consommation électrique de ces logements avant travaux était de l'ordre de 35 000 kWh par an, soit environ 140 kWh par m^2. L'objectif était de réduire ces consommations d'un facteur 2 environ, d'atteindre l'étiquette B du DPE et de compenser ces consommations par l'installation de panneaux photovoltaïques en toiture.

Focus sur le cahier des charges d'Energiesprong

Le cahier des charges Energiesprong comprend quatre points :

– **E = 0** : la consommation d'énergie doit être compensée par une production d'énergie renouvelable équivalente, garantie sur 30 ans.

– **Le surinvestissement doit être financé par les économies** d'énergie et de maintenance réalisées sans impact sur le reste à vivre des habitants.

– Les travaux sont réalisés en **une semaine en site occupé**.

– La **réfection des cuisines et/ou salles de bain** est intégrée dans le programme de travaux.

Par ailleurs, les caractéristiques de la rénovation visent à ce que le besoin thermique soit inférieur ou égal à 25 kWh par m^2 de surface habitable et par an et que l'étanchéité à l'air soit inférieure à 1 volume par heure sous 50 Pa (n50)[1].

▲ Les maisons avant travaux (Crédit photos : NEOTOA)

1. Le besoin thermique est l'énergie nécessaire pour chauffer le bâtiment, ne dépendant que de la qualité de l'isolation et de l'étanchéité. L'étanchéité à l'air est évaluée avec le test de la porte soufflante réalisé sur tous les logements du projet.

Technique constructive et solutions techniques

	État initial	État après rénovation	**U** (W/(m².K))	
			avant	*après*
Murs extérieurs	Parpaings + ITI avec 100 mm polystyrène + BA13	Idem + ITE : panneaux préfabriqués en ossature bois isolés en laine de roche et bardage acier	0,304	0,152
Mur donnant sur un local non chauffé	Parpaings	Pose d'un placomur premium sur le mur du garage	–	–
Toiture	400 mm Laine de verre (contaminée) + BA13	Remplacement avec 400 mm de laine de verre	0,086	0,086
Plancher bas	Dalle béton sur vide sanitaire	Non modifié	0,577	0,577
Menuiseries extérieures	Doubles vitrages peu performants	Doubles vitrages aluminium. Ug = 1,10 ; Uf = 1,20	Uw = 2,50	Uw = 1,40
Occultations	Volets	Porte d'entrée vitrée, remplacement de la porte du garage Pose de volets roulants		
Chauffage, eau chaude sanitaire et ventilation	Convecteurs électriques Ballon électrique Ventilation mécanique simple flux	Pompe à chaleur triple service NILAN Compact P (chauffage, eau chaude et ventilation) avec ballon ECS de 200 L		
Énergies renouvelables	–	Panneaux photovoltaïques sur un pan de la toiture par logement		

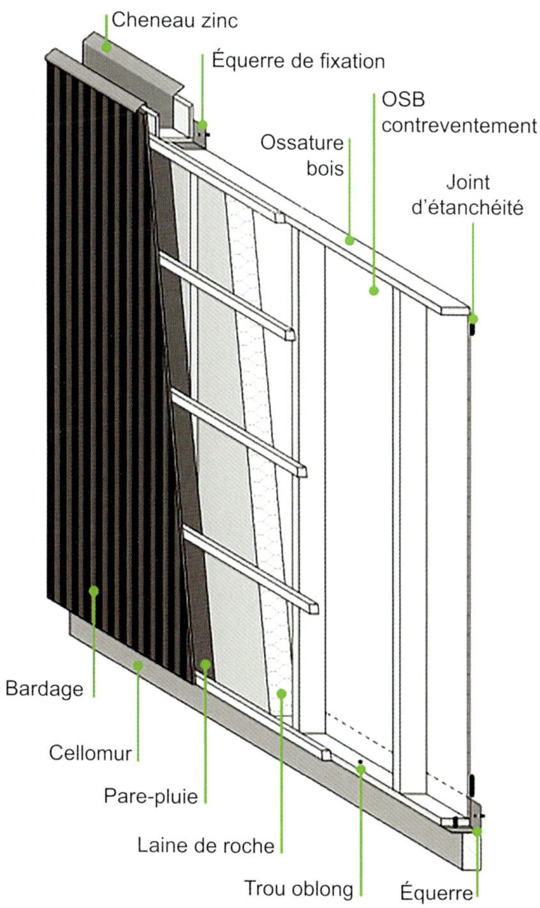

Le programme de travaux est caractérisé par la préfabrication des éléments d'isolation de l'enveloppe : des panneaux préfabriqués en ossature bois isolés avec de la laine de roche et finis avec un bardage acier. Les menuiseries extérieures en aluminium et en doubles vitrages sont équipées de volets roulants électriques et intégrées aux panneaux.

L'opération a consisté à déposer la toiture amiantée et à poser un bac acier sur la charpente. Le plafond haut est isolé avec 400 mm de laine de verre. La dalle basse n'est pas modifiée.

◀ Schéma du panneau préfabriqué Energiesprong (Source : NEOTOA)

▲ Pose de la façade préfabriquée (Crédit photos : NEOTOA)

▲ Les maisons après travaux avec les systèmes Compact 3-en-1 placés dans un coffrage de couleur foncée à l'extérieur du logement et les panneaux photovoltaïques au sud (Crédit photos : NEOTOA)

Étanchéité à l'air

Mesure effectuée le 12 juin 2019	Objectif	Résultat de la mesure
Q4 en $m^3/(m^2.h)$	1,00	0,63
n50 en vol/heure	–	3,2

Confort

Les retours des locataires sont positifs. La gêne a été minimale malgré des travaux qui ont duré en réalité cinq semaines par logement (au lieu d'une seule).

Le confort acoustique vis-à-vis de l'extérieur est amélioré ainsi que **le confort d'été** grâce à la ouate de cellulose dans les combles (augmentation du déphasage thermique).

Le confort thermique est également amélioré avec un chauffage qui n'est pas lancé avant le mois de novembre. Seul un logement a des chambres situées au sud qui surchauffent l'été et le salon situé au nord avec une impossibilité de différencier le thermostat par pièce.

La performance énergétique

Consommation théorique d'énergie avant et après travaux

	Avant travaux	Après travaux
Surface de référence des quatre maisons (m^2)	244	244
DPE Énergie ($kWh_{EP}/(m^2.an)$)	380 (classe F)	87 (classe B)
Cep réglementaire ($kWh_{EP}/(m^2.an)$)	399	111
Consommation totale en énergie finale (kWh/m^2)	154	71

Source : Hinoki

Consommation réelle sur relevés des compteurs électriques

Tous usages	Avant travaux	Après travaux
Consommation d'énergie facturée ou finale (kWh/an)	34 137	20 114
Ratio de consommation en énergie finale (kWh/m^2)	140	82
Production PV totale (kWh/an)	0	28 386

Source : SOGEA Bretagne. Suivi de la performance l'année 3 (mai 2021 à avril 2022)

La consommation d'énergie a été suivie sur les trois premières années de fonctionnement avec une stabilité de cette consommation autour de 20 000 kWh par an pour les quatre logements, ce qui donne **un ratio moyen de 82 kWh par m^2 et par an**.
La production PV des trois premières années varie entre 27 et 30 000 kWh, supérieure à la prévision (24 000 kWh par an en moyenne sur la période de 30 ans, tenant compte des pertes progressives d'efficacité).

Les prolongements de l'opération par le maître d'ouvrage (bailleur social)

Le maître d'ouvrage a procédé à **une évaluation économique de l'opération**. Le coût total de l'opération s'est élevé à 503 909 € TTC (dont travaux 419 284 € HT, honoraires 38 815 € HT et TVA à 10 %), soit **126 000 € par logement**. Les coûts de structure (désamiantage, couverture, production d'énergie PV, placoplâtre et isolation des combles) représentent 38 % de ce coût, le poste rénovation des façades (panneaux préfabriqués et peinture) 30 %, le poste chauffage et ventilation 24 %, la plomberie et les sanitaires 5 %, et la mise en sécurité électrique 3 %.
Le bilan économique a été réalisé sur 30 ans avec une valorisation des économies d'énergie réalisées et de la production photovoltaïque.

▼ Bilan économique pour le couple bailleur locataire

	Coût	Commentaires/ hypothèses
Coût des travaux	2 065 €/ m^2 Shab	Soit 503 909 € pour 244 m^2 Shab
Travaux nets de subvention	1 901 €/ m^2 Shab	Subvention du CD 35 de 40 000 €
Économie d'énergie 2023	16 €/ (m^2.an)	Soit 70 kWh/m^2 x 0,228 €/ kWh
Économie d'énergie sur 30 ans	638 € actualisés	Hypothèses : hausse des prix de l'électricité de 3 % par an en euro constant et taux d'actualisation de 1,2 %
Production PV	23 €/ (m^2.an)	24 000 kWh par an valorisés au tarif de l'autoconsommation (100 kWh produits par m^2 habitable)[2]
Valorisation PV	918 € actualisés	Hypothèses : hausse des prix de l'électricité de 3 % par an en euro constant et taux d'actualisation de 1,2 %
Bilan économique sur 30 ans	**VAN fortement négative : 345 €/ m^2 Shab**	Valeur actualisée nette (VAN) : économie actualisée – investissement net (voir § 2.2.5)

Malgré le cahier des charges d'Energiesprong, l'économie du projet n'est pas assurée, même au bout de 30 ans, ce qui fait dire au maître d'ouvrage que **l'opération n'est pas reproductible** (une opération de rénovation BBC en logement social a un coût de l'ordre de 55 000 € selon le maître d'ouvrage).

2. NEOTOA a rencontré des difficultés pour le rachat de l'énergie électrique photovoltaïque par EDF-OA.

Il serait nécessaire de faire baisser les prix d'environ 25 % pour que l'opération atteigne l'équilibre économique sur 30 ans.

À la suite de cette opération jugée non reproductible par les bailleurs sociaux dont NEOTOA (coût de sortie supérieur à 100 000 €, garantie de résultat sur 30 ans), **une réflexion a été menée au sein de l'association régionale des bailleurs sociaux, l'ARO Hlm Bretagne**, sur une stratégie de massification conjointe à plusieurs bailleurs sociaux bretons.

L'objectif E = 0 est conservé lorsqu'il est atteignable (équivalent à la classe A du DPE), sinon un engagement de performance (atteindre la classe B ou saut de deux classes) est retenu dans le cadre d'une stratégie régionale et **avec un objectif financier et une garantie de performance sur 5 ans**.

Pour toutes les typologies de logements, un programme type a été envisagé comprenant :

– Les produits de façades (panneaux préfabriqués pour l'isolation par l'extérieur)
– Les caissons d'isolation des toitures
– Les modules énergétiques de type système compact 3 en 1
– Le photovoltaïque ou la géothermie
– L'isolation de planchers en sous-œuvre si c'est techniquement possible
– L'embellissement intérieur des logements
– Les salles de bain préfabriquées
– Les balcons ou loggias rapportés à l'existant
– Le financement externe

La surélévation fait partie des options à privilégier dès le diagnostic.

Le programme doit s'appuyer sur les ressources régionales. 177 entreprises se positionnant sur le marché breton ont été recensées dont 60 % implantées en Bretagne. L'objectif est de produire un ensemble de techniques industrialisées permettant de réduire les coûts et d'atteindre les niveaux de performance recherchés.

L'enjeu serait de réhabiliter 2 500 logements par an d'ici 2034, puis 3 200 logements par an entre 2036 et 2050, pour amener le parc en classe B en moyenne.

Différents bailleurs sociaux bretons rentrent dans la démarche, dont NEOTOA et Morbihan Habitat. Les kits de travaux envisagés distinguent **trois objectifs** :

– Atteindre la classe A du DPE, exigeant en moyenne 80 000 € HT de travaux par logement, comprenant le système compact 3 en 1 avec une ventilation double flux.
– Atteindre la classe B du DPE, requérant 50 à 70 000 € HT de travaux, pouvant être réalisés avec une VMC de type Hygro B.
– Sauter deux classes, ce qui exige un investissement de 20 000 € HT par logement.

La cible prioritaire a été définie comme étant les petits collectifs correspondant le mieux au niveau de maturité des entreprises :

– L'industrialisation de la rénovation thermique de ce type de bâtiments est envisageable du fait des systèmes constructifs, les solutions industrielles existent pour la plupart, les capacités de production ne sont pas limitantes et le volume de projets peut être augmenté avec une typologie adaptée à l'industrialisation (débord, balcons...).
– L'enveloppe de coût peut aussi être maîtrisée par la prise en compte d'un volume de travaux suffisant avec une architecture favorable, un diagnostic de qualité et une garantie de performance adaptée.

Le mouvement HLM breton met aussi en avant deux garde-fous qui orientent les choix : la sobriété technologique (ou *low tech*) et les matériaux biosourcés.

Les rénovations globales envisagées peuvent se réaliser de préférence en une étape mais peuvent l'être en 2 ou 3 étapes maximum.

L'intérêt de la démarche est de créer un langage commun entre les bailleurs et les entreprises, de favoriser des achats standardisés d'équipements et, en parallèle, de favoriser le regroupement des entreprises.

Remerciements et sources
Stéphane Théophile, NEOTOA
Delphine Coyo, NEOTOA. Réhabilitation de quatre maisons Energiesprong, février 2022 (PPT).
Alice Martin, ARO HLM Bretagne

Conclusion

Toutes les rénovations présentées dans cet ouvrage répondent à un besoin de confort et de bien-être pour les habitants.

Le confort n'est pas simplement un confort thermique en hiver et en été, c'est aussi de pouvoir vivre dans une maison sans courant d'air, sans nuisance acoustique, avec une absence de paroi froide. Le confort est certainement une question de ressenti. Le corps réagit au contact d'un sol froid, d'un courant d'air froid sur la peau, lesquels ne se traduisent pas forcément par d'importantes déperditions thermiques mais par une réelle sensation d'inconfort.

Du point de vue technique, la rénovation des parois avec la mise en place d'un ensemble complexe comprenant un matériau isolant, un pare-vapeur et/ou un pare-pluie et des parements de finitions, doit permettre d'apporter simultanément :

- une bonne conductivité thermique (coefficient U),
- la capacité thermique massique suffisante pour l'inertie,
- la diffusivité pour le confort thermique,
- le déphasage thermique pour le confort d'été,
- une capacité de gestion de la migration de la vapeur d'eau.

Les rénovations thermiques performantes demandent des compromis car aucun système ne peut satisfaire toutes les conditions de façon optimale mais **l'intelligence collective des architectes, bureaux d'études thermiques et maîtres d'œuvre permet d'atteindre des niveaux de performance et de confort très élevés.**

Les performances obtenues dans les opérations de rénovation présentées ici sont très bonnes.

En moyenne dans notre échantillon, **la consommation d'énergie réelle tous usages confondus est de 40 kWh par m² et par an**. Évidemment, les rénovations présentées concernent plutôt de grandes maisons (moyenne de 187 m² habitables), ce qui tend à réduire la consommation d'énergie rapportée au m² mais les sept maisons présentées de plus petite taille ne consomment, tous usages énergétiques confondus, que 49 kWh/m² et par an.

Le besoin de chauffage de l'ensemble des maisons étudiées avec le PHPP (ou son équivalent en Minergie) se situe à 21 kWh/m² et se traduit en moyenne par **une consommation réelle pour le chauffage et la ventilation de 30 kWh/m² et par an.**

Ces performances ne sont pas exceptionnelles. Elles résultent de la volonté des maîtres d'ouvrage d'associer confort et réduction de la dépense énergétique. Elles exigent un niveau d'investissement élevé... mais il s'agit aussi de maisons acquises souvent à bas coût, du fait de leur vétusté et de l'importance des travaux à réaliser, l'un compensant l'autre.

Une des conséquences de plusieurs des rénovations présentées dans cet ouvrage est d'avoir rendu habitables des maisons qui ne l'étaient plus parfois depuis de nombreuses années, valorisant ainsi un patrimoine ancien tout en participant à redonner vie à des maisons de village ou de ville. Réhabiliter l'ancien plutôt que de construire du neuf en périphérie... tout en cherchant à adapter la maison aux modes de vie contemporains.

Dans ces maisons anciennes, les rénovations ont largement associé les matériaux vernaculaires (pierre, briques, moellons...) aux matériaux biosourcés qui apportent leur capacité hydrique.

Dans les maisons plus récentes, les rénovations présentées sont reproductibles pour tout un ensemble de maisons de même type. Certaines adaptations sont faites avec un travail architectural important alors que d'autres ont fait l'objet d'un travail minimaliste. De la même façon, certaines maisons ont fait l'objet de gros aménagements intérieurs, parfois avec des extensions, afin de mieux correspondre aux besoins du ménage, alors que d'autres ménages se sont contentés de réaménagements mineurs.

Une des questions récurrentes dans la quasi-totalité des maisons présentées est le traitement de l'humidité. **Une mauvaise gestion de l'humidité génère des pathologies pour le bâtiment lui-même et des risques sanitaires pour les habitants**. Des solutions viables et durables ont dû être trouvées d'autant plus que le bâtiment devient davantage étanche à l'air.

Pourquoi présenter des maisons si performantes ? La raison principale est qu'il est nécessaire, au plan national, que de très nombreuses maisons atteignent des performances énergétiques très élevées pour contrebalancer les millions de maisons qui n'atteindront pas le niveau BBC dans les 20 ou 25 prochaines années du fait des problématiques techniques, urbanistiques, juridiques et surtout financières (voir le § 2.2.5).

L'isolation des parois, par l'extérieur comme par l'intérieur, a des limites. De nombreux logements ne peuvent pas être isolés par l'intérieur car les pièces de vie seraient invivables sans décloisonnements. L'isolation par l'extérieur pose des problèmes de qualité architecturale et patrimoniale, d'esthétique ; elle peut être en conflit d'usage avec la circulation des personnes sur les trottoirs (préservation d'une largeur de sécurité) et poser problème pour les règles d'alignement (maison de village). L'isolation des planchers bas sur terre-plein est souvent impossible et pénalise la performance énergétique. Les règles d'urbanisme ne sont pas toujours favorables à la rénovation performante[1]. Sans oublier l'aspect financier...

Le coût de la rénovation énergétique pure est difficile à mesurer, mais plusieurs maîtres d'ouvrage ont fait l'exercice pour cet ouvrage et il représente **43 % du coût total des travaux**. Ce pourcentage augmente dans les rénovations les plus simples jusqu'à 65 %. Le reste à charge non énergétique n'est jamais négligeable.

La présentation de ces maisons a aussi montré **l'importance de traiter la physique du bâtiment** dans son ensemble. L'amélioration de l'enveloppe de la maison ne peut pas être réalisée sans traiter le renouvellement d'air, la ventilation, l'étanchéité du bâtiment et la gestion de l'humidité.

Tous ceux qui proposent une isolation des combles, la pose d'une pompe à chaleur et les changements de menuiseries sans toucher au reste du bâtiment font du commerce mais pas de la rénovation énergétique !

De nombreuses rénovations présentées dans cet ouvrage sont passives. En effet, les outils du passif et notamment le PHPP sont fiables et, bien utilisés, ils garantissent l'atteinte des objectifs de performance.

Quel est l'avenir de la politique de rénovation énergétique des maisons en France ?

Les objectifs de l'État concernant la décarbonation des bâtiments sont quantitatifs (et nécessitent des investissements très importants) alors que la **rénovation énergétique performante doit être qualitative autant que quantitative** : il s'agit de faire émerger de nouvelles compétences dans le métier des artisans et des bureaux de conseil (privés et publics) et d'audits énergétiques, de créer des dispositifs transversaux et coopératifs associant les nombreux professionnels concernés par chaque rénovation, depuis l'audit jusqu'au chantier, et d'imaginer aussi des outils financiers plus simples et moins mouvants que ceux mis en place depuis de nombreuses années.

La rénovation énergétique performante des maisons nécessite l'intelligence collective des architectes, bureaux d'études thermiques et des maîtres d'œuvre ; c'est à la fois une amélioration de la qualité de vie de ses habitants, une préservation du patrimoine et une contribution à la souveraineté énergétique de la France.

Nous espérons que ce livre, et notamment la présentation de ces 33 opérations de rénovation exemplaires, permettra d'éviter de nombreuses pathologies et d'améliorer les performances réelles de nombreuses rénovations.

1. Raison pour laquelle les auteurs ont rédigé *Faire du PLU un projet de territoire durable* paru aux Éditions du Moniteur (2023).

Annexes

1. Principes physiques de la rénovation énergétique d'un bâtiment

Retenir la chaleur

Il y a deux principes physiques :

– **la conductivité thermique** : c'est la capacité d'un corps à transmettre la chaleur par conduction. Plus la conductivité thermique est faible, plus le matériau est isolant. Elle est désignée par le coefficient λ, exprimé en W/(m.K).

– **la résistance thermique** des matériaux : c'est la capacité d'un corps à résister à la transmission de chaleur. Elle dépend de l'épaisseur du matériau (e, en mètre) et de sa conductivité thermique (λ) : R = e/λ exprimée en $(m^2.K)/W$. Plus la résistance thermique est élevée, plus la paroi considérée est isolante.

À partir de la résistance de chaque matériau d'une paroi, on caractérise sa capacité thermique par le coefficient de transmission thermique U exprimé en $W/(m^2.K)$. Ce coefficient mesure le flux de chaleur (en W) qui traverse 1 m^2 de structure quand la différence de température de part et d'autre de la structure est de 1 °C (ou K).

– **le coefficient de transmission thermique** : c'est la performance thermique d'une paroi, somme de l'inverse de la résistance thermique de chaque composant d'une paroi. Plus la valeur de U est faible, plus les déperditions de chaleur sont faibles et plus la paroi est performante thermiquement.

▼ **Tab. A.1.** Exemple de calcul du coefficient U d'une paroi

Matériau	**Coefficient λ** (W/(m.K))	**Épaisseur e** (m)	**Résistance thermique R = e/λ** $((m^2.K)/W)$
Moellons	2,000	0,500	0,25
Polyuréthane	0,022	0,160	7,27
Laine de bois	0,036	0,120	3,33
BA13	0,320	0,013	0,04
Résistances superficielles	–	–	0,17
Résistance thermique de la paroi			11,06
Coefficient de transmission thermique U = 1/R = 0,09 $W/(m^2.K)$			

Réguler la chaleur

La régulation de la chaleur (fournie à l'intérieur par le système de chauffage ou provenant de l'extérieur par les apports solaires) permet de lisser les besoins de chauffage ou de refroidissement. L'objectif est de stocker de la chaleur dans les parois du bâtiment pour limiter les variations de température et la restituer quand on en a besoin. Le choix des matériaux doit permettre de jouer sur trois paramètres :

– **L'inertie thermique** : c'est la résistance d'un matériau au changement de température lorsqu'intervient une perturbation de son équilibre thermique. L'inertie thermique dépend de la masse volumique (ρ exprimé en kg/m^3) et de la capacité thermique massique du matériau (C). Plus elle est élevée, mieux elle permet au bâtiment de lisser les variations de sa température intérieure.

La *capacité thermique massique* C représente l'énergie à apporter à un matériau pour augmenter sa température de 1 °C. Elle s'exprime en Joule par degré K et par kg.

– **Le déphasage thermique** : c'est le temps que met la chaleur pour traverser une épaisseur donnée de matériau (ou retard avec lequel la paroi – isolant + mur porteur – va émettre la chaleur transmise). Le déphasage thermique dépend de la masse volumique (ρ), de la capacité thermique massique du matériau (C) et de son épaisseur (e, en mètre). Plus le temps est long, mieux la paroi est capable de réguler la température extérieure.

Le déphasage thermique augmente avec une grande épaisseur du matériau, une meilleure conductivité thermique, une masse volumique élevée et une capacité thermique massique élevée.

$$\textit{Déphasage (heure)} = 1{,}38 \times e/\sqrt{D}$$

– **La capacité hygrothermique** : c'est la capacité d'un matériau à absorber ou à rejeter l'énergie pour préserver le confort thermique du logement. Elle se mesure par deux coefficients de diffusivité et d'effusivité thermiques.

- *La diffusivité thermique* est la capacité d'un matériau à transférer la chaleur à travers ce matériau. Elle dépend de la capacité du matériau à conduire la chaleur (conductivité thermique) et de sa capacité à accumuler la chaleur :

$$D = \lambda/\rho.C$$

avec ρ : masse volumique du matériau en kg/m^3,
C : capacité thermique massique,
D : s'exprime en m^2 par seconde.

- *L'effusivité thermique* : c'est la capacité d'un matériau à échanger plus ou moins vite de l'énergie thermique avec son environnement. Lorsqu'elle est faible, le matériau absorbe des calories en se réchauffant en surface (bois, matériaux isolants).

$$E = \sqrt{\lambda.\rho.C}$$

Gérer la vapeur d'eau

Les échanges de vapeur d'eau entre l'intérieur et l'extérieur d'un bâtiment sont dus à la différence de température et d'humidité entre ces deux milieux. Les parois du bâtiment sont soumises à des flux d'humidité sous forme d'eau liquide ou de vapeur, mais aussi à d'éventuelles remontées capillaires ou à des pluies battantes. Une mauvaise gestion de l'humidité des parois peut entraîner des pathologies telles que des moisissures et peut même mettre le bâtiment en péril à plus long terme en attaquant la structure.

▼ **Tab. A.2.** Caractéristiques des principaux produits isolants

	Masse volumique (en kg/m^3)	**λ** (W/(m.K))	**Déphasage thermique** (heures pour 20 cm)	**Capacité thermique massique C** (J/(kg.K))	**Diffusivité thermique** (10^{-6} m^2/s)	**Résistance à la vapeur d'eau μ**	**Énergie grise** (kWh/kg)
Laine biosourcée (chanvre, lin, métisse, mouton, mixte)	20 à 80	0,032-0,047	15	1 350-1 800	0,76	1 à 3	5 à 10
Biofib (lin, chanvre, coton)	30	0,039	4,9	1 500	0,54	< 2	–
Laine de bois	40/80	0,032/0,038	5,2/8,5	2 100	0,46	0,5/5	5 à 10
Fibre de bois dense	110/270	0,036/0,050	11,2/16,5	2 100	0,11/0,21	3 à 5	1 à 3
Ouate de cellulose	40/65	0,037-0,044	10	2 000	0,38	1/2	1 à 2
Botte de paille	80/120 à 200 (HD)	0,048-0,080	12 à 16	1 550	0,28/0,41	1/2	0,1
Liège expansé (panneau)	100/260	0,040/0,045	10,3/14,8	1 670	0,27	10	2 à 7
Béton de chanvre	200/340	0,06 à 0,07	12	1 800	0,17	7,8	1,8
Fermacell	1 150	0,340	9,5	1 250	0,24	13	–
Polystyrène expansé (PSE)	10/30	0,032-0,038	4	1 200/1 450	1,21	20/100	30 à 35
Polystyrène extrudé (XPS)	15/30	0,028-0,040	5	1 300/1 500	0,83	80/200	30 à 85
Polyuréthane	25/50	0,022-0,028	6	1 300/1 500	0,71	30/200	25 à 35
Polyisocyanurate (PIR)	30	0,022	6,5	1 450	–	150	–
Aérogels	60/80	0,011-0,013	13	1 300/1 500	–	80 à 200	–
Isolant sous vide	180	0,005	24	800	–	infini	–
Laine de roche	100	0,030-0,045	6	800/1 000	0,61	12,8	7 à 10
Laine de verre	15 à 30	0,030-0,045	4	660/1 000	0,83	6,5	7 à 10
Verre cellulaire (panneau)	115 à 150	0,041-0,043	8	900	0,30	Infini	2 à 5
Perlite, vermiculite	70-130	0,05-0,08	4 à 5	900	0,40/0,56	3 à 4	–
Granulat de verre recyclé (Misapor)	175	0,120	5,3	900	0,30	< 2	–
Pouzzolane	850	0,150	10	850	0,27	2 à 4	–

Il faut s'assurer de la capacité de séchage des murs et de l'évacuation de l'humidité vers l'extérieur. Cette capacité se mesure par le coefficient de résistance à la diffusion de vapeur d'eau (μ) d'un matériau ou à l'épaisseur de lame d'air équivalente (Sd) d'une épaisseur donnée d'un matériau :

– **Coefficient de résistance à la diffusion de vapeur d'eau** (μ) : c'est la capacité du matériau à empêcher son franchissement par la vapeur d'eau.

C'est un coefficient sans unité. Plus il est élevé, plus le matériau est étanche à la vapeur d'eau. Le coefficient μ est le rapport de la résistance à la diffusion d'une couche de matériau à celle d'une couche d'air de même épaisseur

– **Épaisseur de lame d'air équivalente** (Sd) : ce coefficient remplace le coefficient de résistance à la diffusion de vapeur (μ). On a Sd = μ.e, où e est l'épaisseur du matériau en question et Sd s'exprime en mètre. Sd est l'épaisseur d'une couche d'air ayant une résistance à la diffusion équivalente à celle du matériau considéré. Plus Sd est élevé, plus le matériau est étanche à la vapeur d'eau.

Le coefficient Sd peut être calculé sur le site.

2. Coefficients retenus dans le DPE et la RE 2020

▼ **Tab. A.3.** Coefficients d'équivalence retenus dans le DPE et la RE 2020

Énergie	Coefficient d'énergie primaire	Émission de GES (g. eqCO_2/kWh)
Électricité – chauffage	2,3	79
Électricité – eau chaude sanitaire		65
Électricité – éclairage		69
Électricité – autres usages		64
Gaz fossile (réseau)	1,0	227
Bois granulés et bûches	1,0	30

3. Classes du DPE

▼ **Tab. A.4.** Valeurs seuils des classes énergétiques et des émissions de gaz à effet de serre du DPE

Classes	Plages d'indicateur correspondant : consommation totale d'énergie primaire (Cep en kWhep/(m^2.an)) et émission de gaz à effet de serre (EGES en $kg_{eq}CO_2$/(m^2.an))
A	Cep < 70 et EGES < 6
B	(70 ≤ Cep < 110 et EGES < 11) ou (6 ≤ EGES < 11 et Cep < 110)
C	(110 ≤ Cep < 180 et EGES < 30) ou (11 ≤ EGES < 30 et Cep < 180)
D	(180 ≤ Cep < 250 et EGES < 50) ou (30 ≤ EGES < 50 et Cep < 250)
E	(250 ≤ Cep < 330 et EGES < 70) ou (50 ≤ EGES < 70 et Cep < 330)
F	(330 ≤ Cep < 420 et EGES < 100) ou (70 ≤ EGES < 100 et Cep < 420)
G	Cep ≥ 420 ou EGES ≥ 100

Pour les biens situés en zones climatiques H1b, H1c et H2d telles que définies dans la méthode 3CL-DPE_{2021} et à une altitude supérieure à 800 m, les classes E, F et sont définies comme suit :

Classes	Plages d'indicateur correspondant : consommation totale d'énergie primaire (Cep en kWhep/(m^2.an)) et émission de gaz à effet de serre (EGES en $kg_{eq}CO_2$/(m^2.an))
E	(250 ≤ Cep < 390 et EGES < 80) ou (50 ≤ EGES < 80 et Cep < 390)
F	(390 ≤ Cep < 5 000 et EGES < 110) ou (80 ≤ EGES < 110 et Cep < 500)
G	Cep ≥ 500 ou EGES ≥ 110

4. Diagramme du confort thermique

En 1992, Roland Fauconnier (FFB) a présenté ce schéma (*Revue Chauffage Ventilation Conditionnement*, n° 10, 1992) très souvent repris dans les guides sur le bâtiment. Ce diagramme définit une plage de confort hygrothermique associant température et taux d'humidité. Il définit aussi plusieurs zones d'inconfort.

Pour une température intérieure de 20 °C, une teneur en humidité relative comprise entre 40 et 65 % assure un bon niveau de confort thermique (entre 6 et 10 g. d'eau par kg d'air).

En revanche, pour une température intérieure de 20 °C, les occupants auront un ressenti d'inconfort si le taux d'humidité n'est que de 30 % (air trop sec) ou est supérieur à 70 %.

Dans le diagramme, l'enthalpie mesure la quantité d'énergie thermique contenue dans l'air. À 20 °C et 50 % d'humidité, elle est de 35 kJ/kg (soit 12 Wh par m^3).

Ce diagramme sert à analyser des situations comme le montre l'analyse réalisée sur des maisons minières de SIA Habitat.

Le polygone bleu (voir schémas ci-dessous) traduit la zone de confort thermique et le nuage de points bleus représente l'ensemble des mesures faites sur le mois (mai et juin 2023).

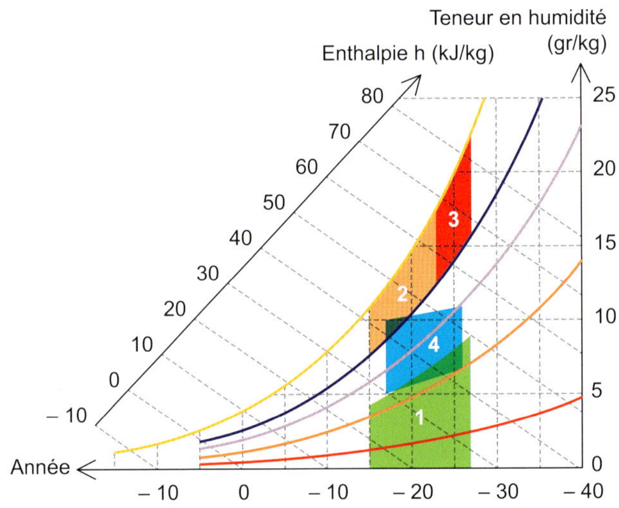

1. Zone à éviter vis-à-vis des problèmes de sécheresse.
2. et 3. Zones à éviter vis-à-vis des développements de bactéries et de microchampignons.
3. Zone à éviter vis-à-vis des développements d'acariens.
4. Polygone de confort hygrothermique.

Degré hygrométrique
— 100 % — 70 % — 50 % — 30 % — 10 %

▲ Diagramme du confort thermique

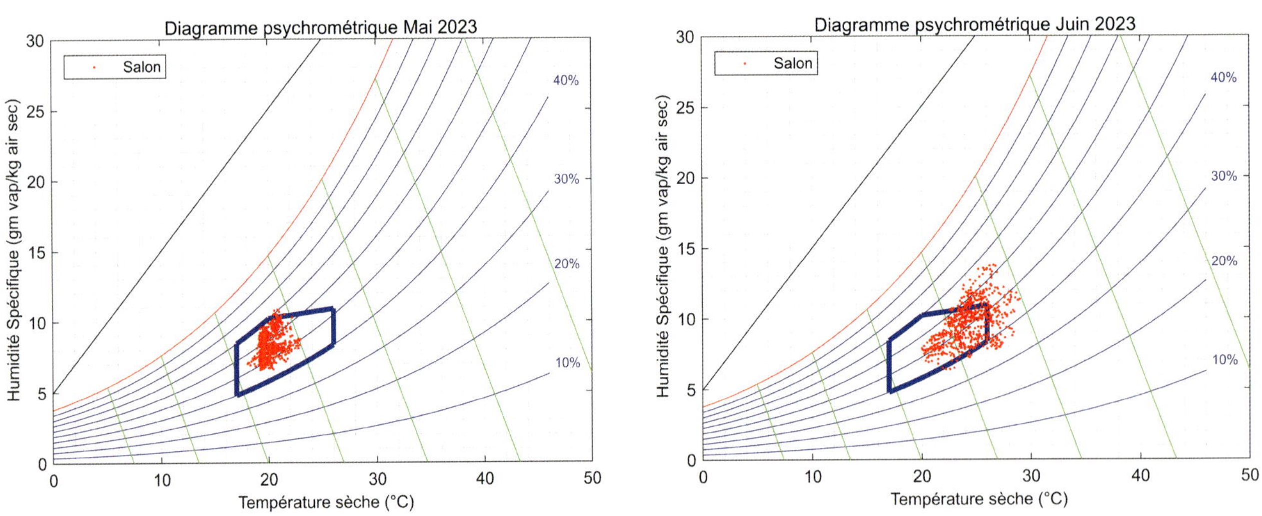

▲ Analyse des données (pas de 5 min, soit 8 640 points sur un mois) de la température et de l'humidité dans le salon (Source : Projet Rénolin pour SIA habitat, Franck Brachelet, Emmanuel Antczak, Didier Defer, Université d'Artois, LGCgE, 2023)

On peut constater qu'au mois de juin, une part significative du temps se trouve hors de la zone de confort. Le pourcentage de mesures dans la zone de confort est passé de 94 % en mai à 31 % en juin.

Cet exemple montre la nécessité de traiter globalement le confort thermique. Des chercheurs ont développé des méthodes d'évaluation du confort thermique dans les bureaux qui peut aussi être utilisée dans l'habitat. Dans les années 1970, P.O. Fanger a créé un outil visant à prévoir le confort dans les locaux, prenant en compte deux dimensions :

– Le **PMV** (*Predicted Mean Vote*) qui est un indice de prédiction de la sensation de confort thermique moyenne d'un groupe de personnes dans un temps et un espace donnés évalué en fonction de la température ambiante, de l'humidité relative, de la vitesse de l'air, de la nature des vêtements portés par les personnes et de l'énergie métabolique (activité ou repos).

L'échelle de mesure va de + 3 (très chaud) à – 3 (très froid). Une valeur proche de zéro indique un confort thermique optimal, tandis qu'une valeur éloignée de zéro indique un inconfort thermique.

– Le **PPD** (*Predicted Percentage of Dissatisfied*) qui est un indice associé au PMV estimant le pourcentage de personnes dans un groupe qui seraient mécontentes du confort thermique en fonction des conditions données.

Cet outil encore largement utilisé aujourd'hui a été créé sur une base statistique et donne une estimation intéressante du confort thermique vu de façon objective et non individuelle (voir tab. A.5).

▼ **Tab. A.5.** Exemple de calcul du confort thermique dans un bâtiment (Source : Calcul réalisé avec le programme de Ingvar Holmer « JAVA applet for ISO 7730 – Calculation of PMV and PPD »)

	Cas 1	**Cas 2**
Production d'énergie métabolique (58 à 232 W/m^2)	100	100
Taux de travail mécanique (normalement 0 W/m^2)	0	0
Température de l'air ambiant (Ta en °C)	28	24
Température moyenne de rayonnement (proche de Ta en °C)	28	24
Vitesse relative de l'air (de 0,1 à 1 m/s en général)	0,1	0,3
Taux d'humidité relative (HR en %)	60 %	40 %
Protection thermique des vêtements (indice 1 vêtement de bureau = 0,155 W'/m^2.K)	1,0	1,0
Indice PMV : valeur de la sensation thermique	1,75 : « Chaud »	0,85 : « Acceptable »
Indice PPD : % d'insatisfaction	64,2 %	20,1 %

Ressources bibliographiques et webographiques

Ouvrages des mêmes auteurs

Charlot-Valdieu Catherine et Outrequin Philippe, *Conception, réalisation et évaluation d'un quartier à très basse énergie. Modèle de la ville d'Egedal au Danemark*, Éditions du Moniteur, 2014.

Charlot-Valdieu Catherine et Outrequin Philippe, *Nouvelles architectures écologiques, 28 opérations exemplaires en matière de transition énergétique*, Éditions du Moniteur, 2016.

Charlot-Valdieu Catherine et Outrequin Philippe, *Réhabilitation énergétique des logements*, 2e éd., Éditions du Moniteur, 2018.

Charlot-Valdieu Catherine et Outrequin Philippe, *Maisons individuelles passives - Concevoir, construire et réhabiliter*, Éditions du Moniteur, 2019.

Charlot-Valdieu Catherine et Outrequin Philippe, *Faire du PLU un projet de territoire durable*, Éditions du Moniteur, 2023.

Ressources bibliographiques

Assemblée nationale, OPECST, *La rénovation énergétique des bâtiments*, Note n° 6, juillet 2018.

Bouchet-Blancou Géraldine et Mignery Didier, *La surélévation des bâtiments*, Éditions du Moniteur, 2023.

Bovet Philippe et Sidler Olivier, *Bâtiments performants*, Édition Terre Vivante, 2013.

Bureau Veritas Construction, *Isolation thermique et acoustique des bâtiments*, 2e éd., Éditions du Moniteur, 2017.

CAUE de la Haute-Loire et Espace Info Énergie, *Guide des matériaux isolants*, 2020.

CD2E et cluster Ekwation, *Projet Réhafutur, guide des matériaux utilisés pour l'isolation*, 2015.

Cerema et Ademe, *Enseignements des bâtiments performants en énergie ; Agir sur la ventilation mécanique contrôlée*, mars 2021.

CODEM, *Guide de la rénovation de parois à l'aide de matériaux biosourcés*, 2020.

CREBA, *Charte de la réhabilitation responsable du bâti ancien*, mars 2023.

Deprez Bernard et Cech Jean, *Les bâtiments exemplaires se racontent [à Bruxelles]*, Éditions Racine, 2012.

Effinergie, *Retour d'expérience, expérimentation Effinergie Patrimoine*, 2023.

Info énergie Auvergne Rhône Alpes, *Guide des isolants*, Région AuvergneRhône-Alpes, 2020.

IT-FFB et le CSTB, *Fenêtres et portes extérieures neuf et rénovation*, *Calepins de chantier,* SEBTP, 2011.

Joffroy Pascale, *La réhabilitation des bâtiments*, Éditions du Moniteur, 1999.

Lefrançois Claude, *Les clés du confort thermique écologique*, v Terre vivante, 2021.

Lequenne Philippe et Rigassi Vincent, *Habitat passif et basse consommation*, Éditions Terre vivante, 2011.

Lévy Pierre, *La rénovation écologique - Principes fondamentaux - Exemples de mises en œuvre*, Éditions Terre vivante, 2010.

Moley Christian, *(Ré)concilier architecture et réhabilitation de l'habitat, 200 opérations analysées dans le détail*, Éditions du Moniteur, 2017.

Oliva Jean-Pierre et Courgey Samuel, *L'isolation thermique écologique - Conception, matériaux, mise en œuvre, neuf et réhabilitation*, Éditions Terre vivante, 2023.

Plan Bâtiment durable, nombreux rapports d'activités et synthèses de groupes de travail, www.planbatimentdurable.developpement-durable.gouv.fr.

Revues

Habitat Naturel – Cette revue trimestrielle présente dans chaque numéro de nombreuses réalisations de maisons individuelles en neuf ou en rénovation, avec des avis d'expert sur différents aspects techniques.

Institutions

France Stratégie : https://www.strategie.gouv.fr/

Haut conseil pour le climat : https://www.hautconseilclimat.fr/

Guides techniques en ligne

Anah (Agence nationale de l'habitat) www.anah.fr : l'agence met à disposition du public 54 fiches techniques sur la rénovation de l'habitat ancien ; chaque sujet est présenté en cinq points : connaître, regarder, entretenir, améliorer et pour en savoir plus.

AQC (Agence Qualité Construction), www.qualiteconstruction.com : l'agence met à disposition du public de nombreux guides pour les bâtiments performants (88 guides intégrant des retours d'expérience collectés *via* le dispositif REX Bâtiments performants). Ils sont réalisés en partenariat avec des centres de ressources (Ekopolis, Envirobat...) ou des collectivités et comprennent généralement 12 enseignements à connaître pour réaliser tel ou tel type de travaux. Par ailleurs, conçu par l'AQC, la plate-forme Pro'Réno est un centre de ressources gratuites et accessibles en ligne. Elle s'adresse principalement aux professionnels avec 800 outils pratiques coconstruits et validés par la profession dans le cadre des programmes PROFEEL, PACTE et RAGE : www.proreno.fr

Cercle Promodul, www.cercle-promodul.inef4.org, le Fonds de Dotation Cercle Promodul/INEF4 a pour objet d'œuvrer à la réussite des transitions énergétique, environnementale et numérique du bâtiment tout en favorisant la place de l'usager au cœur d'habitats sains, performants et confortables. Le site met à la disposition des usagers de nombreuses publications et ressources.

Climaxion, www.climaxion.fr : programme unique, imaginé et mis en œuvre par les services de l'Ademe et de la Région Grand Est, il accompagne les collectivités, les entreprises, les associations, les bailleurs sociaux, les professionnels du bâtiment et les particuliers dans leurs démarches éco-responsables. On trouve en accès libre le guide *Les 7 clés pour réussir votre projet. Conseils rénovation, construction, bâtiment basse consommation.* D'autres guides sont également disponibles sur différents aspects de la rénovation.

Dorémi, www.renovation-doremi.com (voir § 3.5) : ce collectif met à disposition tout un ensemble de fiches sur les points de vigilance lors d'une rénovation énergétique par étapes.

Maisons Paysannes de France : cette association fournit un ensemble de 13 fiches bien documentées pour améliorer la connaissance du bâti ancien et la nature des interventions à réaliser ou à éviter. https://maisons-paysannes.org/wp-content/uploads/2013/07/ATHEBA-complet.pdf

RAGE (Règles de l'Art Grenelle Environnement 2012), www.programmepacte.fr/catalogue : il y a environ 160 rapports ou documents techniques, plutôt à usage professionnel, présentant des solutions pour des bâtiments performants, disponibles sur le site du programme PACTE (Programme d'action pour la qualité de la construction et la transition énergétique).

Rapports, études et articles

ADEME, Dorémi, Enertech. *La rénovation performante par étapes - Étude des conditions nécessaires pour atteindre la performance BBC rénovation ou équivalent à terme en logement individuel*, 2021. https://media.renovation-doremi.com/filer_public/5c/93/5c936214-25b2-4f11-8923-5aa89d28164c/synthese-renovations-performantes-par-etapes-2021.pdf

Ademe, rapport *Résiliance : adaptation des bâtiments au changement climatique*, 2023.

AQC et Energievie.pro, *Matériaux biosourcés : 12 enseignements à connaître*, 2016.

AQC, *L'isolation en sous-face des planchers bas en rénovation*, octobre 2021.

Assemblée nationale. *Rapport d'information sur la rénovation énergétique des bâtiments* présenté par Julie Laernoes et Marjolaine Meynier-Millefert, 4 octobre 2023.

Cerema et EDF, *500 maisons rénovées basse consommation*, Enseignements opérationnels des programmes « Je rénove BBC » en Alsace, Fascicule G : les enseignements économiques, juin 2017.

Cerema, *Modélisation des besoins de chauffage et de refroidissement d'un bâtiment en béton de chanvre*, mars 2021.

Chirat Jean-Pascal et Denisart Frédéric, *Nouvelles dynamiques de rénovation des logements*, rapport pour le Plan Bâtiment Durable, 2017.

Cour des comptes, *Le soutien aux logements face aux évolutions climatiques et au vieillissement de la population*, rapport, octobre 2023.

Enertech SCOP, Effinergie, Médiéco, Institut négaWatt, *Perf in Mind, rénovation performante des maisons individuelles*, étude réalisée pour l'Ademe, novembre 2021.

Enertech SCOP, Rieser Thierry, Boissonneau Tristan et Moteau Stéphane, *Migration d'humidité et de vapeur d'eau dans les parois du bâti ancien. Synthèse bibliographqiue pour la rénovation performante à destination des concepteurs et artisans*, étude réalisée pour Oktave et le programme Climaxion de la région Grand-Est et de l'Ademe, 2021.

Estrosi Sassone Dominique (présidente) et Gontard Guillaume (rapporteur), *Rénovation énergétique des logements : Relever le défi de l'accélération*, Tome 1, 2023.

Expérience P2E, *Passeport Efficacité énergétique Maison individuelle, un guide technique*, Éditions Parisiennes, 2020.

Hallard Guy, « Isolation et confort d'été », *Habitat naturel*, n° 94, juin-août 2023, pp. 22 à 25

Info Énergie Auvergne Rhône-Alpes, *Réaliser des économies d'eau dans son logement*, avril 2017.

Kaltenbacher Martin pour l'association Qualiventil, « VMC double flux, bonnes pratiques », *Habitat Natural,* n° 95, septembre 2023, pp. 52-56.
Le Particulier, n° 1214, page 20, février 2024.
Ministère de la Transition écologique, *Travaux de préparation de la stratégie française énergie-climat*, septembre 2023
Morche Léo, Pro Clima, « Isolation par l'intérieur », *Habitat Naturel,* n° 93, mai 2023, pp. 44-48.
Nanosense, *Guide Nanosense de la QAI dans les écoles*, 2018.
négaWatt, *Rôle de la pompe à chaleur dans la stratégie de rénovation,* novembre 2022.
ONRE, *Les réductions des émissions de gaz à effet de serre liées aux rénovations, Résultats de l'enquête TREMI 2020*, septembre 2022.
ONRE, *Tableau de suivi de la rénovation énergétique du secteur résidentiel*, août 2023.
Outrequin Philippe, *Actions sur l'habitat & impacts économiques*, Habitat Naturel, n° 95, septembre 2023.
Outrequin Philippe, *À quand une vraie politique de réhabilitation énergétique des logements* ?, Habitat Naturel, n° 99, octobre 2024.
Passive House Institute (PHI), *Integrating wood beams into the airtight layer*, janvier 2014.
Pélissier Cécile, *Matériaux bio-géo-sourcés et expérience de nature, une approche sensible,* rapport de recherche, novembre 2020.
Pisani-Ferry Jean et Mahfouz Selma, *Les incidences économiques de l'action pour le climat*, mai 2023.
Plan Bâtiment Durable et CSTB, *Feuille de route de décarbonation de la filière bâtiment*, 2023.
Projet Renoptim porté par le CSTB et l'USH (2022-2025) : il s'agit d'une expérimentation sur 80 logements en France métropolitaine combinant trois approches : les mesures physiques, les mesures physiologiques et le ressenti des occupants. https://programmeprofeel.fr/projets/renoptim/
Projet TABULA ; Bâtiments résidentiels ; typologie du parc existant et solutions exemplaires pour la rénovation énergétique en France, Pouget Consultants pour l'Ademe et Programme Énergie Intelligente en Europe, 2015. https://episcope.eu/fileadmin/tabula/public/docs/brochure/FR_TABULA_TypologyBrochure_Pouget.pdf.
PUCA, *Vers des stratégies territoriales soutenables de réhabilitation énergétique des logements* ? *Le quatre pages*, n° 6, janvier 2013.
Rexocode, *Les enjeux économiques de la décarbonation en France*, mai 2022.
Ville & Aménagement durable, *Dossier technique, migration de vapeur d'eau et risque de condensation dans les parois,* 2010.

Guides et indicateurs financiers en ligne

Énergie-Info : https://www.energie-info.fr/
France Stratégie, *Guide de l'évaluation socioéconomique des investissements publics, Complément opérationnel I – Révision du taux d'actualisation,* octobre 2023.
Institut négaWatt : www.institut-negawatt.com
Mon accompagnateur rénov' (MAR), https://france-renov.gouv.fr/mon-accompagnateur-renov : service public de la rénovation de l'habitat, porté par l'État avec les collectivités locales et piloté par l'Anah, il assure un accompagnement de bout-en-bout des particuliers pour leurs projets de travaux de rénovation énergétique en proposant un appui technique, administratif, financier et social.

Les acteurs des maisons presentées

Les architectes cités dans l'ouvrage (et leur département)

Loïc Prost, Création et Construction (01)
Blandine Houssais, Blandine Houssais Architecture (22)
Thomas Bonnin, Quinze-A Architecture (35)
Caroline Guilhot, Agence Rondcommeuncarré (37)
Olivier Goupil (37)
Aurélien Lhotte (40)
Rolf Matz, Architecture-Rolf-Matz (54)
Philippe Schaer, Philippe Schaer Architecte (67)
Stephen Mure (69)
Thierry Nonn, Sarl d'architecture Bak'Erige (69)
Loïc Parmentier, Atelier de Montrottier (69)
Agence Karawitz (75)
Armel Joly, Armel Joly Architecte (78)
UP ! architects (Bruxelles)

Les maîtres d'œuvre (autres que les architectes) cités dans l'ouvrage (et leur département)

Nicolas Delbarre, A2ME (37)
Clément Castel, Energelio (59)
Dominique Rudler, Air Énergie Environnement (68)
Clément Daval, BE&CO (69)
Sébastien Gaudissard et Nicolas Lapray, Maison Passive 71 (71)

Les BET thermiques cités dans l'ouvrage (et leur département)

Franck Janin, Heliasol (01)
Sandra Ripeau, BET Carbone (16)
Antoine Prats, Loukta (ex Phroneco) (26)
Thomas Primault, Hinoki (35)
Enerya, Eric Talpin (37)
Essor (37)
Cédric Rosa, Thermair (52)
Passivhaus Engineering-Rolf Matz (54)
Clément Castel, Energelio (59)
Solares Bauen (68)
Stéphanie Delsart, OZE (Objectifs Zéro Énergie (68)
Clément Daval, BE&CO (69)
Gérard Pollet (69)
Nicolas Lapray et Sébastien Gaudissard, Maison Passive 71 (71)
Sylvain Chatz et Sylvain Coudurier, Enercobat (74)
Eric Midelet, Air Énergie 88 (88)

Les propriétaires de maisons rénovées ayant eu une participation importante dans la réalisation même des travaux (auto-rénovation)

Rénovations exemplaires :
2 4 5 6 7 9 14 15 17 21

Table des matières

EDITIONS LE MONITEUR

Une marque du groupe infoprodigital

Le groupe Infopro Digital, certifié ISO 14001,
est engagé dans une démarche environnementale.
Cet ouvrage est imprimé sur un papier issu de forêts gérées durablement.

Achevé d'imprimer sur les presses FINIDR en novembre 2024

Lípová 1965, 737 01 Český Těšín, République tchèque
Dépôt légal : novembre 2024

FSC www.fsc.org MIXTE Papier issu de sources responsables FSC® C014138